高等学校机械类专业系列教材

国家级一流本科“机械设计制造及其自动化”专业教材

先进制造系统

主　编　李　雪

副主编　刘晓琴　陈引娟

主　审　李宗刚

西安电子科技大学出版社

内 容 简 介

本书系统地阐述了先进制造系统的规划、设计、建模、运行计划与控制、信息集成、再制造等理论和方法，主要内容包括先进制造系统概论、制造系统的理论基础、制造系统设计和建模、自动化制造系统设计、制造系统的物流设计、制造系统的计划与控制、制造信息化及系统集成、再制造与循环经济理论。

本书可以作为高等工科院校机械设计制造及其自动化、工业工程、物流工程等专业本科生、研究生的教材，也可供从事企业生产管理、设施规划、制造系统设计等工作的科技工作者参考。

图书在版编目(CIP)数据

先进制造系统 / 李雪主编. —西安：西安电子科技大学出版社，2021.11
ISBN 978–7–5606–6142–1

Ⅰ. ① 先…　Ⅱ. ① 李…　Ⅲ. ① 机械制造工艺—高等学校—教材　Ⅳ. ① TH16

中国版本图书馆 CIP 数据核字(2021)第 189600 号

策划编辑　李惠萍
责任编辑　于文平
出版发行　西安电子科技大学出版社(西安市太白南路 2 号)
电　　话　(029) 88202421　88201467　　　邮　　编　710071
网　　址　www.xduph.com　　　　　　　电子邮箱　xdupfxb001@163.com
经　　销　新华书店
印刷单位　陕西精工印务有限公司
版　　次　2021 年 11 月第 1 版　2021 年 11 月第 1 次印刷
开　　本　787 毫米×1092 毫米　1/16　印张 19
字　　数　450 千字
印　　数　1～2000 册
定　　价　45.00 元
ISBN　978–7–5606–6142–1 / TH
XDUP 6444001–1

前　言

设想一座无人的自动化制造工厂，厂房清洁，车间机器运转不停，车间厂区的生产提示、警示标记一目了然，合格产品源源不断地从生产线上输出，运往四面八方；设想分布在不同地域的无人制造工厂，将产品的设计、制造、装配及销售所需的产品数据信息进行共享，构成人—机—环境的一体化。这样的设想，驱使着工业界、学术界、用户共同探索新的产品制造模式和制造系统。

为使读者掌握制造技术的最新发展，适应我国高校培养应用型人才的需求，促进先进制造系统的研究和应用，我们编写了这本《先进制造系统》。本书是在编者2013年编写的《现代制造系统》基础上重新规划、改写、完善而成的。

本书是国家级一流本科“机械设计制造及其自动化”专业对应课程的规划教材，全面介绍了先进制造系统的规划设计理论、组织管理方法、系统集成技术、产品再制造技术等内容。各章节之间前后连贯，以概念先导，理论相合，实例相辅，深入浅出地阐述了先进制造系统的规划、设计、控制及管理等各项单元技术。

本书的基本框架和主要内容包括：先进制造系统概论，制造系统的理论基础，制造系统设计和建模，自动化制造系统设计，制造系统的物料设计，制造系统的计划与控制，制造信息化及系统集成，再制造与循环经济理论等。

参加本书编写工作的有：李雪（第1章，第2章的第2.1~2.3节，第5章，第6章，第7章，第8章的第8.1、8.3、8.4节）；丁杰（第2.4节）；陈引娟（第3章）；刘晓琴（第4.1、4.2节）；关红艳（第4.3节）；刘洪（第4.4节）；张艳龙（第8.2节）；李忠学、武福统稿。此外，兰州工业学院的马淑霞、西安交通大学的杨莉花、上海工程技术大学的卫晓娟参与了部分章节的撰写与校订工作，研究生杨鹏军、白金花、火文辉、张雪丽、周建伟等在文献检索、材料准备等方面做了大量工作，在此谨致谢意。

本书的编写得到了李宗刚教授的指导与帮助，在此，谨向李宗刚教授致以衷心的感谢。

本书的编写引用和参考了许多专家、学者的研究成果，在此谨致谢意。

鉴于先进制造系统涉及的知识面非常广泛，加之编者水平有限，书中不可避免地会存在瑕疵和不足之处，恳请广大读者批评指正。

作 者

2021 年 5 月

目　录

第 1 章　先进制造系统概论

制造业是一切生产工业品和消费品的企业群体的总成。它是根据市场需求，将制造资源(包括物料、能源、设备、工具、资金、技术、信息和人力等)通过制造过程转化为可供人们使用和消费的产品的行业。先进制造技术是为适应制造业的发展需求，在全球商品市场竞争的形势下产生和发展起来的。

本章将引导我们广角度地认识由信息技术、自动化技术、物料搬运技术、先进制造技术和先进生产管理技术融合而成的现代制造系统(Modern Manufacturing Systems)，了解先进制造系统的基本特征、基本组成以及基本类型。在此基础上，后续的章节将带领我们逐步掌握先进制造系统的基本理论、设计建模方法和运行控制方法。

1.1　先进制造技术的基本概念

1.1.1　制造与制造业

1. 制造

制造是人类按照市场需求，运用主观掌握的知识和技能，借助手工或可以利用的客观物质工具，采用有效的工艺方法和必要的能源，将原材料转化为最终物质产品并投放市场的过程。

随着自动化技术、信息技术、先进制造和管理技术的进步以及生产力的发展，人们对制造过程的定义和内涵的理解产生了较大的变化，逐渐形成了小制造概念下的制造过程和大制造概念下的制造过程。

制造分为小制造和大制造。小制造即狭义制造或传统机械制造，主要指加工与装配，是通过机器和工具将原材料转变为可用产品的过程。大制造即广义制造或现代制造系统，主要指在产品的全生命周期中，从供应市场到需求市场的整条供应链所包含的各类活动，涉及产品设计、物料选择、加工、装配、销售和服务、报废和再制造等一系列相关活动和工作。

不论是小制造过程还是大制造过程，都是一个把制造资源转变为可用产品的过程。如图 1.1 所示，产品制造过程由信息处理过程和物质转化过程组成。物质转化过程包含原材料或零部件的采购和产品的加工、装配、检验与销售等。其中，产品的加工和装配过程组成了产品的基本制造过程，属于狭义制造的概念。信息处理过程是制造信息采集、分析、处理、存储、应用的过程，包括自上而下的生产指令和自下而上的反馈信息。

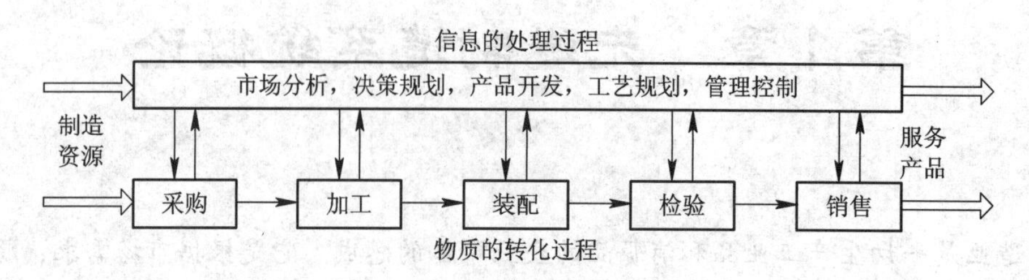

图 1.1　产品制造过程示意图

2. 制造模式

制造模式是指企业体制、经营管理、生产组织和技术系统的形态结构和运作模式。从广义的角度来看，制造模式就是指制造系统建立及运行的管理哲理和指导思想，是制造系统的典型组织方式，是制造企业经营管理的系统模型，是众多同类系统模仿的典范。因此，制造过程的运行、制造系统的体系结构以及制造系统的优化管理与控制等均受制造模式的制约，必须遵循由制造模式所确定的规律。

3. 制造技术

制造技术是指完成制造活动所需的一切手段的总和，是将原材料和其他生产要素经济、合理地转化为可直接使用的具有较高附加值的成品/半成品和技术服务的技术群。健康发达的高质量制造业必然有先进的制造技术作为后盾。

4. 制造系统

英国学者 Parnaby 于 1989 年描述的制造系统是：由工艺、机器系统、人、组织结构、信息流、控制系统和计算机系统融合而成，其目的在于取得产品制造的经济性和产品性能的国际竞争性。

美国麻省理工学院教授 Chryssolouris 于 1992 年描述的制造系统是：由人、机器和装备以及物料流与信息流构成的一个组合体。

日本京都大学教授人见胜于 1994 年描述的制造系统是：① 在制造系统的结构方面，制造系统是一个包括人员、生产设施、物料加工设备和其他附属装置等各种硬件的统一整体；② 在制造系统的转变特性方面，制造系统可以定义为生产要素的转变过程，特别是这一过程可以将原材料以最大生产率转变为产品；③ 在制造系统的过程方面，制造系统可定义为生产的运行过程，包括计划、实施和控制。

概括而言，制造系统是按照一定的制造模式将制造过程所涉及的人力资源、加工设备、物流设备、原材料、能源和其他辅助装置，以及设计方法、加工工艺、管理规范和制造信息等要素整合而成的有机整体，它具有将制造资源转变为可用产品的特定功能，如图 1.2 所示。

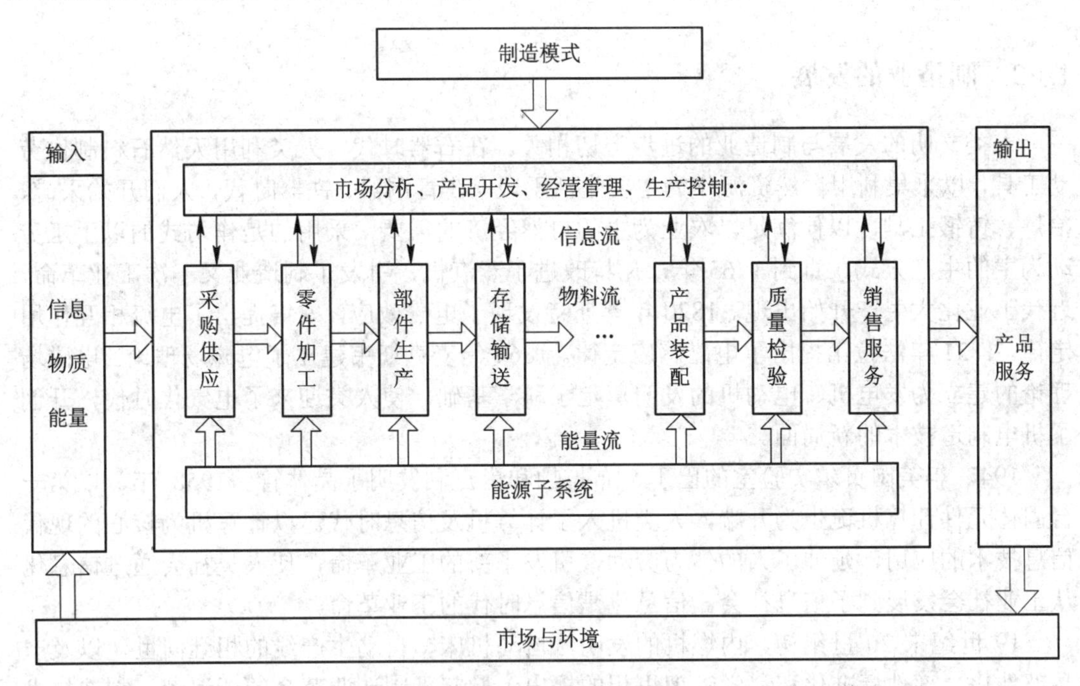

图 1.2　制造系统示意图

制造系统的概念蕴含着三个方面的含义。

(1) 制造系统的结构方面：制造系统是一个由制造过程所涉及的硬件(生产设施、物料加工设备和其他附属装置)、软件(制造技术与制造信息)及人员(相关人力资源)所组成的统一整体。

(2) 制造系统的功能方面：制造系统是一个将制造资源(原材料、能源等)转变为半成品和成品的输入输出系统，特别是该系统可将原材料以最大生产率转变为可用的产品，如图 1.3 所示。

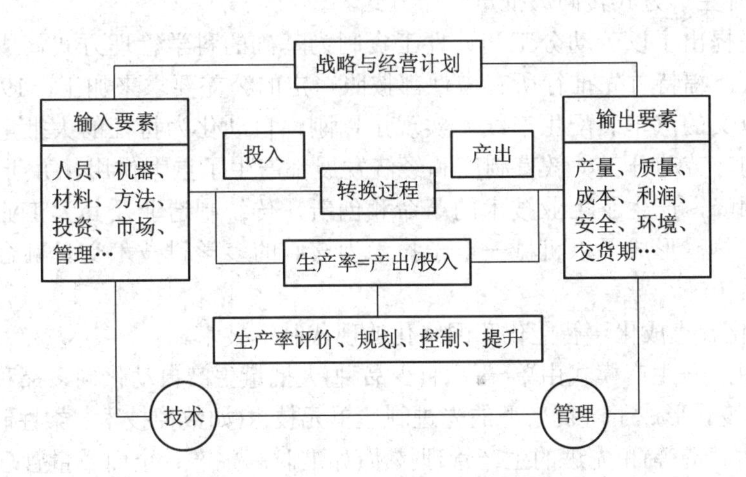

图 1.3　制造系统的功能示意图

(3) 制造系统的过程方面：制造系统涵盖产品生命周期的全过程，包括市场分析、产品设计、工艺规划、产品加工、质量控制、产品销售、售后服务及回收处理等环节。

1.1.2 制造业的发展

人类文明的发展与制造业的进步密切相关。在石器时代，人类利用天然石料制作劳动工具，以采集利用自然资源作为主要生活手段。在青铜器、铁器时代，人们开始采矿、冶炼、铸锻工具，以便满足以农业为主的自然经济的需要，采用的是作坊式的以手工劳动为主的生产方式。直到1765年，瓦特改进了蒸汽机，引发了制造业又一次工业革命，近代工业化大生产开始出现。1820年奥斯特发现了电磁效应，安培提出了电流相互作用定律。1831年法拉第提出了电磁感应定律。1864年麦克斯韦建立了电磁场理论。电磁场理论的建立为发电机、电动机的发明奠定了科学基础，使人类迎来了电气化时代，开创了机电制造技术的新局面。

1947年美国贝尔实验室的巴丁、布拉顿和肖克利发明了晶体管。1958年，以第一台固体元件计算机诞生为开端，人类进入了计算机及信息时代。以计算机为核心的现代信息技术的应用，延伸了人的体力劳动，引发了新的工业革命，使人类社会通过信息化从工业社会发展到了信息社会。信息化是信息时代的工业革命。

19世纪末20世纪初，内燃机的发明，自动机床、自动生产线的相继问世，以及产品部件化、部件标准化和科学管理思想的提出，掀起了制造业革命的新浪潮。制造技术的新发展为现代制造科学的形成创造了条件。

综上，制造业的发展主要经历了三个阶段：

(1) 用机器代替手工，从作坊形成工厂。

18世纪后半叶，以蒸汽机和工具机的发明为特征的产业革命，揭开了近代工业的历史，促成了制造企业的雏形——工厂式生产的出现，标志着制造业已完成从手工作坊式生产到以机械加工厂和分工原则为中心的工厂生产的转变。20世纪初，各种金属切削加工工艺方法陆续形成，近代制造技术已成体系。

(2) 从单件生产方式转向大批量生产方式。

泰勒首先提出了以劳动分工和计件工资制为基础的科学管理方式，成为制造工程科学的奠基人。福特首先推行所有零件都按照一定的公差要求来加工，1913年建立了具有划时代意义的汽车装配生产线，实现了以刚性自动化为特征的大批量生产方式，它对社会结构、劳动分工、教育制度和经济发展都产生了重大作用，并于20世纪50年代发展到顶峰，产生了工业技术的革命和创新，传统制造业及其大工业体系也随之建立和逐渐成熟，形成了以机械—电子技术为核心的多学科技术交叉融合的近代制造工业技术体系。

(3) 柔性化、集成化、智能化和网络化的现代制造技术。

① 柔性化——生产模式由单一品种(少品种)大批量生产自动化向多品种、中小批量生产自动化转变，形成了一批新型的先进制造单元技术(如数控技术、柔性制造单元、计算机辅助设计/制造等)和先进的生产管理技术(如准时制生产、全面质量管理等)。

② 集成化——包括单元技术的集成及人、技术、管理的集成。单元技术的集成是将数控技术、柔性制造单元、物料储运系统等集成，形成自动化的柔性系统，在系统中能够实现数据交换和信息共享。人、技术、管理的集成是将企业生产的各个环节，即市场

调研、产品开发、加工装配、销售以及售后服务等全过程作为一个不可分割的整体，从系统的观点进行协调，实现全局优化。

③ 智能化——强调在制造的整个过程，借助计算机来模拟人类专家的智能活动，如分析、推理、判断、构思和决策等；通过人与智能机器的合作共事，来扩大、延伸并部分地取代人类专家在制造过程中的脑力劳动，从而实现制造过程的优化。

④ 网络化——运用网络技术，应运而生了一些先进制造技术，主要有并行工程、计算机集成制造、敏捷制造、虚拟制造等。

1.1.3 先进制造技术

1. 先进制造技术的内涵

先进制造技术至今没有统一的定义，根据先进制造技术所涉及的相关领域及经营目标，可将先进制造技术的内涵归纳为：先进制造技术是在传统制造技术的基础上不断吸收机械、电子、信息、材料、能源以及现代管理技术的成果，将其综合应用于产品设计、加工装配、检验测试、经营管理、售后服务乃至产品报废回收的全过程，以实现优质、高效、低耗、清洁、灵活的生产，提高对动态多变的产品市场的适应能力和竞争能力的制造技术的总称。

2. 先进制造技术的基本组成

随着个性化与全球化市场的形成，信息、微电子、生物等高新技术不断发展，世界先进制造技术的研究与实践领域主要涉及现代设计技术、先进制造工艺与装备、柔性自动化制造技术与装备、现代制造管理技术与系统等四大部分。

1) 新的产品设计理念、方法与过程

产品设计是制造业发展的灵魂。随着材料科学、制造科学、信息技术、优化理论、微电子技术、系统科学、人机工程等的迅速发展，现代设计技术也发生了日新月异的变化，出现了并行设计、反求设计、基于知识的理性设计等新的设计理念，计算机辅助设计、优化设计、工程分析等新的设计方法与手段，以及基于系统工程的，考虑技术、经济和社会等综合因素并面向产品全生命周期的设计过程。

2) 新的制造工艺理念、技术与装备

制造工艺与装备是制造业发展的基础。近年来，先进的制造工艺与装备有了长足的进展，出现了精密成形和近净成形、快速原型、虚拟制造等新的制造工艺理念，超精密、超高速、复合特种加工、表面工程等新的制造技术，多工种一体化的加工中心、配置高速内装式电主轴等关键部件的新型机床、并联桁架结构的数控机床等先进的制造装备。

3) 新的自动化理念、技术与系统

制造过程自动化是制造业发展的标志。新的自动化理念是以计算机数控为基础的柔性自动化，即可快速适应不同产品制造的自动化。目前，柔性自动化制造涉及的基础单元技术、系统集成技术及其相关设备已有了长足的发展。其中，数控技术是基础及关键单元技术，工业机器人是支持柔性自动化生产的物流运输设备，制造过程监控技术与设备是保证制造质量的重要手段，柔性制造系统是典型的快速响应多品种、中小批量生产的自动化制造系统。

4) 新的生产管理理念、方式与系统

生产管理是制造业发展的杠杆。世界制造业的发展经历了少品种小批量生产、少品种大批量生产和多品种小批量生产模式的变化，先后出现了物料需求计划、准时制生产、精益生产、敏捷制造、绿色制造等科学的生产管理理念与制造模式，以及柔性制造、计算机/现代集成制造、分布式网络制造、智能制造等先进的生产系统。

3. 先进制造技术的分类

根据先进制造技术的功能和研究对象，将目前各国掌握的制造技术系统化，可将先进制造技术的研究分为四大领域，它们横跨多个学科，并组成一个有机整体。

(1) 现代设计技术：包括计算机辅助设计技术、性能优良设计基础技术、竞争优势创建技术、全生命周期设计技术、可持续性发展产品设计技术、设计实验技术。

(2) 先进制造工艺：包括精密洁净铸造成形工艺、精确高效塑性成形工艺、优质高效焊接及切割技术、优质低耗洁净热处理技术等。

(3) 自动化技术：包括数控技术、工业机器人技术、柔性制造技术(FMS)、计算机集成制造技术(CIMS)等。

(4) 系统管理技术：包括先进制造生产模式、集成管理技术、生产组织方法。

4. 先进制造技术的特点

与传统制造技术相比较，先进制造技术的主要特点是：

(1) 先进性。先进制造技术的核心必须是优质、高效、低耗、清洁(工艺过程)。

(2) 广泛性。先进制造技术覆盖从产品设计到回收再生的整个过程。

(3) 实用性。先进制造技术不以高新为目的，而是注重产生最好的实践结果。

(4) 系统性。先进制造技术是可以驾驭生产过程的物质流、能量流和信息流的系统工程。

(5) 动态性。先进制造技术不是一成不变的，而是要不断吸收各种高新技术。

(6) 集成性。先进制造技术是多学科交叉形成的新兴学科，又称为制造工程。

(7) 强调优质、高效、低耗、清洁、灵活生产。先进制造技术面临当前有限资源与日益增长的环保压力的挑战、人们消费观念变革的挑战，要满足日益“挑剔”的市场需求，实现灵活生产。

先进制造技术的最终目标是提高市场的响应能力和竞争能力，确保生产效率和经济效益持续稳步地提高，增强市场竞争能力。

5. 先进制造技术的发展

自然科学的进步促进了新技术的发展和传统技术的革新、发展与完善，产生了新兴材料技术(新冶炼技术、新合金材料、高分子材料、无机非金属材料、复合材料等)，新切削加工技术(数控机床、新刀具、超高速和精密加工)，大型发电和传输技术，核能技术，微电子技术(集成电路、计算机、电视、广播和雷达)，自动化技术，激光技术，生物技术和系统工程技术。

另外，在科学和技术进步的同时，随着全球市场的逐渐形成，世界范围的竞争日益加剧，人们日益提高的生活质量要求与世界能源的减少和人口增长的矛盾更加突出。因此，社会发展对制造业技术体系提出了更高的要求，要求制造业具有更加快速和灵活的市场响应、更高的产品质量、更低的成本和能源消耗以及良好的环保特性。这就促使传统制造业在 20 世纪开始了又一次革命性的变化和进步，传统制造开始向现代制造发展。

先进制造技术的形成和发展特点如下：

(1) 在市场需求不断变化的驱动下，制造的生产规模由小批量、少品种向大批量、多品种、变批量方向发展。

(2) 在科技高速发展的推动下，制造业的资源配置呈现出从劳动密集型、设备密集型向信息密集型、知识密集型方向发展。

(3) 在生产方式上，发展过程由手工、机械化、单机自动化、刚性流水自动线向柔性自动线和智能自动化转变。

(4) 在制造技术和工艺方法上，其特征表现为：重视必不可少的辅助工序，如加工前后处理；重视工艺装备，使制造技术成为集工艺方法、工艺装备和工艺材料为一体的成套技术；重视物流、检验、包装及储藏，使制造技术成为覆盖加工全过程(设计、生产准备、加工制造、销售和维修，甚至再生回收)的综合技术，不断发展优质、高效、低耗的工艺及加工方法，取代落后工艺；不断吸收微电子、计算机和自动化等高新技术成果，发展 CAD(Computer Aided Design，计算机辅助设计)、CAM(Computer Aided Manufacturing，计算机辅助制造)、CAPP(Computer Aided Processing Planning，计算机辅助工艺规划)、CAT(Computer Aided Testing，计算机辅助测试)、CAE(Computer Aided Engineering，计算机辅助工程)、NC(Numerical Control，数字控制技术)、CNC(Computer Numerical Control，计算机数字控制)、MIS(Management Information System，计算机管理信息系统)、FMS(Flexible Manufacturing System，柔性制造系统)、CIMS(Computer Interated Manufacturing System，计算机集成制造系统)、IMT(Intelligent Manufacturing Technology，智能制造技术)、IMS(Intelligent Manufacturing System，智能制造计划)等一系列先进制造技术，并实现上述技术的局部或系统集成，形成从单机到自动生产线等不同档次的自动化制造系统。

(5) 引入工业工程和并行工程的概念，强调系统化及其技术和管理的集成，将技术和管理有机地结合在一起，引入先进的管理模式，使制造技术及制造过程成为覆盖整个产品生命周期，包含物质流、能量流和信息流的系统工程。

1.2　先进制造系统的基本特征

从结构、功能、过程等方面来看，先进制造系统均涉及诸多要素，是诸要素相互作用、相互依赖、相互关联的一个有机整体，具备系统科学中“系统”的全部特征。

(1) 整体性。一个实际的制造系统应具有功能独立的系统要素，要素之间的相互作用需要符合逻辑统一性原则，和谐共存于整个系统之中，任何一个要素脱离整体就失去了原有的机能和要素间的相互作用。

(2) 综合性。制造系统由两个或两个以上可以相互区别的要素(或环节、子系统)所组成。例如，柔性制造系统是由加工系统(如若干数控机床和加工中心)、物料输运系统(输送、存储、装卸装置等)、能量流系统、控制系统、监测系统等部分组成的。

(3) 层次性。作为一个由相互作用的诸要素构成的、具有特殊制造功能的有机整体，制造系统可以分解为一系列子系统(信息控制系统、物料搬运系统、电气控制系统等)，并存在一定的层次结构(机床、生产线、车间、工厂均可看作不同层次的制造系统)，这种层次结构表述了不同层次子系统之间的从属关系或相互作用关系。

(4) 结构性。制造系统内的各要素是相互联系的。集合性确定了制造系统的组成要素，而相关性则说明了这些组成要素之间的关系。制造系统中任一要素与存在于该制造系统中的其他要素是相互关联和互相制约的，当某一要素发生变化时，其他相关的要素也将相应地改变和调整，以保持系统的整体最优状态。

(5) 功能性。制造系统的目的就是要把制造资源转变成财富或产品。为实现这个目的，制造系统必须具有控制、调节和管理等功能。管理的过程就是实现制造系统有序化的过程，目的是使之进入与系统目的相适应的状态。

(6) 环境适应性。一个具体的制造系统必须具有对周围环境变化的适应能力。外部环境与系统之间是互相影响的，两者之间必然要进行物质、能量或信息的交换。如果系统能进行自我控制，则即使外部环境发生了变化，也能始终保持最优状态，这种系统被称为自适应系统。自适应系统的动态适应性表现为以最少的时间延迟去适应变化的环境，使系统接近理想状态。

先进制造系统除具有一般系统的普遍特征外，还具有自身鲜明的特点：

(1) 制造模式对制造系统具有指导作用。不同的制造模式会形成不同的制造系统，如单一产品的大量制造模式形成了刚性制造系统，多品种小批量制造模式形成了柔性制造系统。

(2) 制造系统是一个动态系统。制造系统的动态特性主要表现在：

① 制造系统总是处于生产要素(原材料、能量、信息等)不断输入和有形财富(产品)不断输出的动态过程中；

② 制造系统内部的全部硬件、软件和人员也处于不断的动态变化之中；

③ 制造系统为适应外部环境的变化，总是处于不断发展、不断更新、不断完善的过程中。

(3) 制造系统的运行过程始终伴随着物料流、能量流和信息流的运动。例如，在一个典型的机械制造系统中，其制造过程的基本活动包括加工与装配、物料搬运与存储、检验与测试、生产管理与控制。其中，加工与装配改变工件的几何尺寸、外观或特性，增加产品附加值；物料搬运实现物料在制造系统内的流动，包括装卸工件以及不同工作场地之间的工件输送，存储则将工件或产品存放在一定的空间内，以解决工序之间生产能力或者需要之间的不平衡问题。

(4) 制造系统包括决策子系统。从制造系统管理的角度看，制造系统内部除物料流、能量流和信息流构成的物料子系统、能量子系统和信息子系统外，还包括由若干决策点构成的制造系统运行管理决策子系统。因此，物料、能量、信息和决策点的有机结合，构成了一个完整的制造系统。

(5) 制造系统具有反馈特性。从功能角度来看，制造系统是一个输入输出系统，输出状态(如产品质量信息和制造资源利用状况)总是不断地反馈到制造过程的各个环节，从而实现制造过程的不断调节、改善和优化。

1.3　先进制造系统的基本组成

先进制造系统的组成部分通常包括生产设备(机床、刀具、夹具和其他相关硬件)、物料搬运系统、协调和控制制造活动的计算机控制系统以及人力资源。

1. 生产机床

在先进制造系统中，把原材料变成所需产品的大多数物理过程是由机床或在机床的辅助下完成的。这些机床可以分为普通机床和自动机床。

普通机床主要指传统的机床设备，如车床、铣床、刨床、磨床等。机床在工作时为工件与刀具的相对运动提供动力，并对相对运动进行精确控制，在操作人员的操作和控制下完成加工过程。

自动机床分为半自动机床与全自动机床。半自动机床是在一定的程序控制下自动完成除装卸以外的切削运动和辅助运动的机床。半自动机床(如 CNC 车床)在完成一个工作循环后，需要由操作人员进行装卸工作。全自动机床是在无须人工操作环境下就能自动完成一系列切削运动和辅助运动，并经过设置与调整后可长时间自动加工同种产品的机床。自动机床在完成一个工作循环后，能自动卸下加工完的工件，装上待加工的工件，之后继续进行下一个工作循环。

无论是半自动机床还是全自动机床都可以提高劳动生产率，减轻工人的劳动强度，保证工件的加工质量和加工精度。同时，自动机床还可以减少设备数量和在制品数量，降低生产成本。

2. 物料搬运系统

物料搬运系统由一系列相关设备和装置组成，按照一定的工艺流程，协调、合理地将物料进行移动、储存或控制。在大多数产品加工和装配过程中，大部分搬运工作由物料搬运系统来完成，以减少人力消耗。物料搬运系统可实现以下三个方面的功能。

1) 工件的装卸

物料搬运系统将工件从某个地方搬运并安装到加工设备上进行加工，加工操作完成以后，将工件从加工设备上卸载下来，使之在生产设备上移动或放置于工位内的缓存装置，也可按照生产顺序将工件运输到下一个加工工位。

2) 工位中工件的定位

工件在加工设备上加工时，为保证零件精度并提高生产率，必须使工件在加工设备上相对于转盘轴头和加工工具处于正确的位置，这个过程就是定位操作。工件的定位通常是通过工件夹具来完成的。工件夹具包括夹具、卡具和卡盘。

3) 工位间工件的运输

在某些制造系统中，工位间工件的搬运依靠人工实现，而人工搬运仅适用于工件体积小、重量轻的情况，且效率不高。因此，大多数制造系统利用物料搬运设备来搬运工件。常用的物料搬运设备分为传统设备和先进设备。传统的物料搬运设备有传输带、起重机、工业车辆、货架等；先进的物料搬运设备包括自动导引小车(Automated Guided Vehicle，AGV)、机械手、工业机器人等。

3. 计算机控制系统

在现代制造系统中，利用计算机来控制自动化和半自动化设备，参与制造系统的协调与管理工作，以便完成制造系统所要加工的任务以及工艺过程。计算机控制系统可实现的主要功能如下：

(1) 制订生产计划；

(2) 传达操作指令至操作者；

(3) 为计算机控制的设备(如 CNC 车床工具)下载零件加工程序；

(4) 控制物料搬运系统；

(5) 对制造系统的整体运行进行管理，包括直接管理(如计算机监督控制)和间接管理(如对管理人员进行必要的汇报)；

(6) 诊断设备故障，准备预防性维修计划，维护备件库存；

(7) 进行安全监控，保证系统不在危险的状态下运行，保护系统人员和设备的安全；

(8) 进行质量控制，以便探测和尽可能杜绝制造系统生产出有缺陷的产品。

4. 人力资源

在大多数制造系统中，工件或产品制造的部分或全部增值活动是由人工来完成的，作业人员被称为直接劳动力，作业人员通过对工件或产品进行手工操作或控制加工设备来使产品增值。即使在自动化程度较高的现代制造系统中，仍然需要直接劳动力的参与，如下料、上线操作、更换刀具等。此外，自动化制造系统也需要人员来管理和支持，如计算机程序员、计算机操作员、CNC 机床加工编程员、维护和维修人员等，这些作业人员被称为间接劳动力。直接劳动力和间接劳动力之间的区别并不明显，多技能的作业人员可以兼任。

1.4 先进制造系统的基本类型

先进制造系统通常可以根据加工或装配的操作方式、工位数量和系统布局、自动化水平、产品多样化与系统柔性、管理模式等五个方面的因素进行分类。

1. 加工或装配的操作方式

制造系统按照所执行的操作方式可分为以下两种：

(1) 将资源加工成有用产品或者对产品进行再生产的加工操作制造系统；

(2) 将零件按照技术要求组装，并经过检验、测试，使之成为合格产品的装配操作制造系统。

此外，决定制造系统分类涉及的因素还包括：加工材料的类型，工件的大小和重量，工件的几何形状。比如用机床加工的零件可以根据几何形状被分为旋转体和非旋转体。旋转体零件是圆柱体或圆盘形的，需要对零件进行旋转才能完成加工；非旋转体(或称为有棱体)一般是长方体或正方体，需要进行铣床加工和相关的定位操作。这种分类预示着工件加工需要采用不同的机床、不同的刀具和不同的物料搬运系统。

2. 工位数量和系统布局

在制造系统的分类标准中，工位数量是一个关键的因素，它对制造系统的性能指标，如生产能力、生产率、单位产品成本和可维护性，都有很大的影响。制造系统中使用工位表示生产车间中的某个作业位置，在这个作业位置上，生产任务可能由一台自动机床完成，也可能由操作者与机床组合完成，还可能由操作者使用手工工具完成特定的操作。

制造系统中工位的数量是系统规模大小的一种度量。当工位数量增加时，系统能完成的工作量也会随之增加，这将转化为更高的生产率。但是更多的工位也意味着系统更加复杂，更难管理和维护，系统中会有更多操作者和机器参与生产，物流和协调工作变得更加棘手，维护问题也会频繁发生。除此之外，与工位数量密切相关的还有机器的布局问题。因为对于多工位的制造系统，工位的布局既可以采用可变布局，也可以采用固定布局，但是不同的机器布局需要设计不同的物流搬运系统。按照工位数量和机器布局可将制造系统分为以下三种：

(1) 单工位系统：由一个工位组成，通常包括一台生产设备，如手工操作、普通机床、半自动化或自动化机床。

(2) 固定布局的多工位系统：这种制造系统包含两个或更多工位。生产线布局就是常见的固定布局的多工位系统。

(3) 可变布局的多工位系统：这种制造系统包含两个或更多工位，可以设计并布局成能提供加工和装配不同零件或产品的形式。

3. 自动化水平

制造系统自动化是指制造系统用某种控制方法和手段，通过执行机构来实现其功能而无须人工直接干预的性能。制造系统采用自动化的目的是缩短产品的制造周期，提高系统生产率和产品质量，降低制造成本。从制造系统自动化水平方面来看，单工位系统分为手工工位和完全自动化工位两类；多工位系统分为手工工位、完全自动化工位和混合型工位三种类型。

(1) 手工工位：在每个加工周期至少有一个操作者必须在工位中操作。也就是说，在工位中的任何一台机器都要执行手工操作或半自动化操作。

(2) 完全自动化工位：在加工周期内不需要操作者一直看管。

(3) 混合型工位：在加工周期内部分机器是手工操作，部分机器是完全自动化的。

4. 产品多样化与系统柔性

制造系统还可以根据其处理产品多样化的能力来分类，该能力也是判断系统是否为柔性制造系统的指标之一。按照一个制造系统内所完成的产品类型和数量，制造系统可分为以下三种：

(1) 单一产品制造系统。这种系统只生产一种产品，通常对产品的需求很大，同时需求时间持续很长。

(2) 多品种产品制造系统。这种系统可以制造不同的零件或者产品，转换产品类型时需要一段调整时间，各种产品的投产间隔较长。这种类型的制造系统都是批量地进行生产。

(3) 混流产品制造系统。混流制造方式是制造业普遍采用的一种生产组织方式，它可以在基本不改变生产组织方式的前提下，在同一制造系统内，同时生产出多种不同型号、不同数量的产品。混流制造系统具有很高的灵活性，可满足顾客对产品多样化的需求，使企业快速响应市场的变化，是一种柔性制造系统。

5. 管理模式

制造系统还可以根据管理模式的不同进行分类，如分成计算机集成制造、单元化制造、精益制造、分散网络化制造、敏捷制造、虚拟制造、智能制造、绿色制造、生物制造、服务型制造等先进制造系统。

单元化制造是精益制造的一种，它基于最低损耗，生产出多种产品，以满足顾客需求的个性化和多样化。单元化制造利用成组技术原理(Group Technology，GT)和功能完整性理论将复杂的制造系统分成不同的制造单元，完成相对完整的一系列作业内容。与传统的制造系统相比，单元化制造的生产效率高，柔性高，在制品库存较低。

精益制造的目标是以最少的人员、最低的库存、最短的时间，高效、经济、合理地生产出高质量的产品，对顾客需求做出最迅速的响应。精益制造可以消除一切浪费，努力实现零缺陷、零库存、零故障的理想目标，综合了大量生产与单件生产的优点。

分散网络化制造是指通过制造资源网和因特网快速建立高效的供应链、市场销售和用户服务网，其目标是利用不同地区的现有生产资源，把它们迅速组合成为一种没有围墙的、超越空间约束的、靠电子化手段联系的、统一指挥的经营实体，并行地进行新产品的设计，快速推出高质量、低成本的新产品。在制造过程中不同地区的成员能够实时地交换包括声音和视像在内的资料和文件，实现异地设计、制造。

敏捷制造是指制造企业能够把握市场机遇，及时动态重组生产系统，在最短的时间内生产出高质量的、满足顾客需求的产品。敏捷制造利用计算机网络将本地和异地、国内和国外的制造资源或者具有共同生产目的的制造企业联系在一起，进行协调工作。它强调人、组织、管理、技术的高度集成，强调企业面向市场的敏捷性。

虚拟制造借助虚拟样机和虚拟现实技术，在进行产品设计时，把产品的制造过程、工艺设计、作业计划、生产调度、库存管理以及成本核算和零部件采购等生产活动通过计算机显示出来，以确定产品设计和生产过程的合理性。根据虚拟制造的应用环境和对象的侧重点不同，虚拟制造可分为以下三类：

(1) 以设计为中心的虚拟制造；

(2) 以生产为中心的虚拟制造；

(3) 以控制为中心的虚拟制造。

思　考　题

1. 简述制造过程、制造模式、先进制造系统、先进制造技术的概念。

2. 先进制造系统具有哪些特征？其基本组成有哪些部分？

3. 先进制造系统是如何分类的？各自具有什么特征？

第 2 章　制造系统的理论基础

人们对制造系统有广义和狭义的认知。狭义的制造系统主要指的是加工系统，体现更多的是制造技术与自动化技术的集成。广义的制造系统涵盖产品设计、制造、系统运行控制和销售等产品全生命周期的各个生产环节，体现更多的是制造技术、自动化技术、信息技术、管理技术和系统工程理论等多技术的集成。本章从广义的制造系统的概念出发，以制造系统规划、设计、运行控制与决策评价为主线，对其各阶段所涉及的相关基础理论与工程方法加以叙述。

2.1　制造系统规划理论

2.1.1　系统论与制造系统规划

制造系统的基本特征表明其具备系统科学中系统的全部特征，因此，系统论就成了制造系统研究中必然的理论基础，从而可采取系统论的方法对制造系统的整体性能、控制结构和建模仿真等工程问题进行深入研究。

对于系统论的认识，自然科学发展的不同阶段有着不同的方法论和价值观。自然科学初期(实验科学时代)的主要任务是分析事物的内部细节，收集、整理资料，客观上要求人们分门别类地进行研究，因而科学的主要趋势是分化，与之相适应的是分析解剖法，即把研究的对象进行层层分解，直到基本单元，分解隔离为不同的因果链，通过研究其基本单元的性能，弄清研究对象。这是一种还原论的世界观和方法论，它在科学研究中曾取得很大的成功，如力学体系的分解隔离法、化学元素的周期律、原子结构研究等，但这种方法淡化了整体大于部分之和的系统思想。尽管机械论通过对生物的分解(生物→系统→器官→组织→细胞)研究，导致了分子生物学的产生，破译了遗传密码，取得了显赫的成就，但对更高层次的生命现象、生命组织等问题知之甚少，它在处理各部分间有紧密联系的系统及非线性系统问题上具有局限性。

20 世纪 20 年代，美籍奥地利生物学家冯·贝塔朗菲在对生物学的研究中发现，把生物分解得越多，越会失去全貌，对生命的理解和认识反而越少。1945 年冯·贝塔朗菲所著论文《关于一般系统论》的发表，标志着一般系统论的形成。冯·贝塔朗菲在该文中叙述了系统应具有的最基本属性。

1. 系统的整体性

贝塔朗菲指出："一般系统论是对整体性和完整性的科学探索。"系统的整体性是系统最本质的属性，它根源于系统的有机性和系统的组合效应，其内容可概括如下：

(1) 要素和系统不可分割。系统的组成要素不是杂乱无章、偶然堆积的，而是会按照一定的秩序和结构形成有机整体。

(2) 系统整体的功能不等于各组成部分的功能之和(系统具有整体功能放大效应与整体功能缩小效应)。

(3) 系统整体具有不同于各组成部分的新功能，系统的整体效应表现为系统整体具有构成该整体的各个部分所没有的新的性质或功能。

2. 系统的开放性

贝塔朗菲认为，一切有机体之所以有组织地处于活动状态并保持其活的生命运动，是由于系统与环境处于相互作用之中，系统与环境不断进行物质、能量和信息的交换，这就是所谓的开放系统(制造系统即为开放系统)。正是由于生命系统的开放性，才使这种系统能够在环境中保持自身有序的、有组织的稳定状态，或增加其既有秩序，这正是系统目的性的表现。把系统的开放性、有序性、结构稳定性和目的性联系起来，正是贝塔朗菲一般系统论的核心和重要成果。

3. 系统的动态相关性

任何系统都处在不断发展变化之中，系统状态是时间的函数，这就是系统的动态性。系统的动态性取决于系统的相关性。系统的相关性是指系统的要素之间、要素与系统整体之间、系统与环境之间的有机关联性。它们之间相互制约、相互影响、相互作用，存在着不可分割的有机联系。动态相关性的实质是揭示要素、系统和环境三者之间的关系及其对系统状态的影响。

4. 系统的层次等级性

系统是有结构的，而结构是有层次、等级之分的。系统由子系统构成，低一级层次是高一级层次的基础，层次越高越复杂，组织越有序，并且系统本身也是另一系统的一个组成要素。系统中的不同层次及不同层次等级的系统之间是相互制约、相互关联的。等级层次结构存在于一切物质系统中。

5. 系统的有序性

系统的有序性可从两方面来理解。其一是系统结构的有序性，若结构合理，则系统的有序程度高，有利于系统整体功效的发挥；其二是系统发展的有序性，系统在变化发展中从低级结构向高级结构的转变，正体现了系统发展的有序性，这是系统不断改造自身、适应环境的结果。系统结构的有序性体现的是系统的空间有序性，系统发展的有序性体现的是系统的时间有序性，两者共同决定了系统的时空有序性。

2.1.2 信息论与制造信息系统

信息论产生于 20 世纪 40 年代末，美国数学家香农(C. E. Shannon)和维纳(Norbert Wiener)为其产生做出了重要贡献。香农将信息定义为"两次不定性之差"，即"不定性的减少量”。从通信角度看，信息是数据、信号等构成的消息所载有的内容，消息是信息的“外壳”，信息是消息的“内核”；从实用角度看，信息是指能为人们所认识和利用，但事先又不知道的消息、情况等，也就是说信息对于接收者来说，应该是有用且未知的东西。维纳则认为，信息既不是物质，也不是能量，信息是控制系统进行调节活动时与外界相互作用、相互交换的内容，信息是系统组织性的量度。

信息论是应用概率论和数理统计方法研究信息处理和信息传递的科学，起初仅局限于通信领域。香农依据通信过程建立的通信系统结构模型如图 2.1 所示。信息论研究的基本内容是信源、信宿、信道及编码问题。后来，信息论为控制论所采用，用以研究通信和控制系统中普遍存在着的信息传递的共同规律，同时，用来研究如何提高信息传输系统的有效性和可靠性，从而使得信息的概念和方法广泛渗透到各个科学领域。现在根据不同的研究内容，把信息论分成三种不同的类型。

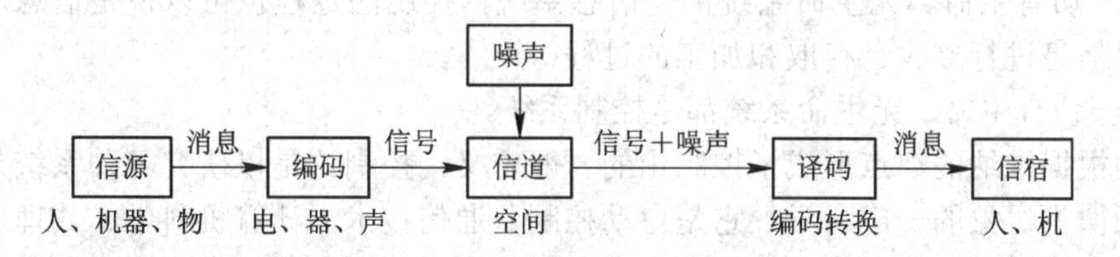

图 2.1　香农的通信系统结构模型

(1) 狭义信息论：即香农信息论，主要研究消息的信息量、信道(传输消息的通道)容量以及消息的编码问题。

(2) 一般信息论：主要研究通信，还包括噪声理论、信号滤波与预测、调制、信息处理等问题。

(3) 广义信息论：除了包括前两项的研究内容外，还包括所有与信息有关的领域，如制造过程信息的自动获取方法等。

在香农的信息论中，信息被看作系统不定性地减少。如果事物只有一种可能性，那么其不存在不定性。事实上，信源产生的通信信息正是概率论中所研究的随机现象，因此，信息的定量描述就可以用概率的方法来实现，概率小的事件发生时所提供的信息量大。作为一个极端情况，如果某件事情肯定会发生，那么其出现的概率为 1。若采用对数作为信息的度量，则一事件所具有的信息量为

$$h=-\mathrm{lb}p \tag{2.1}$$

其单位为比特(bit)，1 比特就是选择两个独立等概率可能状态的事件中的一个时所具有的信息量。例如，向上抛出一块质地均匀的硬币，它只有两种可能的状态——正面朝上和反面朝上，每一种状态出现的概率都为 0.5，每种状态所具有的信息量都为 $h=-\mathrm{lb}0.5=1(\mathrm{bit})$。

为了更好地表征信源所具有的总信息量(信源可能发出的全部符号所包含的信息量之和)，需计算出信源发出的每一个符号所包含的平均信息量，即信息熵：

$$H(x)=-\sum_{i=1}^{n}P(x_i)\mathrm{lb}P(x_i) \tag{2.2}$$

这是整个信源的各状态$(x_1,x_2,\cdots,x_n)$所具有的平均不定性数量的数学期望，也是香农计算信源信息量的一般方法，即信息熵公式。它表明一个系统的不定性越大，系统就越有序，熵就越小；反之，所获信息量越小，系统就越无序，熵就越大。对于制造系统，如果我们对制造过程的信息获取得越充分，那么我们对系统的控制能力就越强，系统各要素的联系也就越协调，结构越有序。

2.1.3　控制论与制造系统运行控制

1. 控制论的基本概念

控制论(Cybernetics)由维纳创立于1947年。1948年维纳出版了《控制论》一书，阐述了控制论的两个根本观点：

(1) 一切有生命、无生命系统都是信息系统，控制的过程也可以说是信息运动的过程，是对信息进行接收、存取和加工的过程；

(2) 一切有生命、无生命系统都是控制系统。

人们根据维纳的观点形成了控制论的一般定义：控制论是以研究各种系统共同存在的控制规律为对象的一门科学。它是自动控制、通信技术、计算机科学、数理逻辑、神经生理学、统计力学、行为科学等多种科学技术相互渗透形成的一门横断性学科。它研究生物体和机器以及各种不同基质系统的通信和控制过程，探讨它们共同具有的信息交换、反馈调节、自组织、自适应的原理和改善系统行为、使系统稳定运行的机制，从而形成了一整套适用于各门学科的概念、模型、原理和方法。

2. 控制论的发展过程

从20世纪40年代末到50年代，为经典控制论时期。在这一时期，主要的研究对象是单变量自动控制，重点是反馈控制，借以实现的工具是各种各样的自动调节器、伺服机构及其有关的电子设备，着重解决单机自动化和局部自动化问题。但是这些都是单变量自动控制，只解决单输入与单输出系统的控制问题，在应用上有一定的局限性。这个时期的代表著作是我国著名科学家钱学森于1954年在美国出版的《工程控制论》。

控制论发展的第二个时期是20世纪60年代，即现代控制论时期。导弹系统、人造卫星、生物系统研究的发展，使控制论的重点从单变量控制转变为多变量控制，从自动调节向最优控制转变，由线性系统向非线性系统转变。美国卡尔曼提出的状态空间方法以及其他学者提出的极大值原理和动态规划等方法，形成了系统测辨、最优控制、自组织、自适应系统等现代控制理论。

20世纪70年代以后，是大系统控制论时期。控制论由工程控制论、生物控制论向经济控制论、社会控制论发展。其中，生物控制论又分化出神经控制论、医学控制论、人工智能研究和仿生学研究；社会控制论则把控制论应用于生产管理、交通运输、电力网络、能源工程、环境保护、城市建设以及社会决策等方面。

3. 控制系统的构成

通常把由施控器、受控器和控制作用的传递者三个部分所组成的、相对于某种环境具有控制功能与调节行为的系统，称为控制系统。从控制论的反馈观点看，反馈就是控制系统的调节行为，因而可按照有无反馈回路把控制系统分为闭环控制系统和开环控制系统两大类，其研究的重点是带有反馈回路的闭环控制系统。需要注意的是，控制系统中的反馈有正反馈和负反馈，若反馈信号的极性与系统输入信号的极性相同，起着增强系统净输入信号的作用，则为正反馈，相反为负反馈。正反馈的作用是放大某种作用或效应，使有直接关联的系统相互促进、协调发展；负反馈的作用是保持系统行为的稳定，使系统的行为方向趋向一个目标。控制论的另一个重要观点是认为控制论所说的反馈是指信息反馈，因而控制系统是通过信息的传输、变换和反馈来实现自动调节的控制系统。

4. 控制系统的稳定机制与控制方式

系统处于环境之中，会受到内外部的干扰(把系统从一种状态变迁到另一种状态的作用)，因此要保证系统确定的性质和功能，就必须具有抗干扰的稳定性。稳定性分为第一类稳定性和第二类稳定性。若外界的变化不致系统发生显著变化，则称为第一类稳定性；若系统所受到的干扰偏离正常的状态，且在干扰消失后系统自动恢复其正常状态，则称为第二类稳定性。

系统稳定的基本机制是负反馈，无论是技术系统还是生物系统，在结构上都具有反馈回路，在功能上则表现为它们都具有自动调节和控制功能。图 2.2 所示的制造系统即是一个负反馈系统，在企业与市场之间有一条反馈回路，即市场调研。企业内部的经营管理活动也需自觉地形成一条反馈通路，为了生产一定质量与数量的产品，必须不断地检查产品质量是否符合设计要求，进度是否符合作业计划，如果获得的信息提示现场生产偏离了预定目标，管理部门就应立即发出指示信息，使之恢复至预定目标。

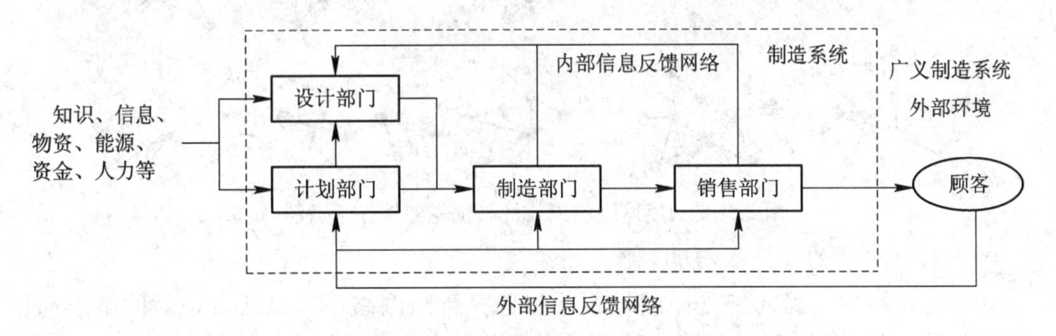

图 2.2　制造系统的反馈控制机制

2.1.4　无尺度网络分析与制造系统拓扑结构

1. 无尺度网络的概念

许多复杂系统从拓扑结构的角度看都可抽象为网络。系统元素作为网络的节点，元素之间的相互联系(作用)作为节点之间的连接，这样就可以运用图论和网络分析的理论、方法和工具进行系统结构的拓扑特性研究。网络的研究经历了三个主要阶段：规则网络、随机网络和复杂网络(小世界网络和无尺度网络)。大多数复杂系统是动态演化的，是开放自组织的，也是规则和随机伴行的，既非完全规则，也非完全随机。单纯应用规则图和随机网络理论对普遍存在的这些复杂系统不能进行实质性的分析研究。

20 世纪末，Albea、Jenong 和 Barabasi 在研究万维网的规律时提出了无尺度网络的概念。无尺度网络(或称无标度网络)是带有一类特性的复杂网络，其典型特征是网络中的大部分节点只和很少的节点连接，即节点的度很小，而有极少的节点与非常多的节点连接，即节点的度很大。这种关键节点(称为枢纽或集散节点)的存在使得无尺度网络对意外故障有强大的承受能力，但面对协同性攻击时则显得脆弱。现实中的许多网络都带有无尺度的特性，如因特网、金融系统网络、社会人际网络等。

2. 无尺度网络的特征

1) 无尺度网络存在集散节点

在无尺度网络中，大多数节点只有少数连接，少数节点却拥有大量连接。具有大量连接的节点被称为集散节点，无尺度网络主要由这些少数的集散节点所支配。

2) 无尺度网络的成长性

无尺度网络随着时间的推进而不断成长，新的节点和连接不断地加入网络中。

3) 无尺度网络的优先连接性

在无尺度网络中，新节点更倾向于与那些具有较多连接数的节点相连接，故具有优先连接性。无尺度网络的成长性与优先连接性有助于解释集散节点的存在：当新节点出现时，它们更倾向于连接到已经有较多连接的节点，随着时间的推进，这些节点就拥有比其他节点更多的连接数目，如图 2.3 所示。无尺度网络这种“富者愈富”的过程，使早期的节点更有可能成为集散节点，这种现象被称为马太效应。

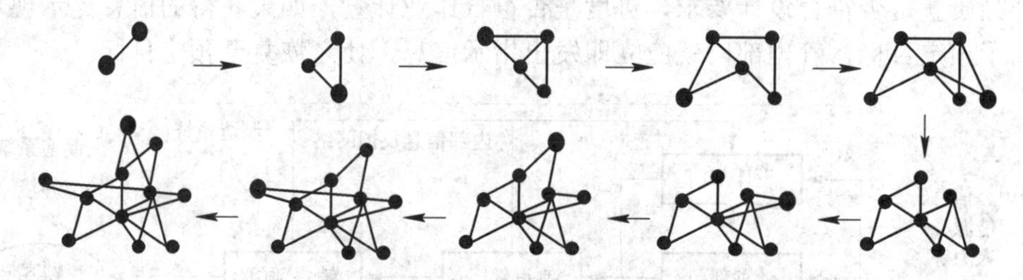

图 2.3 无尺度网络的成长性与优先连接性示意图

4) 无尺度网络的鲁棒性与脆弱性

网络的鲁棒性和脆弱性是指随机删除和选择删除网络中节点或者边对网络连通性的影响。无尺度网络对意外故障或随机攻击具有很强的承受能力，这是因为在无尺度网络中，具有少数连接的节点远远多于集散节点，随机的大量节点遇到故障或受到攻击时，整个网络仍能保持基本连通，故无尺度网络对随机节点故障具有很高的鲁棒性。但是如果蓄意攻击集散节点，就可以破坏整个网络的连通性，即无尺度网络对蓄意的攻击具有高度的脆弱性。无尺度网络的这种特性，其本质在于众多实际网络所共有的成长性与优先连接性，也在于这些网络基于集散节点的非同质拓扑结构。

3. 无尺度网络的系统分析方法

近年来，国内外学者以无尺度网络为切入点，深入开展了相关系统结构的研究。1999年，Barabasi 和 Albert 首次给出了无尺度网络的演化模型——BA 模型，它是指节点度服从幂律分布的网络。所谓幂律分布(也称帕累托分布)，指的是如果随机抽取一个节点 i，那么它的度 k_i 是自然数 k 的概率。也就是说，$k_i = k$ 的概率正比于 k 的某个幂次，这个

幂次一般是负的，记为 γ，即

$$P\left(k_i = k\right) \propto \frac{1}{k^{\gamma}} \tag{2.3}$$

因此，k 越大，$k_i = k$ 的概率越低。但是这个概率随 k 增大而下降的速度是比较缓慢的：在一般的随机网络中，下降的速度是指数性的，而在无尺度网络中只是以多项式类的速度下降。在现实中的许多大规模的无尺度网络中，度分布的幂次 γ 值介于 2 与 3 之间。

BA 模型是分析无尺度网络最常用的一种动力学模型。BA 模型有两个最重要的假设：成长和优先连接。

1) 成长

假设网络开始时刻有 m_0 个节点，每隔一个时间步长增加一个新节点，新节点与原系统中已存在的 $m(\leqslant m_0)$ 个节点相连。

2) 优先连接

新节点与节点 i 连接的概率 p_i 与节点 i 的度 k_i 相关，它们满足：

$$p_i = \frac{k_i}{\sum_j k_j} \tag{2.4}$$

经历 t 时间步长以后，将形成一个拥有 $t+m$ 个顶点和 mt 条边的随机网络。随着节点和边的不断增加，当 $t \to \infty$ 时，该网络将演化为与尺度无关的状态。在这个状态中，度为 k 的节点的度分布 $P(k)$ 遵循幂律分布，即 $P\left(k\right) \sim k^{-\gamma}$，其指数 $\gamma = 2.9 \pm 0.1$，γ 与 m 无关。2001 年，Béla Bollobás 证明了在节点数量很大时 BA 模型网络的度分布遵从 $\gamma = 3$ 的幂律分布。目前大多数研究无尺度网络所使用的动力学模型都是 BA 模型的修正、延伸或变体。特别地，聚集度可调的无尺度网络演化模型是复杂网络研究领域的一个重要问题。

2.1.5　模式识别与制造系统的有序化

模式识别(Pattern Recognition)是指对表征事物或现象的各种形式的(数值的、文字的和逻辑关系的)信息进行处理和分析，以对事物或现象进行描述、辨认、分类和解释的过程，是信息科学和人工智能的重要组成部分。模式识别又称模式分类，分为有监督的分类(Supervised Classification)和无监督的分类(Unsupervised Classification)。二者的主要差别在于：各实验样本所属的类别是否预先已知。一般来说，有监督的分类需要提供大量已知类别的样本，但在实际问题中，这是存在一定困难的，因此研究无监督的分类就变得十分有必要了。

将模式识别理论用于制造系统可降低制造系统的熵，提高制造系统的有序化。为此，对于制造系统的分类对象，如产品、零件、过程、信息、知识等，可将其看作模式识别的试验样本。假设现有 n 个样本(如零件)，记作 $X = \left\{X_1, X_2, \cdots, X_n\right\}$，每个样本都有 m 个特征，记作 $X_i = \left\{X_{i1}, X_{i2}, \cdots, X_{im}\right\}, i = 1, 2, \cdots, n$。如果根据一定的应用目标对样本特征进行

分析，将具有一定相似性的样本分类成组，记作 $G=\{G_1,G_2,\cdots,G_n\}$，则分类过程如图 2.4 所示。

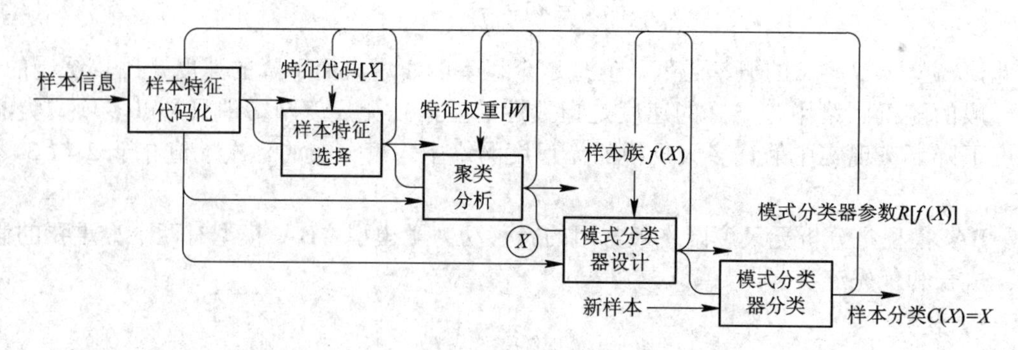

图 2.4　样本分类过程分解示意图

1. 样本特征代码化

样本特征代码化是指用数字代码的形式对与样本分类有关的样本特征加以表示，可采用特征码位法、码域法和特征位码域法等实现。特征码位法就是选择与样本特征直接有关的特征码，作为形成样本特征组的依据，只要这些码位相同，样本特征即可划为一组，不管其他码位；码域法是对各码位制订分组的码域，即码位限制几个数字项，凡各码位上的特征码落在规定码域内的样本特征划为同一组；特征位码域法是将特征码位法与码域法相结合的分组方法，选取特征性强的码位，并规定允许的变化范围(码域)作为分组的依据。

2. 样本特征选择

样本特征选择是指将对样本分类有不同影响的样本特征给予不同的权重。因权重大小对结果的影响又举足轻重，故确定权重是一个既关键又无规范可循的问题。常用专家咨询法、德尔菲法、排序法、环比法、逐步调整法和层次分析法等方法来确定权重。

3. 聚类分析

聚类分析是指在模式空间 G 中给定 n 个样本 $X=\{X_1,X_2,\cdots,X_n\}$，按相互类似的程度找到相应的区域 $G=\{G_1,G_2,\cdots,G_k\}$，使各 $X_i(i=1,2,\cdots,n)$ 归入其中的一类，而不是同时属于两类，即 $G=G_1\cup G_2\cup\cdots\cup G_k, G_i\cap G_j=0, i\neq j$，其分析结果由样本族函数 $f(X)$ 表示。

聚类分析方法通常采用递阶聚类法和动态聚类法。递阶聚类的基本思想是先计算各零件问题的距离函数或相似系数，然后根据距离大小或相似程度递阶归类，因此可以根据零件的相似水平或零件的组数要求得到不同的聚类结果。与递阶聚类思想相关的各种聚类方法如图 2.5 所示。

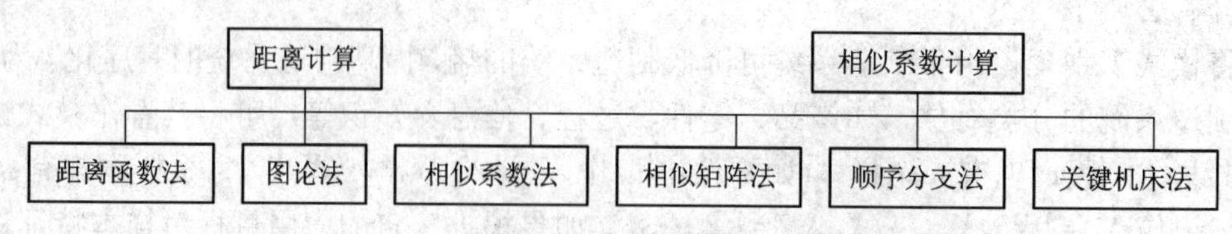

图 2.5　与递阶聚类思想相关的各种聚类方法

动态聚类法是将几个样本粗糙地分成若干类，然后用某种最优准则进行调整，直至不能调整为止。它是一种启发式算法，根据分类原则不同可分为不同的方法，如 k-近邻算法、最优聚类搜索技术、多中心点聚类法、模糊聚类法、模拟退火法、Tabu 搜索算法、进化算法等。

4. 模式分类器设计与分类

模式分类器设计分为有监督学习和无监督学习两种。有监督学习的模式分类器设计利用已知类别标号的训练集 $f(X)=f(X_1,X_2,\cdots,X_n)$，确定执行由模式空间到解释空间映射的算子 $R[f(X)]$，即模式分类器的结构参数。无监督学习的模式分类器则直接利用待分类的样本，其实质是将聚类分析与有监督学习的模式分类器的设计过程结合在一起。模式分类器分类就是利用学习到的映射 $R[f(X)]$ 对样本 X 进行分类，分类结果为 $C(X)$。

2.2　制造系统设计理论

2.2.1　相似理论与单元制造系统

1. 相似性原理

相似理论研究的是自然界和工程中的各种相似问题，其核心是相似性原理。所谓相似性是指在性质完全不同的系统中，相同的结构可以带来相同或相似的功能，即结构决定功能。相似理论的基础是相似三定理：

(1) 相似第一定理：两个彼此相似的系统，单值条件相同，其相似判据的数值也相同。

(2) 相似第二定理：如果一个现象由 n 个物理量的函数关系来表示，且这些物理量中含有 m 种基本量纲，则能得到 $n-m$ 个相似判据。

(3) 相似第三定理：对于具有同一特性的现象，当单值条件(如系统的几何性质、介质的物理性质、起始条件和边界条件等)彼此相似，且由单值条件的物理量所组成的相似判据在数值上相等时，这些现象必定相似。

这 3 条定理构成了相似理论的核心内容，特别是相似第三定理，明确了模型满足什么条件、现象时才能相似，它是模型试验所必须遵循的法则。

2. 成组技术与单元制造

建立在相似理论基础上的成组技术(Group Technology，GT)，即是通过识别产品零件结构特征、材料特征和工艺特征的相似性，进行产品零件族(组)分类，以提高生产效率；进行机器单元或制造单元分类，以扩大批量、减少品种、加快工件流动速度。前者称为一次相似性，后者称为二次相似性或派生相似性。

假如一个制造企业要实施成组技术，其面临的两个首要问题就是产品零件族划分和机器单元布局。一般而言，工厂中的零件可以被划分为零件族，只不过当工厂要生产的零件种类很多时，需要审核所有的零件设计图，这会消耗大量的时间；另一方面，把生产设备重新布局成机器单元，这也需要消耗大量的时间和资金来规划和实现，在布局完全改变之前，机器是不能进行生产的。只有当零件族和制造单元划分完成，才能组织成组化生产，形成单元制造(在同一个制造单元里可以生产一种零件族或者有限种零件族)和单元制造系统(由多个制造单元生产多种零件族的加工制造系统)。

3. 单元制造系统的研究方法

单元制造系统(Cellular Manufacturing System，CMS)的核心问题是如何构建高效的制造单元(机器单元)加工不同的零件族，其运用的主要方法有可视化编码技术、统计聚类分析法、图论方法、模式识别法、数学规划方法、模糊聚类法、神经网络方法、进化算法、模拟退火算法等。

(1) 可视化编码技术主要根据零件的几何形状、复杂度、规格尺寸、精度、材料类型等设计特征，应用编码系统(德国的 optiz 编码系统、我国机械产品零部件的 JLBM-1 编码系统、日本的 KK-3 编码系统等)为之编码，形成代码相似的零件族，详细编码过程可参见相关的成组技术文献。

(2) 统计聚类分析法是构建制造单元的常用方法，通过计算零件间与设备间的相似系数，依据相似标准分组。相似系数的表达方式不断完善，已从单纯计算零件相似系数、设备间相似系数发展至可计算作业次序相似系数的标准化分组。该方法的不足之处在于聚类标准的选择、相似系数的计算方法及单元内零件数需要提前确定。

(3) 图论方法以设备或零件为节点，零件的加工过程为边，从设备—设备图或设备—零件图中寻求不相连的次图，以识别制造单元。常用的有剥离法、转换法、分离法。图论方法虽直观但无法考虑需求量、可选择作业等现实问题，不能解决大规模单元构建问题。

(4) 模式识别法为单元制造系统研究注入了新的生机，是基于零件几何特征、制造单元特性、零件功能特征的模式识别方法，可应用专有知识规则自动识别零件加工特性并分配至合适的制造单元。

(5) 数学规划方法是应用智能技术解决制造单元构建问题的基础。由于目标函数及约束条件的任意选择性与零件结构及工艺的多样性相符合，这种方法在单元构建中最具应用潜力，目前建模研究已从最初的简单完成零件设备分组发展至可综合考虑设备能力、设备购价、作业次序、作业时间和转移成本等多种因素，但如何在建模时考虑更多的实际变量，仍需进一步研究。

4. 制造单元设计与管理方法

从管理角度来看，制造单元设计主要研究单元空间位置关系问题，即单元内设备布置和单元布置问题。Leskowsky、Logan、Vannelli 以相似系数的计算分组，提出了以物料运输成本最低为目标的设备布置启发式算法；Chankrasekharan 和 Rajagopalan 提出了多维标度法(Multi-Dimensional Scaling，MDS，又称为多维标度分析或多维尺度分析)，它利用客体间的相似性或相异性数据去揭示它们之间的空间关系、单元布置方法。但上述方法都以单元已构成为前提。关于如何处置单元构建后的例外元素，如设备转移、增加或分包，虽然 Shafer 等用数学规划方法提出了解决的途径，但是仍旧需要更为深入的研究。

在制造单元已形成的前提下，制造单元面临的另一个具体问题是成组排序。由于构建制造单元的目的是将单件作业转化为流水作业，因此现有研究大多致力于解决流水作业排序问题。又由于排序问题是NP难问题，因此对于启发式算法的研究无疑成为主流。用于一般排序的启发式算法，如Johnson-Bellman法、EDD(Earliest Due Date，最短交货期)法、SPT(Shortest Processin Time，最短加工时间)法由于其本身假设的局限性不能应用于成组排序，从而使该问题受到了研究者的关注。

除启发式算法外，Kim和Suh通过整数规划方法，综合考虑了技术要求、作业次序、可选择作业等复杂因素，摈弃了启发式算法的缺陷。Kusiak认为分组并不能避免非流水作业的形成，研究了更具一般性的*n*作业/*m*设备的数学规划模型，综合考虑了作业约束、资源限制及交货期因素，使排序问题进一步清晰化和科学化。智能技术在排序研究领域中的研究成果已经出现，如Vakharia和Chang已将模拟退火法应用于成组排序，并取得了较CDS(Campbell-Dudek-Simth)和NEH(Nawaz-Enscore-Ham)启发式算法更优的结果，初步显示出智能技术的巨大潜力。

总之，不同的制造系统中存在着大量的相似信息和活动，可以基于相似理论和成组技术对这些相似的信息和活动进行归类统一处理。例如，对其进行标准化和模块化，建立不同层次的典型应用系统、产品模块等。在为用户建立个性化的制造系统时，就可以方便地对典型应用系统进行参数化再设计，从而降低定制成本，提高质量。

2.2.2 分形理论与分形制造系统

分形理论是由美籍法国数学家Mandelbrot创建的。1967年Mandelbrot在美国《科学》杂志上发表的论文《英国的海岸线有多长》中，首次阐明了他的分形思想。1973年Mandelbrot在法兰西学院讲学时，正式提出了分形几何的概念。1975年他的法文专著《分形：形状、机遇和维数》的出版，标志着分形学理论的诞生。1982年出版的《自然界的分形几何》(The Fractal Geometry of Nature)等著作，给分形这一学科的发展以持续的推动力。

分形按照是否具备严格的完全自相似性而分为两类：一类为规则的决定论分形(亦即严格的完全自相似性分形)，这类分形体系中的自相似性是完全相同的，一般是由数学家按照一定的规则构造出来的，如均匀康托尔集(Cantor set)、科赫(Koch)曲线、谢尔宾斯基(Sverpinshi)地毯等；另一类为无规则随机分形，它的自相似性是近似的或统计意义上的相似，如描述几何相变的渗流模型、物理学中的布朗运动、用来模拟分支聚合物的晶格动物(Lattice animals)模型等。这种自相似性只存在于无标度域内，如果超出无标度域，自相似性就不复存在，也就不能用分形理论进行分析。

分形理论在自然科学、社会科学、思维科学等各个领域的广泛应用，使得以几何形态自相似为研究对象的狭义分形，扩展到了在结构、功能、信息、时间上等具有自相似性质的广义分形，诸如分形物理学、分形生物学、分形结构地质学、分形地震学、分形经济学、分形人口学等。这促使人们深刻认识到现代制造系统中也存在着许多部分与整体的自相似特征，运用分形理论研究现代制造系统的性质便成为一个必然的手段。

分形理论在制造系统中的应用主要包括分形理论在企业供应链、复杂系统建模、企业网络、制造决策映射建模及复杂产品的分形设计等方面。随着以人为中心的现代制造系统的进一步发展，学术界与业界的许多学者从企业信息集成模型的企业协同层、企业层和车间层出发，运用分形理论构造了更为实用的分形模型、分形元和分形制造系统(Fractal Manufacturing System)。

1. 基于企业协同层构造的分形制造系统

企业协同层的模式包括面向同一功能的协同、面向产品结构的协同、面向产品价值链的协同等。有学者运用分形理论从企业的功能结构构造分形元，将构造的分形元应用到从上到下的企业层、车间层、单元层、工作站层和设备层。

在企业协同层中，分形体主要由技术(technology)、供应链(supply chain)、制造商(manufacturer)和营销商(market)等组成，用集合表示如下：

Alliance=ΣA-technology∪ΣA-supply∪ΣA-manufacturer∪ΣA-market∪Σ…

Manufacturer=ΣM-technology∪ΣM-supply∪ΣM-workshop∪ΣM-market∪Σ…

Workshop=ΣW-technology∪ΣW-supply∪ΣW-division∪ΣW-market∪Σ…

Division=Σ…

其中，“A-”前缀表示联盟级组织单位，“M-”前缀表示企业级组织单位，“W-”前缀表示车间级组织单位。上述基于企业协同层的功能结构相似分形元在整个制造系统的各层次(车间层、设备层等)中也应该具有可操作性，使各层的模型也能达到同样的效果。对此，必须对企业层、车间层中的分形体进行具体分析。

2. 基于企业层构造的分形制造系统

1993 年德国的 Warnecke 教授提出了具有自相似、自优化和自组织特色的分形企业(Fractal Enterprise)理论，将制造系统看作具有自相似性的过程和结构的集成系统，如图 2.6 所示。

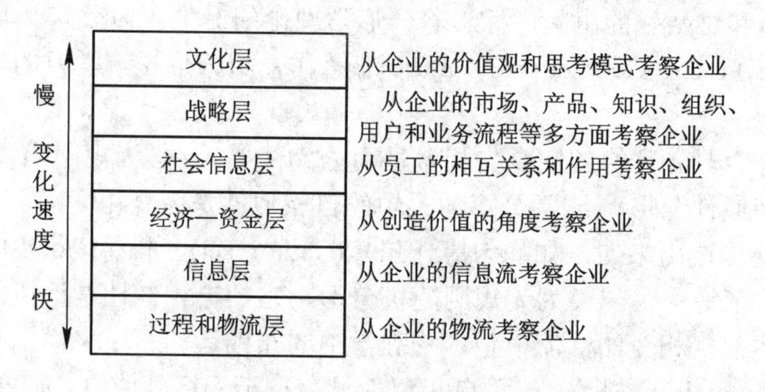

图 2.6　分形企业的概念层次

在图 2.6 中，分形单元定义为一个活动空间，包括资源、目标和约束。每个层次的分形单元的差异在于其活动空间范围、组成、规模和内容的不同，而要实现的功能具有相似分形结构。每个分形单元的目标受公司的策略影响，资源和约束受结构限制。这样的分形思想与传统企业有着本质的区别：传统企业为自己确定了一个有限的目标，可以容忍一定的废品率、最低限度的库存、系列范围很窄的标准产品等；分形企业则不断完善目标，追求尽量低的成本，无废品，零库存，“一个流”生产，产品品种无穷多样等。另一方面，分形企业由有关的雇员自己来设计分形单元，例如装配、生产线和市场营销构成的分形单元，需要素质较高、技艺精湛的工程师组织才能实现。这需要采用更加范式的分形组织结构来描述分形元结构、分形公司。

3. 基于车间层构造的分形制造系统

车间层制造系统的主要任务是进行产品的加工和装配，其制造模式包括单元制造系统、独立制造岛、自我管理工作小组和全能制造系统等，特点是以人为中心、高度自治、面向过程。在这样一种高效集成的制造系统中，人员、技术和管理等诸要素就构成了分形制造系统的分形元胞，分形元胞由人员、设备、技术、规范及信息处理机制五部分组成，用数学符号表示如下：

$$\mathrm{CELL}=\{P,D,T,R,I\}$$

式中：CELL 表示一个分形元胞；P 表示人员构成；D 表示相关设备；T 表示支持技术；R 表示操作规范；I 表示信息机制，是联系其他四个元素的纽带。现假定分形元胞的五个组成部分是从车间层中抽象出来的，对整个制造系统来说，在不同层次分形单元就被赋予了不同的任务，使这些要素在组成、规模、内容等方面呈现出结构上的相似性。

从上述模型分析可以看出，应用分形理论从制造系统的各个层次出发建立分形结构，进而应用到整个系统的观点，符合分形理论中可以从局部看到整体的哲学。这不仅证实了分形理论的应用价值，也说明分形作为一种自然规律能为现代制造系统的动态建模和具体实施提供指导。

2.2.3　仿生学与生物制造系统

人类在长期的生产实践中，模仿鱼类的形体造船，观察圆木的滚动发明车轮、轮胎等，形成了人类仿生学的早期萌芽。到了 20 世纪 40 年代，科学家们明确了机器与动物在自动控制、通信和统计动力学等一系列问题上的一致性和共同性，并在 1960 年由美国斯蒂尔提出了仿生学(Bionics)一词，他认为“仿生学是研究以模仿生物系统的方式、或是以具有生物系统特征的方式、或是以类似于生物系统方式工作的系统的科学”。

仿生学的诞生带给人类的是向生命系统学习的理念和模拟生命系统的方法。“提出模型，进行模拟”是仿生学的基本研究方法。模型是生物科学与技术科学间的桥梁，它连接并指导着这两个领域的研究工作；模拟是仿生学理论的实质所在，是通过联想心理过程来获得由一种事物到另一种事物的思维的推移与呼应，是从生命系统的角度研究其他问题的重要方法。人们借助仿生学的研究理念与方法，在自然科学与社会科学领域内取得了丰硕的研究成果，诸如微型机器方面的机器蝇、机器蜂、机器鱼，建筑材料方面的荷叶效应乳胶漆，管理仿生学方面的知识管理仿生学，细胞仿生工程方面的细胞通信生物计算机(Automatic Cell and Bionic Computer)模型、多基因系统调控研究的系统遗传学(System Genetics)以及生物计算(Biocomputation)、DNA 计算机技术等。

随着仿生学向各个领域的渗透，它的研究方法也渗入到各领域的研究工作中，人们在信息仿生学、控制仿生学、力学仿生学、化学仿生学、医学仿生学等领域中取得了新的成就，特别是快速原型技术在生物医学中应用得日渐深入，使得生物制造(Bio-manufacturing)的概念逐渐明确，范围涵盖了仿生制造、生物质和生物体制造，形成了生物制造学科的体系结构，如图 2.7 所示。

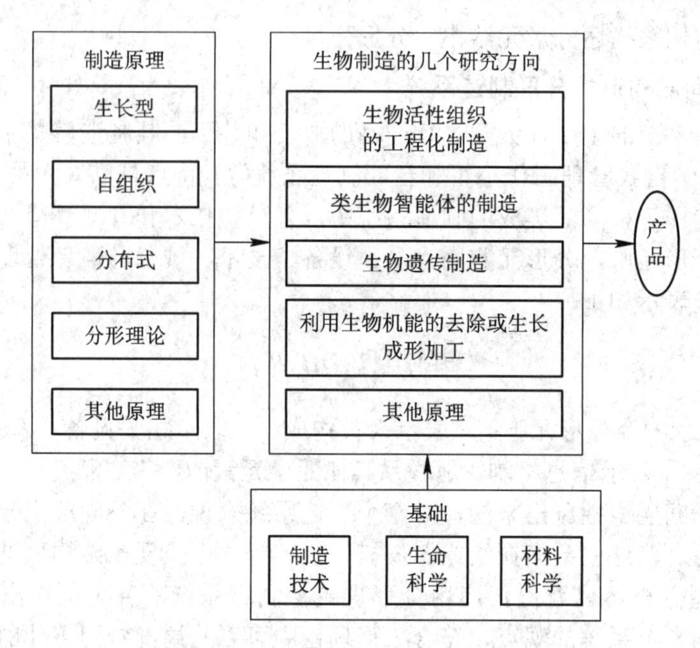

图 2.7　生物制造工程的体系结构

1) 生物活性组织的工程化制造

生物活性组织的工程化制造主要研究包括人工骨与人造肺、肾、心脏、皮肤等的工程化制造。该方法将组织工程材料与快速成型制造相结合，采用生物相容性和生物可降解材料，制造生长单元的框架，在生长单元内注入生长因子，使各生长单元并行生长以解决与人体的相容性及个体的适配性问题，满足快速生成的需求，实现人体器官的人工制造。

2) 类生物智能体的制造

利用可以通过控制含水量来控制伸缩的高分子材料，能够制成人工肌肉。人的皮肤是一个真正意义上的分布式传感器，借鉴生命科学和生长技术，有望制造出集分布式传感器、控制器和动作器为一体且可与外部通信、可受控的类生物智能体，它可以作为智能机器人的构件。类生物智能体制造进一步的发展方向是利用生物可降解材料，借助生长型制造方法制造出人体皮肤、人工器官，以维护人类的健康。类生物智能体的最高发展阶段是依靠生物分子的生物化学作用，制造类人脑的生物计算机芯片，即生物存储体和逻辑装置。

3) 生物遗传制造

目前，已知的生物有两种智力系统，其一是 DNA 智力系统，其二是神经元智力系统。DNA 智力系统主要由基因和智因构成，基因承担着具体的、现实的工作(制造生命体结构、运转生命体等)，智因承担着管理基因(启动若干基因工作、关闭其他基因)和设计制造新基因的工作，因此，智因也可以称为制造基因的母基因。只有当智因完成设计制造新基因的工作之后，新基因才会投入具体的现实的工作，而这通常也就意味着新器官的出现和新物种的诞生。因此，依靠生物 DNA 的自我复制实现生物遗传制造，即利用转基因实现一定几何形状、各几何形状位置不同的物理力学性能、生物材料和非生物材料的有机结合，这是交叉性前沿课题。

4) 利用生物机能的去除或生长成形加工

利用生物机能的去除或生长成形加工主要是发现培养能对工程材料进行加工的微生物，或能快速繁殖、定向生长成形的微生物。利用微生物进行工程材料加工具有多种优点：

(1) 以生物为对象，不依赖地球上的有限资源，不受原料的限制；

(2) 生物反应比化学合成反应所需的温度要低得多，可以简化生产步骤，节约能源，降低成本，减少对环境的污染；

(3) 可开辟一条安全有效地生产价格低廉、纯净的生物制品的新途径；

(4) 能解决传统技术或常规方法所不能解决的许多重大难题，如遗传疾病的诊治，并为肿瘤、能源、环境保护提供新的解决办法；

(5) 可定向创造新品种、新物种，适应多方面的需要，造福于人类。

2.2.4　协同论与协同制造系统

理论物理学家 Haken 在 20 世纪 60 年代积极从事激光理论研究，他发现激光呈现出丰富的合作现象，从而得出了协同作用的重要概念，并于 1977 年创立了协同论(Synergetics)。

协同论以信息论、控制论、耗散结构理论、突变论等现代科学理论为基础，采用统计学与动力学相结合的方法，研究系统内部各子系统之间通过非线性相互作用产生协同效应，使系统从混沌无序向有序，从低级有序向高级有序，以及从有序状态向混沌状态演化的规律，建立了一整套数学模型和处理方案，包括协同论的基本原理：协同效用原理、支配原理、自组织原理。

(1) 协同效用原理即“协同导致有序”。系统的有序性是由系统要素的协同作用形成的，协同作用是任何复杂系统本身所固有的自组织能力，是形成系统有序结构的内驱力。系统的这种自组织现象只能在含有大量子系统的复杂系统中才能实现。

(2) 支配原理。在复杂系统中有两类变量，即快变量与慢变量，它们的地位不同，复杂系统在由不稳定点向新有序时空结构转变时，起支配控制作用的变量是慢变量。快变量在系统受到干扰而偏离稳态时，总是倾向于使系统重新回到原来的稳态，这种变量起到类似阻尼的作用，并衰减得很快。慢变量在系统因涨落而偏离稳态时，总是倾向于使系统更加偏离原来的稳态而走向非稳态，这种变量在系统处于稳态与非稳态的临界区时，呈现出一种无阻尼特征，并且衰减得很慢。

(3) 自组织原理。系统在没有外部指令的条件下，其内部子系统之间能够按照某种规则自动形成一定的结构或功能，它具有内在性和自生性。在外部能量和物质输入的情况下，系统会通过大量子系统间的协同作用，在自身涨落力的推动下，形成新的时空结构。

上述协同论的观点表明，系统由无序到有序的关键不在于平衡、非平衡或离平衡态有多远，而在于组成系统的各子系统在一定条件下，它们之间的非线性作用、相互协同和合作。因此，协同论是构成现代制造系统的重要理论基础，如协同控制的制造系统、敏捷制造的“竞争→合作→协调”机制等。

2.2.5 突变论与制造系统重构

突变论(Catastrophe Theory)是 20 世纪 90 年代提出的企业重组的理论基础之一，它是法国数学家托姆在 1972 年创立的，是一个新的数学分支，也是系统科学发展中的一个重要分支。以往的数学只能解决连续变化(离散连续)问题，对那些突然出现的非连续性变化显得无能为力，而突变论从量的角度研究各种事物不连续变化的问题，进行从量变到质变的研究。它用形象而精确的数学模型来模拟突变过程，其要点在于考察这一过程从一种稳态到另一种稳态的跃迁。运用的数学工具主要为拓扑学、奇点理论和结构稳定性理论。

突变论以稳定性理论为基础，通过对系统稳定性的研究，阐明了稳定态与非稳定态、渐变与突变的特征及其相互关系，揭示了突变现象的规律和特点。托姆的突变论的基本观点主要有以下几点：

(1) 稳定机制是事物的普遍特性之一，是突变论阐述的主要内容，事物的变化发展是其稳定态与非稳定态交互运行的过程。

(2) 质变可以通过渐变和突变两种途径来实现，至于质变到底是以哪种方式进行的，关键要看质变经历的中间过渡态是不是稳定的。如果是稳定的，那么就是通过渐变方式达到质变的；如果不稳定，就是通过突变方式达到的。

(3) 在一种结构稳定态中的变化属于量变，在两种结构稳定态中的变化或在结构稳定态与不稳定态之间的变化则是质变。量变必然体现为渐变，突变必然导致质变，而质变则可以通过突变和渐变两种方式来实现。

2.3 制造系统运作与控制理论

2.3.1 运筹学方法与制造系统运行优化

运筹学是将系统思想定量化所形成的数学理论和算法，通常运用模型化的方法，将一个已确定研究范围的现实问题，按预期目标，将主要因素及各种约束条件之间的因果关系、逻辑关系建立数学模型，通过模型求解来寻求最优方案。运筹学研究的问题大致可分为八类：分配问题、库存问题、排队问题、顺序问题、更新问题、路线问题、对抗问题和搜索问题。依据研究的问题，运筹学的数学分支主要有线性规划、非线性规划、动态规划、排队论、存储论、决策论、博弈论等，这些数学方法已成为实际运筹工作的数学工具。

1. 线性规划与非线性规划

在经营管理工作中，往往会遇到如何恰当地运转人员、设备、材料、资金、信息、时间等因素构成的体系，以便最有效地实现预定工作任务的问题。这一类统筹计划问题用数学语言表达出来，就是在一组约束条件下寻求一个目标或多个目标函数的极值问题，诸如交通运输管理、工程建设、生产计划安排等。将约束条件表示为线性方程式，目标

函数表示为线性函数，即为线性规划，其数学模型的标准形式为

$$\begin{cases} \min \quad z = \boldsymbol{C}^{\mathrm{T}}\boldsymbol{X} \\ \text{s.t.} \quad \boldsymbol{AX} = \boldsymbol{b} \\ \qquad\quad \boldsymbol{X} \geqslant \boldsymbol{0} \end{cases}$$

如果在所要考虑的数学规划问题中，目标函数与约束条件不全是线性的，就称之为非线性规划问题。非线性规划就是求解这类问题的数学理论和方法，诸如在工程设计、过程控制、经济学以及其他数学领域中的许多定量问题，都可以表示为非线性规划问题。决策变量中要求取值必须满足整数的线性规划问题称为整数规划。

2. 动态规划

动态规划(Dynamic Programming)是一种多阶段决策优化过程的通用方法，是在 20 世纪 50 年代由美国数学家 Richard Bellman 所提出的，其中的规划意味着一系列的决策(如图 2.8 所示)，而动态则传递着所做的决策依赖于当前状态，而与此前所做的决策无关，即在变化的状态中寻求最优决策序列。

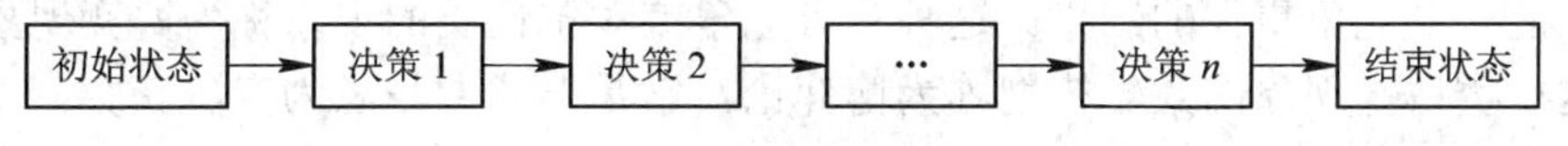

图 2.8　动态规划决策过程示意图

动态规划的决策过程一般由初始状态开始，按顺序求解子阶段，前一子问题的解为后一子问题的求解提供有用的信息。在求解任一子问题时，列出各种可能的局部解，通过决策保留那些有可能达到最优的局部解，依次解决各子问题，达到结束状态时，最后一个子问题的解即为初始问题的解。

3. 排队论

排队论研究排队现象的统计规律性，并用以指导服务系统的最优设计和最优经营策略，又称为随机服务系统理论。在这种服务系统中，服务对象何时到达和其占用系统的时间长短事先都无从确知。这是一种随机聚散现象，通过对每个个别的随机服务现象统计规律的研究，找出反映这些随机现象平均特性的规律，从而在保证较好经济效益的前提下改进服务系统的工作能力(详细内容可参看相关章节)。

4. 存储论

在经营管理工作中，为了保证系统有效运转，往往需要对原材料、元器件、设备、资金以及其他物资保障条件保持必要的储备。存储论就是用数学方法研究在什么时间、以多少数量、从什么供应渠道来补充这些设备，使得在保证生产正常运行的情况下，保持库存和补充采购的总费用最少，如 JIT、MRPⅡ、Supply Chain 等。

存储过程通常包括三个环节：订购进货、存储(仓库)和供给需求。对于存储系统而言，订购时间和订购量一般是可控的因素，而外部需求一般是不可控的因素，但可以预测，总体上需求分为确定型存储模型和随机型存储模型(详细内容可参看相关运筹学文献)。

5. 决策论

决策论是在概率论的基础上发展起来的。随着概率论的发展，早在 1763 年贝叶斯

发现条件概率定理时，统计判定理论就已产生萌芽。1815 年拉普拉斯用此定理估计第二天太阳还将升起的概率，把统计判定理论推向了一个新阶段。统计判定理论实际上是在风险情况下的决策理论。这些理论与对策理论在概念上相结合，发展成为现代的决策论，成为运筹学的一个重要分支。

决策论广泛应用在经营生产管理等众多领域中，通过对系统的状态信息、根据这些信息可能选取的策略以及采取这些策略对系统状态所产生的后果进行综合研究，以便按照某种衡量准则选择一个最优的策略。决策论的数学工具有动态规划、马尔科夫决策过程等。

6. 博弈论(又称对策论)

在日常生活中，随处可见具有对抗性竞争的现象，诸如下棋、打牌、体育竞赛、价格竞争、生产管理、贸易谈判、攻防训练等。这些现象都是冲突双方处于一种竞争或对抗状态中，参与对抗的各方都有一定的策略可供选择，且每个参与者的决策都能对事件的结果产生一定的影响，但是不能单独完全决定事件的结果，机会也不能单独决定事件的结果，每个参与者只有在对方可能采取的行动和机会的条件下选择一种最优的行动方针，才能得到竞争事件的结果。这种带有竞争或对抗性质的现象称为博弈现象。我们把研究这一类博弈现象的数学模型称为博弈论，它是描述参与者为竞争获胜应如何作出决策的数学理论和方法，是用来研究对抗性的竞争局势的数学模型，可帮助我们探索最优的对抗策略。

在上述各式各样的博弈现象中，存在着共同的特征：两个或两个以上具有利害冲突的参与者处于一种不相容的状态中，即一方的行动必须取决于对方所采取的行动。这一特征蕴含着对策论的基本要素：局中人(参与者)、策略(局中人在一局对策中为对付对方而采取的一个可行的、自始至终通盘筹划的行动方案，或理解为局中人在一场竞争中所采取的一个从头到尾的全部完整的计划方案)和支付(一局结束后，局中人所获得的结果，支付也称得失，它对于每个局中人而言，可以是按照某种确定的竞争规则得了多少或失了多少，也可以是胜利了或失败了，也可以是收入多少或支出多少等)。博弈论依据局中人的多少，分为 1 人博弈、2 人博弈和 n 人博弈。对于仅有 2 人参与的对抗性竞争局势，若一人之所得即为对方之所失，则称为二人零和博弈。二人零和博弈和线性规划有密切关系。

例如，两个小孩玩“剪刀、石头、布”的游戏，其胜负可用矩阵表示如下：

		乙方		
		剪刀	石头	布
	剪刀	0	–1	1
甲方	石头	1	0	–1
	布	–1	1	0

甲乙两个小孩，各自有剪刀、石头、布三种可供选择的策略。上述矩阵就是双方各取一种策略的胜负情况：“0”表示和局，“1”表示胜一分，“–1”表示输一分。该游戏只有甲乙两方参加，是二人博弈，因甲方之胜就是乙方之负，故称二人零和博弈，上述矩阵称为二人零和博弈矩阵，又称为支付矩阵。在这类零和博弈中，一旦双方选定策略，得失便成定局。这里的一个根本问题是选取最优策略问题。先引入两个概念：一是纯策

略，如剪刀、石头、布就是一个纯策略；再一个就是混合策略，如甲乙两个小孩共玩 10 次游戏，甲出三次剪刀、三次石头、四次布，每一个策略所使用的“频率”为 0.3、0.3、0.4，这就是一个混合策略。这样一来，对方喜爱出什么就在概率统计中得到了体现，当一个博弈重复进行多次时，局中人使用的混合策略仍存在一个最优值的问题。

博弈论的早期应用在国内外均有著名的案例可循，如战国时间田忌赛马的故事，德国数学家 E.Zermelo 关于国际象棋的三种走法(不依赖于黑方如何，白方总取胜的走法；不依赖于白方，黑方总取胜的走法；有一方总能达到和局的走法)等，但都没有进行系统化和理论化。直到 1928 年 J.V.Neumann 证明了博弈论的基本定理——最大值、最小值定理后，博弈论才真正成为了数学的分支，并广泛应用于政治、军事、经济等领域。

2.3.2　误差流理论与制造系统质量控制

1. 产品尺寸误差概念

产品尺寸误差是指产品零部件在制造系统中受各种误差源(设计、制造、储运等方面的误差因素)的影响，尺寸误差不断地产生、累积和传递，最终形成产品的实际尺寸相对于设计尺寸的偏离差值。产品尺寸误差将直接影响到产品质量、生产率和市场响应时间等要素。

2. 误差流控制方法

(1) 提高设计阶段“首次正确率”以控制误差流。产品开发的质量和效率主要取决于产品设计的“首次正确率”，其目的就是尽量减少在制造阶段对产品和工艺进行的修改。

(2) 通过误差源的诊断控制误差流，实现精密化制造，不仅需要在设计阶段提高“首次正确率”，而且需要在制造阶段快速有效地诊断和排除系统误差源。

(3) 充分利用多工序间复杂的相关性控制误差流。为了实现误差流的控制，需要在建立关键特征分析流程的基础上，揭示关键特征之间相互影响的逻辑关系，建立产品误差与各种误差之间定量关系的数学模型，通过对误差传递的过程进行机理性的描述，系统地指导产品尺寸的设计与优化。

3. 误差流理论的应用

误差流理论作为误差分析、建模、诊断和控制的有效工具，已经在汽车车身制造、半导体制造与装配、飞机关键零部件的制造与装配、发动机制造等领域得到成功应用。下面以汽车车身焊装误差的形成及其控制为例，分析产品设计、焊接夹具、零件尺寸、焊接变形和操作过程变形五个方面对车身焊装的影响。

1) 产品设计

保证产品质量必须从产品设计开始。从工艺设计的角度来讲，产品的工艺性要好，包括冲压工艺性、装焊工艺性、装配工艺性及外观成形工艺性等，它们是相互联系又相互制约的，要综合起来考虑。评价一个产品的工艺性时，首先要分析该产品结构是否有足够可进行分解装配焊接的工艺分离面。其次，在冲压工艺允许的情况下，应尽可能减少车身零件的分块，尽量采用整体结构，特别是对不容易保证结构尺寸或尺寸要求较高的焊接结构要尽量采用整体冲压件，如整体门框、整体侧围护面及整体前风窗框等零件就采用整体冲压工艺，以减小装配误差和焊接变形。最后，冲压件的结构和形面设计，装配孔、工艺孔的安排布置及焊接接头的设计也要合理，这样可以很好地进行定位和焊装，从而减小焊装误差。

在进行产品设计时，还要考虑焊接方法的采用。首先，在满足结构使用性能的前提下，应尽量降低板厚，使焊接接头的设计尽量采用电阻点焊方法，以减小变形，且接头的设计要有利于焊接操作。其次，在满足结构形状刚度和强度的前提下，还要使焊接量降到最少，以减小焊接变形。最后，设计基准应与装配基准或加工面基准重合，或者说有装配关系的相邻结构面应选择同一设计基准，这样有利于焊接夹具的设计并保证焊装精度。

2) 焊接夹具

焊接夹具的作用是保证焊装零件之间的相对位置和焊接件的尺寸精度，减少焊装过程中焊接件的变形，提高焊装生产率。焊接夹具主要由定位装置、夹紧装置以及夹具底座构成，装夹定位和夹紧、焊接和取出构成了整个焊装过程。在焊接夹具设计、制造、调整、使用和维护等各个环节都存在着产生焊装误差的因素。

3) 零件尺寸

零件尺寸不合格也是造成焊装误差的一个原因。一般情况下零件的某些尺寸误差对焊装所造成的影响可以通过调整夹具来消除，但在很多情况下，零件尺寸不合格特别是主要尺寸不合格都会产生焊装误差。这主要表现为零件无法在夹具上装夹，或其他零件之间不贴合、过渡不协调，从而造成无法焊装；有些虽然不影响在夹具上的焊装，但由于零件之间不协调，虽在夹具较大的压紧力作用下强行贴合，使其点焊在一起了，却同时产生了较大的强制变形，从而也产生了焊装误差。因此，零件的尺寸是应该得到保证的，特别是一些重要的装配孔、装配面和工艺孔的尺寸是必须严格加以控制的。零件的尺寸误差主要取决于冲压模具的设计和制造水平，另外，由于薄板冲压件弹性大、刚性小、尺寸稳定性差，存在一定的可变形性，即使是合格的冲压件，在运输、操作过程中也很容易产生变形，因此要采取措施进行控制。

4) 焊接变形

焊接变形引起的焊装误差一般难以进行定量计算，焊接变形量的确定应通过理论分析与实际测量相结合。理论分析是对各部位的变形情况进行大致的定性分析，具体数值大小还要进行实际测量或试验测量。焊接变形量的测量所需要的检测手段比较复杂，而且对于不同部位、不同焊接方法和规范以及不同的操作顺序等都要具体分析。通过对夹具的调整在夹具上进行反变形，可以抵消一部分焊接变形的影响，但有时不可能完全依靠夹具来解决问题。汽车车身焊装时，应选择合理的焊接方法和焊接工艺，以减少焊接变形，而且还要保证焊接变形比较稳定和容易控制。

5) 操作过程变形

一个零部件焊好后，应随即将其从夹具中取出，放入另一个夹具中进行焊装。在这一系列装夹取放的过程中，不可避免地会产生一定的变形，造成焊装误差。这种焊装误差一般属于随机误差，要尽量避免。为保证质量，焊装工作全部在随行夹具上进行，当工件焊装完成后，工件与随行夹具一起传送到下一工位，全部工作完成后，工件吊离夹具，空夹具继续作用。随行夹具不仅有利于零、组件定位基准的统一，而且由于取消了工件重复装夹取放的过程，也减少了操作过程中所引起的变形，同时加快了生产节拍。其缺点主要是成本较高，在随行夹具上有些焊点手工焊钳往往达不到，它主要适用于自动化点焊，可以根据需要部分采用随行夹具。

整个汽车焊装过程是一个既具有静态又具有动态的复杂系统。汽车焊装有其内在的规律，就是影响焊装质量的各个因素与焊装质量之间以及各因素之间所具有的本质的必然的联系。要保证良好的车身焊装质量，从产品开发设计，直至生产出成品的一系列环节和过程，都必须采用先进的技术管理方法、质量管理方法和质量检测手段，综合控制汽车焊装误差，才能提高汽车焊装质量。

2.3.3　离散事件系统理论与制造系统建模仿真

离散事件系统(Discrete Event Dynamic System，DEDS)是由异步、突发的事件驱动状态演化的动态系统。这种系统的状态通常只取有限个离散值，对应于系统部件的好坏、忙闲及待处理工件个数等可能的物理状况，或计划制定、作业调度等宏观管理的状况。而这些状态的变化则由诸如某些环境条件的出现或消失、系统操作的启动或完成等各种事件的发生而引起。

对这种系统，首先关心的是它的逻辑行为，可用其演化过程的状态序列和事件序列来刻画。系统的功能表现为只允许发生某些符合要求的状态/事件序列，以表示完成的某些任务或防止的各种失误。这类问题可用实体流图法、活动循环图法、Petri 网模型等描述其逻辑层次和解决方法，详细的制造系统模型化方法可参见相关的章节。

对于复杂系统，诸如并行计算、公共服务和生产加工系统等，决定演化过程的状态序列和事件序列具有随机性，这增加了系统分析的难度，需要综合运用极大代数法、赋时 Petri 网模型、随机过程理论、排队网络模型、计划排序方法、实时调度技术等来研究系统中各种操作(事件序列)和状态演化的时间关系，并用摄动分析、似然比等数据分析和优化方法，提高计算机仿真的效率。

2.3.4　耗散结构理论与制造系统演化模型

耗散结构理论(Dissipativve Structure Theory，DST)是比利时物理学家普利高津于 1969 年提出的一种科学理论，该理论讨论了系统在与外界环境交换物质和能量的过程中从混沌向有序转化的机理、条件和规律，即一个远离平衡态(平衡态时熵最大)的开放系统(不管是力学、物理化学的，还是生命的)，在外界条件变化达到一定阈值时，量变可以发生质变(由无序到有序的突变)，突变后形成在时间和空间上行为协调一致的有序状态，即耗散结构。耗散结构形成的机制及其条件，对我们运用耗散结构理论分析企业系统或制造系统在时间和空间上的演化进程具有重要的启示作用，具体表现在以下三个方面。

(1) 开放系统是产生耗散结构的前提，孤立系统和封闭系统都不可能产生耗散结构。耗散结构理论强调系统的开放性，因为只有当系统对外开放时，系统与外界之间才会有物质交换和能量交换，如图 2.9 所示。

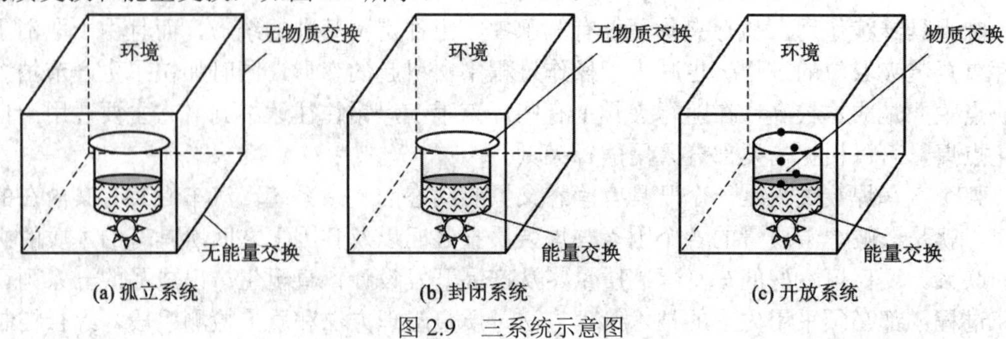

图 2.9　三系统示意图

对于现代企业系统，其最基本的过程就是“投入—产出”，一方面需要与外界环境不断地进行物质、能量和信息交换，比如原材料的购进，能源的持续输入，加工设备和人力资源的大量投入，行业标准及规范的修订，国家法律法规及政策的制约，税务部门的审核及征税。另一方面通过加工后形成的产品，销售给用户以使资金很快地回收，这需要时刻关注同类产品在市场中的竞争对手，从而采取相应的竞争策略；需要以各种途径了解消费群体，并与之有效沟通，采取相应的营销策略；需要通过广告宣传，增加自身品牌的受众，营造企业优良的自身形象等。这个输入—输出的过程一旦停下来，企业内部的所有秩序或结构都将会瓦解；反之，当输入—输出过程的能量、物流、信息、技术和资金流畅通时，企业组织结构就会井然有序而运行高效。因此，企业系统维持有序的基础依赖于开放的输入—输出过程，这就显露出耗散结构理论中的“开放性”思想对一个企业的管理起到宗旨性指引作用。

(2) 耗散结构理论强调非平衡态是有序之源，系统必须处于远离平衡的非线性区，在平衡区或近平衡区都不可能从一种有序走向另一种更为高级的有序。这一观点在企业系统发展的过程中也随处可见，比如竞争上岗机制中的“竞争”就是一种非平衡态，工作人员为了获得更高的工资或使自己级别职称得到提升，会更加积极努力地扩充自己的知识，提高自己的业绩，最终促使企业的整体生产效率得到提高。另外，企业对其产品的定价管理也是一种非平衡态，当受外界市场的影响，产品价格相对过高而不占优势时，企业就不得不将其价格降低，并达到一种临时性的相对稳定。

(3) 耗散结构理论提出涨落导致有序的观点，即系统中必须有某些非线性动力学过程，如正负反馈机制等，正是这种非线性相互作用使得系统内部各要素之间产生协同作用和相干效应，从而使得系统从杂乱无章变为井然有序。这体现在企业系统的营销管理中就称之为“马鞭效应”。比如一个生产企业，它起初对一种产品采取的营销方式是：价格策略采用撇油定价法，进行高定价策略；渠道策略采用包含批发商、零售商在内的中间商进行渠道拓展；促销策略采用大量投放广告的方法，提高产品及公司的知名度。当发展一段时间后，企业发现本产品的价格在市场上不具有竞争力，需要降低时，其营销方式中各要素都要发生相应的变化才能适应市场的需求：价格策略变成低价策略；渠道策略改用直销方式；促销策略采用推销人员上门推销方式，并取消广告投入，从而使得营销方式形成一种新的稳定状态。因此，“涨落导致有序”的观点告诉人们，系统中的任何一个元素都有可能随时发生变化，而且任一元素的微小变化都能使得整个系统中的其他元素发生变化，并最终形成一个新的相对稳定状态。在企业管理中，管理者应该重视发生在企业中的任何意外和变化，并及时采取措施，对相应问题进行整体性宏观调整，从而维持企业稳定地发展。

2.4　制造系统决策理论

2.4.1　系统动力学方法与企业系统决策

1. 系统动力学概念

系统动力学方法(System Dynamics，SD)或称系统动态学方法，是一门综合运用系统论(System Theory)、控制论、信息论、伺服机械学(Servo-mechanism)、决策理论以及计算机仿真(Computer Simulation)等多个学科的理论和方法，形成的以反馈控制理论为基础，以计算机仿真为主要手段，研究大型非线性复杂系统动态行为的定性与定量相结合的系统分析方法。

系统动力学方法自 20 世纪 50 年代由美国麻省理工学院 Forrester 教授创建以来，已成功地应用于企业系统、城市集群、区域经济、生态平衡、人口问题、国家管理甚至世界规模的许多战略与决策分析中，被誉为“战略与决策实验室”。例如，研究工业系统的企业活动(诸如生产与雇员情况的波动、企业的供销、生产与库存、股票与市场增长的不稳定性)等问题的工业动力学(Industrial Dynamics)，研究城市发展动态的城市动力学模式(Urban Dynamics)，研究世界人口、生产活动、环境污染、自然资源等问题的世界动力学模式(World Dynamics)等。系统动力学对这些大规模复杂问题的研究揭示了系统行为演变背后的结构性原因(互动机制)，为相关机构或组织提供了政策设计与试验的练习场。

2. 系统动力学的基本术语

系统动力学有其独特的概念术语，掌握这些概念术语才能有效地理解和运用系统动力学的原理和方法，并把数学方程转换成能被计算机识别的语言，进而在计算机上进行仿真。

1) 因果关系反馈回路(Feedback Loop)

系统动力学是过程导向的研究方法，它对问题的理解，是从系统行为与内在机制间紧密的依赖关系出发，揭示产生形态变化的因果关系。因果关系的描述简单而实用，为我们研究复杂大系统问题提供了科学的思路和方法。

如图 2.10 所示，如果事件 A(原因)引起了事件 B(结果)，那么事件 A 和事件 B 之间就构成了因果关系，AB 之间的箭线称为因果箭，也可称为有向线段或有向弧，箭头表示因果联系的正负极性。如果事件 A 到事件 B 具有正因果关系，简称正关系，用“+”表示；如果事件 A 到事件 B 具有负因果关系，简称负关系，用“－”表示。

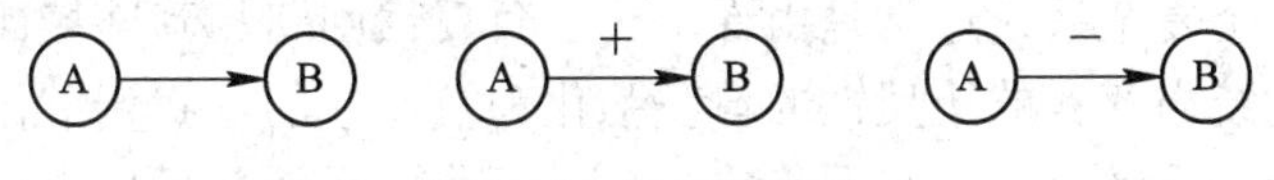

图 2.10　因果关系图

上述因果关系具有传递性，由因果箭对具有传递性质的因果关系加以描绘即得到因果链，而由两个以上的因果关系链首尾串联，就构成了因果反馈回路，如图 2.11 所示。

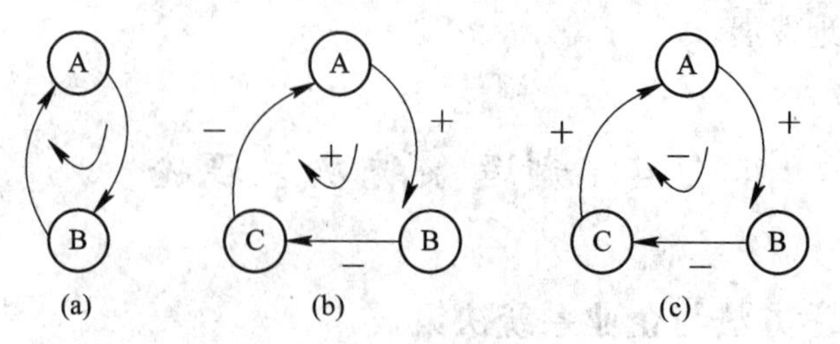

图 2.11　因果关系反馈回路示意图

图 2.11(a)是由两个互为因果关系的事件构成的反馈回路。图 2.11(b)是由三个互为因果关系的事件构成的反馈回路,即由一个正因果关系和两个负因果关系构成的反馈回路,当 A 增加→B 增加→C 减少→A 增加时，也就是说，在反馈回路中，任何一个变量的增加，经过反馈回路的作用，均会引起自身同一方向变化趋势的加强，则这样的反馈回路称为正反馈回路。正反馈回路会自我强化变动的效果，使系统处于不稳定的状态。图 2.11(c)也是由三个事件构成的反馈回路，当其中任何一个事件的量增加，经过反馈回路的作用，会引起自身向同一方向的变动趋势减弱，使系统自身拥有自我调节的能力而使其处于稳定的状态，则这样的回路称为负反馈回路。事实上，判断一个因果关系反馈回路是正反馈还是负反馈，一般采用的判别标准是：因果关系反馈回路的符号与所含因果箭符号的乘积符号相同，或者说在同一个因果反馈回路中，若含有奇数条极性为负的因果箭，则整个因果关系回路是负反馈回路；反之，就是正反馈回路。

图 2.12(a)描述了水箱 A 要保持的期望水位与进水阀门开度、进水速率、出水阀门开度、出水速率之间的相互作用关系。对于水箱 A，进水量与出水量的波动均会影响其所保持的期望水位，这种控制关系可用因果关系反馈回路表示，如图 2.12(b)所示。图中由两个因果关系反馈回路构成了控制水箱水位的决策规则。

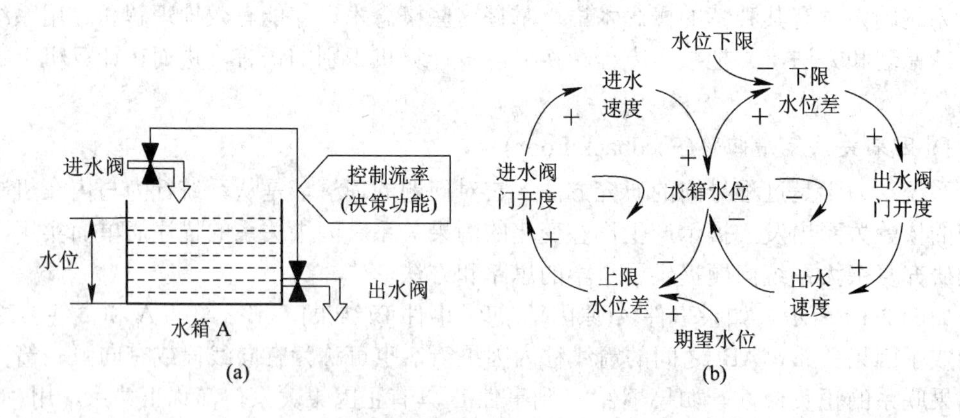

图 2.12　水箱液面水位控制的因果关系示意图

综上所述，一个复杂系统通常是由许多正、负反馈回路相互连接而形成的复杂结构的综合体，由于系统内存在的正反馈的自我强化和负反馈的自我调节作用不完全相等，因而从总体上来看，系统有稳定和不稳定之分，不稳定系统会呈现出持续增长或持续衰退的特征。

2) 积累和流速

系统状态随时间而变化的情况可以形象地看作一种流，系统动力学就是通过研究流来掌握系统的性质和运动规律的，比如描述社会系统状态变化的四种流：一是物流(Materials Flow)，如原材料、半成品、成品、固定资产、自然资源、能源等；二是订货流(Order Flow)，如商品订货量、人才需求量、土地需求量等；三是资金流(Money Flow)，即现金、存款、货币流动等；四是信息流(Information Flow)，如技术专利、情报资料、科研成果等。因此，在系统动力学中，决策是根据系统状态信息所做出的控制行为，系统的决策过程都可以用流的反馈回路来表示(见图 2.13)。决策的反馈回路事实上就是连接决策(流速)、积累、行动、信息的完整过程，如复杂的企业模型、行业模型、区域经济模型等。

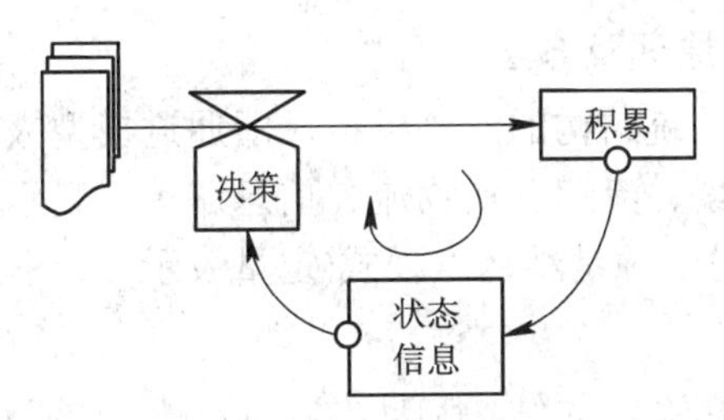

图 2.13　决策反馈回路

积累也称为水准变量(Level)，是系统内部流的堆积量，是用来描述系统状态的概念，如企业中的产品库存量、社会的总人口数、银行的存款等，都是随时间推移而累积或减少的事物。系统中某一时间间隔积累的增量，等于同一时间间隔内输入流量和输出流量之差。凡是在系统内可以用流的概念来描述的状态变化都存在着积累。除了物流的积累之外，在信息网络中还存在着信息的积累。

流速也称为决策变量或速率变量(Rate)，是系统中单位时间内通过的流量，它表明流的活动状态。如果说积累表示流动的结果，流速则表示流动自身的状态。当系统的流速发生变化时，系统原来的平衡状态就会被打破，这时系统各种流的积累也会相应地发生变化。促使系统流速发生变化的原因可能是系统外部因素的干扰，也可能是系统内部积累信息所确定的输出流速的变化。有些系统在打破平衡状态之后，输入流速和输出流速会自行调节，趋于新的平衡状态。

3) 延迟

在现实的社会生活中，不论是生产、运输、传递过程，还是系统决策过程，都存在着或长或短的时间延迟。系统内各因素的相互作用和相互影响，也需要经历一定的时间才能完成，这种现象就称为延迟。延迟一般分为一次延迟和多次延迟。如工业投资中，如果投资完成以后，生产能力迅速上升，而后减慢，最后达到一定的生产水平不再上升(见图 2.14(a))，则可以用一次延迟表示；如果投资完成后，生产能力的变化呈现 S 形曲线增长趋势(见图 2.14(b))，则可以用三次或更高次的延迟来表示，图中 R_1 表示理想的阶跃响应，R_3 表示三次延迟。

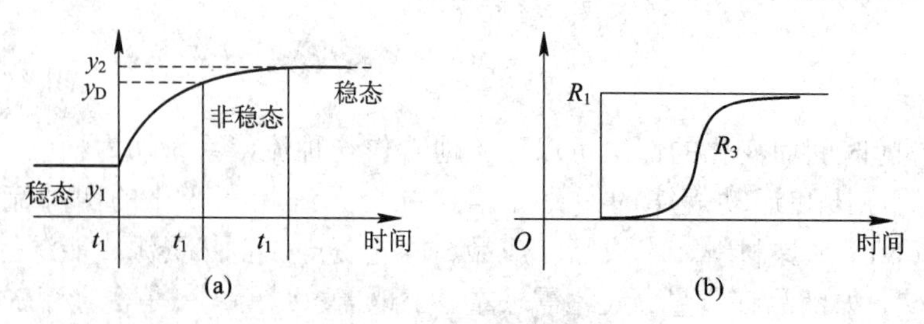

图 2.14　延迟示意图

信息反馈的动态特征在于系统中存在着延迟现象。当流的输入作用于系统之后，在延迟的一段时间内，输入流和输出流是不相等的，这就意味着系统中有流的残存量。因此，也可把延迟看作流的特殊形式的积累，从而影响系统状态的变化。不论是实物流的延迟，还是信息流的延迟，都可以用积累方程或流速方程描述。

3. 系统动力学模型化原理及方法

系统动力学的模型是系统结构的一种模拟，即通过模型来描述系统动态行为特征。构成模型的基本要素是积累、流速、实物流、信息流等。表示模型的方法有两种：一种是系统流图(定性表示)，另一种是结构方程式(定量表示)。

1) 系统流图

为了形象而直观地把握系统的结构和动态特征，人们借助于图形、图表等形象化的语言，创造了系统流图的表达方式。系统流图是由系统的要素符号和流的符号组成的，用以描述系统结构和动态特征的模型图(见图 2.15)。

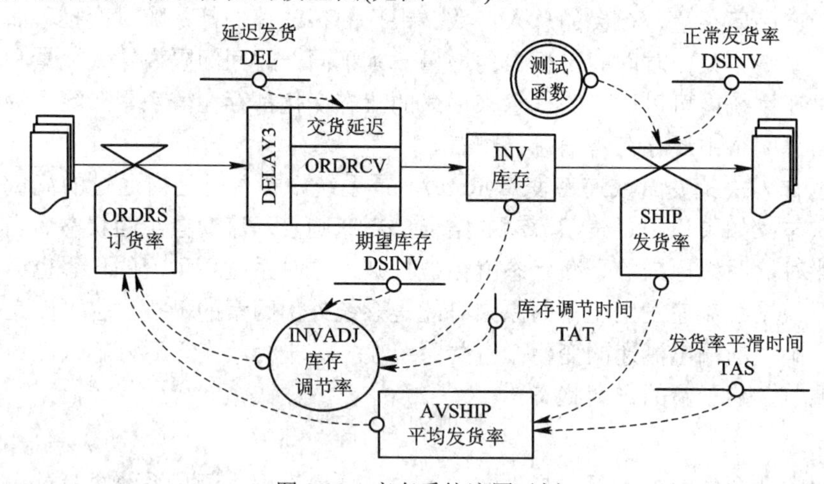

图 2.15　库存系统流图示例

流的符号表示系统中各要素间的相互关系和相互作用的性质，是系统动态行为的具体体现，实际应用中通常有四种，即物料流、订货流、资金流和信息流，它们分别用不同的符号表示，如图 2.16 所示。要素符号表示系统诸变量及其辅助变量的表现形式，常用的系统流图的要素符号及其意义如图 2.17 所示。

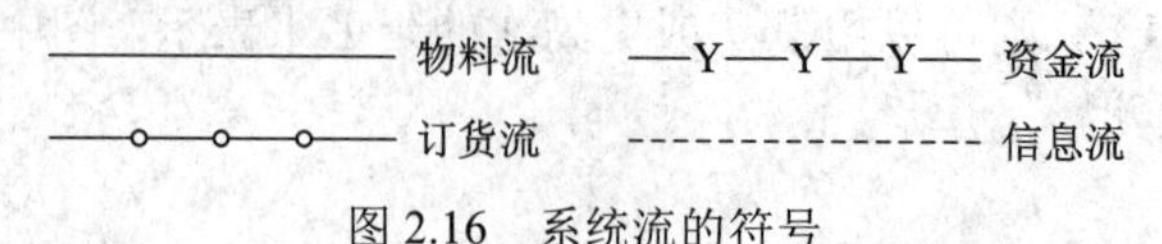

图 2.16　系统流的符号

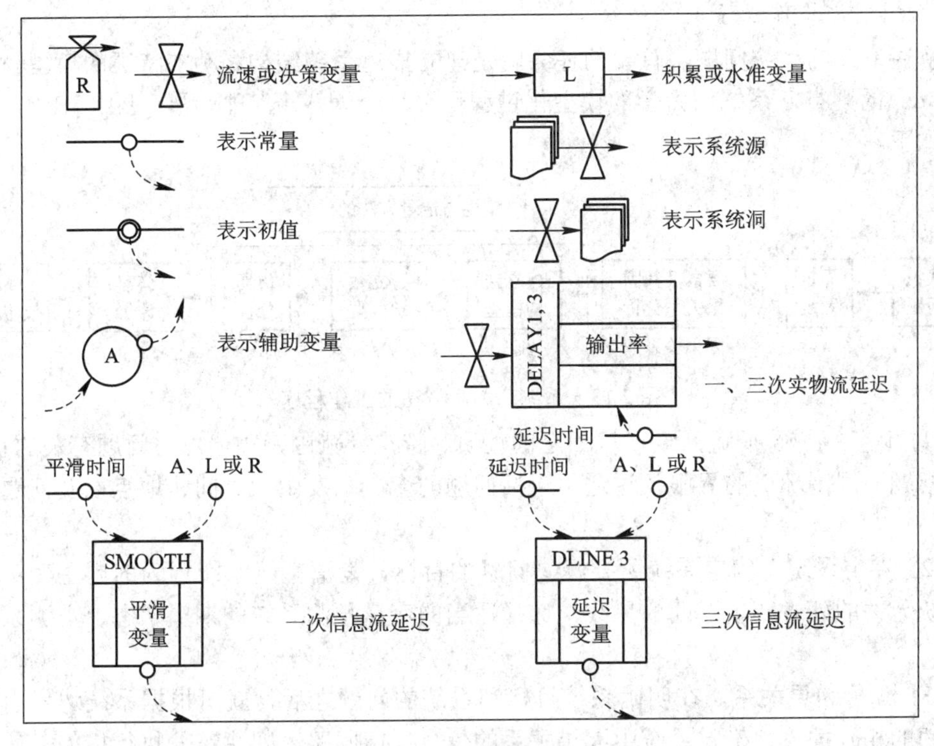

图 2.17　系统要素符号

2) 结构方程式

系统的信息反馈回路和流图可以简明而形象地描述系统中各元素的相互关系、相互作用的逻辑关系，揭示系统内部的结构，但是这种描述是定性的，不能精确计算各变量间的数量关系。因此，为了达到定量化的描述，需要把系统流图变换成计算机可识别的结构方程式。结构方程式是系统动力学模型的定量化表述形式，是对系统流图的数学抽象。

系统动力学模型的基本结构方程式是积累方程式(Level 方程式)，简称 L 方程。若取系统的输入流为 X_1，输出流为 X_2，则积累变量 Y 的变化率为

$$\frac{\mathrm{d}y}{\mathrm{d}t}=\lim_{\Delta t\to 0}\frac{Y(t+\Delta t)-Y(t)}{\Delta t}=X_1-X_2$$

即

$$Y(t+\Delta t)=Y(t)+(X_1-X_2)\Delta t \tag{2.5}$$

式(2.5)是积累方程式的基本形式，它的含义是现在的积累量等于过去的积累量加上输入输出流的差额乘以时间的增量。相应的结构方程式还有流速方程式(R 方程)，它表达了系统中状态变化的速率，是积累变量 Y、辅助变量 $A(t)$等的函数(函数式的具体表达视实际问题而定)，其基本形式可表示为

$$R(\Delta t)=f\left(Y(t+\Delta t),A(t),\cdots\right) \tag{2.6}$$

3) 模型化工作程序

解决复杂的系统问题，首要的任务就是建立描述系统结构和动态特征的模型。按照Forrester 的观点，系统动力学的模型化过程可以划分为八个基本步骤(见图 2.18)，具体内容如下。

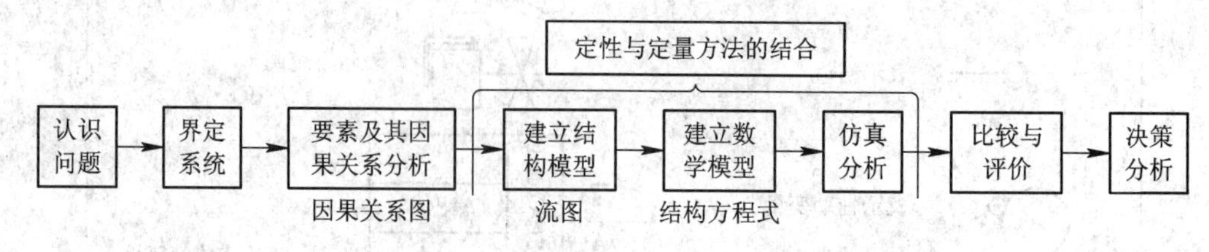

图 2.18　系统动力学方法的工作程序

(1) 认识问题。明确所要研究问题的性质、特点、范围，描述出与问题有关的状态，划定问题与周围环境的界限，这通常包括问题的含义、发生的时间、地点以及问题影响的范围。

(2) 界定系统。确定系统所要解决问题的目标，划清影响系统行为的内生变量和与该系统无关的外生变量之间的界线，选择适当的变量预测系统的期望状态，观测系统的特征。

(3) 分析因果关系。在明确系统目标和系统的问题之后，就可根据系统边界内诸要素之间的相互关系，确定系统中因果关系的信息反馈回路，即决策—执行措施—信息变化—新的决策的反馈循环关系，并在框图上标出各因素间的关系，同时分析反馈回路的多重性，以确定系统的复杂程度。

(4) 建立系统流图。确定各反馈回路中的积累变量和流速变量，积累是系统的状态变量，流速是控制变量，依据这些变量建立描述决策、信息和各要素相互作用机制的系统流图。

(5) 建立系统结构方程式。对系统流图中确定的积累变量和流速变量进行定量化处理，使之成为计算机能够识别的程序语言。

(6) 仿真分析。使用计算机进行模拟仿真试验，将系统行为随时间的变化表现出来，得到系统各因素变化的趋势。

(7) 比较与评价。把计算结果同真实系统进行对照，不仅可发现系统的构造错误和缺陷，还可找出错误和缺陷的原因。根据结果分析情况，如果需要，就对模型进行修正，反复试验，直至模型能比较真实地反映实际系统的状态时为止。

(8) 决策分析。按照一定的假设条件，预测系统未来的发展趋势；对系统进行灵敏度分析，模拟在多种条件下系统行为的特征，找出影响系统行为最重要的因素；如果有必要重新设计政策，按仿真试验结果所指示的方向，改善系统状态，使系统的发展符合人们期望的目标。

4) 仿真语言 DYNAMO 与结构方程形式

DYNAMO 是一种连续系统的计算机仿真语言，是 Dynamic Model 的缩写，它是在1958 年麻省理工学院编制的工业管理问题的计算机程序 SIMPLE(Simulation of Industrial

Management Problems with Lots of Equations)的基础上设计发展而来的。DYNAMO 仿真模型由两种语句组成：结构方程式语句(直接用于仿真计算)和命令语句(用于控制仿真过程、输入输出)。

在系统动力学中，使用 DYNAMO 仿真模型需要定义表示过去、现在、未来的时间概念(见图 2.19)，即用 DT 表示连续系统的时间增量 Δt，用 Level(现在)和 Level(过去)分别表示连续系统现在时刻的状态值 $X(t+\Delta t)$和前一时刻的状态值 $X(t)$，由此可将式(2.5)所示的积累方程式转化为

$$\text{Level(现在)} = \text{Level(过去)} + \text{DT}*(\text{Rin} - \text{Rout})$$

其中，R 为流入 Rin、流出 Rout 的净流率。将上式进一步表示为标准的 DYNAMO 方程，则表达系统中状态积累过程的积累方程式可表示为

L　LEVEL.K = LEVEL.J + DT*(RI.JK − RO.JK)

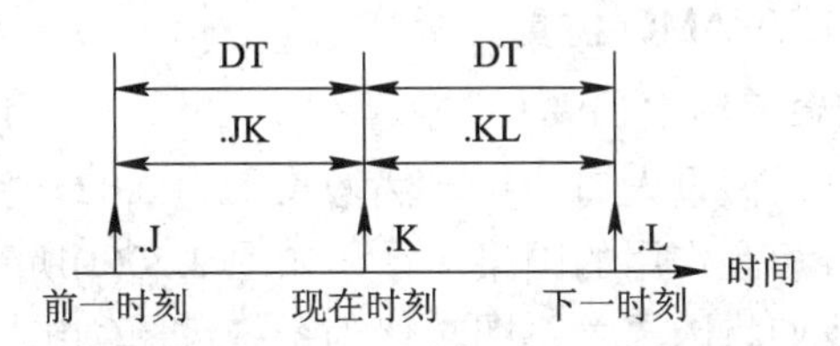

图 2.19　DYNAMO 仿真模型的时间概念

同理，可以将表达系统中状态变化速率的流速方程(R 方程)表示为

R　RATE.KL = f(L.K,A.K，…)

R 方程式右边没有固定形式，根据建模思路可归纳为如下五种基本形式：

(1) CONST * LEVEL. K 形式，表示状态变量的增加会导致变化率成比例地增加：

R　RATE.KL = CONST * LEVEL.K

(2) LEVEL.K/LIFE 形式，其中 LIFE 表示时间，代表事物处于某一状态的平均“寿命”：

.R　RATE.KL = RB. K/ALRB

(3) (GOAL.K − LEVEL.K)/ADJTM 形式，常数 ADJTM 表示调整时间，在这段时间内，决策机构企图消除状态值与期望值之间的偏差：

R　RATE.KL = (GOAL.K − LEVEL.K)/ADJTM

(4) AUX.K*LEVEL.K 和 LEVEL.K/AUX.K 形式，把常数推广到变量，以此表示系统变比率的增长或减少：

R　RATE.KL = AUX.K * LEVEL.K 和 LEVEL.K/AUX.K

(5) NORM.K + EFFECT.K 或 NORM.K * EFFECT.K 形式，将变化率构造为某些正常的或参考的变化率乘上或加上一个或多个影响因子来调整这一参考变化率，EFFECT.K 表示一个或几个影响因子来调整参考变化率：

R　RATE.KL = NORM.K + EFFECT.K 或 NORM.K * EFFECT.K

辅助方程(A 方程)是为了将复杂的 R 方程式化为较简单、清晰的若干辅助方程式而引入的辅助变量，均在时刻 K 上计算：

A　AUX.K = g(L.K,A.K,R.JK,…)

A 方程式没有固定形式，建模时最好将 A 方程式引出的每一个辅助变量与实际系统中某一个有意义的量相对应，从而使模型更加可靠。为了获得系统的某些信息，辅助决策方程式 R 的建立，A 方程也可用于表示某些系统中的实际概念和关系结构。

赋初值方程(N 方程)用于给参数或变量设定初始值，仅在仿真过程中第一步运算时使用，不能直接在重复运行中使用：

N　LEVEL=数值　或 LEVEL=L10，L10=数值

常量方程 (C 方程)用于给参数赋值，可以在重复运行中使用：

C　CONST=数值

了解了 DYNAMO 仿真语言表示的结构方程式，就可以对实际的问题进行相应的计算机模拟。

4. 基本反馈回路的 DYNAMO 仿真分析

1) 一阶正反馈回路(简单人口问题)

以简单人口问题为例，假设人口的年自然增长率为 0.02，受此条件约束，人口总数与年增长人口之间存在着相互作用的因果关系，如图 2.20(a)所示。为了便于分析人口总数随时间变化的趋势，我们将因果关系图转化为系统流图(如图 2.20(b)所示)，而后用可定量化的 DYNAMO 方程描述系统的结构方程式，其分析结果如表 2.1 所示。由于存在正反馈回路，人口总数是持续增长的。

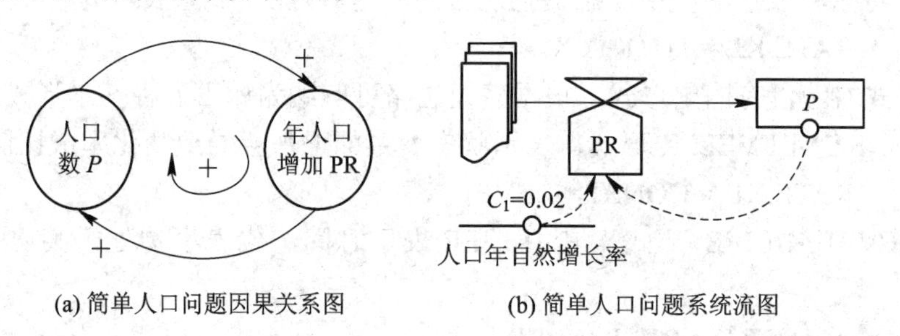

(a) 简单人口问题因果关系图　　(b) 简单人口问题系统流图

图 2.20　一阶正反馈回路(简单人口问题)

表 2.1　一阶正反馈回路的 DYNAMO 方程及其分析结果

DYNAMO 方程：		*P*	PR
C　C1 = 0.02	0	100	2
N　P = 100	1	102	2.04
L　P.K = P.J + DT*PR.JK	2	104.04	2.0808
R　PR.KL = C1*P.K	…	…	…

2) 一阶负反馈回路(简单库存控制问题)

对于简单库存控制问题，订货量决定库存，其因果关系图和流图分别如图 2.21(a)和图 2.21(b)所示。由此建立的量化分析方程与仿真结果如表 2.2 所示。

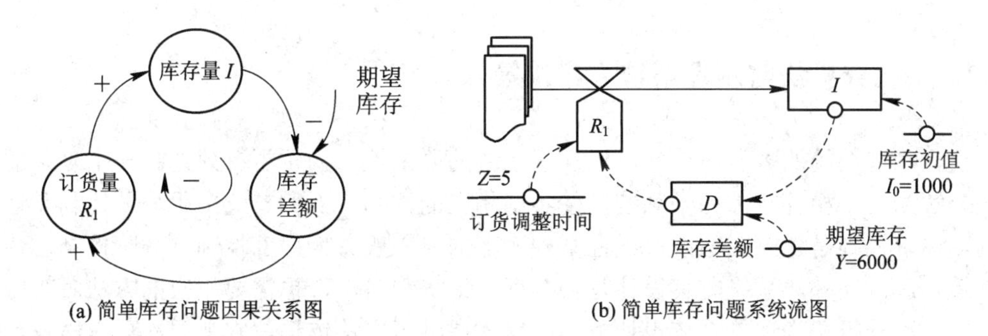

图 2.21　一阶负反馈回路(简单库存控制问题)

表 2.2　一阶负反馈回路的 DYNAMO 方程及其分析结果

DYNAMO 方程：		I	D	R_1	
L　I.K = I.J+DT*R1.JK N　I = 1000 R　R1.KL = D.K/Z A　D.K = Y−I.K C　Z = 5 C　Y = 6000	0	1000	5000	1000	I；6000；1000；0；t 一阶负反馈回路输出特性
	1	2000	4000	800	
	2	2800	3200	640	
	…	…	…	…	

3) 二阶负反馈回路(简单库存控制问题的扩展)

对于简单库存控制问题的扩展形式，其因果关系图和流图分别如图 2.22(a)和图 2.22(b)所示。由此建立的量化分析方程与仿真结果如表 2.3 所示。

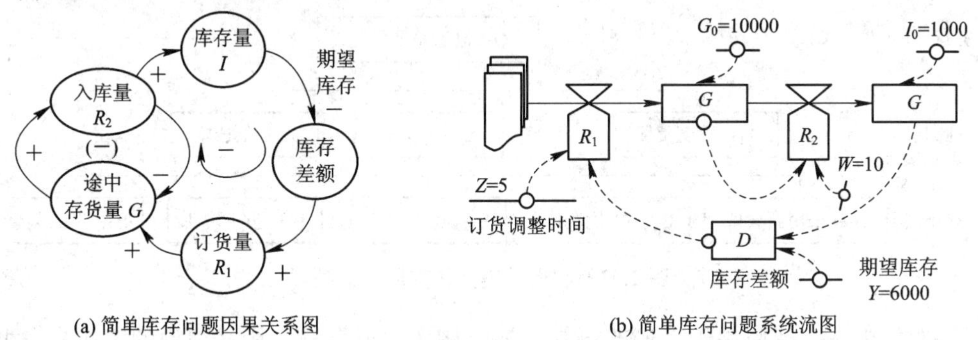

图 2.22　二阶负反馈回路(简单库存控制问题的扩展)

表 2.3　二阶负反馈回路的 DYNAMO 方程及其分析结果

DYNAMO 方程：		I	D	R_1	
L　G.K=G.J+DT*(R1.KL-R2.JK) N　G=G0,I=I0 L　I.K=I.J+DT*R2.JK R　R1.KL=D.K/Z R　R2.KL=G.K/W A　D.K=Y-I.K C　Y=6000,I0=1000,G0=10000 C　W=10,Z=5	0	1000	5000	1000	I；6000；1000；0；t 二阶负反馈回路输出特性
	1	2000	4000	800	
	2	2800	3200	640	
	…	…	…	…	

2.4.2　层次分析法与制造系统方案决策

现代制造系统的多学科交叉，增加了系统的复杂性。为了更有效地将一个复杂的大系统分解为若干相互支撑的子系统，并实施相应的控制，人们广泛采用分散控制和递阶控制。递阶控制是建立在系统层次性基础之上的，一般分为局部控制、分阶控制、协调控制等几级。此外，系统方案设计是否合理、经济和科学，也需要相应的方法对其做出评价。层次分析法为评价系统设计方案的优劣提供了方法依据，它从层次自身出发，让设计者考虑和衡量评价指标的相对重要性、选择评价尺度等。

1. 层次分析法概念

层次分析法(Analytical Hierarchy Process，AHP)是美国运筹学家匹茨堡大学教授 A. L. Saaty 于 20 世纪 70 年代初，在为美国国防部研究“根据各个工业部门对国家福利的贡献大小而进行电力分配”课题时，应用网络系统理论和多目标综合评价方法，提出的一种层次权重决策分析方法。该方法将一个复杂的决策问题按总目标层、各子目标层、评价准则层、具体方案层的顺序分解为不同的层次结构(如图 2.23 所示的制造系统优化模型)，然后通过判断矩阵特征向量的求解，求得每一层次的各元素对上一层次某元素的优先权重，最后求加权和，递阶归并各具体方案对总目标的最终权重，最终权重最大者即为最优方案。这是一种将定性分析和定量分析相结合的评价决策方法。

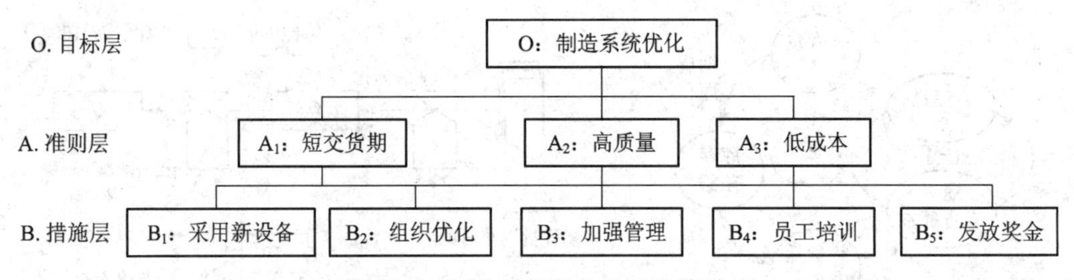

图 2.23　制造系统优化的层次模型

层次分析法广泛应用于人们的日常生活，诸如职位晋升、寻找理想的工作、大型超市选址、科研方案遴选等；也可应用于生产领域，诸如运输车辆路线选择、产品设计方案选择、供应链管理(Supply Chain Management，SCM)中对供应商的评价、客户关系管理(Customer Relationship Management，CRM)中对重要客户的识别、作业排序中对控制参数的选择等。

2. 层次分析法的基本步骤

层次分析法为我们提供了一个有效的方法，以便对复杂问题进行决策。在具体使用过程中，一般遵循一定的决策程序，如图 2.24 所示。综合考虑图中描述的决策过程，层次分析法通常包括四个重要的步骤。

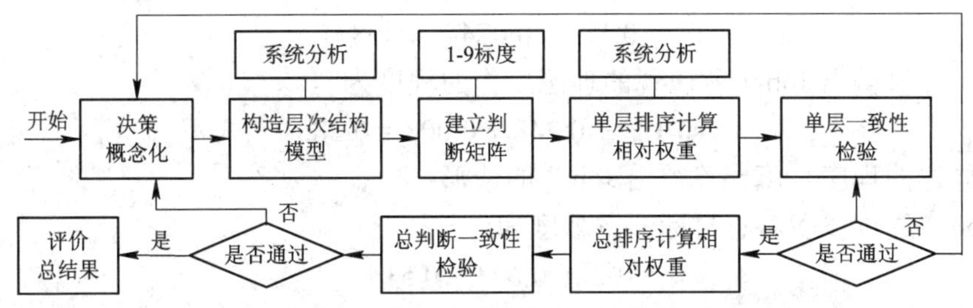

图 2.24　层次分析法描述的决策过程

(1) 问题分解，即分析评价系统中各要素之间的相互关系，建立系统的层次结构模型。

分析所要解决的问题范围、问题所包含的要素及要素间的相互关系，然后将问题(任务)所包含的各方面内容(要素)分组，按其概括性和从属性分成最高层、中间层、最低层。最高层又称为目标层，是所要解决问题的目的；中间层又称为准则层、指标层、约束层或策略层，由为实现目标而采取的各类评价指标体系组成；最低层又称方案层，由待排序的各类事物组成。例如，想找一个理想工作，每项工作都有三个属性—— 钱多，事少，离家近，由此构成选择一个理想工作的层次结构模型，如图 2.25 所示。

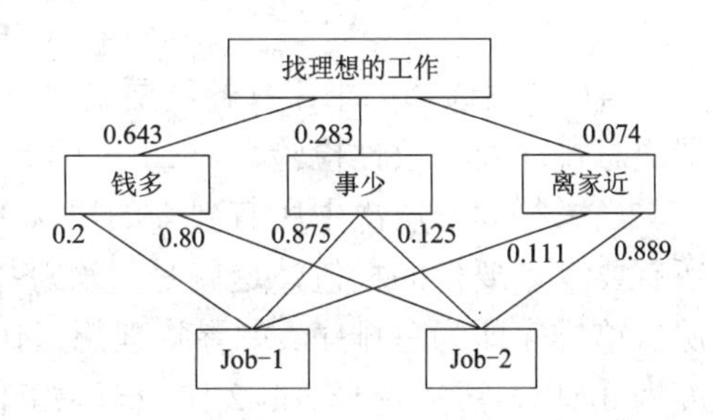

图 2.25　找理想工作的层次结构模型

(2) 权重分配，即确定同一层次的各元素关于上层中某一元素的重要性，构造判断矩阵。

参与层次分析的人员应是对研究对象富有经验并有判断能力的专家，他们应能对每一层次中各要素的相对重要性做出判断。例如，寻找理想工作被赋予的三个评选条件，依据其重要性，分配各自的权重：钱多(0.643)、事少(0.283)、离家近(0.074)。该权重的分配表示主观上认定钱多比其他两项重要，Job-2 对离家近的贡献度高于 Job-1，但是在决策者的内心思考中，离家近的相对权重只有 0.074，意味着决策者并不太在意离家近的条件。

(3) 评估计算，即由判断矩阵计算方案层要素相对准测层某一要素的相对权重向量，并进行一致性检验、层次单排序及一致性检验。

在图 2.25 所示的找理想工作的层次结构模型中，先针对 Job-1：

Job-1 对钱多的贡献度为 0.2，而钱多对总目标(理想工作)的贡献度为 0.643，所以 Job-1 通过钱多对总目标的贡献度为

$$0.2 \times 0.643 = 0.129$$

Job-1 对事少的贡献度为 0.875，而事少对总目标的贡献度为 0.283，所以 Job-1 通过事少对总目标的贡献度为

$$0.875 \times 0.283 = 0.248$$

Job-1 对离家近的贡献度为 0.111，而离家近对总目标的贡献度为 0.074，所以 Job-1 通过离家近对总目标的贡献度为

$$0.111 \times 0.074 = 0.008$$

于是可计算得出 Job-1 所表现的理想工作的程度为

$$0.129 + 0.248 + 0.008 = 0.385$$

依据同样的程序，可计算得出 Job-2 的情形：

① Job-2 通过钱多对总目标的贡献度为

$$0.8 \times 0.643 = 0.514$$

② Job-2 通过事少对总目标的贡献度为

$$0.125 \times 0.283 = 0.035$$

③ Job-2 通过离家近对总目标的贡献度为

$$0.889 \times 0.074 = 0.066$$

于是 Job-2 所表现的理想工作的程度为

$$0.514 + 0.035 + 0.066 = 0.615$$

(4) 方案选择，即计算各层要素对系统总目标的总权重，并对各备选方案进行排序、层次总排序及一致性检验。

当求得同一层次中所有要素的层次单排序结果后，即可计算对上一层次而言本层次所有要素重要性的权值，这就是层次总排序。对于最高层，由于只有一个目标要素，其层次单排序即为总排序。如寻找理想工作的案例，Job-1 的理想度为 0.385，Job-2 的理想度为 0.615，所以选择 Job-2 作为理想工作。

3. 层次分析法权重向量的确定方法

层次分析的结果是综合科学资料数据、专家意见和分析者的认识，对系统中各种因素的影响强度给出量化分析，分析者应对结果的合理性和实际意义进行检查和分析，并为决策者提供决策方案。但是对于现实生活中的大多数问题而言，特别是比较复杂的问题，因素的权重并不容易直接获得，这就需要通过适当的方法确定它们的权重。

1) 逐对比较法

设 $X = \{x_1, x_2, \cdots, x_n\}$ 为同层次因素集，对因素 x_i 与 x_j 进行重要程度比较时的判断标准标度约定如表 2.4 所示，该表反映了两个测评指标相对重要程度的得分。设测评指标 i 相对测评指标 j 的比较得分为 a_{ij}，则指标 j 相对指标 i 的比较得分为 $a_{ji} = 1/a_{ij}$。

表 2.4　重要程度划分表(逐对比较判断标度约定)

x_i 与 x_j 的比较情况	标　度	说　明
x_i 与 x_j 同等重要	$a_{ij} = 1$	两者对目标贡献相同
x_i 比 x_j 稍微重要	$a_{ij} = 3$	重要
x_i 比 x_j 明显重要	$a_{ij} = 5$	确实重要
x_i 比 x_j 强烈重要	$a_{ij} = 7$	程度明显
x_i 比 x_j 极端重要	$a_{ij} = 9$	程度非常明显
x_i 与 x_j 处于两相邻判定之间	$a_{ij} = 2，4，6，8$	需要折中时使用
x_i 与 x_j 反向比较	$a_{ij} = 1/a_{ji}$	

假设某次测评中，利用逐对比较法对 n 个因素 $x_1,x_2,\cdots,x_n$ 中的任意两个因素 x_i 与 x_j 进行相互间重要程度的比较，则可建立判断矩阵 $\boldsymbol{A}=[a_{ij}]_{n\times n}$(如表 2.5 所示)。

表 2.5　判断矩阵 A

	x_1	x_2	$\cdots$	x_n
x_1	a_{11}	a_{12}	$\cdots$	a_{1n}
x_2	a_{21}	a_{22}	$\cdots$	a_{2n}
$\vdots$	$\vdots$	$\vdots$		$\vdots$
x_n	a_{n1}	a_{n2}	$\cdots$	a_{nn}

矩阵 $\boldsymbol{A}=[a_{ij}]_{n\times n}$ 是一个正互反矩阵，它满足条件 $a_{ij}>0,a_{ii}=1,a_{ij}=1/a_{ji}\left(i,j=1,2,\cdots,n\right)$。如果该正互反矩阵 $\boldsymbol{A}$ 还满足条件 $a_{ij}\cdot a_{jk}=a_{ik}\quad\left(i,j,k=1,2,\cdots,n\right)$，则 $\boldsymbol{A}$ 矩阵为一致矩阵。一致矩阵具有如下性质：

(1) $\boldsymbol{A}$ 矩阵的每一行均为任意指定行的正倍数，从而秩$(\boldsymbol{A})=1$；

(2) $\boldsymbol{A}$ 矩阵的最大特征根 $\lambda_{\max}=n$，其余的特征根皆为 0；

(3) 若 $\lambda_{\max}$ 对应的特征向量为 $\boldsymbol{b}=\left(b_1,b_2,\cdots,b_n\right)^T$，则 $a_{ij}=b_i/b_j\quad\left(i,j=1,2,\cdots,n\right)$。

对于 n 阶正互反矩阵 $\boldsymbol{A}=[a_{ij}]_{n\times n}$，它为一致矩阵的充分必要条件是 $\lambda_{\max}=n$。但是对于复杂事物采用逐对比较法获得的成对比较矩阵，因不可能做到判断的完全一致性而存在估计误差。这必然导致所得出的成对比较矩阵不是完全一致矩阵，它的最大特征根总是比 n 大，从而特征向量也有偏差。这种偏差是由于判断不相容引起的，因此需要检验判断矩阵的不一致程度。根据矩阵理论，只要判断矩阵的元素满足 $a_{ij}\cdot a_{jk}=a_{ik}$，就可以判断矩阵具有完全一致性，但在实际中很难达到，为此引进一致性指标来检验判断矩阵的一致性。令

$$\mathrm{CI}=\frac{\lambda_{\max}-n}{n-1}$$

其中，CI 为一致性指标，其值越小，偏离一致的程度就越小，即越接近一致。当 CI=0 时，就是一致的情形，一般用比值(一致性比率)：

$$\mathrm{CR}=\frac{\mathrm{CI}}{\mathrm{RI}}$$

来判断成对比较矩阵在一致性方面是否可以接受，当 CR＜0.1 时，认为成对比较的正互反矩阵可以接受，此时就可以用归一化的特征向量作为权向量。上式中 RI 称为平均随机一致性指标，RI 对应判断矩阵的值由 Saaty 经实验得到，表 2.6 所示为 n 取 1～10 阶时判断矩阵的 RI 值。

表 2.6　平均随机一致性指标

n	1	2	3	4	5	6	7	8	9	10
RI	0	0	0.58	0.90	1.12	1.24	1.32	1.41	1.45	1.49

在上述过程中所述最大特征值 $\lambda_{\max}$ 所对应的特征向量是同一层中相应元素对于上一层中某个因素相对重要性的排序权值，这种排序称为层次单排序。如果模型由多层构成，那么计算同一层中所有元素对于最高层(总目标层)相对重要性的排序权值，称为层次总排序。

2) $\boldsymbol{A}$ 矩阵最大特征根 $\lambda_{\max}$ 及其特征向量 $\boldsymbol{b}$ 的计算

由于矩阵 $\boldsymbol{A}$ 是一致矩阵，根据一致矩阵的性质，$\boldsymbol{A}$ 只有一个非零的特征根，这就需要计算该特征根的特征向量，可采用 n 维向量序列迭代法计算。

令 $\boldsymbol{e}_0=\left(\dfrac{1}{n},\dfrac{1}{n},\dfrac{1}{n},\cdots,\dfrac{1}{n}\right)^{\mathrm{T}}$，则

$\overline{\boldsymbol{e}}_1=\boldsymbol{A}\boldsymbol{e}_0$，$\|\overline{\boldsymbol{e}}_1\|$为 $\boldsymbol{A}\boldsymbol{e}_0$ 的 n 个分量之和，$\boldsymbol{e}_1=\overline{\boldsymbol{e}}_1/\|\overline{\boldsymbol{e}}_1\|$

$\overline{\boldsymbol{e}}_2=\boldsymbol{A}\boldsymbol{e}_1$，$\|\overline{\boldsymbol{e}}_2\|$为 $\boldsymbol{A}\boldsymbol{e}_1$ 的 n 个分量之和，$\boldsymbol{e}_2=\overline{\boldsymbol{e}}_2/\|\overline{\boldsymbol{e}}_2\|$

…

$\overline{\boldsymbol{e}}_k=\boldsymbol{A}\boldsymbol{e}_{k-1}$，$\|\overline{\boldsymbol{e}}_k\|$为 $\boldsymbol{A}\boldsymbol{e}_{k-1}$ 的 n 个分量之和，$\boldsymbol{e}_k=\overline{\boldsymbol{e}}_k/\|\overline{\boldsymbol{e}}_k\|$，$k=1,2,\cdots$

数列 $\{\boldsymbol{e}_k\}$ 是收敛的，记其极限为 $\boldsymbol{e}$，且记 $\boldsymbol{e}=(\boldsymbol{e}_1,\boldsymbol{e}_2,\cdots\boldsymbol{e}_n)$，则可取权重向量 $\boldsymbol{W}=\boldsymbol{e}$。此特征向量就是判断矩阵 $\boldsymbol{A}$ 的最大特征根 $\lambda_{\max}$ 所对应的特征向量 $\boldsymbol{b}=(b_1,b_2,\cdots,b_n)^{\mathrm{T}}$，而矩阵 $\boldsymbol{A}$ 的最大特征根 $\lambda_{\max}$ 可用下式进行计算：

$$\lambda_{\max}=\frac{1}{n}\sum_{i=1}^{n}\frac{(\boldsymbol{A}\boldsymbol{b})_i}{b_i}$$

其中，$(\boldsymbol{A}\boldsymbol{b})_i$ 为 $\boldsymbol{A}\boldsymbol{b}$ 的第 i 个元素，b_i 为特征向量 $\boldsymbol{b}$ 的第 i 个元素。

此外，还可以用方根法求矩阵 $\boldsymbol{A}$ 的最大特征根和特征向量，具体步骤如下：

(1) 计算判断矩阵 $\boldsymbol{A}$ 的每一行元素乘积：$M_i=\prod\limits_{j=1}^{n}a_{ij},i=1,2,\cdots,n$。

(2) 计算 M_i 的 n 次方根：$\overline{b}_i=\sqrt[n]{M_i}$。

(3) 对 $\overline{b}_i$ 进行归一化处理，即

$b_i=\overline{b}_i\Big/\sum\limits_{i=1}^{n}\overline{b}_i$，$\boldsymbol{b}=(b_1,b_2,\cdots,b_n)^{\mathrm{T}}$ 即为所求的特征向量。

(4) 计算最大特征根，记 $(\boldsymbol{A}\boldsymbol{b})_i$ 为 $\boldsymbol{A}\boldsymbol{b}$ 的第 i 个元素，则

$$\lambda_{\max}=\frac{1}{n}\sum_{i=1}^{n}\frac{(\boldsymbol{A}\boldsymbol{b})_i}{b_i}$$

4. 层次分析法应用实例

为了更形象、直观地说明逐对比较法、权值确定的数字标度、一致性检验在层次分

析法方案决策中的运用，仍以“找理想工作”作为案例。

1) 逐对比较的比值确定

图 2.25 中所描述的理想工作的三个评价属性，即钱多(0.643)、事少(0.283)、离家近(0.074)对应的权重值，是事先已经确定的，但实际上这个权重值的确定并不容易。通常使用图 2.26 所示的 1-9 的数字标度划分表来表达人们心中的相对权重。例如，图中比例 3∶1 表示钱多比事少稍有偏好，于是钱多与事少两两比较后，将其重要程度填入图 2.26 所示的表格中；同理，事少与离家近的比例 5∶1，以及钱多与离家近的比例 7∶1，均按照其两两比较的重要程度填入图 2.26。

2) 逐对比值转化为权值

(1) 计算各列的总和(如图 2.26 中的表所示)。

(2) 将图 2.26 所示的表中各列值除以该列的总和，即矩阵为

$$\begin{bmatrix} 21/31 & 5/7 & 7/13 \\ 7/31 & 5/21 & 5/13 \\ 3/31 & 1/21 & 1/13 \end{bmatrix}$$

(3) 计算各行的平均值：

钱　多：　$(21/31 + 5/7 + 7/13) / 3 = 0.643$

事　少：　$(7/31 + 5/21 + 5/13) / 3 = 0.283$

离家近：　$(3/31 + 1/21 + 1/13) / 3 = 0.074$

这些平均值称为权重值，如图 2.26 中的表格所示。

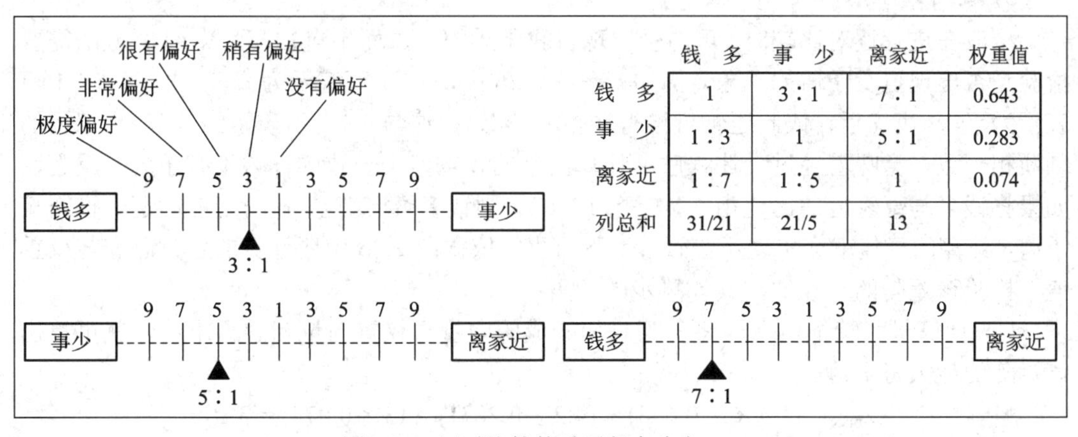

	钱　多	事　少	离家近	权重值
钱　多	1	3∶1	7∶1	0.643
事　少	1∶3	1	5∶1	0.283
离家近	1∶7	1∶5	1	0.074
列总和	31/21	21/5	13	

图 2.26　逐对比较的重要程度确定(一)

同理，对于方案层对属性指标层的权重评价，可如前述刻度标尺衡量的一样，Job-2 对钱多的贡献稍强于 Job-1，即两两比较的比值为 1∶4，其加权计算结果为 0.2 和 0.8，同样的道理可得 Job-2 和 Job-1 对事少的两两比较的比值为 7∶1，其加权值分别为 0.875 和 0.125；Job-2 和 Job-1 对离家近的两两比较的比值为 1∶8，其加权值分别为 0.111 和 0.889。该层的比较权重值如图 2.27 所示。

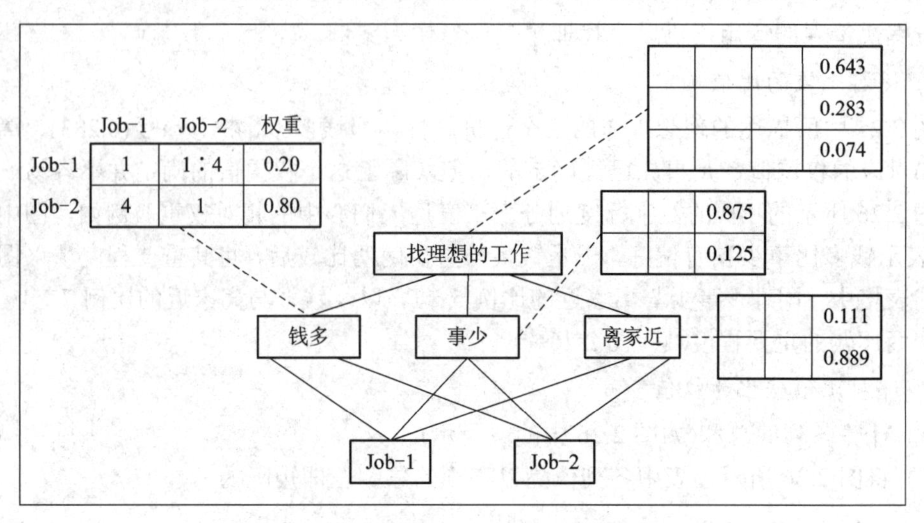

图 2.27　逐对比较的重要程度确定(二)

将图 2.27 所示 Job-1 和 Job-2 相对于属性指标的权重向量构成矩阵 $\boldsymbol{M}_2$，并与属性层相对于目标层的权重向量 $\boldsymbol{M}_1$ 相乘，即可得到理想工作为 Job-2，即

$$\boldsymbol{B}=\boldsymbol{M}_2\times\boldsymbol{M}_1=\begin{bmatrix}0.2 & 0.875 & 0.111\\ 0.8 & 0.125 & 0.889\end{bmatrix}\begin{bmatrix}0.643\\ 0.283\\ 0.074\end{bmatrix}=\begin{bmatrix}0.385\\ 0.615\end{bmatrix}$$

3) 逐对比值的一致性检验

一般在进行逐对比较时，可能会出现自我矛盾的现象而不自知，所以 AHP 方法需要检验是否出现自我矛盾的现象。例如，在图 2.26 中，3∶1 可表示为钱多>事少；5∶1 可表示为事少>离家近，依此逻辑可推得钱多>离家近，这与 7∶1 所表示的钱多>离家近的判断相一致，意味着经过上述程序所计算出来的权重值是一致的，并没有矛盾。反之，如果将钱多与离家近的比值由 7∶1 变为 1∶7，则钱多<离家近，这与之前的逻辑推断相矛盾，计算的权值就会出现不一致性。下面我们依据图 2.26 中所计算的各列总和与权重值，检验该矩阵的一致性，其计算步骤如下：

(1) 计算最大特征值，即将各列总和构成的向量与权重向量相乘后求和，就可算出该矩阵的最大特征值：

$$\lambda_{\max}=(1.476\times0.643)+(4.2\times0.283)+(13\times0.074)=3.1$$

(2) 计算一致性指标 CI，其中 n 值就是所选属性的个数，上例中 $n=3$，则可得

$$\mathrm{CI}=\frac{\lambda_{\max}-n}{n-1}=\frac{3.1-3}{3-1}=0.05$$

(3) 计算一致性比率 CR，其中所用的 RI 代表随机一致性指标值，上例中由 $n=3$ 可查表得到 RI = 0.58，则

$$\mathrm{CR}=\frac{0.05}{0.58}=0.086$$

(4) 判断一致性：若 CR＜0.1，则表示判断矩阵具有相当的一致性；反之，若 CR＞0.1，则表示判断矩阵具有不一致性。从上例计算结果来看，图 2.26 中所示的判断矩阵具有一致性。

如果将钱多与离家近的比值由 7∶1 改变为 1∶7，依据上述步骤计算可得 CR = 2.639＞0.1，判断矩阵呈现出明显的不一致性，这与之前所进行的逻辑推断结果是一致的。

思　考　题

1. 简述一般系统论的产生背景及其基本观点。

2. 什么是相似原理？举例说明相似原理在成组技术中的应用。

3. 什么是特征码位法、码域法和特征位码域法？试举例说明。

4. 什么是耗散结构？形成耗散结构的条件有哪些？耗散结构理论的意义有哪些？

5. 系统动力学的基本思想是什么？其反馈回路是怎样形成的？请举例说明。

6. 教学型高校的在校本科生和教师人数(S 和 T)是按一定的比例而相互增长的。已知某高校现有本科生 10 000 名，且每年以 SR 的幅度增加，每一个教师可引起本科生人数增加的速率是 1 人/年。学校现有教师 1500 名，每个本科生可引起教师增加的速率(TR)是 0.05 人/年。请用系统动力学模型分析该校未来几年的发展规模，要求：

(1) 画出因果关系图和流图；

(2) 写出相应的 DYNAMO 方程；

(3) 列表对该校 3～5 年的本科生和教师人数进行仿真计算；

(4) 请问该问题能否用其他模型方法来分析？如何分析？

7. 请根据某产品销售速率、销售量及市场需求量的相互关系(假定销售速率与实际销售量成正比，比例系数与市场需求情况有关)，分别就以下两种市场状况，采用系统动力学或其他方法，建立预测和分析销售量变化的模型，并据此图示销售量随时间变化的轨迹(趋势)：

(1) 该产品由某企业独家经营，且市场远未饱和；

(2) 该产品的市场需求量已接近饱和。

8. 现给出经简化的评定制造系统性能的决策评价问题，已经建立了如题图 2.1 所示的层次结构，试用层次分析法确定 5 个制造工厂所使用的制造系统的优先顺序。

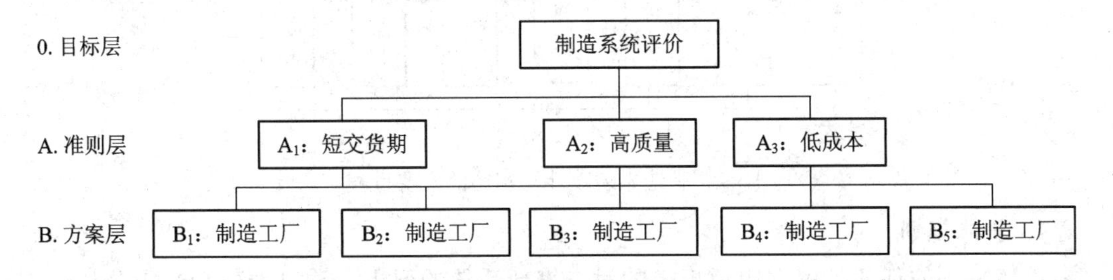

题图 2.1　制造系统优化的层次模型

第3章　制造系统设计和建模

在制造系统中，时间(Time)、质量(Quality)、成本(Cost)、服务(Service)、环境(Environment)是设计制造系统时需要考虑的根本因素，与其相关的制造系统的性能指标就是对这五个因素的定性和定量化描述，并以此衡量新设计或改进系统的综合效益。本章从制造系统的设计方法着手，描述制造系统功能模型、过程模型、组织结构模型、信息系统模型和知识表示模型。

3.1　制造系统设计流程

制造系统设计的最终目的是为市场提供优质、高效、价廉物美的产品，在激烈的市场竞争中取得优势，获得良好的经济效益。产品质量和经济效益取决于制造系统的功能、结构和管理的综合水平，而制造系统性能优劣的关键是设计，没有高质量的系统设计，就没有高水平的制造系统。据统计，约有50%的系统质量事故是由设计不当造成的；系统成本的60%～70%取决于设计。因此，为保证制造系统的设计质量，减少设计失误，一般将制造系统的设计过程划分为总体规划、初步设计、详细设计、工程实施、系统运行与维护五个阶段，如图3.1所示。系统设计过程的输入为用户所提出的对新系统的要求，设计过程的输出为提交给用户使用的新系统和相关文档，设计过程的各阶段由各部门技术人员组成的总体组进行统一协调。只有各阶段设计任务完成，并经严格审查合格后才能进行下一阶段的工作。由此可见，制造系统的设计过程是一个自顶向下逐步细化的演变过程。

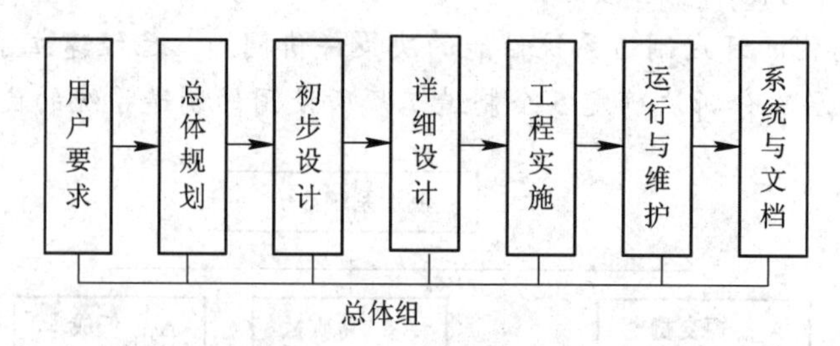

图3.1　制造系统设计与实施的主要过程

1. 总体规划

总体规划的任务是根据用户提出的对未来新系统的要求，通过调研和情报分析、需求分析等确定系统的目标及功能，在此基础上制订出系统的总体方案和开发计划，最后进行技术经济分析，并完成可行性论证。总体规划的主要过程如图 3.2 所示。

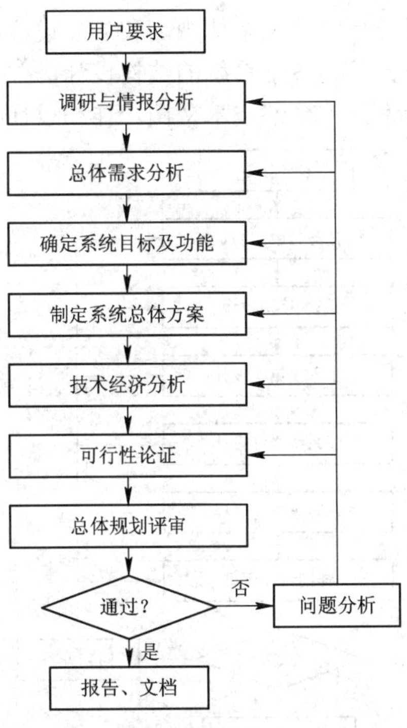

图 3.2　总体规划的主要过程

2. 初步设计

制造系统初步设计的任务是对系统总体规划的进一步深化和细化，需要建立系统的总体结构及其各子系统的功能模型，并提出实施的技术方案。初步设计的主要过程如图 3.3 所示。

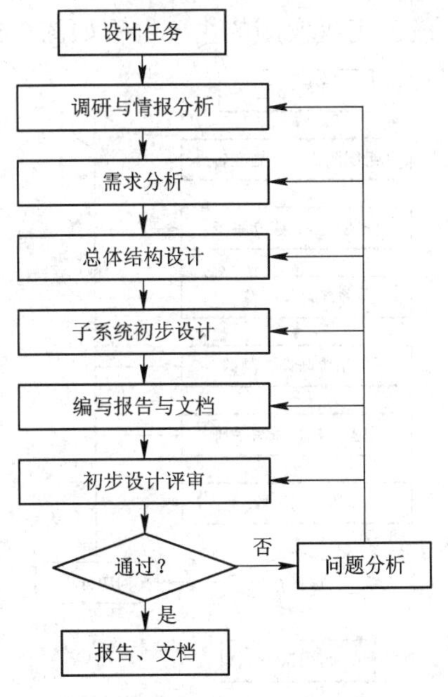

图 3.3　初步设计的主要过程

3. 详细设计

制造系统详细设计的任务是对系统总体规划和初步设计的进一步深化和细化，需要完成系统内外接口的详细设计及其各子系统的结构设计，并完成各子系统的详细技术设计，最后提交能据此建造新系统的全部技术文档。详细设计的主要过程如图 3.4 所示。

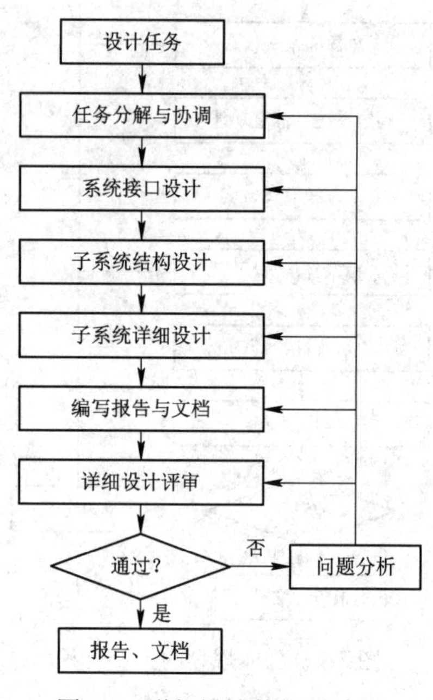

图 3.4　详细设计的主要过程

4. 工程实施

制造系统工程实施的任务是按照详细设计阶段给出的设计图纸、技术数据、技术要求等，建立符合要求的新系统。工程实施的主要过程如图 3.5 所示。

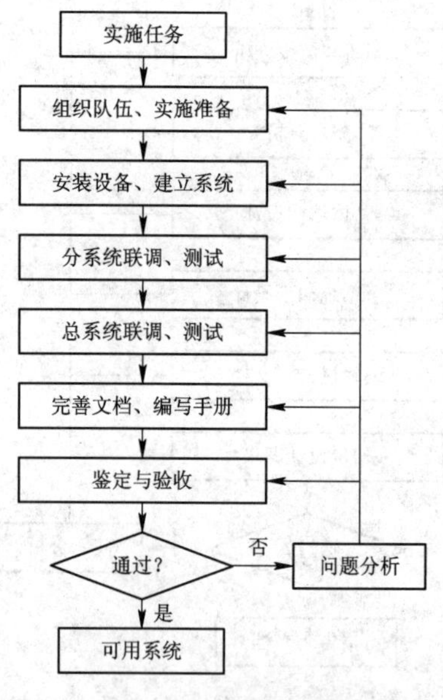

图 3.5　工程实施的主要过程

5. 系统运行与维护

制造系统运行与维护的任务是对建立的新系统进行实际运行，及时解决运行中出现的问题，并获取系统的有关状态信息，对系统的运行效果做出全面评价。运行与维护的主要过程如图 3.6 所示。

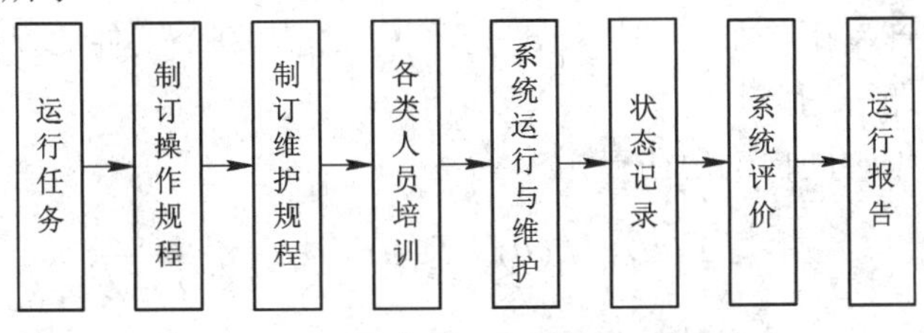

图 3.6 运行与维护的主要过程

3.2 制造系统设计方法

3.2.1 优化设计

优化设计是在系统设计中进行分析和决策的过程，是一种重要的系统工程方法。虽然在现阶段通过建立优化数学模型，一次性完成整个制造系统的设计还难以实现，但在系统设计的某些阶段(时间上)和某些方面(空间上)还是有可能采用优化设计的。例如，制造系统的资源规划、布局设计等均可采用优化设计来完成。常用的优化设计方法包括数学规划、排队论和计算机仿真等。

1. 数学规划方法

数学规划方法包括线性规划、非线性规划、动态规划、网络规划、随机规划等不同的算法，是进行制造系统优化设计的一种重要工具。采用数学规划方法进行优化设计，首先要实现对设计问题的形式化描述，建立最优化问题的目标函数并确定约束条件；然后寻找可行的求解方法，并将其以算法形式表示出来；最后编制计算程序，通过计算机求解出系统设计问题的最优解。但是这类优化算法的计算过程迭代次数多，对数学模型的要求高，特别是随着问题规模的扩大和复杂程度的增大，要建立易于求解的精确数学模型非常困难。因此，数学规划方法适于系统结构较为简单、优化目标明确、数学模型易于建立的情况。

2. 排队论方法

排队论方法可以用于解决某类制造系统设计问题。例如，设计、分析车间级制造系统时，需要合理确定各个制造单元的生产能力，而制造单元的生产能力受到生产成本等因素的限制，如何确定制造单元的生产率使生产成本最低，即为典型的制造系统能力规划问题。

假设某制造单元由一台加工中心、工件存储装置和输送装置等组成，其单位时间的加工成本为 $f_1(\mu)$，单位时间的工件存储费用为 $f_2(\mu)$，工件到达时间和加工时间均服从负指数分布，工件到达率为 λ，单位加工速度为 μ，则该系统可看作一个 M/M/1 排队系统，其加工成本 $f_1(\mu)$ 和存储费用 $f_2(\mu)$ 均与加工速度相关，可表示为

$$f_1(\mu)=c_1\mu \tag{3.1}$$

$$f_2(\mu)=c_2z=c_2\frac{\lambda}{\mu-\lambda} \tag{3.2}$$

式中：c_1为单位生产率下的加工费用；c_2为单位时间内每个工件的存储费用；z为系统中的在制品数量，即平均队长。

该制造单元单位时间内的总生产成本为

$$F(\mu)=f_1(\mu)+f_2(\mu)=c_1\mu+c_2\frac{\lambda}{\mu-\lambda} \tag{3.3}$$

将式(3.3)对μ进行求导，并令其等于零，可得方程为

$$c_1\mu^2-2c_1\lambda\mu+c_1\lambda^2-c_2\lambda=0$$

解此方程即得最佳生产率为

$$\mu=\lambda+\sqrt{\frac{c_2}{c_1}\lambda},\ \ \mu>\lambda \tag{3.4}$$

按此生产率设计制造单元，即可保证其生产成本为最低。

3. 计算机仿真方法

用计算机仿真方法进行制造系统优化设计的基本思路是：在建立制造系统仿真模型的基础上，通过仿真运行得到制造系统性能与参数间的关系，然后根据所获得的这些关系，找出使系统综合性能最佳的设计参数，从而实现制造系统的最优设计。

例如，某柔性制造系统由4台加工中心、1台清洗机、1台自动运输小车、2台装卸站组成，要求确定最优的托盘数量，以使系统生产率最大，并保证系统效率大于40%。

为完成上述优化任务，首先对该系统进行仿真分析，得到系统的生产率P和系统效率E随托盘数量N的变化曲线，如图3.7所示。由图3.7可见，该系统的生产率P随着托盘数量N的增加而成非线性增加，当托盘数量增加到一定程度($N>25$)时，系统的生产率趋近于稳定，约为62件/d。而系统效率E随托盘数N的增加呈非线性下降，这是由于系统中的托盘数量(工件数量)增加后系统内拥堵严重，致使系统的制造通过时间大幅度增加。

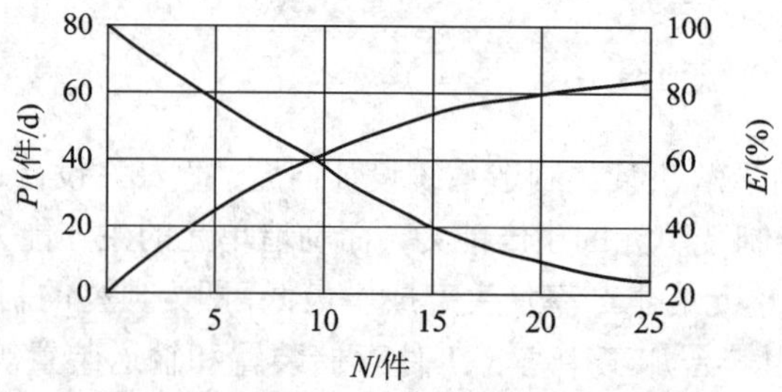

图3.7　系统性能与托盘数量间的关系

为求得使系统生产率最大，并保证系统效率大于40%的最优托盘数量，依据系统的效率曲线可知，当$E>40\%$时，系统的托盘数量N的取值范围为1～15件。然后根据系

统的生产率曲线可知，随着系统托盘数量从 1 到 15 增加，对应的系统生产率逐渐增大，当 $N=15$ 件时，对应于最大的系统生产率，即 $P=55$ 件/d，由此得到该柔性制造系统的最优托盘数量 $N=15$ 件。

3.2.2 并行设计

一般产品设计大都以 Taloy 的工程哲理为指导思想，沿用传统的串行(顺序)开发流程，即遵循“概念设计→详细设计→工艺设计→加工制造→实验验证→设计修改”的开发流程。这一开发流程首先将工作划分为各种专业化的任务，然后根据这些专业化的任务组成不同的部门，部门之间的信息传递按照顺序方式进行(见图 3.8)。然而这往往会造成信息传递的滞后，导致产品设计的大量改动和产品试制的返工，延长了产品的开发周期，同时也增加了开发成本。

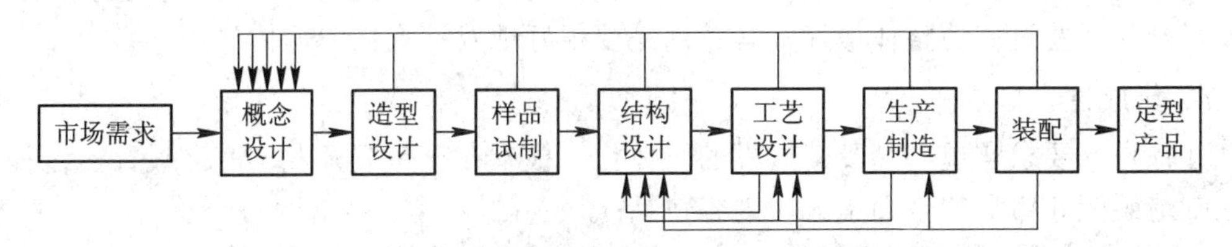

图 3.8　产品串行开发流程示意图

并行设计以并行工程的系统方法(如图 3.9 所示)为指导思想，在产品开发的设计阶段就综合考虑产品生命周期，将下游的可靠性、技术性和生产条件等作为设计环节的约束条件，在进行产品设计的同时，考虑其相关过程(包括加工工艺、装配、检测、销售以及维护等其他环节)的影响，通过各环节的并行集成，及早发现与其相关过程不匹配的地方，及时修改和完善，保证产品设计、工艺设计和加工装配的一次性成功，以达到缩短产品开发周期、提高质量和降低成本的目的。

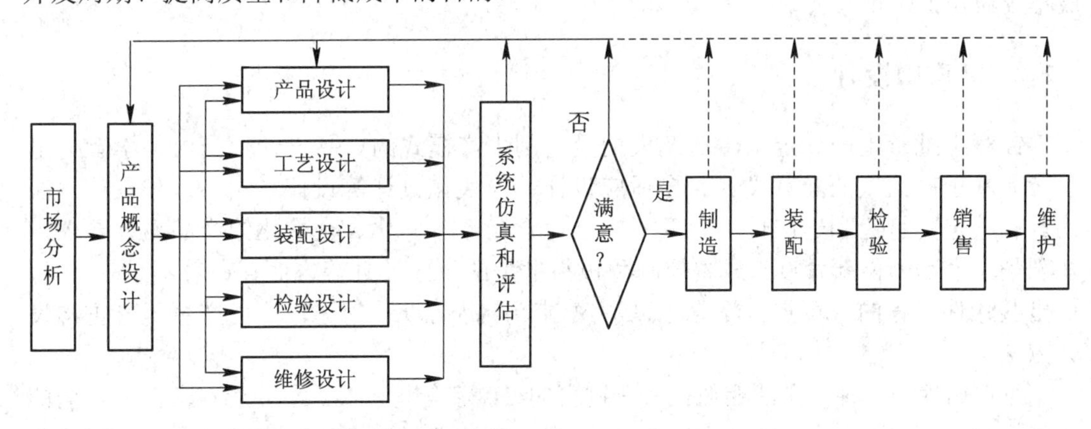

图 3.9　并行设计流程图(注：虚线为所需改进的信息反馈)

并行设计与串行设计相比，其在信息控制、人员协作等技术和组织结构方面充分体现了自身的工作流程特征。

1. 并行性

并行设计方法的最大特点是把时间上有先有后的作业过程转变为同时考虑和尽可

能同时处理的过程。在产品的设计阶段，并行地考虑了产品整个生命周期中的所有因素，避免将设计错误传递到下游阶段，减少了不必要的环节，同时作为设计结果，输出产品设计规格及相应的制造工艺与生产任务计划，使产品开发过程更趋合理、高效。

2. 整体性

并行设计方法将制造系统看作一个有机整体，各个制造作业和知识处理单元之间存在不可分割的内在联系，特别是具有丰富的双向的信息联系；强调从全局考虑问题，即产品设计者从一开始就考虑到产品整个生命周期中的所有因素，追求系统整体最优(有时为了保证整体最优，甚至可能牺牲局部的利益)。

3. 协同性

并行设计方法特别强调多功能设计小组的协同作业(Team Work)和全面参与思想。现代产品的功能和特性越来越复杂，产品开发过程涉及的学科门类和专业人员也越来越多，要取得产品开发过程的整体最优，其关键是要很好地发挥人们的群体作用。

4. 集成性

并行设计要求实现产品及其过程的一体化，根本在于研究开发、产品设计、过程设计、制造装配和市场的全面集成，内容包括：

(1) 人员集成。管理者、设计者、制造者、支持者(质量、销售、采购、维护等)乃至用户集成为一个协同的组织团队。

(2) 信息集成。产品全生命周期中各类信息的获取、表示、表现和操作工具集成和统一管理。

(3) 功能集成。产品全生命周期中企业内各部门的功能集成，产品开发企业与外部协作企业间的概念集成。

(4) 技术集成。产品开发全过程所涉及的多学科知识以及各种技术和方法集成，形成集成的知识库和方法库。

3.2.3 可重构设计

针对小批量生产、定制生产及大批量定制生产模式的产品设计，国内外学者提出了诸如基于产品族的配置设计、自适应设计、模块化设计等设计方法。这些设计方法均具有一定的特色和适应性，但并不完全适合当今多样化、个性化的产品设计要求，特别是在产品的创新程度、成本控制和极小批量的生产计划等方面存在着不足。因而，可借鉴软件工程的“可重构”思想以解决创新产品的设计问题，这便产生了可重构设计方法。

可重构性是一种广义的相似性。在过去的 50 多年里，制造业中存在着两种不同的相似性方法：一种是设计相似性，另一种是基于制造分类编码的工艺相似性。实践表明，这两种相似性在本质上已不能解决今天与将来面对的产品制造的复杂性、动态性，以及产品变换的多样性与快速性等问题。而有别于设计相似性和工艺相似性的可重构性，是基于可快速组态或重构的另一类广义的相似性，是对成组性和模块化概念的革新与发展。诸如组合机床，它按照成组相似性原理设计和制造，可以实现设计与最终装配前的组合性，但是一旦完成最终加工与装调就失去了“组合”使用的可能性，只能作为专机利用，而不能重构与重复利用；又如柔性制造系统，也是按照成组技术进行系统规划和设计的，但是生产实践证明，它只能实现一组零件或组合相似性强的 10 种，至多 20 种零件的加工，无法适应快速多变的新产品和按订单换型产品的生产。究其根源在于它们的设计与规划没有考虑利用物理组态的变换，即在有限资源(如机床、加工方法与流程等)支持的基础上利用物理组态变换与模块/组元更新等手段实现对新的需求与期望的快速响应，同时没有考虑组态变化后系统组元间的交互作用和模块间接口界面的设计问题，以及产品跨族变换后的适应性问题，即可重构性问题。为此，企业迫切需要一种可以实现设计、制造、使用和退役处理均可重构/可重组，易于装拆组合的可重构设计的概念、理论和方法，以提高其核心竞争能力。

可重构设计的作用就是在已有产品模块系列划分的基础上，通过对相似模块进行匹配分析，实现归一化处理，形成具有更大范围的通用模块；在已有产品相似部件的基础功能、原理和结构实现方案保持不变的前提下，对某些局部功能和结构进行调整和变化，以适应系列化产品的要求；通过对产品结构形状和尺寸的调整、变更，以满足不同产品系列的要求，实现系列化产品中关键零件的聚合。这种可重构设计方式可以使相似零件进一步统一，实现对已有资源高效的重复利用，使计算机辅助设计下的快速产品开发成为可能，可大大提高设计的速度和质量，使企业在激烈的市场竞争中以高效、高质量、低成本的设计方法开发新产品，以满足日益增长的用户的个性化需求。

1. 可重构性的定义

1997 年美国艾奥瓦州立大学的 Lee 把可重构性定义为：以低的成本和短的周期，重组制造系统的能力。密歇根大学的 Koren 在 1997 年和 1999 年，两次重新定义与修改了可重构制造系统的定义。其共同点是把可重构性理解为制造系统规划、设计与使用范畴的概念。研究与工业实践证明，可重构性不仅涉及制造系统的软、硬件系统，也涉及产品与其他工程系统，甚至软件工程系统和组织或企业系统的重构/重组，是一个广泛的、极有实用价值的概念。基于拓扑相似性(拓扑相似性指的是以多学科规定的不变拓扑特征为基的广义相似性)可以把可重构性定义为：可以按规划和设计规定地变化，利用子系统、模块或组元物理组态的变换、重排、变形、更替、剪裁、嵌套和革新等手段，对产品或系统进行重新组态(reconfiguration)，以便快速更替过程(流程)与系统功能，迅速改变系统输出，提高对市场需求与环境变化响应速度的能力。

2. 可重构设计的理论框架

为了充分利用企业的现有资源，实现产品的快速开发和设计过程的智能化，企业应建立起可重构设计的系统框架，如图 3.10 所示。它包括产品的需求分析、功能设计、重构设计与评价以及产品模块库等组成部分，首先通过对市场的需求分析得到用户对产品的需求模型，然后根据用户需求模型进行产品的功能设计，再通过基于功能结构映射的可重构设计得到所需要的目标产品。

在重构设计与评价模块(见图 3.10)中，按照产品的功能要求，以现有产品模块库作为可重构设计的资源，通过实例检索、实例选择，基于实例推理(Case Based Reasoning,

CBR)，根据实例的特征模型推理并确定产品实例、部件实例和零件实例，进行可重构的设计和评价，最终形成目标产品。这个过程经过一定的循环后，最终可完成产品的可重构设计。

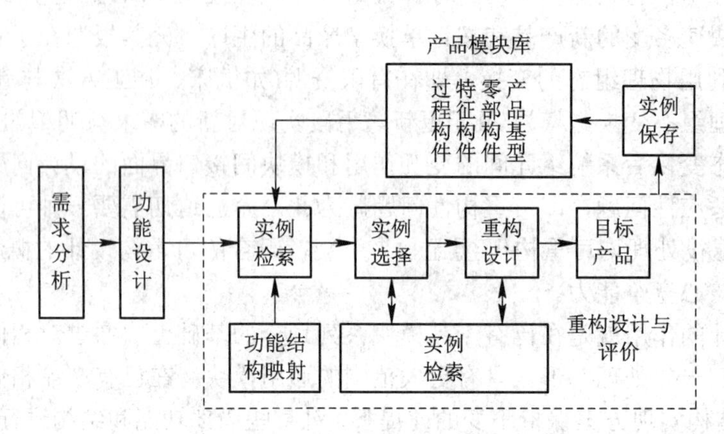

图 3.10　产品可重构设计的系统框架

3. 可重构设计方法的特征

可重构设计方法是以创新为目标，利用已有设计经验而采取的一种设计方法。可重构设计具有以下两个显著特征：

(1) 强调在检索历史产品设计方案的过程中注重产品的可重构性，即强调待选择的零件之间的匹配性问题。它寻找的是一种更加合理的设计过程的全局最优方案，而不是分别地仅仅满足功能、性能约束的零件个体局部的最优解。因此，重构设计是以全局为出发点的。

(2) 在基于零件重构约束的零件单元的搜索中，重构设计采用的是一种优化的启发式搜索方法，从而在缩小搜索空间的同时，保证了后续的待选零件的可选择域。因此，可重构设计方法是一种与人工智能相结合的设计方法。

4. 可重构设计方法的关键技术

按照构造一个应用系统的先后次序，可重构设计方法的关键技术可归纳为以下几点：

(1) 合理的实例模块存储技术，包括如何优化已有的实例设计模块的存储方法和数据库的内部结构。优化准则包括：

① 在存储阶段就预先考虑以后的实例模块的检索与选择，所采用的存储机制应当从实例功能约束、性能约束以及重构性约束等角度考虑，为实例模块库进行检索提供可能与方便。

② 采取的存储机制应当具有开放式的数据结构，允许新的实例模块进入模块库。

③ 在一个新的实例进入数据库之前，存储机制能够提供必要的检查、归并程序，防止模块数据的冗余性和不一致性。

(2) 有效的实例模块选择技术，包括如何有效地表达实例模块的功能和性能约束条件(尤其是实例模块之间的重构约束条件)，如何构建优化的搜索策略，如何松弛或变更解的搜索条件等。

(3) 有效的模块修改方法。经过选择满足个体功能、性能，以及重构约束的相似模块，可以重构出初步设计目标，然后对该初步设计目标进行必要的修改，得到最终设计目标。

3.2.4　可靠性设计

可靠性设计是指在产品(包括零件和元器件、整机设备、系统)设计开发阶段运用各种技术与方法，预测和预防产品在制造和使用过程中可能发生的各种偏差、隐患和故障，保证设计一次成功的过程。传统设计方法又称为安全系数法，设计变量是定值，诸如材料力学中的材料屈服极限、许用应力等；可靠性设计的主要特征是将传统设计中涉及的设计变量都看作服从某种分布规律的随机变量，用概率统计方法设计。

在实际的工程应用中，可靠性设计包括两个方面的内容：其一是可靠性设计的理论基础，即如何将定性的可靠性概念量化，所用的基础理论有概率统计理论、失效物理、可靠性环境技术、可靠性基础实验等；其二是可靠性的评级尺度及其现场数据的整理和对未来系统状态的预测，所用技术涵盖了现场数据收集、可靠性评价与验证、可靠性预测技术等。

1. 可靠性设计的理论基础

1) 常用的可靠性指标

(1) 可靠度。可靠度指产品在规定的条件和规定的时间内完成规定功能的概率，它是时间的函数，以 $R(t)$表示。若用 T 表示在规定条件下的寿命(产品首次发生失效的时间)，则“产品在时间 t 内完成规定功能”等价于“产品寿命 T 大于 t”。所以可靠度函数 $R(t)$可以看作事件“$T>t$”的概率，即

$$R(t)=P(T>t)=\int_t^{\infty} f(t)\mathrm{d}t$$

其中，$f(t)$为失效概率密度函数。与可靠度函数相对应的是失效分布函数 $F(t)$，且有 $F(t)+R(t)=1$，故

$$F(t)=P(T\leqslant t)=\int_0^t f(t)\mathrm{d}t$$

在实践中，利用现场数据，可靠度 $R(t)$可以用统计方法来估计。设有 N 个产品在规定的条件下开始使用。令开始工作的时刻 t 取为 0，到指定时刻 t 时已发生失效数 $n(t)$，即在此时刻尚能继续工作的产品数为 $N-n(t)$，则可靠度的估计值(又称经验可靠度)为

$$\hat{R}(t)=\frac{N-n(t)}{N}$$

(2) 失效率。失效率是工作到某时刻尚未失效的产品，在该时刻后单位时间内发生失效的概率，记为 λ。它是时间 t 的函数，记为 $\lambda(t)$，称为失效率函数，有时也称为故障率函数或风险函数。

设在 $t=0$ 时有 N 个产品投试，到时刻 t 已有 $n(t)$个产品失效，尚有 $N-n(t)$个产品

在工作。再过 Δt 时间，即到 $t+\Delta t$ 时刻，有 $\Delta n(t)=n(t+\Delta t)-n(t)$个产品失效。产品在时刻 t 前未失效而在时间$(t,\ t+\Delta t)$内的失效率为

$$\hat{\lambda}(t)=\frac{\Delta n(t)}{\Delta t}\cdot\frac{1}{N-n(t)}$$

单位时间内的失效频率为 $\Delta n(t)/[N-n(t)]$。由此可知，失效率是在时刻 t 尚未失效的产品在 $t+\Delta t$ 的单位时间内发生失效的条件概率，即

$$\lambda(t)=\lim_{\Delta t\to 0}\frac{P(t<T\leqslant t+\Delta t|T>t)}{\Delta t}$$

由条件概率公式的性质和时间的包含关系可知：

$$P(t<T\leqslant t+\Delta t|T>t)=\frac{P(t<T\leqslant t+\Delta t)}{P(T>t)}=\frac{F(t+\Delta t)-F(t)}{R(t)}$$

$$\lambda(t)=\lim_{\Delta t\to 0}\frac{F(t+\Delta t)-F(t)}{\Delta t}\frac{1}{R(t)}=\frac{F'(t)}{R(t)}=\frac{f(t)}{R(t)}$$

依据产品失效率函数与失效概率密度函数及可靠度之间的关系，一般产品的失效过程要经历三个阶段，俗称浴盆曲线，如图 3.11 所示。

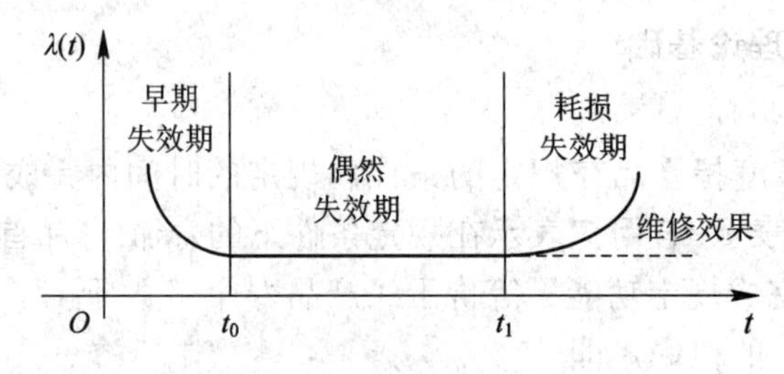

图 3.11　失效率曲线(浴盆曲线)

① 早期失效期为失效率递减型。产品使用的早期，失效率较高而下降得很快，其主要原因在于设计、制造、储存、运输等形成的缺陷，以及调试、跑合、起动不当等人为因素所造成的失效。图 3.11 中，产品失效率达到偶然失效期的时间 t_0 称为交付使用点。

② 偶然失效期为失效率恒定型。偶然失效期主要由非预期的过载、误操作、意外的天灾以及一些尚不清楚的偶然因素所造成。由于失效原因多属偶然，因此称为偶然失效期。偶然失效期是能有效工作的时期，这段时间称为有效寿命。为降低偶然失效期的失效率，延长有效寿命，应注意提高产品的质量，精心维护。

③ 耗损失效期为失效率递增型。在这一时期，失效率上升得较快，这是由产品老化、疲劳、磨损、蠕变、腐蚀等有耗损的原因所引起的，故称为耗损失效期。针对耗损失效的原因，应该注意检查、监控，预测耗损开始的时间，提前维修，使失效率不上升。当然，修复若需花很大费用，而延长寿命不多，则不如报废更为经济。

(3) 维修度。维修度(Maintainability)是指在规定条件下，使用的产品发生故障后，在规定的时间(0，t)内，按规定的程序和方法进行维修时，保持和恢复到能完成规定功能

状态的概率。它是维修时间 t 的函数，记为 $M(t)$，称为维修度函数。

(4) 平均寿命。平均寿命又称平均失效时间(Mean Time Between Failure，MTBF)，是失效的平均间隔时间，即平均无故障工作时间，它表示可修复产品在相邻两次故障之间工作时间的数学期望值，即在每两次相邻故障之间的工作时间的平均值，用 MTBF 表示，它相当于产品的工作时间与这段时间内产品故障数之比。平均寿命的计算式为

$$\mathrm{MTBF}=\mu_t=\int_0^{\infty} t f(t)\mathrm{d}t=\int_0^{\infty} R(t)\mathrm{d}t$$

2) 常用设计变量的概率分布

可靠性设计是一种概率性设计方法，其设计变量与参数都是随机变量，因此进行可靠性设计时需要考虑设计变量的概率分布。通常使用的概率分布有指数分布、正态分布和威布尔分布。

(1) 指数分布。指数分布(Exponential Distribution)是一种连续概率分布，可以用来表示独立随机事件发生的时间间隔，比如旅客进机场的时间间隔、电子产品的寿命分布以及某些系统的寿命分布等。指数分布是可靠性研究中最常用的一种分布形式，当产品的失效是偶然失效时，其寿命服从指数分布。

指数分布的概率密度函数：

$$f(t)=\lambda\cdot \mathrm{e}^{-\lambda t}\quad (t\geqslant 0)$$

指数分布均值：

$$E(T)=\int_0^{\infty} t f(t)\mathrm{d}t=\int_0^{\infty}\lambda t\cdot \mathrm{e}^{-\lambda t}\mathrm{d}t=\frac{1}{\lambda}$$

可靠度的计算表达式：

$$R(t)=\exp\left[-\int_0^{t}\lambda(t)\mathrm{d}t\right]\quad (t\geqslant 0)$$

(2) 正态分布。正态分布(Normal Distribution)又名高斯分布(Gaussian Distribution)，是一个在数学、物理及工程等领域都非常重要的概率分布，在统计学的许多方面有着重大的影响力。若随机变量 X 服从一个数学期望为 μ、标准方差为 σ^2 的高斯分布(记为 $N(\mu，\sigma^2)$)，则该随机变量就是一个正态分布。其均值决定正态分布的中心倾向或者集中的趋势，即正态分布曲线的位置；标准方差决定正态分布曲线的形状，表征分布的离散程度。通常所说的标准正态分布是 $\mu=0$、$\sigma=1$ 的正态分布。

正态分布的特征是“钟”形曲线，其概率密度函数为

$$f(t)=\frac{1}{\sigma\sqrt{2\pi}}\exp\left[-\frac{1}{2}\left(\frac{t-\mu}{\sigma}\right)^2\right]\qquad (-\infty<t<+\infty)\qquad (3.5)$$

由此得到的可靠度的计算表达式为

$$R(t)=\int_t^{\infty}\left\{\frac{1}{\sigma\sqrt{2\pi}}\exp\left[-\frac{1}{2}\left(\frac{t-\mu}{\sigma}\right)^2\right]\right\}\mathrm{d}t\qquad (-\infty<t<+\infty)\qquad (3.6)$$

(3) 威布尔分布。威布尔分布(Weibull Distribution)是可靠性分析及寿命检验的理论基础，在可靠性工程中被广泛应用，尤其适用于描述机电类产品的磨损累计失效的分布形式。目前，二参数的威布尔分布主要用于滚动轴承的寿命试验以及高应力水平下的材料疲劳试验，三参数的威布尔分布用于低应力水平下的材料疲劳试验及某些零件的寿命试验。

三参数威布尔分布的主要参数有形状参数 b、尺度参数 θ 和位置参数 γ，记作 $W(b, \theta, \gamma)$，其概率密度函数为

$$f(t)=\frac{b}{\theta}\left(\frac{t-\gamma}{\theta}\right)^{b-1}\exp\left[-\left(\frac{t-\gamma}{\theta}\right)\right] \quad (\gamma\leqslant t;b,\theta>0) \tag{3.7}$$

位置参数 γ 只影响曲线的起点位置：当 $\gamma=0$ 时，曲线的起点在坐标原点；当 $\gamma<0$ 时，起点在坐标轴的 $-\gamma$ 处；当 $\gamma>0$ 时，起点在坐标轴的 $+\gamma$ 处，对曲线的形状没有影响。对于形状参数，当 $b<1$ 时，它可以描述零件的早期失效分布，此时失效率曲线和早期失效阶段的曲线形状相似；当 $b=1$ 时，曲线呈指数分布形状，其形状与偶尔失效阶段的曲线形状相似；当 $b>1$ 时，失效率曲线与耗损阶段的曲线形状相似。

不考虑位置参数，使 $\gamma=0$，则二参数威布尔分布的可靠度的计算表达式为

$$R(t)=\exp\left[-\left(\frac{t}{\theta}\right)^{b}\right] \tag{3.8}$$

3) *应力—强度干涉模型及可靠度计算*

应力、强度均可看作广义的概念。广义的应力是引起失效的负荷，强度是抵抗失效的能力。由于影响应力和强度的因素具有随机性，所以应力和强度具有分散特性。实际工程中的应力和强度都是呈分布状态的随机变量，可把应力和强度在同一坐标系中表示，如图 3.12 所示。当强度的均值 S 大于应力的均值 s 时，在图中阴影部分表示的应力和强度干涉区内就可能发生强度小于应力(失效)的情况。这种根据应力和强度干涉情况，计算干涉区内强度小于应力的概率(失效概率)的模型，称为应力—强度干涉模型。

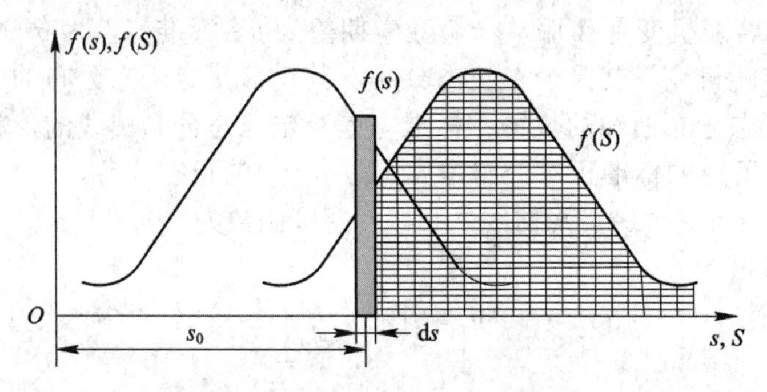

图 3.12 应力—强度干涉计算模型

在应力—强度干涉模型理论中，根据可靠度的定义，强度大于应力的概率可表示为

$$R(t)=P(S>s)=P(S-s>0)$$

当应力为 s_0 时，强度大于应力的概率为

$$P(S > s_0) = \int_{s_0}^{\infty} f(S)\mathrm{d}S$$

应力 s_0 处于 ds 内的概率为

$$P\left(s_0 - \frac{\mathrm{d}s}{2} \leqslant s \leqslant s_0 + \frac{\mathrm{d}s}{2}\right) = f(s_0)\mathrm{d}s$$

假设 $S > s_0$ 与 $s_0 - \frac{\mathrm{d}s}{2} \leqslant s \leqslant s_0 + \frac{\mathrm{d}s}{2}$ 为两个独立的随机事件，则这两个独立事件同时发生的概率为

$$\mathrm{d}R = f(s_0)\mathrm{d}s \cdot \int_{s_0}^{\infty} f(S)\mathrm{d}S$$

s_0 为应力区间内的任意值，现考虑整个应力区间内的情况，则强度大于应力的概率(可靠度)为

$$R = \int_{-\infty}^{+\infty} \mathrm{d}R = \int_{-\infty}^{+\infty} f(s)\left[\int_{s}^{\infty} f(S)\mathrm{d}S\right]\mathrm{d}s \tag{3.9}$$

当已知应力和强度的概率密度函数时，根据式(3.9)即可求得可靠度。

2. 制造系统的可靠性设计

系统的可靠性在很大程度上取决于零部件的可靠性。对于产品，其整体的可靠性取决于组成产品的各个零件和部件的可靠性，因此，当注重于产品的内部功能关系时，其整体的可靠性需要根据组件的构成关系加以确定。依据系统(产品)的构成关系，系统可靠性分析模型分为串联系统、并联系统和混联系统(由串、并联系统混合连接而成的系统)。

1) 串联系统

系统中各个组件全部正常工作时，系统才正常工作；当系统中有一个或一个以上组件失效时，系统就失效，这样的系统称为串联系统。假设串联系统构成组件的可靠度分别为 $r_1, r_2, \cdots, r_n$，系统要正常工作，各组成单元必须都能正常工作，则有 $S_s = S_1 \cap S_2 \cap \cdots \cap S_n$。系统正常工作的概率为各单元概率之积：

$$P_s\{S_s\} = \prod_{i=1}^{n} P_i\{S_i\}$$

其中，$P_s = R_s(t)$，$P_i(S_i) = r_i(t)$，那么

$$R_s = r_1 \cdot r_2 \cdot \cdots \cdot r_n = \prod_{i=1}^{n} r_i \tag{3.10}$$

由此可见，对于串联系统，提高系统的可靠度，可以通过两个途径：一是提高各组成单元的可靠度；二是降低各组成单元的失效率。

2) 并联系统

系统中的组成单元，只要其中一个正常工作，系统就正常工作，只有全部组件都失效，系统才失效，这样的系统称为并联系统。假设并联系统构成组件的可靠度分别为

$r_1, r_2, \cdots, r_n$，相应单元的失效(故障)概率分别为$q_1, q_2, \cdots, q_n$，并设并联系统的失效(故障)概率为Q_s，则依据并联系统的定义，并联系统中的不正常事件是“交”的关系，系统不能正常工作，意味着各组成单元都不能正常工作，即

$$F_s = F_1 \cap F_2 \cap \cdots \cap F_n$$

系统不正常工作的概率为各单元不正常工作的概率之积：

$$F_s = \prod_{i=1}^{n} F_i(S_i)$$

由于$F_s = Q_s(t)$，$F_i(S_i) = q_i(t)$，$Q_s = q_1 \bullet q_2 \bullet \cdots \bullet q_n = \prod_{i=1}^{n}(1-r_i)$，则其可靠度的计算式为

$$R_s = 1 - Q_s = 1 - \prod_{i=1}^{n} q_i = 1 - \prod_{i=1}^{n}(1 - r_i) \tag{3.11}$$

3) 系统的可靠性分配

可靠性指标的分配问题是可靠性预计的逆过程，即在已知系统的可靠性指标时，如何考虑和确定其组成单元的可靠性指标值。所以可靠性分配就是把系统的可靠性指标对系统中的子系统或部件进行合理分配的过程。通常可靠性分配需考虑如下条件的影响程度：

(1) 子系统的复杂程度；

(2) 子系统的重要程度；

(3) 子系统的运行环境；

(4) 子系统的任务时间；

(5) 子系统的研制周期。

可靠性分配的一般方法是由元件到组件，由组件到整机，由整机到系统进行逐级计算，其间可采用等可靠度分配方法，亦可按照影响要素的重要程度采取权重分配方法。

系统可靠度分配完成后，还需要进行整体优化，常用的优化策略有：

(1) 耦合优化策略(直接求解系统可靠性优化设计整体数学规划模型，适用于规模不大的机械系统的可靠性优化设计)；

(2) 分解协调优化策略(将单元可靠性优化设计模型和系统可靠性优化分配模型联立迭代求解)；

(3) 分散优化策略(将单元可靠性优化设计模型和系统可靠性优化分配模型分别独立求解)。

3.3 制造系统的功能建模

企业模型中的功能是用来描述业务、操作或活动的，往往以时间和费用为代价，所以时间和费用是一个功能的基本属性。由若干功能有机地结合在一起，形成功能模型，就能清晰地反映现代制造系统中各项业务之间的逻辑关系。典型的功能建模方法有功能

轮图、功能树图、价值链模型、$IDEF_0$ 等。这些功能模型的主要差别在于它们或多或少描述了功能之间的相关性，如图 3.13 所示。当这种相关性成为系统主要关注的内容时，就成为了过程模型。

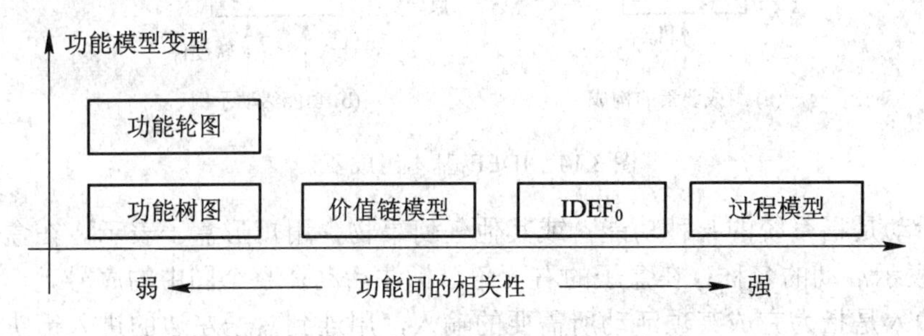

图 3.13　常用功能模型及其相互关系

1. 功能轮图

功能轮图实际上是以极坐标形式描述的功能树图，在结构上比较紧凑。例如，美国制造工程师协会(Society of Manufacturing Engineering，SME)提出的 CIMS 总体结构，就是采用功能轮图描述的。

2. 功能树图

功能树图又称层次图或者 H 图，它以逐层分解的方法实现对功能的表示。功能树的建立在很大程度上依靠领域专家个人的知识水平及经验，具有很大的主观性，因而常用计算机辅助方法进行功能树的扩展，使设计信息尽可能完备。功能树图的绘制一般要遵循如下要求：

(1) 功能树的所有节点全部用动词性质的短语表示，在整个模型体系中，名称要简练、唯一。

(2) 功能树中同层功能之间是并列关系，上层功能对下层功能是包容关系。

(3) 功能树中的节点是可以不断展开的。

3. 价值链模型

价值链模型描述了企业中价值增值的功能部分，与功能树图相比较，它反映的功能层次较少，一般至多为两层(而功能树图可以表达出 3～4 层，甚至更多)。价值链模型中可以包含组织、数据等元素。

4. $IDEF_0$ 方法

$IDEF_0$ 是利用所规定的图形符号和自然语言，按照自顶向下、逐层分解的结构化方法来描述和建立系统的功能模型，反映系统中的功能活动及其相互关系。它把一个复杂系统简单化、抽象系统具体化，将系统功能逐层分解，一直分解到可执行的功能模块为止。

1) $IDEF_0$ 方法的基本组成要素

$IDEF_0$ 方法模型由若干图形组成，每幅图形又由一系列简单的盒子和箭头所构成的功能活动组成，其中盒子表示功能活动，用与之相连的箭头表示与活动关联的各种事物，如图 3.14 所示。构成功能活动的基本元素有活动、输入、控制、机制和输出五要素。

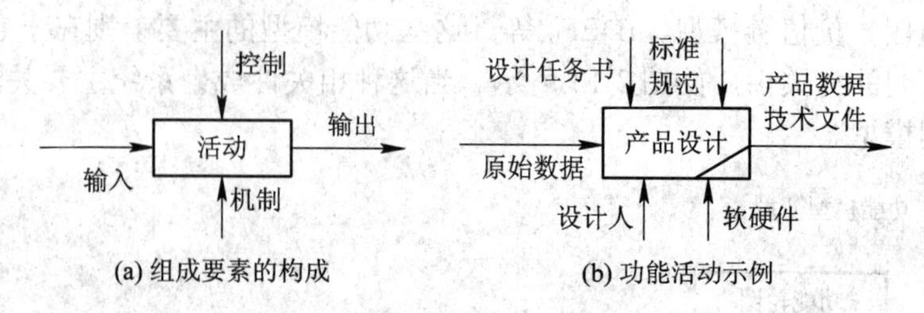

图 3.14　$IDEF_0$ 基本组成要素

(1) 活动是指系统的某种功能，或其他任何事物，用矩形盒子表示。在盒子内部用动词短语表示活动的名称；在盒子的右下角，标注活动在整个图中的序号。

(2) 输入是指为完成某项活动所需要的输入，用连到盒子左边的进入箭头表示，并用一个名词短语作标记写在箭头的旁边。

(3) 输出是活动处理完成的结果和数据，用连到盒子右边的进出箭头表示，并用一个名词短语作标记写在箭头的旁边。

(4) 控制是指活动将输入变换成输出所受到的条件、约束或依据，用连到盒子上方的进出箭头表示，并用一个名词短语作标记写在箭头的旁边。

(5) 机制是指活动的基础和支撑条件，它可以是人或者设备，用连到盒子下方的进出箭头表示，并用一个名词短语作标记写在箭头的旁边。

2) $IDEF_0$ 结构图形分析

$IDEF_0$ 功能模型为递阶结构树形式，如图 3.15 所示。最顶层为系统外部关系图(A-0 层)，在该图中只有一个表示功能活动的矩形盒子，以描述整个系统与外部的关系；第二层为系统的总体功能图(A0 层)，包括若干系统主功能；接下来的图形是对上层图形功能活动块的分解，直至分解到系统可执行功能模块为止。

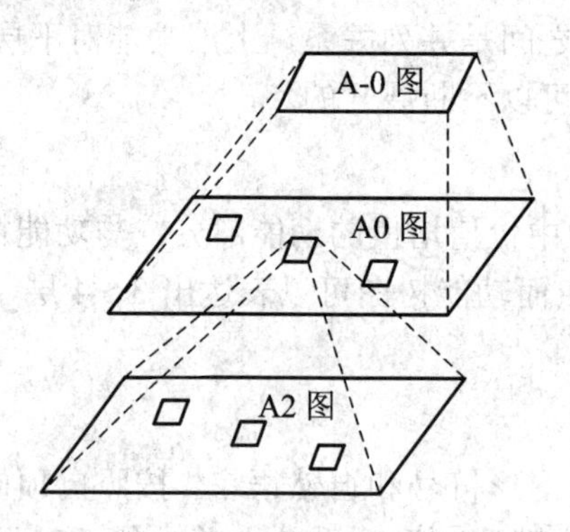

图 3.15　$IDEF_0$ 功能结构模型

为了能够清楚地反映每个图形在系统模型结构中的层次和位置，必须对每一张图进行标识。$IDEF_0$ 方法用节点号来标识图形在整个模型中的层次关系。图形的所有节点号都用字母 A 开头，每一个节点号将父图中的编号和自身在本层图形中的编号结合起来，形成了“父→子→孙……”的递阶关系。每增加一代，结点号的位数就增加一位，如图 3.16 所示。

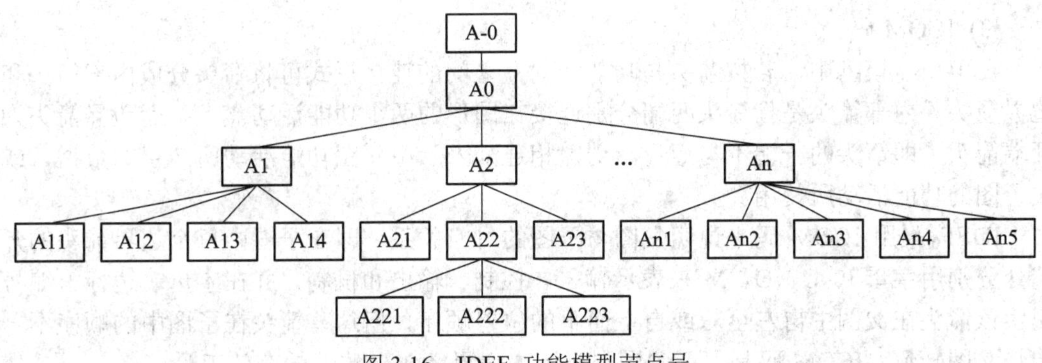

图 3.16　$IDEF_0$ 功能模型节点号

3) $IDEF_0$ 模型结构图的具体画法

$IDEF_0$ 模型结构图主要是用箭头将一个个功能活动块连接起来，箭头代表数据的约束，而不代表数据流或活动顺序。一个功能盒的输出连接到另一个功能盒的输入或控制，表示接受功能盒的执行条件，也表示可利用该功能盒所产生的输出数据。在同一图上，若几个功能盒所需的约束同时满足，则这几个活动可以同时执行。这样，可以用箭头来表示活动间的反馈、迭代、连续处理及时间上的重叠等状况，也可表示活动图中的多种关系。

(1) 分支箭头和汇合箭头。

分支箭头是指某一箭头在 $IDEF_0$ 模型中表示多个活动需要同一数据，也可表示同一数据的不同组成部分进入不同的活动，如图 3.17 所示。活动 1 的输出可以同时作为活动 2 和活动 3 的输入，也可以是活动 1 的输出 A 中 B 部分的数据进入活动 2，而 A 中 C 部分的数据进入活动 3。

汇合箭头用来表示多个活动产生同一类数据，如图 3.18 所示。活动 1 和活动 2 均输出数据 A。

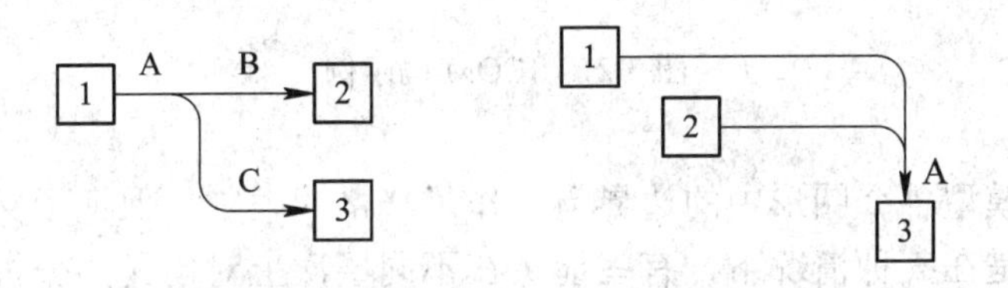

图 3.17　分支箭头　　　　图 3.18　汇合箭头

(2) 双向箭头。

若在两个活动之间存在互为输入或互为控制的关系时，可用双向箭头将代表这两个活动的功能盒连接起来，并在箭头旁边用“·”提示注意。图 3.19 所示为互为输入的双向箭头，图 3.20 所示为互为控制的双向箭头。

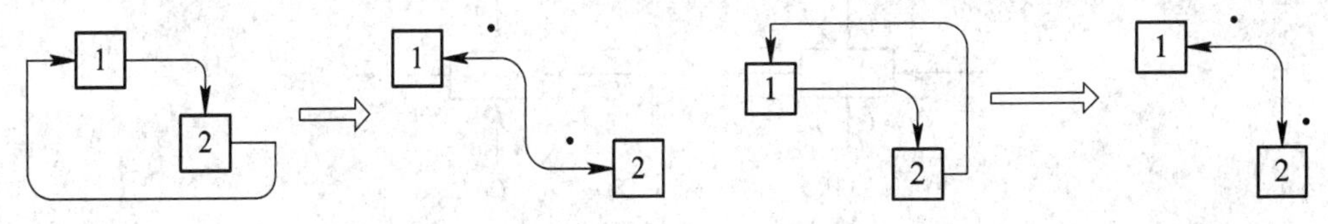

图 3.19　互为输入的双向箭头　　　　图 3.20　互为控制的双向箭头

(3) ICOM 码。

在 $IDEF_0$ 模型中，若按箭头与功能活动盒之间的连接形式可将箭头分成内部箭头和边界箭头。内部箭头是指箭头两端分别连接在图形的两个功能活动盒上；而边界箭头为开端箭头，即箭头的一端不与矩形活动盒相连，表示由父图功能活动所产生的数据，或被子图的功能活动所使用。

$IDEF_0$ 采用 ICOM 码来说明父图与子图的对应关系，即在子图中每个边界箭头的开端处分别用字母 I、C、O、M 来表示输入、控制、输出和机制，并在字母右边标上编号说明该箭头在父图中自左至右或自上而下的位置顺序，但这些箭头在子图中的顺序不一定与父图一致。ICOM 码是保证父图与子图中边界箭头一致性的有效工具。

图 3.21 所示为 ICOM 码的一个示例，图 3.21(a)为父图，图 3.21(b)为由父图所分解的子图。在父图功能活动盒上作用有 a、b、d、e、f、g、h 箭头，所分解的子图上有 B、H、W 三个功能活动盒，父图中 a、b、d、e、f、g、h 箭头均成为子图上的边界箭头；反过来说，子图上的所有边界箭头均能在父图活动盒上找到对应的箭头。例如，子图中活动盒 H 的控制 C1 是父图中 A 活动盒的第一个控制 a，而父图中的第二个控制 b 则为子图活动盒 B 上的 C2。

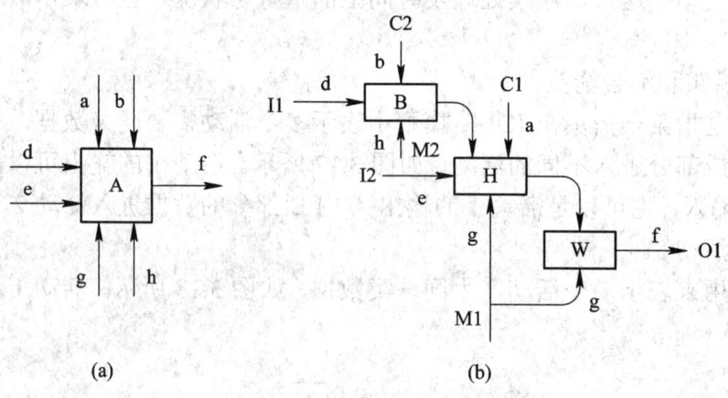

图 3.21　ICOM 码示例

(4) 括号箭头。

ICOM 码对模型各个图形中的边界箭头作了严格的限制，保证了父图与子图箭头关系的一致性。但是在某种情况下，有些箭头在不同层次上对问题的分析没有什么用处，可用括号将其屏蔽起来，从而使模型图得以简化，这样的箭头称为括号箭头。括号箭头又可分为两类：一类是在活动盒连接端加括号，如图 3.22(a)所示，表示这一箭头在以下的子图中将不出现，它可能是模型未定义部分，与下一子图无关，省略其表示的内容；另一类则是在箭头的开端加括号，如图 3.22(b)所示，表示该箭头是子图中一个必要的接口，而与父图无关或约定俗成，在父图中也可不予表示。

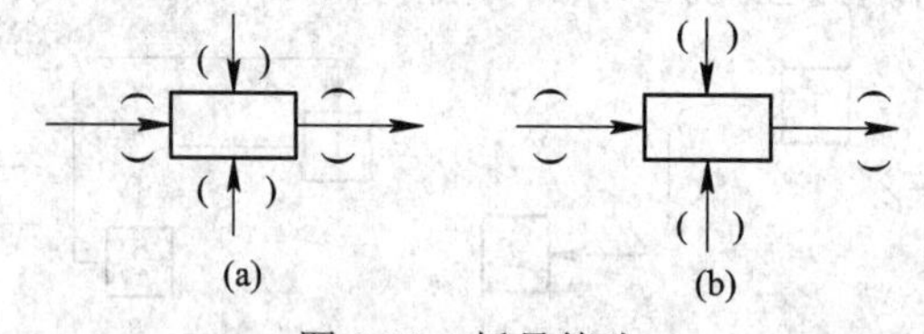

图 3.22　括号箭头

(5) 箭头的布置规则。

① 箭头必须使用水平线或垂直线，拐角处必须用圆角。

② 水平箭头不要画得过密，要松散一些，活动盒每边的箭头一般不超过 4 个。如果箭头多于 4 个，可用汇流或分流箭头表示。

③ ICOM 码应标记在边界箭头的非连接段。

④ 箭头的拐点、交点或标记应与活动盒相距一段距离，不宜太拥挤，尽量减少箭头不必要的交叉和拐角。

⑤ 一般不要用“数据”“活动”“输入”“输出”“控制”“机制”来命名功能活动盒和箭头标记。

⑥ 若一个箭头可以同时用作控制和输入，则一般把它表示为控制。

⑦ 一个功能活动盒可以没有输入，但至少要有一个控制箭头。

⑧ 对于很长的箭头，可以标记两次，如图 3.23 所示，但不要将箭头画到图纸的边框处。

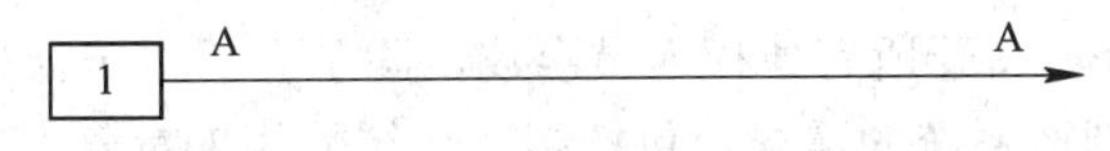

图 3.23　长箭头的标记

⑨ 如果是同源输出并送至同一活动盒的一组箭头，可以用一个箭头表示，如图 3.24 所示。

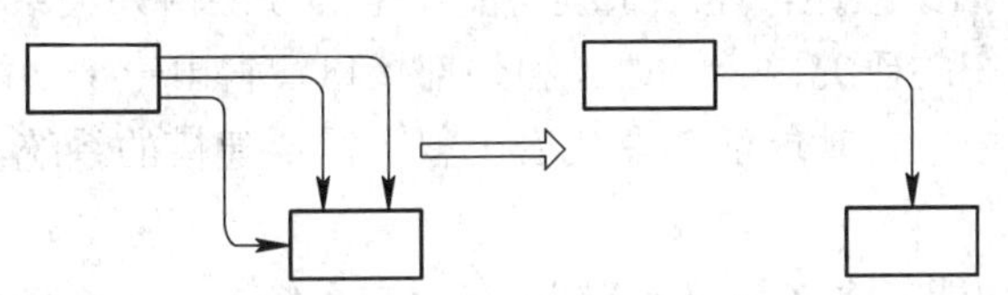

图 3.24　同源输出并送至同一活动盒的箭头合并

⑩ 控制反馈先上后下，输入反馈先下后上表示，如图 3.25 和图 3.26 所示。

图 3.25　控制反馈先上后下　　　　图 3.26　输入反馈先下后上

⑪ 如果箭头的分支送入几个活动盒，尽可能使用相同的顺序，如图 3.27 所示。

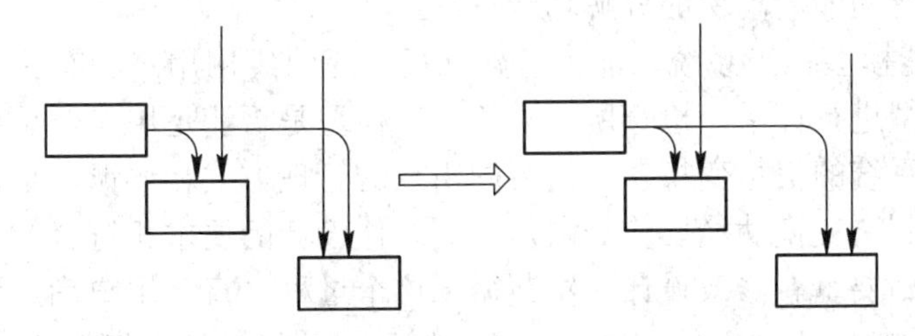

图 3.27　尽可能使用相同的顺序

4) $IDEF_0$方法的建模步骤

(1) 初始化。初始化阶段的主要任务是为制造系统功能模型的建立做好准备工作，包括确定人员组成、介绍 $IDEF_0$ 方法、确定整个建模工作的时间进度表。系统建模人员包括以下三方面的人员：

① 制造系统的设计人员。通常由系统设计人员担任建模小组组长。

② 熟练掌握 $IDEF_0$ 方法的人员。其任务是将系统各种功能和系统设计需求用 $IDEF_0$ 工具进行描述和表示。

③ 用户。其任务是向系统设计人员提出全面、完整的制造系统要求，检查和确定制造系统功能模型中的模块是否满足这些要求。

建模小组组建好之后，由熟练掌握 $IDEF_0$ 方法的人员向用户介绍 $IDEF_0$ 方法，使其能够理解和阅读 $IDEF_0$ 模型表达的内容，便于对所建立的制造系统功能模型进行检查。另外，在此阶段还应制定整个建模时间的详细计划，确定各个阶段所需要的时间并按该时间表检查建模的工作进度。

(2) 用户需求调查。召开所有建模人员会议，除了介绍拟定计划以外，主要任务是由直接用户介绍其对制造系统的需求，包括制造系统的加工对象、生产批量、生产率和柔性度要求等。

(3) 确定系统边界，建立系统内外关系图。通过对所收集的用户需求进行加工处理，采用 $IDEF_0$ 方法进行抽象描述，建立系统功能模型的顶层内外关系图，即 A-0 图。A-0 图抽象描述了制造系统的研究内容、边界和外部接口，它由一个功能活动盒和 ICOM 四个方面的边界箭头组成，该功能活动盒代表了整个需要建模的系统，边界箭头代表了这一系统与外界的联系。

(4) 确定系统主功能，建立系统 A0 图。在建立系统内外关系图的基础上，确定系统的主要功能，建立制造系统功能模型的 A0 图。在 $IDEF_0$ 模型中，A0 图非常重要，它较为详细、系统地表示了整个系统的功能构成和各功能模块之间的关系，是整个功能模型的顶层图，对底层功能的分解影响很大。在确定系统顶层功能模型(A-0 图和 A0 图)时，必须同用户进行充分的讨论，在经过用户确认同意后再进行后续的建模工作。

(5) 逐层分解，建立系统下层功能模型。确定了系统顶层功能模型之后，对 A0 图进行逐层分解，直至分解到具有独立功能含义的最底层模块为止，从而完成下层功能模型的设计。图 3.28 所示为某企业计算机集成制造与研究系统的功能模型 A0 图，它包含系统设计与仿真、产品设计与制造和集成支撑技术研究三个功能活动块。图 3.29 为图 3.28 中产品设计与制造功能活动块的分解功能 A2 图。

(6) 评审功能模型。当系统功能模型建立后，应组织由用户和有关专家组成的评审组对系统功能模型进行评审，检查所建立的功能模型是否满足用户对系统功能方面的需求。要特别注意系统的信息变换功能是否同用户的管理方式相协调，是否考虑了企业的发展。对系统的制造变换功能要检查它是否同总体设计的要求相符合。一旦评审发现所建模型有缺陷，则要重新修改设计。不断循环这个过程，直到用户满意为止。

(7) 形成正式功能模型文件。将评审通过的系统功能模型进行整理，形成正式文件，存档保存，以供后续的系统设计、系统实施和系统验收使用。

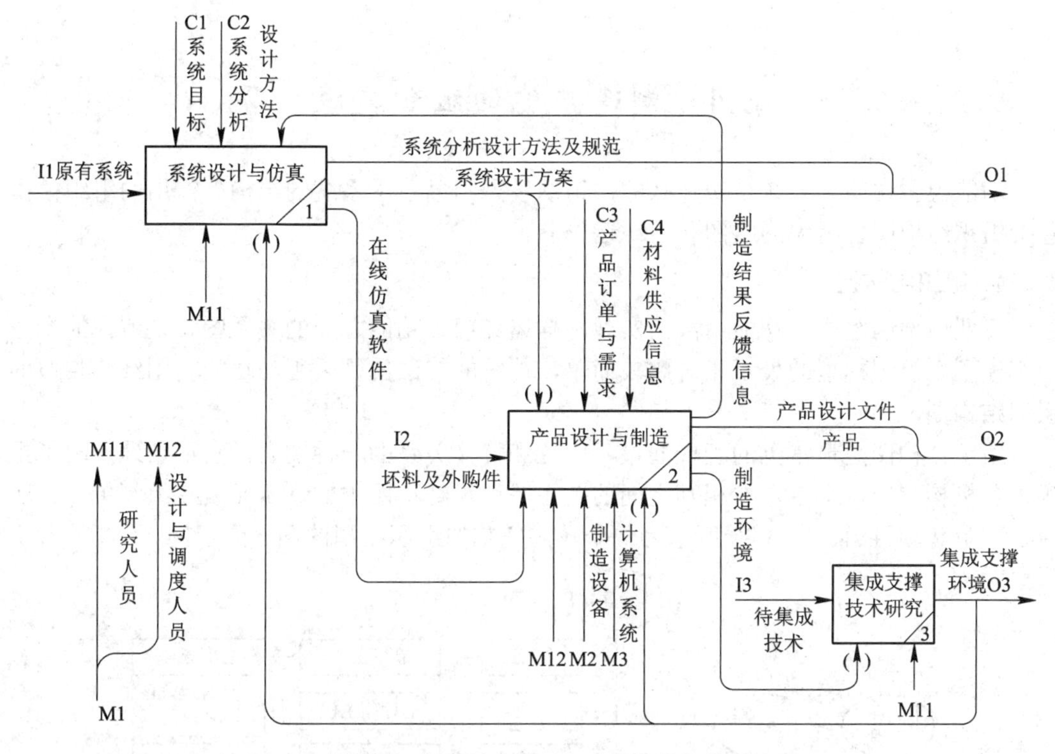

图 3.28　计算机集成制造与研究系统的功能模型 A0 图

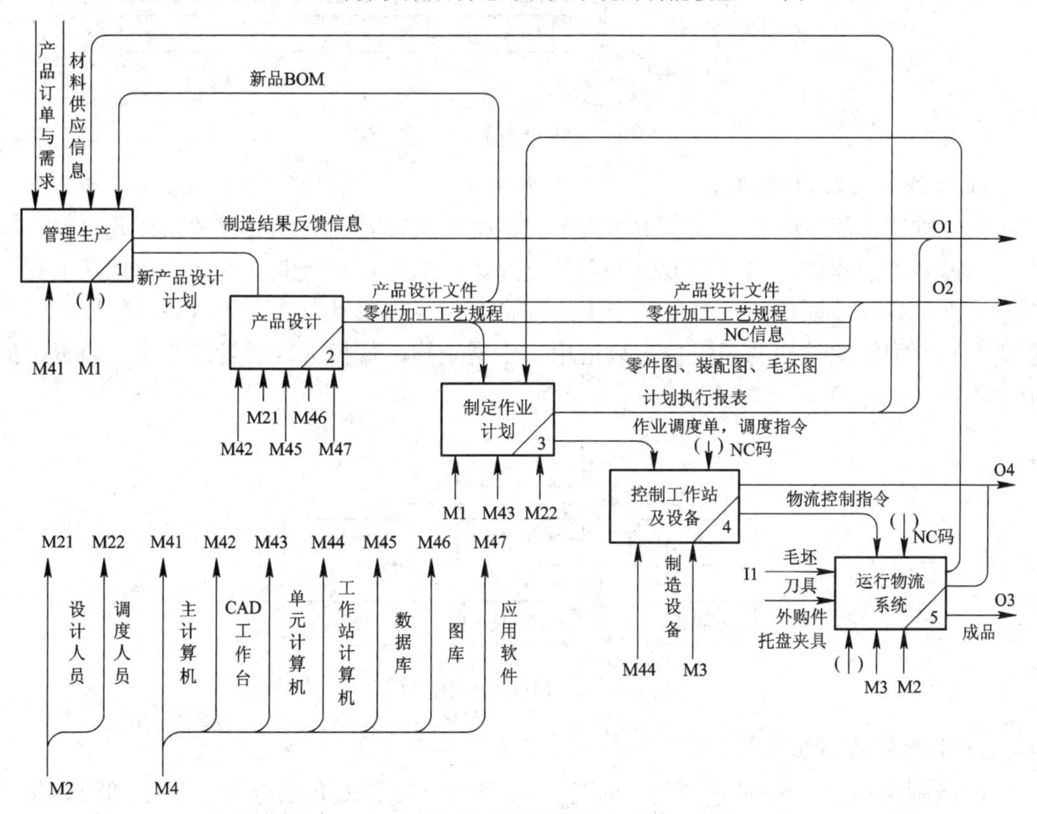

图 3.29　系统子功能产品设计与制造 A2 图

3.4　制造系统的组织建模

功能模型说明了系统是做什么的，组织模型则描述了系统的结构。常用的组织模型包括组织结构图、组织网络图和组织运作图。

1. 组织结构图

企业由部门组成，功能由部门实现，描述部门、功能之间的关系图就是所谓的企业组织模型。组织模型的表示相对比较简单，传统的方法就是采用与功能树图结构相似的组织结构图。

组织结构图是最常见的表现雇员、职位和群体关系的一种图表，它形象地反映了组织内各机构、岗位上下左右相互之间的关系。组织结构图中的基本元素有组织单元、职位、职员和项目组，图 3.30 所示为一个较为完整的组织模型的图形化示例。

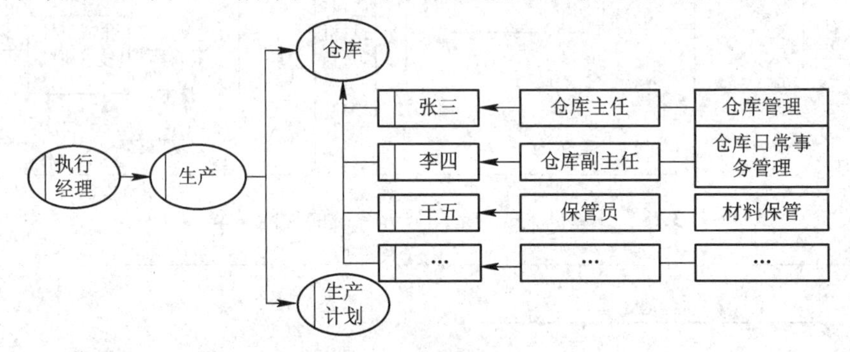

图 3.30　组织模型的图形化示例

1) 直线制的组织结构

直线制是最简单的集权式组织结构形式，如图 3.31 所示，其领导关系按垂直系统建立，不设专门的职能机构，自上而下形同直线。它的特点是企业各级行政单位从上到下实行垂直领导，下属部门只接受一个上级的指令，各级主管负责人对所属单位的一切问题负责。该型组织结构的局限性是只适用于小型企业，规模大或者管理工作比较复杂的企业就不适宜采用。

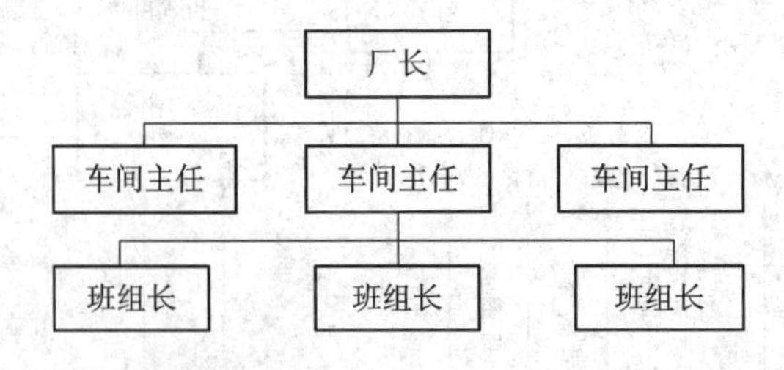

图 3.31　直线制的组织结构示例

2) 职能制的组织结构

职能制又称分职制或分部制，指行政组织同一层级横向划分为若干个部门，每个部门的业务性质和基本职能相同，但互不统属、相互分工合作的组织体制，如图 3.32 所示。

职能制的优点是行政组织按职能或业务性质分工管理，选聘专业人才，发挥专业特长，利于业务专精，思考周密，提高管理水平；同类业务划归同一部门，责任明确，利于建立有效的工作秩序，防止顾此失彼和互相推诿，能适应现代化工业企业生产技术比较复杂、管理工作比较精细的特点；能充分发挥职能机构的专业管理作用，减轻直线领导人员的工作负担。

职能制的缺点是妨碍了必要的集中领导和统一指挥，形成了多头领导，不利于建立和健全各级行政负责人和职能科室的责任制，存在有功大家抢、有过大家推的现象。另外，在上级行政领导和职能机构的指导和命令发生矛盾时，下级就无所适从，影响工作的正常进行，容易造成生产管理秩序混乱，不便于行政组织间各部门的整体协作，容易形成部门间各自为政的现象，使行政领导难于协调。

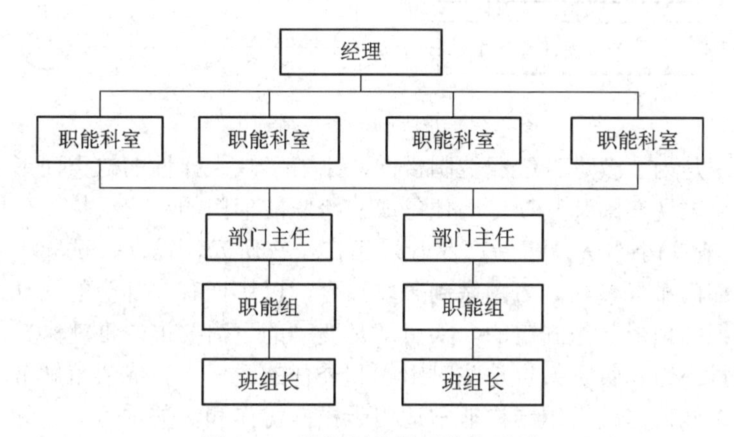

图 3.32　职能制的组织结构示例

3) 直线职能制的组织结构

直线职能制组织结构是现实中运用得最为广泛的一种组织形态，它把直线制结构与职能制结构结合起来，以直线为基础，在各级行政负责人之下设置相应的职能部门，分别从事专业管理，作为该领导的参谋，实行主管统一指挥与职能部门参谋、指导相结合的组织结构形式，如图 3.33 所示。

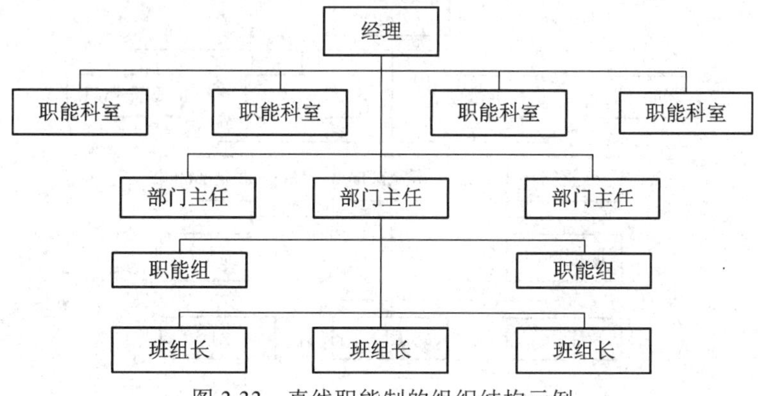

图 3.33　直线职能制的组织结构示例

职能参谋部门拟订的计划、方案以及有关指令，由直线主管批准下达；职能部门参谋只起业务指导作用，无权直接下达命令，各级行政领导逐级负责、高度集权。

4) 矩阵制的组织结构

在组织结构上，把既有按职能划分的垂直领导系统，又有按产品(项目)划分的横向领导关系的结构，称为矩阵制的组织结构，如图3.34所示。

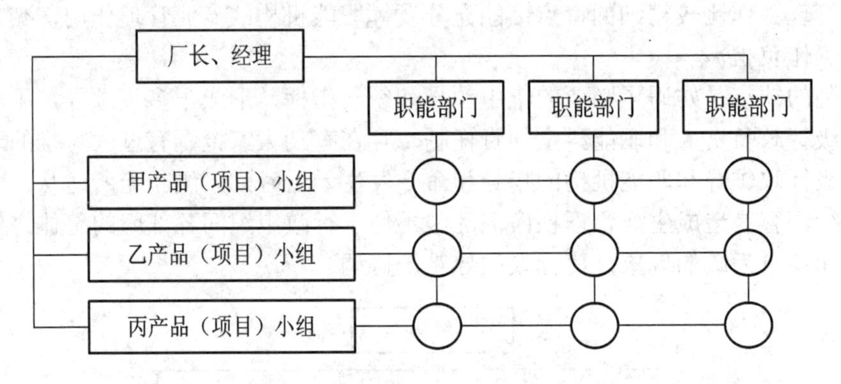

图3.34 矩阵制的组织结构示例

矩阵制组织是为了改进直线职能制横向联系差、缺乏弹性的缺点而形成的一种组织形式。它的特点表现在围绕某项专门任务成立跨职能部门的专门机构上。例如，组成一个专门的产品(项目)小组去从事新产品开发工作，在研究、设计、试验、制造各个不同阶段，由有关部门派人参加，力图做到条块结合，以协调有关部门的活动，保证任务的完成。这种组织结构形式是固定的，人员却是变动的，需要谁，谁就来，任务完成后就可以离开。项目小组和负责人也是临时组织和委任的。任务完成后就解散，有关人员回原单位工作。因此，这种组织结构非常适用于横向协作和攻关项目。

5) 事业部制的组织结构

事业部制是指以某个产品、地区或顾客为依据，将相关的研究开发、采购、生产、销售等部门结合成一个相对独立单位的组织结构形式。它表现为在总公司领导下设立多个事业部，各事业部有各自独立的产品或市场，在经营管理上有很强的自主性，实行独立核算，是一种分权式管理结构，如图3.35所示。

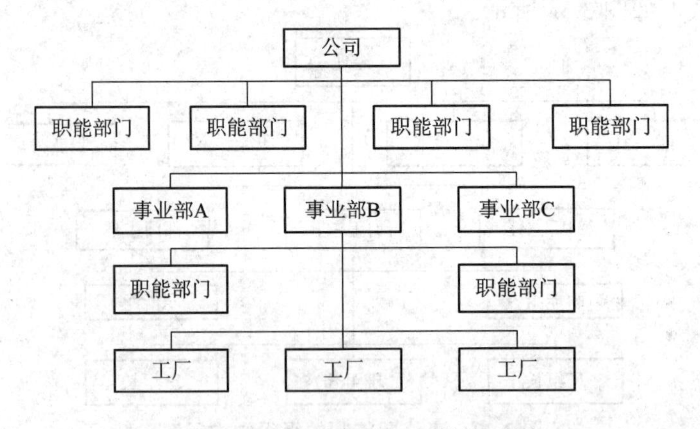

图3.35 事业部制的组织结构示例

事业部制又称 M 型组织结构，即多单位企业、分权组织或部门化结构。事业部制结构最早起源于美国的通用汽车公司。20 世纪 20 年代初，通用汽车公司合并收买了许多小公司，企业规模急剧扩大，产品种类和经营项目增多，而内部管理却很难理顺。当时担任通用汽车公司常务副总经理的斯隆参考杜邦化学公司的经验，以事业部制的形式于 1924 年完成了对原有组织的改组，使通用汽车公司的整顿和发展获得了很大的成功，成为实行事业部制的典范，因而事业部制又称“斯隆模型”。

事业部制按照企业所经营的事业，包括按产品、按地区、按顾客(市场)等来划分部门，设立若干事业部，各事业部在企业宏观领导下，拥有完全的经营自主权，实行独立经营、独立核算，既是受公司控制的利润中心，具有利润生产和经营管理的职能，同时也是产品责任单位或市场责任单位，对产品设计、生产制造及销售活动负有统一领导的职能。

6) 模拟分权制的组织结构

模拟分权制是一种介于直线职能制和事业部制之间的结构形式。许多大型企业，如连续生产的钢铁、化工企业由于产品品种或生产工艺过程所限，难以分解成几个独立的事业部。又由于企业的规模庞大，以致高层管理者感到采用其他组织形态都不容易管理，这时就出现了模拟分权制的组织结构。

所谓模拟就是要模拟事业部制的独立经营，单独核算，而不是真正的事业部，实际上是一个个“生产单位”。这些生产单位有自己的职能机构，享有尽可能大的自主权，负有盈亏责任，目的是要调动他们的生产经营积极性，达到改善企业生产经营管理的目的。以石油化工生产为例，甲单位生产出来的“产品”直接就成为乙生产单位的原料，这当中无需停顿和中转，它们之间的经济核算依据企业内部的价格，而不是市场价格，这也是与事业部的差别所在。

模拟分权制除了能调动各生产单位的积极性外，还便于解决企业规模过大不易管理的问题。例如，高层管理人员将部分权力分给生产单位，减少了自己的行政事务，从而把精力集中到战略问题上来。其缺点是：不易为模拟的生产单位明确任务，造成考核上的困难；各生产单位领导不易了解企业的全貌，在信息沟通和决策权力方面也存在着明显的缺陷。

2. 组织网络图

网络型组织结构是一种以契约关系的建立和维持为基础，依靠外部机构进行制造、销售的组织结构形式。被联结在这一结构中的各经营单位之间没有正式的资本所有关系和行政隶属关系，只是通过相对松散的契约(正式的协议契约书)纽带，通过一种互惠互利、相互协作、相互信任和支持的机制来进行密切的合作。

采用网络型结构的组织，所做的就是通过公司内联网和公司外互联网，创设一个物理和契约“关系”网络，与独立的制造商、销售代理商及其他机构达成长期协作协议，使他们按照契约要求执行相应的生产经营功能。由于网络型企业组织的大部分活动都是外包、外协的，因此，公司的管理机构就只是一个精干的经理班子，负责监管公司内部开展的活动，同时协调和控制与外部协作机构之间的关系。

Karen Stephenson 博士运用社会网络分析法考察了企业的组织结构。她认为，网络携带着组织文化的基因密码，如果一个组织的决策建立在个人对组织结构的感性认识上，而忽视了组织内部个人之间的网络关系，可以说这个组织对网络结构的理解是不完整的。因此，组织管理者需要学会识别出在一个组织结构图(见图 3.36)中的三类重要人物，即枢纽(Hub)，把脉者(Pulsemaker)，看门人(Gatekeeper)，他们创造的人际连接构成了组织的人际信任图谱，并由此控制着组织内部想法的流动。

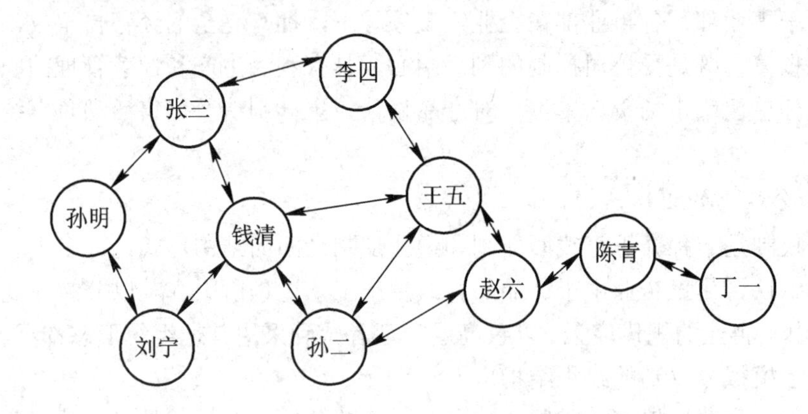

图 3.36　网络型组织结构示例

(1) 枢纽(如图 3.36 中的钱清)。这种人是至关重要的信息收集点和信息分享点。

(2) 把脉者(如图 3.36 中的王五和孙二)。把脉者能细心培育各种关系，并监测组织的健康状况和发展方向。把脉者并不那么容易被发现，可以通过对调查数据进行分析，发现把脉者。把脉者网络联系的类型显示出某种独特的数学模式，其联系相对稀疏，但经常被运用，并且具有多样性。他们往往能第一个觉察出组织的变化，并通过微妙但有效的方法进行干预。在危机时期，把脉者能够成为优秀的 CEO。

(3) 看门人(如图 3.36 中的赵六)。看门人是信息的瓶颈，将人们的流动性联系控制于组织的某个特定部分，从而使他们成为必不可少的人。在制造企业中，组装厂的管理者就是这样的看门人。通过对工厂与公司其他部门之间双向信息流的严密控制，他们保护着工厂的完整性和自己的地位。

这三类人是“文化传递者”，成功的管理者在规划自己的策略时需要了解如何有效发挥这些人物的影响。如在企业重组中，企业重组的重要信息由“枢纽”进行发布，由“把脉者”接替重要职位；而在知识管理中，需要及时地对“枢纽”的知识进行编码化或进行相互传递，以免由于“枢纽”的离开而给公司造成巨大损失。

3. 组织运作图

亨利·明茨伯格等提出的“组织运作图”(Organigraph)是企业组织模型的另一种表示方法。他们认为，在说明企业的性质、企业存在的原因、经营的内容等方面，组织运作图比传统的结构图更有效。组织运作图展示了企业的运作方式，描绘了员工、产品以及信息之间关键性的互动关系。组织运作图有四种基本组织形式，包括集合、链条、中枢和网络，如图3.37所示。

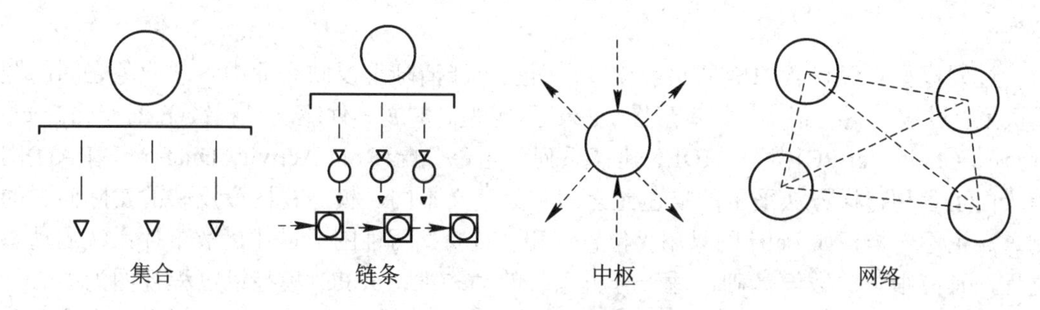

图3.37　组织运作图的四种基本组织形式

(1) 集合(Set)。每个组织都是由机器、员工等各种物件、个体组成的集合。有时这些物件、个体之间几乎不存在联系，它们仅仅是被存放在一起而已。例如，仓库里存放的零配件就是彼此独立的物件。

(2) 链条(Chain)。组织的存在并不是为了存放集合，而是为了联系。例如，汽车制造厂的装配线就是这种线性联系过程的范例：原材料进入工厂转变成为零配件，零配件组装成部件，部件再组装成最终的产品，然后装运给顾客。

(3) 中枢(Hub)。中枢是协调中心，是任何一个真实或虚拟的人员、事物或信息流动的交汇点。

(4) 网络(Web)。现在是网络时代，不同的节点——不管是人员、团队、计算机还是其他——都会以各种方式联系在一起。

与排列规则比较严格的组织结构图不同，组织运作图要求管理人员按照本公司的具体情况绘制图形，充分发挥想象力。

在组织运作图中，不同组织形式表示不同的管理哲学。集合中，管理人员的工作是监管；链条中，管理人员的工作是命令；中枢中，管理人员的工作是召集；网络中，管理人员的工作则是联系。

总之，不同类型的组织结构具有各自不同的表现特征和应用特征：

(1) 直线制、职能制、直线职能制等是以中央高度集权为特征的，它有效地满足了工业化初期人们对规模经济追求的需要。随着技术进步，就要对其进行相应的创新，其创新过程可看作一系列功能性活动，即技术和需求的线性组合。

(2) 复杂的企业组织结构是一种集权和分权有机结合的组织结构，如事业部制、矩阵制、项目团队等。在这种结构下，创新表现为互动的过程，即企业的营销和研究开发等活动横向联系，同时企业上级与下级之间的反馈是实现企业创新的关键。

(3) 在网络型组织结构中，创新不是表现为单一企业的创新，而是涉及企业与企业、企业与社会之间既合作又竞争的复杂运作体的系统创新。因此，企业将采取集成系统的方式从网络组织结构及自身的资源来获取信息，并创造一种创新产品的连续竞争能力。

3.5　制造系统的过程建模

过程模型不仅包含的信息元素较多，而且更能清晰地反映企业中各项业务之间的逻辑关系。过程模型有很多，如鱼形图、Petri 网模型、扩展事件驱动过程链(Extended Event Process Chain，eEPC)模型、IDEF 建模系列、角色分配(Role Activity Diagram，RAD)图等。由于各种建模方法采用的描述元素和实际意义不同，模型视图所反映的实际问题的侧重点也不一样，如 Petri 网只用“位置”和“转换”两种图形描述离散事件系统的动态过程，具有很强的数学基础，适于分析系统的动态性；eEPC 模型以过程视图为中心，用于描述企业决策业务过程；IDEF 方法是一种结构化的建模方法，多用于描述企业业务过程；RAD 作为一种结构化过程建模技术，用以表述协同工作中存在的问题，它强调角色与角色间的相互作用和活动，以及与外部事件的连接，通过图形元素符号全面描述企业过程的主要特征(目标、角色、决策等)。本节主要介绍过程建模方法 eEPC 和 $IDEF_3$。

1. eEPC 模型

eEPC 模型以事件作为过程驱动链，且以过程为中心，将企业功能、事件、组织、数据信息集成起来。其中，功能用来询问应该做什么事情，它描述了员工实际做的事情；事件被限制为过程的某一点；组织用来表示谁应该执行功能，可以是一个位置、公司、部门或员工；信息用来询问需要什么信息来执行一个功能，它既可以在信息系统内生成，也可以从外部输入系统。eEPC 视图的基本图形元素如图 3.38 所示。

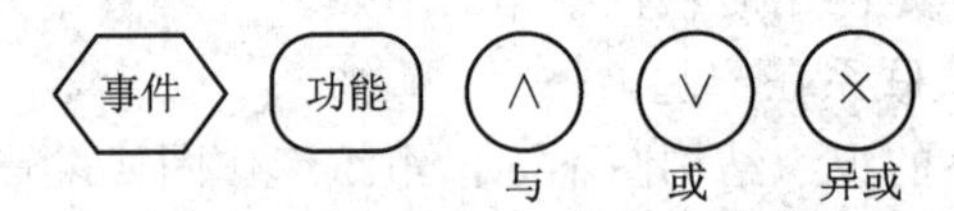

图 3.38　组成 eEPC 模型的基本图形元素

1) 事件(Event)

所谓事件是指通过一个流程符号显示出来触发某种行为的消息或请求，通常也可理解为现实世界中某种状态的改变(如客户订单到达、产品设计完成等)。一般有如下三种情况：

(1) 能够触发某个流程开始的外部改变(如客户订单到达)。

(2) 流程内部处理状态的改变(如产品制造完毕)。

(3) 带有外部影响的最终结果(如订单送到了客户的手中)。

每个流程的最终事件，除了作为本流程的一个重点外，还可以作为下一流程的触发事件，以这种方式就可以将流程的不同部分通过事件连起来，形成一个大的端到端流程图。在 eEPC 模型中，事件是以一个六边形来表示的(见图 3.38)。

2) 功能(Function)

功能表示业务流程中的某个行为或者完成特定任务的活动。理想情况下，流程中的每一个活动都应该是增值过程，它们是进行流程分析和业务流程再造(Business Process Reconstruction，BPR)的最终目标。对应于事件，功能可能由人或者计算机系统完成。每个功能都包含输入(信息或者物料)，经过处理后创造出输出(不同的信息或者产品)，同时在处理过程中可能会消耗一定的资源。在 eEPC 模型中，功能是以一个带圆角的矩形来表示的(见图 3.38)。

3) 规则(Rule)

eEPC 模型的规则体系中有三个基本规则：与(∧)、或(∨)、异或(×)，如表 3.1 所述。其他组合规则(如：或/与，或/异或，异或/与，异或/或，与/或，与/异或)如图 3.39 所示，都可以由三个基本规则加以灵活应用得到相同的效果，但是这些组合规则往往会带来理解上的困难，应尽量避免使用。

表 3.1　规　则　表

操作符	在功能之前(单输入多输出)	在功能之后(多输入单输出)
或 OR	或决策，在一个决策之后有一个或多个可能的结果路径	或事件，功能有一个或多个触发事件
异或 XOR	异或决策，在某一时刻有且只有一个可能的路径	异或事件，在某一时刻有且只有一个可能的触发事件
与 AND	与分支，流程被分成两个或多个并行的分支	与事件，所有的事件要同时满足才能触发功能

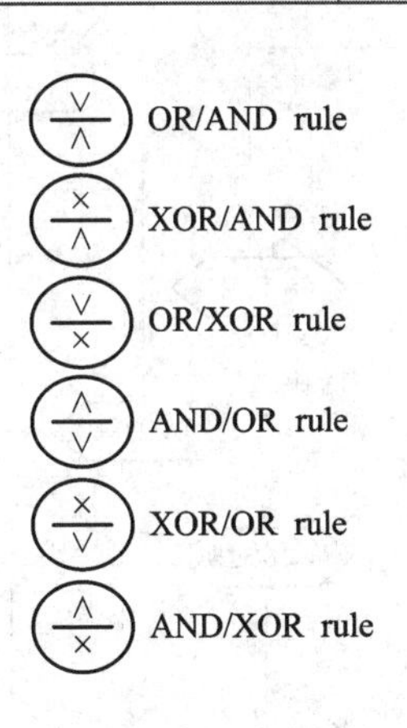

图 3.39　组合规则

4) 事件驱动过程链

在 eEPC 模型中，由事件、功能和规则构成了模型的主干。功能由一个或多个事件触发，事件激活的功能又会产生一个或多个事件，事件依次触发更多的功能，这样就形成了一个事件和功能组成的链——事件驱动过程链(见图 3.40)。在实际的建模中需要引入“决策”和“多流程路径”的概念，改变业务流程的“决策”通常都是由功能完成的，但是为了能够表示可能产生的结果和多事件触发的情况，必须引入规则 Rule。图 3.41 描述了一个较为完整的事件驱动过程链，其中包含了建立 eEPC 模型的核心对象：事件、功能、规则等。

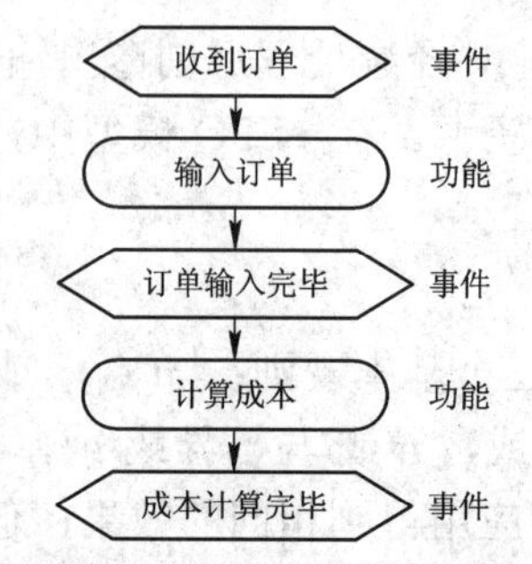

图 3.40　事件驱动过程链示例

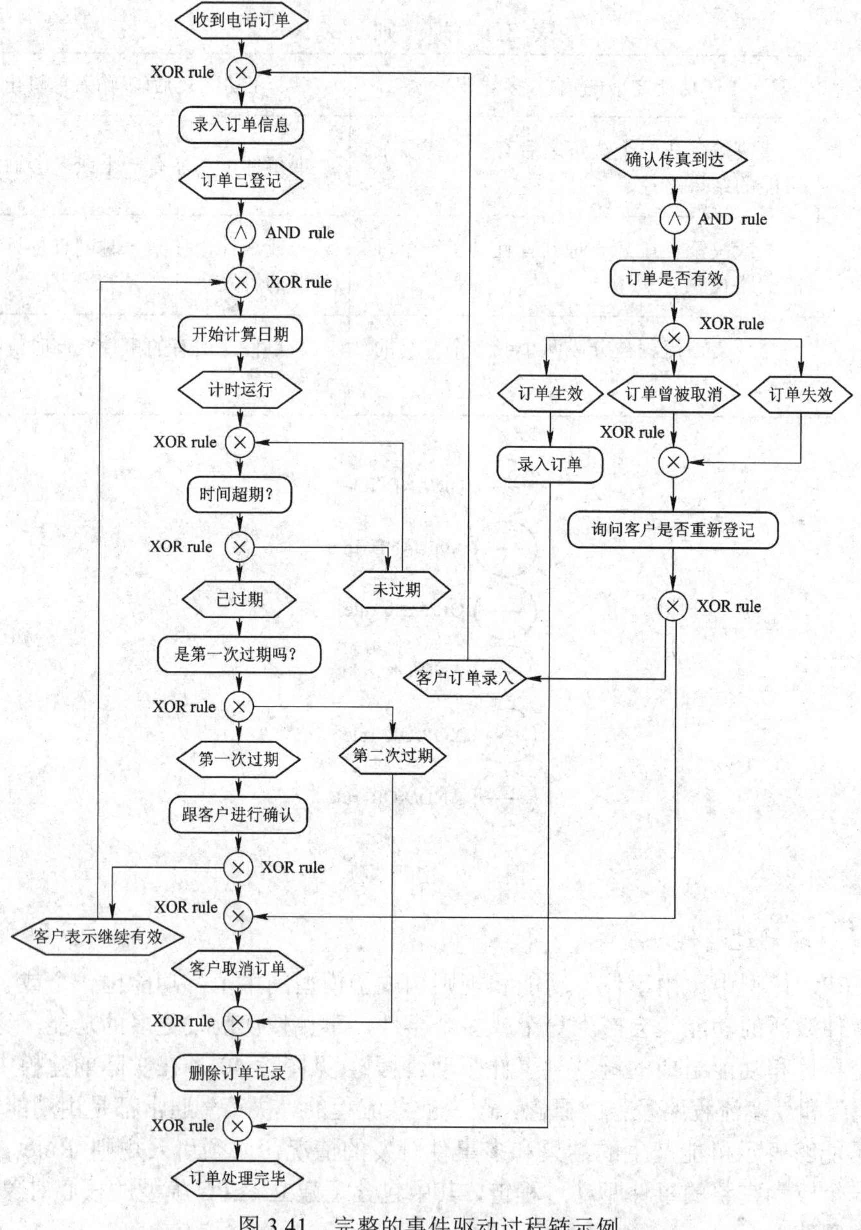

图 3.41　完整的事件驱动过程链示例

2. $IDEF_3$方法

1) $IDEF_3$方法引例

$IDEF_3$与$IDEF_0$、$IDEF_{1X}$同属 IDEF 方法系列。$IDEF_0$和$IDEF_{1X}$已分别用于功能建模和信息建模，而$IDEF_3$则为过程建模而设计，采用图形化的语言描述过程。例如，有一个零件需要加工，达到尺寸要求后送到下一工序进行装配。其过程可描述如下：零件到达车间进行加工，加工过程中进行检测，如果达到尺寸要求，就转到下一工序，如果没有达到尺寸要求，则返回重新加工。这一过程可以用$IDEF_3$过程图表示，如图 3.42 所示。每一个有编号的方框代表可区分的一个信息小包，它可以是一个时间、一个决定、一个动作或一个过程的信息。这样的方框代表的是事件的类型，该事件可以用一个称为行为单元(Unit of Behavior，UOB)的中性名词来描述；连接方框的箭头称为连接(Link)，用以表明所述过程之间的先后关系，或更一般地称为约束；带记号“×”的小方框表示一个交汇点(Junction)，描述过程的流逻辑(Flow Logic)，即表示一个过程流通路可以分叉成几个通路，或者多个过程流通路合并成一个通路。

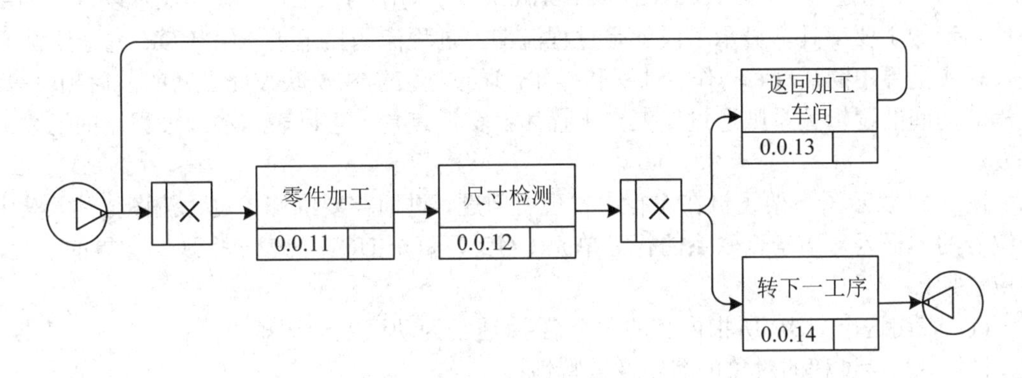

图 3.42　$IDEF_3$过程图示例

$IDEF_3$用两个基本组织结构——场景描述(Scenario)和对象(Object)来获取对过程的描述。场景描述可以看作一个组织中需要用文件记录下来的一种特殊的重复出现的情景，它描述了由一个组织或系统阐明的一类典型问题的一组情况，以及过程赖以发生的背景。场景的主要作用就是把过程描述的前后关系确定下来。对象则是任何物理的或概念的事物，是那些发生在该领域中的过程描述的一部分。对象的识别和特征抽取，有助于进行过程流描述和对象状态转换描述。每个$IDEF_3$描述可以有一个或多个场景，有一个或多个对象，它们组成了描述结构的各个部分。

为了便于组织场景描述，还可采用以对象为中心的视图(Object-Centered View)，它更集中注意参与活动的对象。例如，可以把加工考虑成一个在过程中改变其状态的对象，然后采用对象状态转移网(Object State Transition Network，OSTN)图来实现以对象为中心的视图，如图 3.43 所示。应用这些基本图形和描述性的表格，就可以把领域专家对这一过程的了解比较确切地描述清楚。

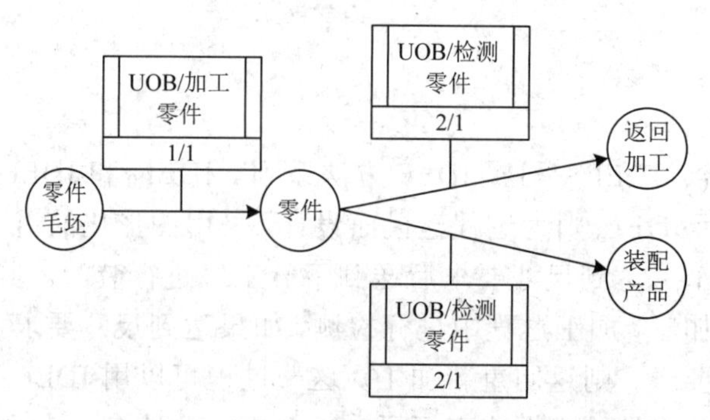

图 3.43 零件加工过程的 OSTN 图示例

$IDEF_3$ 有两种建模模式，即过程流描述和对象状态转移描述。过程流描述通过过程流图反映了专家和分析员对事件与活动、参与这些事件的对象以及驾驭事件行为的约束关系等的认识。对象状态转移描述通过 OSTN 图来表示一个对象在多种状态间的演进过程。

2) *以过程为中心的视图——过程流图*

$IDEF_3$ 中用过程流网(Process Flow Network，PFN)作为获取、管理和显示以过程为中心的知识的主要工具，显示手段就是过程流图。过程流图显示了一组 UOB 盒子，分别代表现实世界中的活动、动作、过程和操作，通过连接箭头反映彼此之间的前后顺序等。过程活动间的逻辑关系则通过交汇点来描述，交汇点盒子可以表示多股过程流的汇总或分发。

图 3.44 表示了一架飞机在飞行中发现有问题，进而需要维修的过程流图描述。其中带编号的方框为与场景相联系的行为单元(UOB)，每个 UOB 代表一个现实世界的过程，它应包括：

(1) 表明这个 UOB 所指内容的一个名字(通常为动词或动词短语)；

(2) 参与该过程的对象的名字及其特性；

(3) 存在于对象之间的关系。

UOB 之间的箭头称为顺序连接(Precedence Link)，它表示过程之间时间上的先后顺序，一个连接箭头源头上的 UOB 必须在其尾端 UOB 开始之前完成。如图 3.44 上半部的两个 UOB，领航员提供飞行异常记录(Flight Discrepancy Record，FDR)的活动，必须在经理分发 FDR 之前已经完成。另外，图 3.44 中左边的交汇点—— 带&符号的小盒表示逻辑“与”，表示具有多道流的过程中的流逻辑，也就是“与”“或”“异或”等情况。有名字而没有标号的方框称为参照物，它指向其他 $IDEF_3$ 的元素，如 UOB、场景描述或对象，表明在 $IDEF_3$ 过程流描述的其他地方还有更详细的信息，如图中的领航员和经理。

对于需要细化描述的 UOB，可作进一步分解(Decomposition)。一个 UOB 的分解实际就是形成另一张细节描述的过程流图。同一个 UOB 可以有不同观点的多种分解结果。如图 3.44 中的飞机降落，从地面指挥塔的观点可以分解成图 3.45 的过程流图，还可以画出从领航员的视角对 UOB 飞机降落的分解图。图 3.45 中节点号的前两位表示对图 3.44 中 16 号 UOB 的第一种分解，最后两位则表示这个 UOB 本身的序号，这个序号与活动时序没有必然的联系。

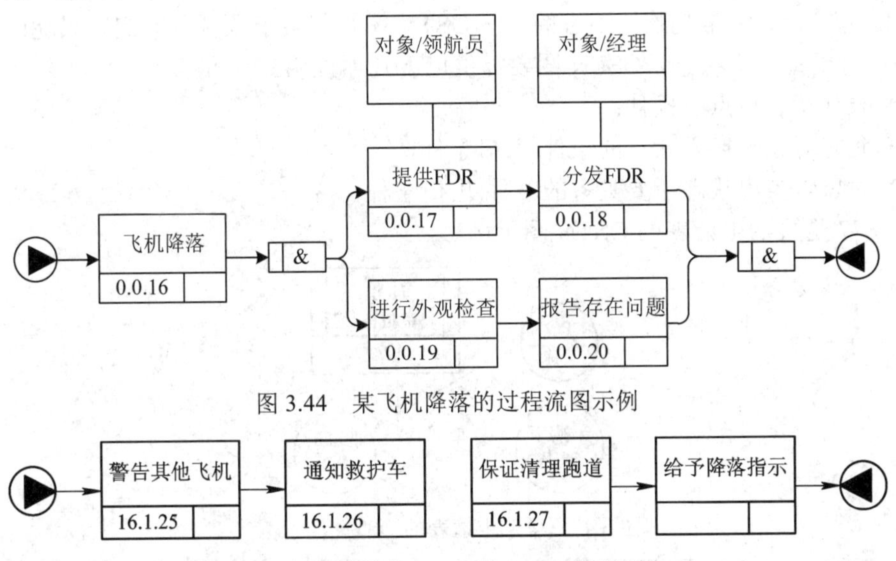

图 3.44　某飞机降落的过程流图示例

图 3.45　编号为 0.0.16 的 UOB 分解示例

3) 以对象为中心的视图——对象状态转移网图

对象状态转移网(OSTN)图是 $IDEF_3$ 中用以获取、管理和显示以对象为中心的知识的基本工具，用来表示一个对象在多种状态间的演进过程。图 3.46 为其基本概念及其建模符号，写有名字的大圆代表对象状态，外面的弧或直线箭头(转换弧)代表状态之间允许的转换，入口条件、状态描述和出口条件则记录在一种专用的表格中。

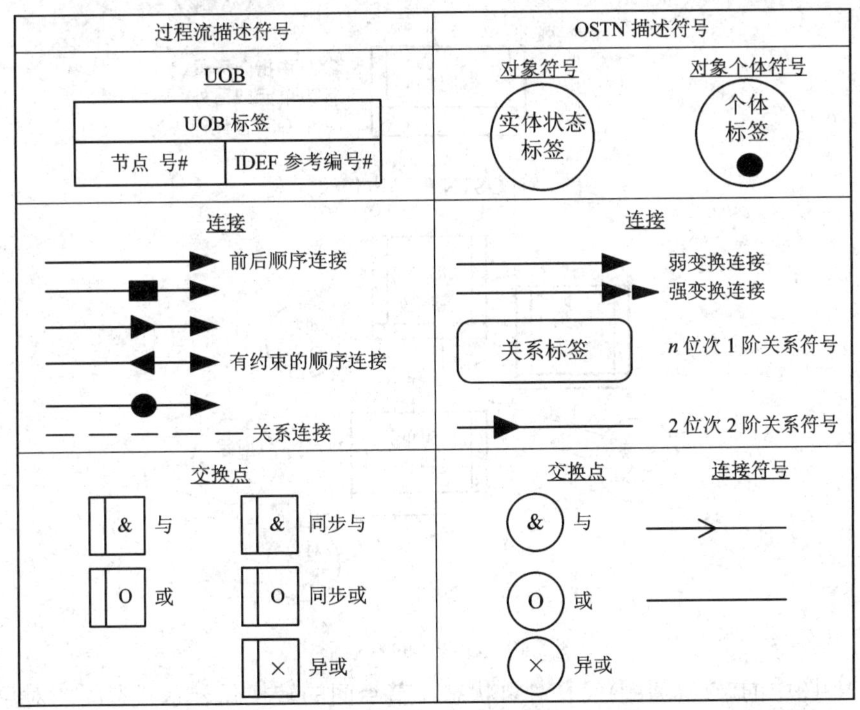

图 3.46　过程流图和 OSTN 图的基本符号

每一张 OSTN 图集中于一个对象，首先要识别这一对象可能有的所有状态。实际生活中有的对象状态常常是连续演进的，但 OSTN 图则着眼于领域专家们感兴趣的可区分的状态。对于每一个状态，OSTN 图要提供以下几项说明：

(1) 表征状态特点的条件；

(2) 允许对象转换入状态的条件(入口条件)；

(3) 对象转换出状态所要具备的条件(出口条件)。

图 3.47 是采购申请表的 OSTN 图示例。

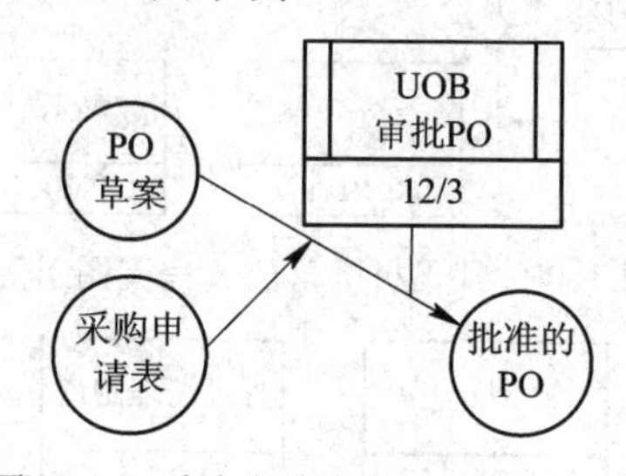

图 3.47 采购申请表的 OSTN 图示例

$IDEF_3$ 中的 OSTN 图可以获取领域内有关对象的叙述，以及有关对象参与的状态和状态改变的约束条件。引入这种机制可以建立过程中以对象为中心的视图，这种视图贯穿了过程流图，并总结了领域中对象可能的转换，它们在数据生命周期的文档说明中尤为重要。图 3.48 所示即为 OSTN 的基本句法元素，图 3.49 则是 OSTN 的一般形式。

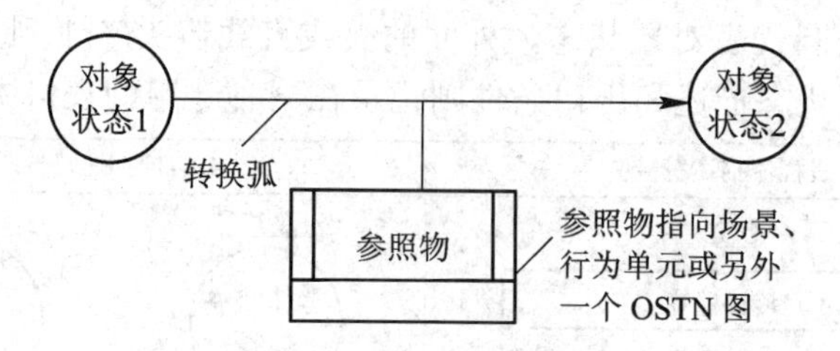

图 3.48 OSTN 的基本句法元素

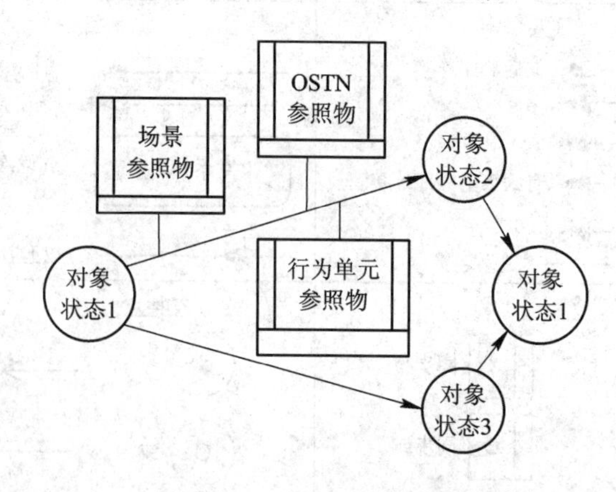

图 3.49 OSTN 的一般形式

OSTN 图中的节点(圆圈)代表对象状态，节点间的转换弧表示状态间的对象可能进行的转换，这些转换弧可以是指向场景的描述、行为单元或其他 OSTN 图的参照物，参照物可能是无条件、同步或异步类型的。OSTN 过程流图的行为单元中所涉及的对象，无论是物理的(如报告、零件或机器等)、概念的(如决议、计划或设计思想)，还是两个或多个物理的或概念的对象的结合，都可以通过 OSTN 图进行特征抽取。

对应于每一张 OSTN 图，都有一张 OSTN 描述表所定义的细化说明，如表 3.2 所示，表中概括了整个 OSTN 图中有用的信息，如对象名称、OSTN 号、OSTN 名称、场景名称、OSTN 标签、OSTN 词汇、对象状态集合、OSTN 集合和场景集合、行为单元集合等 OSTN 描述表中所有字段的说明。

表 3.2　OSTN 描述表

对象名称： OSTN 名称： OSTN 标签：	OSTN 号： 场景名称：
OSTN 词汇：	
对象状态集合：	OSTN 集合：
场景集合：	行为单元集合：

3.6　制造系统的信息建模

系统信息模型是从系统功能、组织和过程模型演化而来的，是对企业所使用的管理信息、工程信息、控制信息等进行归纳和概括，描述各种信息之间关系的系统开发方法。常用的系统信息建模方法有实体—关系(Entity-Relationship，E-R)模型、$IDEF_{1X}$ 等。其中，E-R 描述了信息实体及其联系，语义比较简单，能清晰细致地表达共享信息的内容和联系；$IDEF_{1X}$ 建模方法是 IDEF 系列方法中 $IDEF_1$ 的扩展版本，是在实体—关系(E-R)图方法的基础上，增加了若干严格的建模规则而形成的一套语意更为丰富的图示化建模方法。

3.6.1　实体—关系模型

1. E-R 图基本概念

E-R 方法是实体—关系方法(Entity-Relationship Approach)的简称，又称实体联系模型、实体关系模型或实体联系模式图。它是描述现实世界概念结构模型的有效方法，是概念数据模型的高层描述所使用的数据模型或模式图，为表述这种实体联系模式图形式的数据模型提供了图形符号。这种数据模型典型的应用是在信息系统设计的第一阶段，诸如在需求分析阶段用来描述信息需求和/或要存储在数据库中的信息的类型。

通常使用实体—关系图(Entity-Relationship Diagram，ERD，简记为 E-R 图)来建立数据模型，如图 3.50 所示的客户订单管理的 E-R 模型示例中包含了三种基本元素：实体(数据对象)、属性和联系。

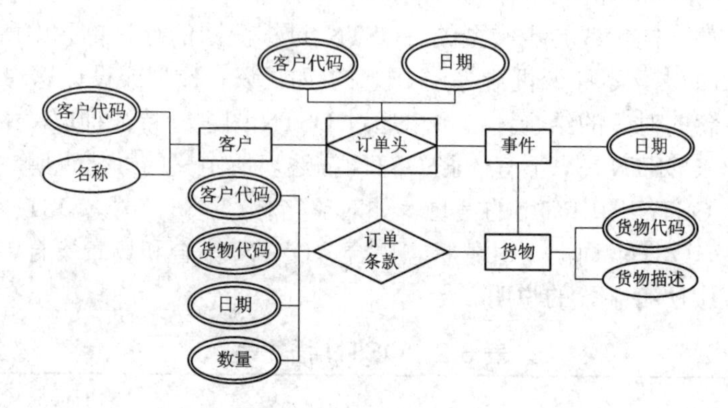

图 3.50 客户订单管理的 E-R 模型示例

1) 实体

在 E-R 模型中，具有相同属性的实体都具有相同的特征和性质，用实体名及其属性名集合来抽象和刻画同类实体；在 E-R 图中，实体用矩形表示，矩形框内写明实体名，诸如客户、货物等。

2) 属性

在 E-R 模型中，每个实体都包含一定的属性，它反映了实体的特征和性质，一个实体可由若干个属性来刻画；在 E-R 图中，属性用椭圆形表示，并用无向边将其与相应的实体连接起来，若实体的属性中存在唯一标识该实体的属性或属性组，则称为实体主键，用双椭圆表示。

3) 联系

在 E-R 模型中，数据对象彼此之间相互连接的方式称为联系，也称为关系。联系可分为 3 种类型(见图 3.51)：一对一联系，一对多联系，多对多联系。在 E-R 图中，联系用菱形框表示。

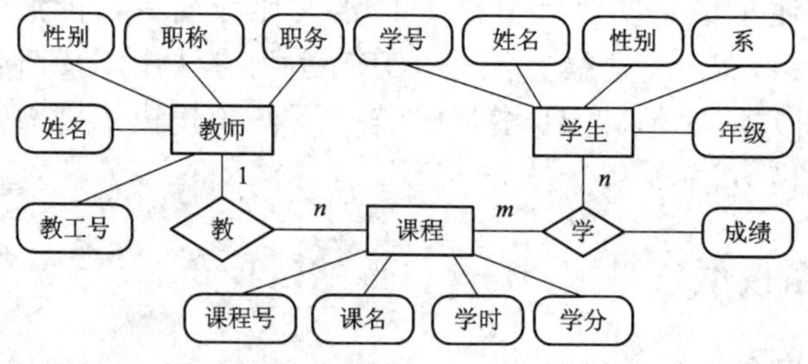

图 3.51 E-R 模型中联系类型示例

2. E-R 模型到关系模型的转化

设计完 E-R 图后，可以方便地向关系模型转换，转换规则中对实体型及 1∶1 和 1∶n 联系的处理基本是相同的。诸如一个实体型转换为一个关系模式，实体型的属性就是关系的属性，实体型的键值就是关系的键值；若联系为 1∶1，则可以转换为 1 对 1 联系模式，与该联系相连的各实体型的键值以及联系的属性均转换为该关系的属性，每个实体型的键值都是关系的候选键值；若联系为 1∶n，则可以转换为 1 对多联系模式，与该联系相连的各实体型的键值以及联系的属性均转换为该关系的属性，n 端的键值是关系的键值；而对于实体型之间的 n∶m 联系，则不能进行简单化处理，需要遵循一定的转换规则。

3.6.2　$IDEF_{1X}$模型

$IDEF_{1X}$方法是在 $IDEF_1$ 方法的基础上，于 1985 年正式推出的一种系统信息模型的开发工具，结构简单，描述清晰，便于不同阶段、不同类型人员的相互交流，具有信息管理所必须的一致性、可扩展性、无冗余性和可交换性等特点。

1. $IDEF_{1X}$模型的基本要素

在 $IDEF_{1X}$模型中，最基本的要素为实体、属性和联系三元素。

1) 实体

实体是客观世界中具有相同属性和特征的现实和抽象事物的集合，如制造系统加工的零件。实体有独立实体和从属实体两种：如果每一个实体都能被唯一地标识，而不取决于它与其他实体的联系，那么该实体称为独立实体；而依赖于与其他实体的联系才能唯一地标识的实体就是从属实体。

实体用矩形框来表示，尖角矩形框表示独立实体，圆角矩形框表示从属实体，如图 3.52 所示。在每一个实体矩形框的上方都有一个唯一的实体名和实体号，两者之间用符号“/”隔开。实体名必须是一个单数形式的名词短语，必须具有意义且在整个模型中保持一致。一个实体可以出现在多张 $IDEF_{1X}$图上，但在一张图中只能出现一次。

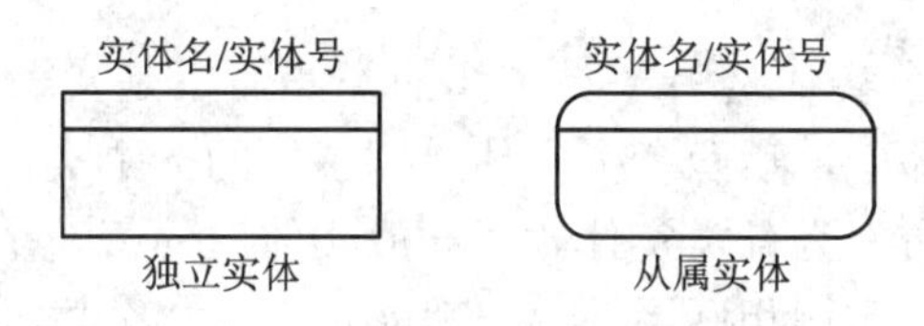

图 3.52　实体的描述方法

2) 属性

属性是用来描述实体的某种性质和特性的，实体的每个属性都必须具有一个单一且确定的值。

一个实体必须具有一个属性或属性组来唯一地标识该实体的每一个实例。该属性或属性组成为该实体的主关键字。实体除具有表示自身特性的属性外，还可以通过与其他实体的联系从其他实体处继承某些属性。

实体的属性被列在表示实体的矩形框内，每一行列出一个属性。每个属性均用一个名字唯一地标记。主关键字列在矩形框的最上面且用水平线将其与其他属性隔开，如图 3.53 所示。

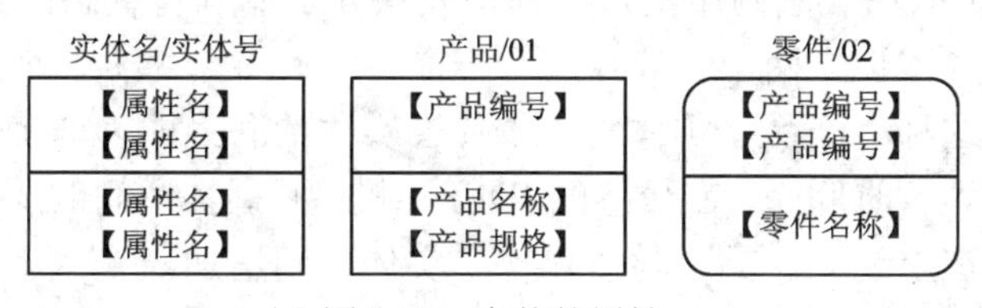

图 3.53　实体的属性

3) 实体间的联系

实体间的联系即表达实体间的一种逻辑关系。在 $IDEF_{1X}$方法中，根据实体间的不同关系，有连接联系、分类联系、非确定联系，如图 3.54 所示。

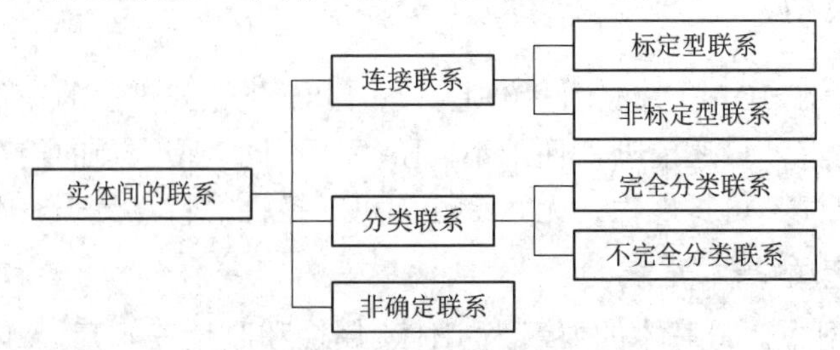

图 3.54　实体间的联系类型

(1) 连接联系。

连接联系又称父子联系、依存联系，是指某实体依存于另一实体而存在的联系。也就是说，只有与之相连接的父实体的实例确定时，子实体的实例才能存在，连接联系是一种“一对多”的联系。

根据连接联系中父子两实体关系上的不同，可将连接联系分为标定型联系和非标定型联系。在标定型联系中，子实体的每个实例都是由与它相联系的父实体的某个实例确定的。标定型联系中父实体是独立实体，子实体为从属实体。在非标定型联系中，子实体的每个实例都能唯一地被确定，不需要知道与之相联系的父实体的实例。

(2) 分类联系。

在分类联系中，一个实体是另一类实体的类，而不是父子关系。如“职工”“工人”“技术员”三个实体中，后两者为实体“职工”的一个类，则称“职工”为一般实体，而“工人”“技术员”为分类实体。“一般实体”的每一个实例只能与一个且仅有一个“分类实体”的一个实例相联系。“一般实体”与“分类实体”具有相同的主关键字，如“职工”“工人”“技术员”主关键字均为“职工编号”。

分类联系又分为完全分类联系和不完全分类联系。完全分类联系是指“一般实体”的每一个实例恰好与一个且仅有一个“分类实体”的一个实例相联系，如一般实体“雇员”，它或是“月薪雇员”，或是“计时雇员”，而不能同时为两者。不完全分类联系指的是“一般实体”中存在某些实例不与任何“分类实体”的任一实例相联系，例如，“一般实体”为职工，而“分类实体”仅有工人和工程师，则它们之间为不完全分类联系，因为职工中的行政管理人员无法在现有的分类实体中找到相对应的类别。

(3) 非确定联系。

连接联系和分类联系都属于确定联系，因为这两者均指明了两个实体之间的实例是如何关联的。非确定联系表示两个实体之间的联系处于非确定状态，也称为多对多联系。例如，“产品”与“零件”两个实体，一个产品可以有多个零件，而一个零件又可能被多个产品应用，而这种“产品”实体与“零件”实体的联系即为非确定联系。非确定联系是建模初期的一种暂时联系，在最终的 $IDEF_{1X}$ 模型中，实体间的所有联系都必须用确定联系来描述。若在上述“产品”与“零件”实体之间增加一个“不见”实体，则可将其由非确定联系转变为确定联系。

4) 实体的关键字

在实体的属性中，用来唯一表示实体每个实例的一个或多个属性的组合称为该实体的关键字。若实体存在多个关键字，则必须指定一个为“主关键字”，而其他为“次关键字”。如果两实体之间存在连接联系或分类联系，那么构成父实体或一般实体的主关键字属性将被子实体或分类实体继承，这些继承属性称为“外来关键字”。

主关键字属性标记在表示实体矩形框内的顶部，并用水平线同其他属性分开。每一个次关键字被分配一个唯一的整数号，并放在字母“AK”后面，然后用圆括号括起来放在次关键字属性的后面，如图 3.55 所示。

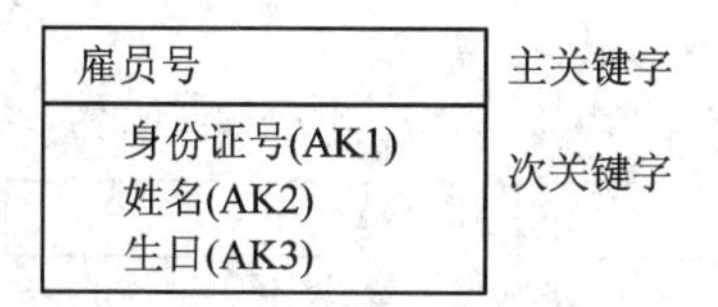

图 3.55　主、次关键字的标记

2. $IDEF_{1X}$ 方法的建模步骤

1) 建模准备

$IDEF_{1X}$ 方法建模准备阶段的主要任务包括：组建建模队伍、确定建模目标、制定建模计划、收集建模信息。

建模队伍成员应包括项目负责人、建模者、信息提供者和资料员等人员，各种人员相互融合、交流协作，共同完成建模任务。在确定建模目标时，应遵循“总体规划、分步实施”的原则，根据系统要求、任务和相关制约来定义建模目标。建模计划要能清楚地描述待完成的任务以及完成这些任务的工作顺序，它是工作分配、任务调度和计划预算的基础。$IDEF_{1X}$ 模型建立需要收集的信息包括调研和观察的结果、企业的生产经营过程、原系统的输入和输出，以及原有系统数据库及相关文件的说明等。

2) 定义实体

定义实体即在对所收集的建模信息进行深入分析的基础上，根据系统的信息流程和功能模型，识别系统中的可能实体。由于实体是现实世界中某种具体事物或概念的一种抽象，因此，一个物体、一个事件、一种状态、一种行为、一种思想等均可作为实体。

3) 定义实体间的联系

当实体定义完成后，需定义或识别实体之间存在的可能联系，并对这种联系命名，最后以实体级图的形式表示出来。

(1) 就每一个子系统分别建立实体间的联系矩阵，将实体间存在的可能联系在矩阵中用“×”标出，而先不管其联系的类型。表 3.3 为一个采购子系统实体联系矩阵示例。

表 3.3　采购子系统实体联系矩阵实例

实体名	采购员	申请者	审批人	采购申请	采购申请项
采购员	/	×		×	
申请者	×	/		×	
审批人			/	×	
采购申请	×	×	×	/	×
采购申请项				×	/

(2) 将实体按照出现的顺序排列在图纸上，将互相有联系的实体进行连线，并调整布局，使实体摆放协调，避免连线交叉。

(3) 将所标识出来的联系进行分类，按照 $IDEF_{1X}$ 的规定确定标定联系、非标定联系、分类联系以及不确定联系，并对各类联系进行命名。定义了联系之后，可以采用实体级图的形式将实体及其联系表达出来。在实体级图中，所有的实体用矩形框表示，并允许出现非确定联系，待后续工作深入进行时再逐步消除这些非确定联系。图 3.56 所示为采购子系统的简略实体级图。

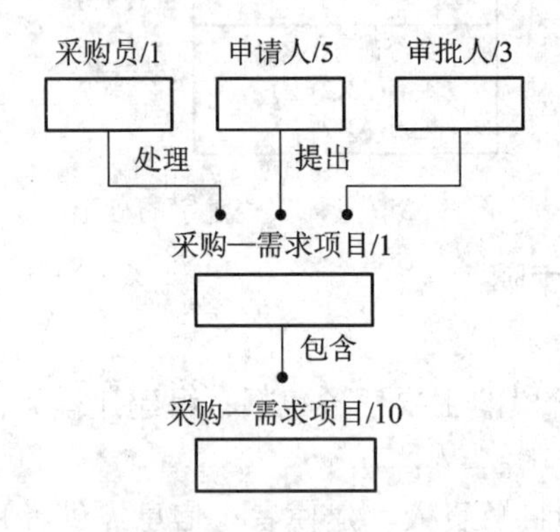

图 3.56　采购子系统简略实体级图实例

4) 定义关键字与属性

该阶段定义每一个实体的主关键字、次关键字和外来关键字，将非确定联系逐步转化为确定联系，修改实体联系矩阵和实体级图。在确定实体关键字之后，还需对模型中每个实体确定其全部非关键字属性，检验每个实体属性的合理性，并随时对已经建立的模型进行修改，以形成完善的系统信息模型。

5) 协调性检查

信息模型建立后，还需检查系统信息模型与系统功能模型的协调一致性。信息模型中的实体和联系在功能模型中存在相应的功能信息，功能模型的信息在信息模型中也应有对应的实体和联系。

6) 模型文件的编辑

$IDEF_{1X}$ 建模的目的就是要提供一个一致性的数据语义特征的定义，可用来为共享数据库的设计提供数据管理和控制。因而，$IDEF_{1X}$ 信息模型建成后，应整理相关文件，这些文件包括所有实体的定义及清单、每个实体所有属性的定义及清单。可将各类实体间联系的定义及清单等有关模型的各类信息进行收集，并编制词汇表或数据字典，便于查阅和维护。

3. $IDEF_{1X}$ 信息模型示例

图 3.57 所示为某车间设备管理的 $IDEF_{1X}$ 信息模型，包括“车间”“夹具”“单元”“刀库”等实体。实体间的联系有标定型连接联系、非标定型连接联系、完全分类联系等不同的联系类型。例如，“车间”实体与“夹具”“单元”“刀库”三个实体为标定型连接联系，“拼装元件”与“拼装夹具”之间的联系则为非标定型连接联系；“单元”与“FMS/5”“FMS/6”以及“夹具”与“拼装夹具”“专用夹具”之间的联系为完全分类联系。从该

模型还可看出，其余所有实体均将“车间”实体的主关键字继承为自身的外来关键字“车间号(FK)”。

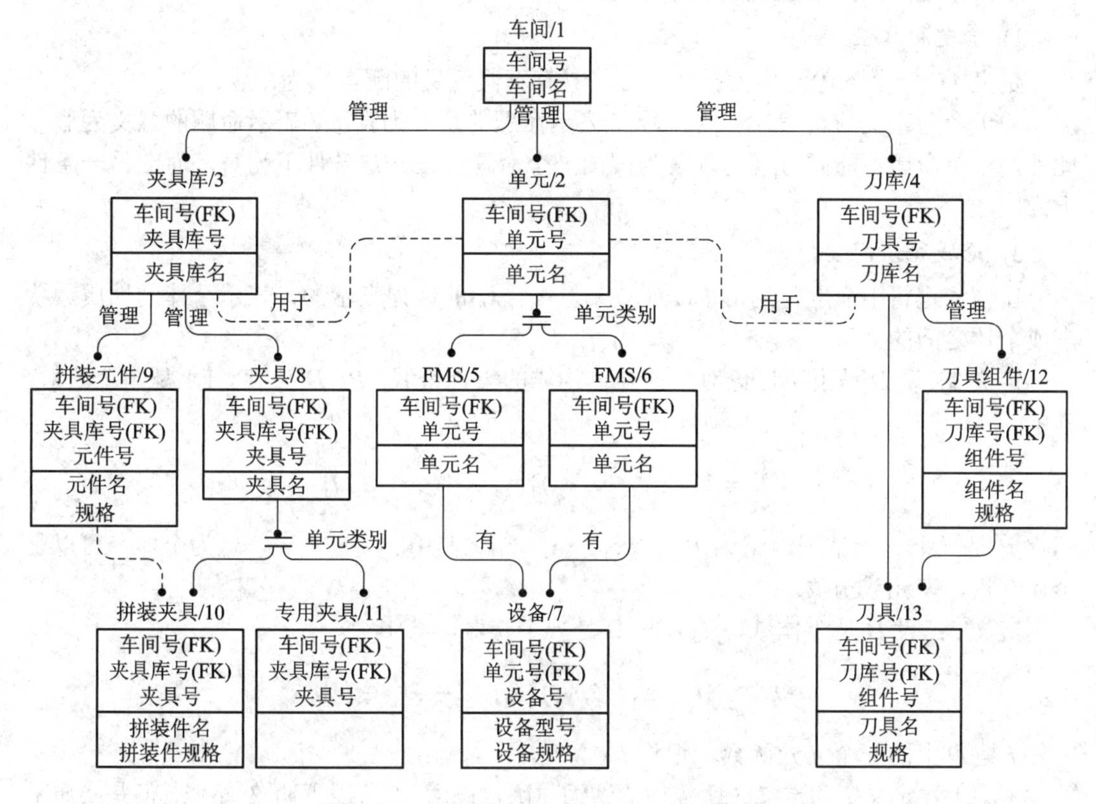

图 3.57　车间设备管理的 $IDEF_{1X}$ 信息模型

3.7　制造系统的知识建模

知识模型(Knowledge Model，KM)也称为知识表示，就是将知识进行形式化和结构化的抽象，即用一组符号把知识编码成计算机可以接受的某种结构，其表示方法不唯一。知识模型要求必须具备可识别性(运用知识模型可识别不同的知识)、可实现性(便于计算机直接对其进行处理)、可组织性(按某种方式可以把知识组织成某种知识结构)、可使用性(利用知识进行有效推理)、统一性(便于将隐性知识和显性知识统一起来进行建模)、开放性(适应不同企业的生存环境，适应知识的动态更新)、时变性(随着环境变化，便于对知识进行增、删、改等操作)。

常用的知识模型包括逻辑模型、产生式规则模型、结构模型(如知识语义网络)等。

3.7.1　逻辑模型

使用逻辑模型表示知识，就是引入谓词、函数等以自然语言描述的知识进行形式化描述，获得有关的逻辑公式，进而用机器内部代码表示，以用于推理分析。通常采用谓词逻辑表示知识，它是数理逻辑学的基础。

1. 谓词逻辑模型的基本概念及其定义

1) 命题和真值

定义 1：一个陈述句称为一个断言，具有真假意义的断言称为命题。

关于命题意义的真假，可用符号 T 表示命题的意义为真，F 表示命题的意义为假。此外，一个命题不能同时既为真又为假；一个命题可在一定条件下为真，而在另一条件下为假。

2) 论域和谓词

在谓词逻辑中命题是用形如 $P(x_1, x_2, \cdots, x_n)$的谓词表示的，表示个体的性质、状态或个体之间的关系。

定义 2：设 D 是由所讨论对象的全体构成的集合论域，P: $D^n \to \{T, F\}$ 是一个映射，其中

$$D^n = \{(x_1, x_2, \cdots, x_n) \mid x_1, x_2, \cdots, x_n \in D\}$$

则称 P 是一个 n 元谓词，记为 $P(x_1, x_2, \cdots, x_n)$，其中 x_1，x_2，…，x_n 为个体，可以是个体常量、变元或函数。

定义 3：设 D 是个体域，f: $D^n \to D$ 是一个映射，其中

$$D^n = \{(x_1, x_2, \cdots, x_n) \mid x_1, x_2, \cdots, x_n \in D\}$$

则称 f 是 D 上的一个 n 元函数，记作 $f(x_1, x_2, \cdots, x_n)$。

考察上述定义 2 和定义 3 所描述的谓词与函数概念，它们之间虽然相似，但是实质上存在着根本的区别：谓词是 D 到{T，F}的映射，函数是 D 到 D 的映射；谓词的真值是 T 和 F，函数的值(无真值)是 D 中的元素；谓词可独立存在，函数只能作为谓词的个体。

3) 连词和量词

在谓词逻辑中，表示命题之间逻辑关系的连接词称为连词，其表示符号及其语义如下：

$\neg$：“非”或者“否定”，表示对其后面的命题的否定。

$\vee$：“析取”，表示所连接的两个命题之间具有“或”的关系。

$\wedge$：“合取”，表示所连接的两个命题之间具有“与”的关系。

$\to$：“条件”或“蕴含”，表示“若……则……”的语义，读作“若 P，则 Q”，其中，P 为前件，Q 为后件。

$\leftrightarrow$：“双条件”，表示“当且仅当”的语义，读作“P 当且仅当 Q”。

上述连词的优先级规定为

$\neg$，$\wedge$，$\vee$，$\to$，$\leftrightarrow$

在谓词逻辑中，表示命题之间数量关系的词称为量词，其表示符号及其语义如下：

$\forall$：全称量词，意思是“所有的”“任一个”。

命题$(\forall x)P(x)$为真，当且仅当对论域中的所有 x，都有 $P(x)$为真。

命题$(\forall x)P(x)$为假，当且仅当至少存在一个 $x_i \in D$，使得 $P(x_i)$为假。

$\exists$：存在量词，意思是“至少有一个”“存在有”。

命题$(\exists x)P(x)$为真，当且仅当至少存在一个$x_i \in D$，使得$P(x_i)$为真。

命题$(\exists x)P(x)$为假，当且仅当对论域中的所有x，都有$P(x)$为假。

4) 项与合式公式

定义 4：项满足如下规则：

(1) 单独一个个体词是项。

(2) 若t_1，t_2，…，t_n是项，f是n元函数，则$f(t_1, t_2, \cdots, t_n)$是项。

(3) 由(1)(2)生成的表达式是项。

项是把个体常量、个体变量和函数统一起来的概念。

定义 5：若t_1，t_2，…，t_n是项，P是谓词，则称$P(t_1, t_2, \cdots, t_n)$为原子谓词公式。

定义 6：满足如下规则的谓词演算可得到合式公式：

(1) 单个原子谓词公式是合式公式。

(2) 若 A 是合式公式，则$\neg$A 也是合式公式。

(3) 若 A、B 是合式公式，则 A$\vee$B、A$\wedge$B、A$\rightarrow$B、A$\leftrightarrow$B 也都是合式公式。

(4) 若 A 是合式公式，x是项，则$(\forall x)A(x)$和$(\exists x)A(x)$都是合式公式。

5) 自由变元与约束变元

在谓词逻辑中，还需要定义另外一些概念，诸如辖域、约束变元、自由变元等。所谓辖域是指位于量词后面的单个谓词或者用括弧括起来的合式公式，约束变元是指辖域内与量词中同名的变元，自由变元是指不受约束的变元。

谓词公式中的变元可以换名，但需注意以下两点：

(1) 对约束变元，必须把同名的约束变元都统一换成另外一个相同的名字，且不能与辖域内的自由变元同名；

(2) 对辖域内的自由变元，不能改成与约束变元相同的名字。

2. 谓词逻辑的知识表示

在谓词逻辑中，知识的表示可概括为两个基本的步骤：

Step 1：根据要表示的知识定义谓词。

Step 2：用连词、量词把这些谓词连接起来。

例：表示知识“所有的整数不是偶数就是奇数”。

定义谓词：

$I(x)$：x是整数。

$E(x)$：x是偶数。

$O(x)$：x是奇数。

表示知识：

$(\forall x)(I(x) \rightarrow E(x) \vee O(x))$

3. 谓词逻辑表示的应用示例

如表 3.4 所示的机器人移动盒子问题，其描述状态和动作的谓词定义、变元的个体域分别列写于表中。现假设机器人、盒子、桌子所在的初始状态和目标状态确定，机器人要实现从初始状态转换为目标状态，需要完成一系列的操作，其定义如下：

Goto(x，y)：从x处走到y处。

Pickup(x)：在 x 处拿起盒子。

Setdown(y)：在 x 处放下盒子。

表 3.4　谓词及其状态说明

谓词	状态描述	变元个体域	机器人移动盒子示意图	初始状态	目标状态
TABLE(x)	x 是桌子	x 的个体域是{a,b} y 的个体域是{robot} z 的个体域是{a,b,c} w 的个体域是{box}	c a　b	AT(robot,c) EMPTY(robot) ON(box,a) TABLE(a) TABLE(b)	AT(robot,c) EMPTY(robot) ON(box,b) TABLE(a) TABLE(b)
EMPTY(y)	y 手中是空的				
AT(y,z)	y 在 z 处				
HOLDS(y,w)	y 拿着 w				
ON(w,x)	w 在 x 桌面上				

下面给出描述各操作的条件和动作。

Goto(x，y)：

　　条件：AT(robot，x)。

　　动作：

　　删除表，AT(robot，x)；添加表，AT(robot，y)。

Pickup(x)：

　　条件：ON(box，x)，TABLE(x)，AT(robot，x)，EMPTY(robot)。

　　动作：

　　删除表，EMPTY(robot)，ON(box，x)；添加表，HOLDS(robot，box)

Setdown(x)：

　　条件：AT(robot，x)，TABLE(x)，HOLDS(robot，box)。

　　动作：

　　删除表，HOLDS(robot，box)；添加表，EMPTY(robot)，ON(box，x)。

机器人每执行一个操作前，都要检查该操作的先决条件是否可以满足。如果满足，就执行相应的操作；否则再检查下一个操作。表 3.5 描述了机器人行动规划问题的求解过程。

表 3.5　机器人行动规划问题的求解过程说明

状态 1 (初始状态)	状态 2	状态 3	状态 4	状态 5	状态 6 (目标状态)
操作说明	Goto(c,a) =>	Pickup(a)=>	Goto(a,b)=>	Setdown(b)=>	Goto(b,c)=>
AT(robot,c) EMPTY(robot) =>ON(box,a) TABLE(a) TABLE(b)	AT(robot,a) EMPTY(robot) =>ON(box,a) TABLE(a) TABLE(b)	AT(robot，a) HOLDS(robot,box) =>TABLE(a) TABLE(b)	AT(robot,b) HOLDS(robot,box) =>TABLE(a) TABLE(b)	AT(robot,b) EMPTY(robot) =>ON(box,b) TABLE(a) TABLE(b)	AT(robot,c) EMPTY(robot) =>ON(box,b) TABLE(a) TABLE(b)

4. 谓词逻辑表示的特性

谓词逻辑模型对知识的描述，有自然(谓词逻辑模型有接近于自然语言的形式语言系统)、明确(谓词逻辑模型是一种标准的知识解释方法)、精确(谓词逻辑的真值只有“真”与“假”，其表示、推理都是精确的)、灵活(知识和处理知识的程序相独立)和模块化(知识之间相对独立，易于对知识进行添加、删除、修改)的优点，也有着自身方面的局限性，主要表现在以下几个方面：

(1) 知识表示能力差。谓词逻辑模型只能表示确定性知识，而不能表示非确定性知识、过程性知识和启发式知识。

(2) 知识库管理困难。谓词逻辑模型缺乏知识的组织原则，知识库管理比较困难。

(3) 存在组合爆炸。由于难以表示启发式知识，因此谓词逻辑模型只能盲目地使用推理规则，这样当系统知识量较大时，容易发生组合爆炸。

(4) 系统效率低。它把推理演算与知识含义截然分开，抛弃了表达内容中所含有的语义信息，往往使推理过程冗长，降低了系统效率。

3.7.2　产生式规则模型

1. 产生式规则表示的基本方法

1) 事实的表示

事实是断言一个语言变量的值或断言多个语言变量之间关系的陈述句，语言变量的值或语言变量之间的关系可以是数字、词语等，诸如“雪是白的”，其中“雪”是语言变量，“白的”是语言变量的值；“王峰热爱祖国”，其中“王峰”和“祖国”是两个语言变量，“热爱”是语言变量之间的关系。

对于确定性知识，事实可用三元组表示，即(对象，属性，值)或(关系，对象 1，对象 2)，其中对象就是语言变量。例如：(snow，color，white)或(雪，颜色，白)；(love，Wang Feng，country)或(热爱，王峰，祖国)。

对于非确定性知识，事实可用四元组表示，即(对象，属性，值，可信度因子)，其中“可信度因子”是指该事实为真的相信程度，可用[0，1]间的一个实数来表示。

2) 规则的表示

规则是用来描述事物之间因果关系的，产生式规则的基本形式可表示如下：

$$P \rightarrow Q \text{ 或者 IF } P \text{ THEN } Q$$

P 是产生式的前提，也称为前件，它给出了该产生式可否使用的先决条件，由事实的逻辑组合构成；Q 是一组结论或操作，也称为产生式的后件，它指出当前提 P 满足时，应该推出的结论或应该执行的动作。如工艺设计规则：

IF 齿轮精度 7 级以上 AND 为硬齿面 AND 最后一道工序 THEN 磨齿
IF 齿轮精度 7 级以上 AND 为软齿面 AND 最后一道工序 THEN 剃齿

2. 产生式系统的基本结构

产生式规则系统由三个主要部分组成：综合数据库、规则库和控制系统。

综合数据库 DB(Data Base)用来存放求解问题当前的各种信息，诸如问题的初始状态、输入的事实、中间结论及最终结论等，以便用于推理过程的规则匹配，即当规则库中某条规则的前提可以和综合数据库的已知事实匹配时，该规则被激活，由它推出的结论将被作为新的事实放入综合数据库，成为后面推理的已知事实。

规则库RB(Rule Base)也称知识库KB(Knowledge Base)，是用于存放与求解问题有关的所有规则的集合，它要求所存放的规则对知识表述具备完整性、一致性、准确性、灵活性和组织的合理性等。

控制系统(Control System)亦称推理机，主要用于控制整个产生式系统的运行，决定问题求解过程的推理线路。它要完成的主要任务包括选择匹配、冲突消解、执行操作、终止推理和路径解释。

(1) 选择匹配。按一定策略从规则库中选择规则与综合数据库中的已知事实进行匹配。匹配是指把所选规则的前提与综合数据库中的已知事实进行比较，若事实库中存在的事实与所选规则的前提一致，则称匹配成功，该规则可用；否则，称匹配失败，该规则不可用。

(2) 冲突消解。对匹配成功的规则，按照某种策略从中选出一条规则执行。

(3) 执行操作。对所执行的规则，若其后件为一个或多个结论，则把这些结论加入综合数据库；若其后件为一个或多个操作，则执行这些操作。

(4) 终止推理。检查综合数据库中是否包含有目标，若有，则停止推理。

(5) 路径解释。在问题求解过程中，记住应用过的规则序列，以便最终能够给出问题的解的路径。

3. 产生式系统的基本过程

(1) 初始化综合数据库，即把欲解决问题的已知事实送入综合数据库。

(2) 检查规则库中是否有未使用过的规则，若无，转至(7)。

(3) 检查规则库的未使用规则中是否有其前提可与综合数据库中的已知事实相匹配的规则，若有，形成当前可用规则集；否则，转至(6)。

(4) 按照冲突消解策略，从当前可用规则集中选择一个规则执行，并对该规则做上标记。把执行该规则后所得到的结论作为新的事实放入综合数据库；若该规则的结论是一些操作，则执行这些操作。

(5) 检查综合数据库中是否包含了该问题的解，若已包含，说明解已求出，问题求解过程结束；否则，转至(2)。

(6) 当规则库中还有未使用规则，但均不能与综合数据库中的已有事实相匹配时，要求用户进一步提供关于该问题的已知事实，若能提供，则转至(2)；否则，执行下一步。

(7) 若知识库中不再有未使用规则，也说明该问题无解，终止问题求解过程。

4. 产生式系统的控制策略

产生式系统的控制策略总体上可分为两种方式：不可撤回方式和试探性方式。

1) 不可撤回方式

不可撤回方式是一种“一直往前走”不回头的方式，类似于中国象棋中过河的卒子，它根据当前已知的局部知识选取一条规则作用于当前的综合数据库，再根据新状态继续选取规则，如此进行下去，不考虑撤回用过的规则。其优点是控制过程简单，缺点是当问题有多个解时不一定能找到最优解，且不理想规则的应用会降低效率。

2) 试探性方式

试探性方式又可分为以下两种。其一是回溯方式，是一种碰壁回头的方式，即在问题求解过程中，允许先试一试某条规则，若以后发现这条规则不合适，则允许退回去，再另选一条规则来试。该方式是一种完备而有效的策略，它容易实现且占用的内存容量较小。采用该方式需要解决的主要问题是如何确定回溯条件和如何减少回溯次数。其二是图搜索方式，是一种用图或树把全部求解过程记录下来的方式。由于它记录了已试过的所有路径，因此便于从中选取最优路径。

5. 产生式系统的特性

产生式规则系统具有的主要优点如下：

(1) 自然性。采用“若……则……”的形式，与人类的判断性知识基本一致。

(2) 模块性。规则是规则库中最基本的知识单元，各规则之间只能通过综合数据库发生联系，而不能相互调用，从而增加了规则的模块性。

(3) 有效性。产生式知识表示法既可以表示确定性知识，也可以表示不确定性知识；既有利于表示启发性知识，也有利于表示过程性知识。

(4) 一致性。规则库中的所有规则都具有相同的格式，并且综合数据库可被所有规则访问，因此规则库中的规则可以统一处理。

需要注意的是，产生式规则系统的效率较低，各规则之间的联系必须以综合数据库为媒介，且其求解过程是一种反复进行的“匹配—冲突消解—执行”过程，降低了执行效率。此外，产生式规则系统中的知识具有一致格式，且规则之间不能相互调用，因此具有结构关系或层次关系的知识很难以自然的方式来表示，即不便于表示结构性知识。

3.7.3　知识语义网络

语义网络(Semantic Network)是 J.R.Quillian 于 1968 年在研究人类联想记忆时提出的一种显式心理学模型，认为记忆是由概念间的联系实现的，随后 Quillian 又把它用作知识表示。1972 年，西蒙在他的自然语言理解系统中正式提出了语义网络的概念，讨论了它和一阶谓词逻辑的关系。1975 年，G.G.Hendrix 又对全称量词的表示提出了语义网络分区技术。到 20 世纪 80 年代，Fillmore 提出了“框架语义学”(Frame Semantics)，进一步提到了框架网络(Frame Net)，使得语义网络逐渐向知识表述和推理的方向推进。

1. 语义网络的基本概念

相对于产生式规则主要用以描述因果知识，语义网络则能够用来表达更加复杂的概念及其相互关系，形成一个由结点和弧组成的语义网络描述图。在语义网络图中，结点表示各种事物、概念、情况、属性、状态、事件、动作等，结点间以带标识的有向弧连接，弧代表语义关系，表示它所连接的两个实体之间的语义联系。

语义网络中最基本的语义单元称为语义基元，可用三元组表示为：(结点 1，弧，结点 2)。一个语义基元对应的有向图称为基本网元，如图 3.58 所示，A、B 分别表示两个结点，R 表示 A 与 B 之间的某种语义联系。由多个网元即可构成知识的语义网络，如图 3.59 所示的某零件的知识语义网络结构。

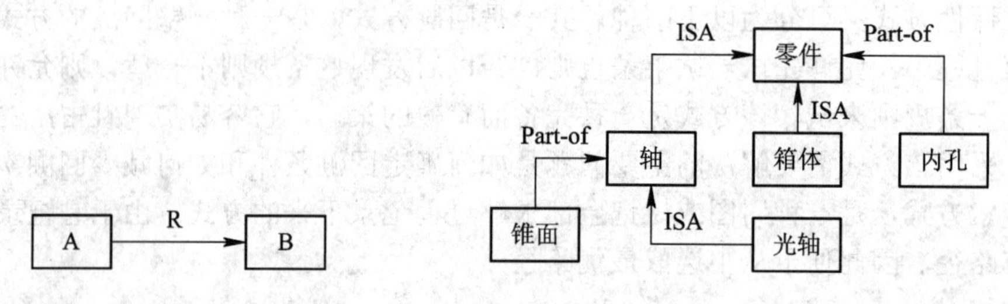

图 3.58　语义网络有向图示例　　图 3.59　某零件的知识语义网络结构示例

语义网络中存在着一些基本的语义关系，包括实例关系、分类关系、成员关系、属性关系、聚类关系、时间关系、位置关系、相近关系等。其中，实例关系、分类关系、成员关系最主要的特征是属性的继承性，处在具体层的结点可以继承抽象层结点的所有属性。

实例关系(ISA)体现的是“具体与抽象”的概念，含义为“是一个”，表示一个事物是另一个事物的一个实例，如图 3.60 所示。

图 3.60　语义网络的实例关系示例

分类关系(AKO)亦称泛化关系，体现的是“子类与超类”的概念，含义为“是一种”，表示一个事物是另一个事物的一种类型，如图 3.61 所示。

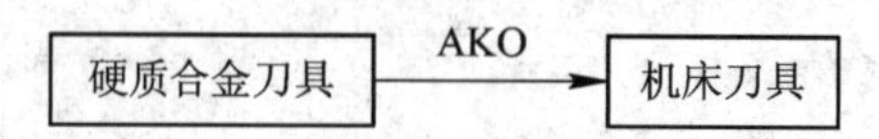

图 3.61　语义网络的分类关系示例

成员关系(A-Member-of)体现的是“个体与集体”的关系，含义为“是一员”，表示一个事物是另一个事物的一个成员，如图 3.62 所示。

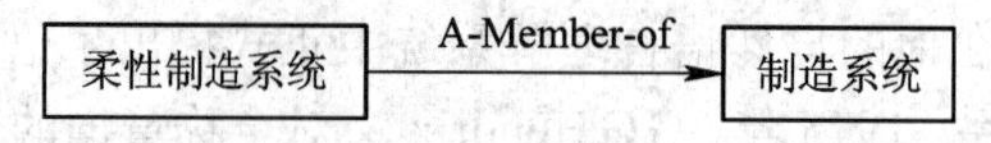

图 3.62　语义网络的成员关系示例

属性关系指事物和其属性之间的关系。常用的属性关系如下：

Have：含义为“有”，表示一个结点具有另一个结点所描述的属性，如图 3.63 所示。

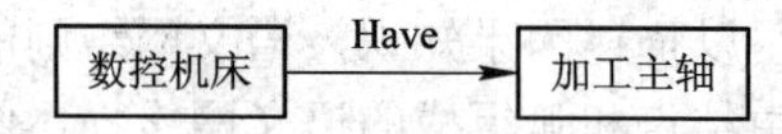

图 3.63　语义网络的属性关系示例

Can：含义为“能”“会”，表示一个结点能做另一个结点的事情。

Age：含义为“年龄”，表示一个结点是另一个结点在年龄方面的属性。

聚类关系亦称包含关系，指具有组织或结构特征的“部分与整体”之间的关系。常用的包含关系是 Part-of，其含义为“是一部分”，表示一个事物是另一个事物的一部分，如图 3.64 所示。聚类关系与实例、分类、成员关系的主要区别在于聚类关系一般不具备属性的继承性。

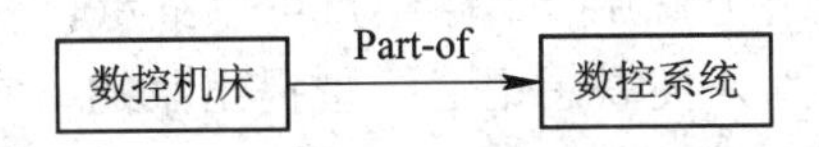

图 3.64　语义网络的聚类关系示例

时间关系指不同事件在其发生时间方面的先后次序关系。常用的时间关系如下：

Before：含义为“在前”，表示一个事件在另一个事件之前发生。

After：含义为“在后”，表示一个事件在另一个事件之后发生。

位置关系指不同事物在位置方面的关系。常用的位置关系如下：

Located-on：含义为“在上”，表示某一物体在另一物体之上。

Located-at：含义为“在”，表示某一物体所在的位置。

Located-under：含义为“在下”，表示某一物体在另一物体之下。

Located-inside：含义为“在内”，表示某一物体在另一物体之内。

Located-outside：含义为“在外”，表示某一物体在另一物体之外。

相近关系指不同事物在形状、内容等方面相似或接近。常用的相近关系如下：

Similar-to：含义为“相似”，表示某一事物与另一事物相似。

Near-to：含义为“接近”，表示某一事物与另一事物接近。

2. 语义网络的推理过程

用语义网络表示知识的问题求解系统主要由两大部分组成：一部分是由语义网络构成的知识库，另一部分是用于问题求解的推理机构。语义网络的推理过程主要有两种，一种是继承，另一种是匹配。

继承是指把对事物的描述从抽象结点传递到实例结点。通过继承可以得到所需结点的一些属性值，它通常是沿着 ISA、AKO 等继承弧进行的，其一般推理过程如下：

(1) 建立一个结点表，用来存放待求解结点和所有以 ISA、AKO 等继承弧与此结点相连的那些结点。初始情况下，表中只有待求解结点。

(2) 检查表中的第一个结点是否有继承弧。如果有，就把该弧所指的所有结点放入结点表的末尾，记录这些结点的所有属性，并从结点表中删除第一个结点。如果没有继承弧，仅从结点表中删除第一个结点。

(3) 重复(2)，直到结点表为空。此时，记录下来的所有属性都是待求解结点继承来的属性。

匹配是指在知识库的语义网络中寻找与待求解问题相符的语义网络模式，其主要推理过程如下：

(1) 根据待求解问题的要求构造一个网络片断，该网络片断中有些结点或弧的标识是空的，称为询问处，它反映的是待求解的问题。

(2) 根据该语义片断到知识库中去寻找所需要的信息。

(3) 当待求解问题的网络片断与知识库中的某语义网络片断相匹配时，则与询问处相匹配的事实就是问题的解。

3. 语义网络表示法的特征

知识的语义网络表示法具有的主要特点如下：

(1) 结构性。把事物的属性以及事物间的各种语义联系显式地表示出来，是一种结构化的知识表示方法。在这种方法中，下层结点可以继承、新增、变异上层结点的属性。

(2) 联想性。本来是作为人类联想记忆模型提出来的，它着重强调事物间的语义联系，体现了人类的联想思维过程。

(3) 自索引性。把各结点之间的联系以明确、简洁的方式表示出来，通过与某一结点连接的弧可以很容易地找出与该结点有关的信息，而不必查找整个知识库。这种自索引能力有效地避免了搜索时所遇到的组合爆炸问题。

(4) 自然性。这种带有标识的有向图可比较直观地把知识表示出来，符合人们表达事物间关系的习惯，并且与自然语言语义网络之间的转换也比较容易实现。

(5) 非严格性。没有像谓词那样严格的形式表示体系，一个给定语义网络的含义完全依赖于处理程序对它所进行的解释，通过语义网络所实现的推理不能保证其正确性。

(6) 复杂性。语义网络表示知识的手段是多种多样的，这虽然对其表示带来了灵活性，但同时也由于表示形式的不一致，使得对它的处理增加了复杂性。

思 考 题

1. 制造系统常用的功能建模方法有功能轮图、功能树图、价值链模型、$IDEF_0$、UML建模方法中的用例图等。这些功能模型或多或少描述了制造系统功能之间的相关性，试举例说明各建模方法在描述功能相关性方面的作用。

2. 简述直线制、职能制、直线职能制、矩阵制、事业部制、模拟分权制组织结构的特点。

3. 简述 $IDEF_{1X}$ 方法的建模过程，并举例说明。

4. 简述知识模型中谓词逻辑方法、产生式规则方法、语义网络方法的特点。

第 4 章　自动化制造系统设计

自动化制造系统是指可以在较少的人工直接或间接干预下，将原材料加工成零件或将零件组装成产品，并在加工过程中实现管理过程和工艺过程自动化的系统。管理过程包括产品的优化设计、程序的编制及工艺的生成、设备的组织及协调、材料的计划与分配、环境的监控等。工艺过程包括工件的装卸、储存和输送，刀具的装配、调整、输送和更换，工件的切削加工、排屑、清洗和测量，切屑的输送、切削液的净化处理等。

自动化制造系统包括刚性制造和柔性制造，“刚性”的含义是指该生产线只能生产某种生产工艺相近的某类产品，表现为生产产品的单一性。刚性制造包括组合机床、专用机床、刚性自动化生产线等。“柔性”是指生产组织形式和生产产品及工艺的多样性和可变性，具体表现为机床的柔性、产品的柔性、加工的柔性、批量的柔性、管理的柔性等。柔性制造包括柔性制造单元(Flexible Manufacturing Cell，FMC)、柔性制造系统(Flexible Manufacturing System，FMS)、柔性制造线(Flexible Manufacturing Line，FML)、柔性装配线(Flexible Assembly Line，FAL)、计算机集成制造系统(Computer Integrated Manufacturing System，CIMS)等。

4.1　制造自动化技术与装备

4.1.1　数控技术与数控机床

数控技术(Numerical Control Technology)是指用数字化信号对设备运行、机械加工过程进行控制的一种自动化技术，是典型的融机械、电子、自动控制、计算机、自动检测等技术为一体的光机电一体化技术。它所控制的通常是位置、角度、速度等机械量和与机械能量流向有关的开关量。

数控机床是利用数控技术，准确地按照事先编制好的程序，自动加工出所需工件的机电一体化设备，通常由机床程序载体、数控装置、伺服系统、检测与反馈装置、辅助装置和机床本体等六部分组成。

数控机床加工零件时，首先要根据加工零件的图样与工艺方案，按规定的代码和程序格式编写零件的加工程序单，通过控制介质将加工程序输入到数控装置中，由数控装置对其进行译码、寄存和运算之后，向机床各个被控量发出信号，控制机床诸运动的变速和起停，进给运动的方向、速度和位移量，以及刀具的选择交换，工件的夹紧松开和冷却润滑的开、关等动作，使刀具与工件及其他辅助装置严格地按照加工程序规定的顺序、轨迹和参数进行工作，从而加工出符合要求的零件。

1. 数控加工编程方法

数控编程就是将工件的工艺过程、工艺参数、刀具位移方向及其位移量、加工中的换刀、切削液开/停等其他辅助动作，按照运动顺序、所用数控系统规定的指令代码及程序格式，编制加工程序的过程。根据问题复杂程度的不同，数控编程有手工编程和自动编程两种方法。

1) 手工编程

手工编程是由人工完成零件图的分析、工艺处理，确定加工路线和工艺参数，编写零件的数控加工程序单，直至程序的检验等全过程。手工编程要求编程人员不仅要熟悉数控代码及编程规则，还要具备机械加工工艺知识和数值计算能力。手工编程容易出错，工作量很大，适用于程序段少、计算简单、几何形状简单的零件。

2) 自动编程

自动编程又称为计算机辅助编程，是由计算机完成数控加工程序编制的全部或大部分工作，可以大大提高编程效率和质量。自动编程适用于加工形状复杂的零件或空间曲面零件，如非圆曲线、空间曲面、列表曲面等，且加工过程往往需要多轴坐标联动机床，其坐标运动计算十分复杂的情况。自动编程有两种方式，即基于数控语言编程和基于CAD/CAM 软件编程。

(1) 基于数控语言编程。

数控语言编程是由编程人员先对零件图样进行工艺分析，采用某种高级编程语言来描述被加工零件的几何形状、加工时刀具相对于工件的运动轨迹，以及一些必要的工艺参数等内容，然后编写零件的源程序，用零件源程序作为编程计算机的输入，由计算机中的编译程序和后置处理程序来完成复杂的几何运算和数控指令。

(2) 基于 CAD/CAM 软件编程。

计算机辅助编程的方式是基于 CAD/CAM 软件人机交互完成数控编程的编程方式，其主要步骤如下：

① 根据待加工零件的三维 CAD 几何图形，调用数控编程模块，采用人机交互的方式在计算机屏幕上指定被加工的部位，再输入相应的加工工艺参数，计算机便可以自动进行相应的数学处理，并生成刀位数据。

② 调用刀具轨迹图形仿真模块进行检验和干涉修正等。

③ 利用系统提供的后置处理器将刀位数据转换成适合于具体机床数控指令格式的数控加工程序。

基于CAD/CAM 软件的人机交互编程方式在复杂形状零件的数控加工方面得到了广泛的应用，代表性的软件系统包括法国达索系统公司的 CATIA 系统、美国 Unigraphics Solutions 公司的CAD/CAE/CAM 集成软件、美国 PTC 公司的 PRO/E 软件、以色列 Cimtron 公司的 CIMTRON 系统、美国 MasterCAM 公司的 MasterCAM 以及中国北航海尔软件公司的 CAXA 制造工程师软件等。

2. 数控系统功能

CNC 系统的功能通常包括基本功能和选择功能。基本功能是数控系统必备的功能，选择功能是供用户根据机床特点和用途进行选择的功能。

CNC 系统的功能主要反映在准备功能 G 指令代码和辅助功能 M 指令代码上，其主要功能包括以下几个方面：

1) 控制功能

控制功能体现在能够控制及联动控制的轴数，包括移动轴、回转轴、基本轴和附加轴的控制。通过轴的联动可以完成轮廓轨迹的加工。一般数控车床只需二轴控制，二轴联动；一般数控铣床需要三轴控制，三轴联动或五轴联动；一般加工中心为多轴控制，三轴联动。控制轴数越多，特别是同时控制的轴数越多，要求 CNC 系统的功能就越强，同时 CNC 系统也就越复杂，编制程序也越困难。

2) 准备功能

准备功能也称 G 指令代码，用来指定机床的运动方式，包括基本移动、平面选择、坐标设定、刀具补偿、固定循环等指令。对于点位式的加工机床，如钻床、冲床等，需要点位移动控制系统。对于轮廓控制的加工机床，如车床、铣床、加工中心等，需要控制系统有两个或两个以上的进给坐标具有联动功能。

3) 插补功能

CNC 系统是通过软件插补来实现刀具运动轨迹控制的。由于轮廓控制的实时性很强，软件插补的计算速度难以满足数控机床对进给速度和分辨率的要求，同时由于 CNC 不断扩展其他方面的功能，也要求减少插补计算所占用的 CPU 时间。因此，CNC 的插补功能分为粗插补和精插补：插补软件每次插补一个小线段的数据为粗插补；伺服系统根据粗插补的结果，将小线段分成单个脉冲的输出称为精插补。

4) 进给功能

根据加工工艺要求，CNC 系统的进给功能用 F 指令代码直接指定数控机床加工的进给速度。

5) 主轴功能

主轴功能就是指定主轴转速的功能，如用 S 指令代码指定主轴转速的编码方式。

6) 辅助功能

辅助功能用来指定主轴的启、停和转向，切削液的开和关，刀库的启和停等，一般是开关量的控制，它用 M 指令代码表示。各种型号的数控装置具有的辅助功能差别很大，而且有许多是自定义的。

7) 刀具功能

刀具功能用来选择所需的刀具。刀具功能字以地址符 T 为首，后面跟两位或四位数字，代表刀具的编号。

8) 补偿功能

补偿功能是指通过输入到 CNC 系统存储器的补偿量，根据编程轨迹重新计算刀具的运动轨迹和坐标尺寸，从而加工出符合要求的工件的功能。如刀具长度补偿、刀具半径补偿和刀尖圆弧补偿，丝杠的螺距误差补偿、反向间隙补偿、热变形补偿等。

9) 字符、图形显示功能

CNC 控制器可以配置单色或彩色 CRT 或 LCD(Liquid Crystal Display)，通过软件和硬件接口实现字符和图形的显示，通常可以显示程序、参数、各种补偿量、坐标位置、故障信息、人机对话编程菜单、零件图形及刀具实际移动轨迹的坐标等。

10) 自诊断功能

为了防止故障的发生或在故障发生后可以迅速查明故障的类型和部位，以减少停机时间，CNC 系统中设置了各种诊断程序。不同的 CNC 系统设置的诊断程序是不同的，诊断的水平也不同。诊断程序一般可以包含在系统程序中，在系统运行过程中进行检查和诊断；也可以作为服务性程序，在系统运行前或故障停机后进行诊断，查找故障的部位。另外，有的 CNC 还可以进行远程通信诊断。

11) 通信功能

为了适应柔性制造系统(FMS)和计算机集成制造系统(CIMS)的需求，CNC 装置通常具有 RS232C 通信接口，有的还备有 DNC 接口。某些 CNC 还可以通过制造自动化协议(Manufacturing Automation Protocol，MAP)接入工厂的通信网络。

12) 人机交互图形编程功能

为了进一步提高数控机床的编程效率，对于 NC 程序的编制，特别是较为复杂零件的 NC 程序都要通过计算机辅助编程进行。因此，现代 CNC 系统一般要求具有人机交互图形编程功能。具有这种功能的 CNC 系统可以根据零件图直接编制程序，即编程人员只需输入图样上简单表示的几何尺寸就能自动地计算出全部交点、切点和圆心坐标，生成加工程序。有的 CNC 系统还可根据引导图和显示说明进行对话式编程，并具有自动工序选择、刀具和切削条件的自动选择等智能功能。

3. CNC 系统的一般工作过程

1) 输入

输入 CNC 控制器的通常有零件加工程序、机床参数和刀具补偿参数。机床参数一般在机床出厂时或在用户安装调试时已经设定好，所以输入 CNC 系统的主要是零件加工程序和刀具补偿数据。输入方式有纸带输入、键盘输入、磁盘输入、上位计算机 DNC 通信输入等。

2) 译码

译码是以零件程序的一个程序段为单位，把其中零件的轮廓信息(起点、终点、直线或圆弧等)，F、S、T、M 等信息按照一定的语法规则解释(编译)成计算机能够识别的数据形式，并以一定的数据格式存放在指定的内存专用区域。编译过程中还要进行语法检查，发现错误立即报警。

3) 刀具补偿

刀具补偿包括刀具半径补偿和刀具长度补偿。刀具补偿的作用是把零件轮廓轨迹按照系统存储的刀具尺寸数据自动转换成刀具中心(刀位点)相对于工件的移动轨迹。

4) 进给速度处理

数控加工程序给定的刀具相对于工件的移动速度是在各个坐标合成运动方向上的速度，即 F 代码的指令值。

5) 插补

插补是机床数控系统按照一定的方法确定刀具运动轨迹的过程。即已知曲线上的某些数据，按照某种算法计算已知点之间的中间点的过程；数控装置根据输入的零件程序信息，将程序段所描述的曲线的起点、终点之间的空间进行数据密化，从而形成要求的轮廓轨迹，这种数据密化的机能就称“插补”。

6) 位置控制

位置控制装置位于伺服系统的位置环上，如图 4.1 所示。它的主要工作是在每个采样周期内，将插补计算出的理论位置与实际反馈位置进行比较，用其差值控制进给电动机。

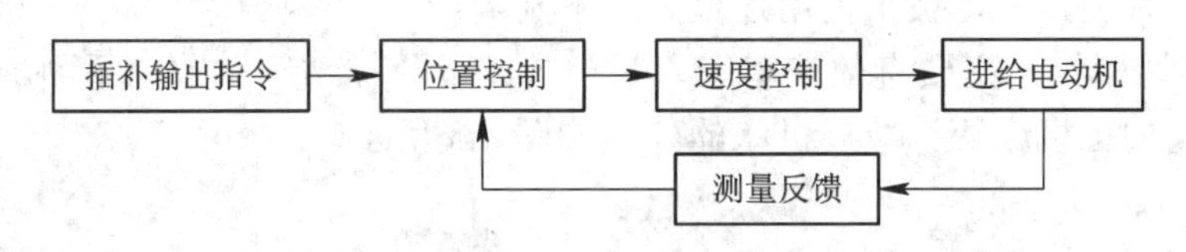

图 4.1　位置控制的原理

7) I/O 处理

CNC 的 I/O 处理是 CNC 与机床之间信息传递和变换的通道。其作用一方面是将机床运动过程中的有关参数输入到 CNC 中；另一方面是将 CNC 的输出命令(如换刀、主轴变速换挡、加冷却液等)变为执行机构的控制信号，实现对机床的控制。

8) 显示

CNC 系统的显示一般位于机床的控制面板上。通常有零件程序显示、参数显示、刀具位置显示、机床状态显示、报警信息显示等。有的 CNC 装置中还有刀具加工轨迹的静态和动态模拟加工图形显示。

4. 数控机床伺服系统

数控伺服系统是数控系统的重要组成部分，伺服系统的性能在很大程度上决定了数控机床的性能。例如，数控机床的最高移动速度、跟踪速度、定位速度等指标均与伺服系统的动态和静态性能有关。因此，伺服系统一直是现代数控机床的关键技术之一。

数控机床伺服系统的一般结构如图 4.2 所示。这是一个双闭环系统，内环是速度环，外环是位置环。速度环中的检测装置用于计算反馈速度，其工作原理是通过位置量的微分来计算速度。速度控制单元由速度调节器、电流调节器及功率驱动放大器等组成。位置环由 CNC 装置中的位置控制单元、速度控制单元、位置检测单元及位置反馈单元等组成。位置控制主要是对机床运动坐标轴进行控制，进给轴控制是要求最高的位置控制，不仅对单个轴的运动速度和位置精度的控制有严格要求，而且在多轴联动时，还要求各移动轴有很好的动态配合，这样才能保证加工效率、加工精度和表面粗糙度。

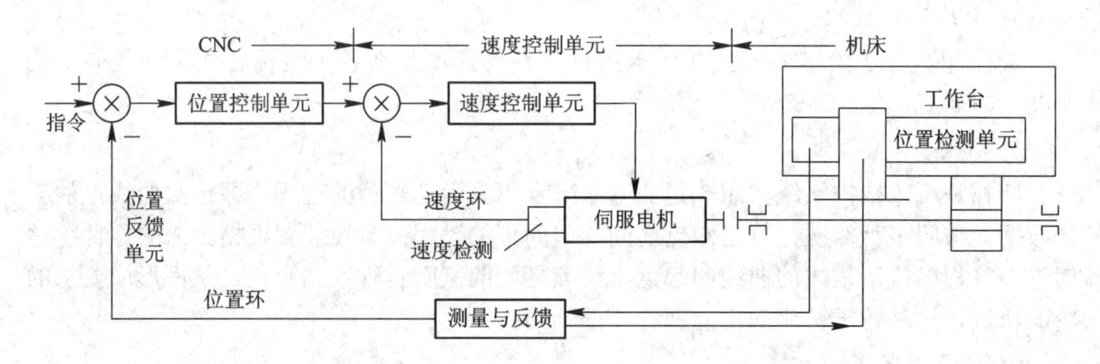

图 4.2　数控机床伺服系统的一般结构图

5. 数控加工设备及应用

1) 数控机床的分类

数控机床种类很多，按工艺用途分为如下几类：

(1) 金属切削类：主要有数控车床、数控镗床、数控钻床、数控平面磨床、加工中心、数控齿轮加工机床等。数控机床的外形如图 4.3 所示。

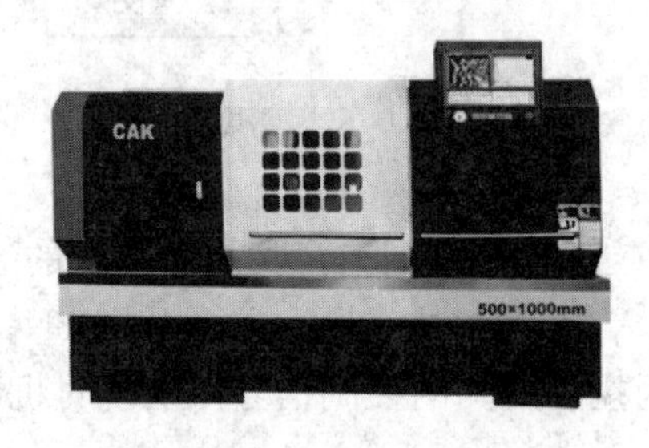

图 4.3　数控机床外形图

(2) 成形加工类：主要有数控折弯机和数控弯管机等。

(3) 特种加工类：主要有数控电火花加工机、数控线切割机、数控激光加工机等。

(4) 其他类型：主要有数控三坐标测量机、数控液压装配机等。

2) 数控机床的主要用途

数控机床主要用来加工轴类零件的内外圆柱面、圆锥面、螺纹表面、成形回转体表面，对于盘类零件可以进行钻、扩、铰和镗孔加工。数控机床还可以完成车削端面、切槽、倒角等的加工。

数控机床具有加工灵活、通用性强、能适应产品的品种和规格频繁变化的特点，同时能够满足新产品的开发和多品种、小批量、生产自动化的要求，被广泛应用于机械制造业中。

4.1.2　工业机器人

1. 工业机器人的定义

国际标准化组织(ISO)对工业机器人的定义是：工业机器人是一种自动的、位置可控的、具有编程能力的多功能操作机，这种操作机具有几个轴，能够借助可编程操作来处理各种材料、零件、工具和专用装置，以执行各种任务。

工业机器人的典型应用是工件搬运和工件处理(如喷涂、焊接等)。

2. 工业机器人的分类

工业机器人可以按照坐标形式、技术发展进程、驱动方式、控制方式、运动方式、系统功能、负载能力及工作空间范围等分类，如表 4.1 至表 4.6 所示。

表 4.1　按坐标形式分类

名 称	特 征 说 明	图　例
直角坐标型机器人	机器人的手臂按直角坐标形式配置，即通过三个相互垂直的轴线上的平动来改变手部的空间位置，各个坐标轴运动独立。该类机器人具有控制简单、定位精度高等特点	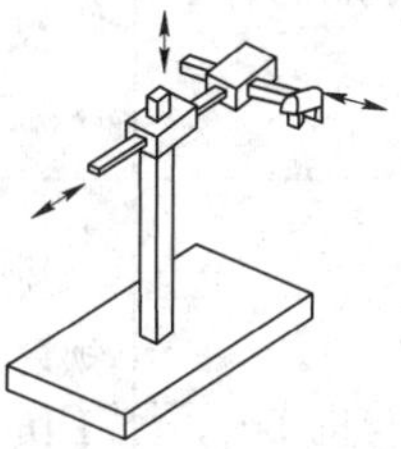
圆柱坐标型机器人	机器人的手臂按圆柱坐标形式配置，通过两个移动和一个转动来实现手部空间位置的改变，即这类机器人由支柱和一个安装在立柱上的水平臂组成，其立柱安装座上，水平臂可以自由伸缩，并可沿立柱上下移动。该类机器人具有一个旋转轴和两个平移轴	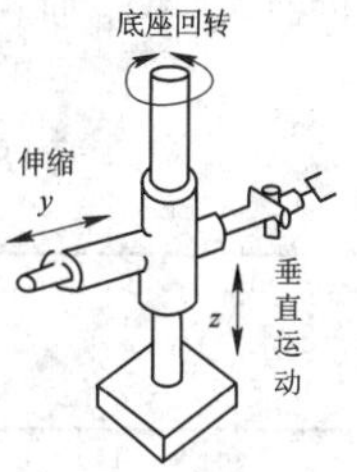 底座回转 伸缩 y z 垂直运动
球坐标型机器人	机器人的手臂按球坐标形式配置，其手臂的运动由一个直线运动和两个转动组成，即其手臂由回转机座、俯仰铰链和伸缩臂组成，具有两个旋转轴和一个平移轴。可伸缩摇臂的运动结构与坦克的转塔类似，可实现旋转和俯仰运动	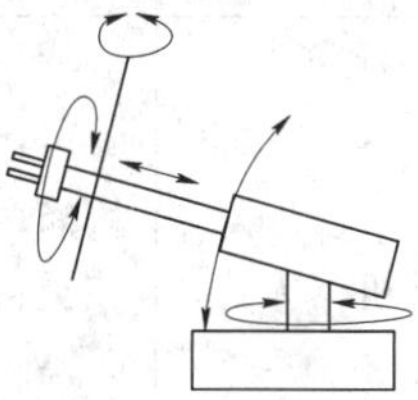
关节型机器人	机器人的手臂按类似于人的腰部及手臂形式配置，其运动由前后的俯仰及立柱的回转构成。它能抓取靠近机座的物件，也能绕过机座和目标间的障碍物去抓取物件，具有较高的运动速度和极好的灵活性，为最通用的机器人	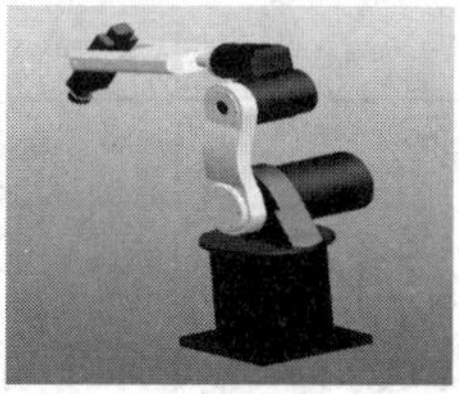
移动机器人	机座不固定，可分为轮式、履带式和足式	

表 4.2　按技术发展进程分类

名 称	特 征 说 明	图　　例
第一代机器人 (可编程及示教再现)	可按事先示教或编程的位置和姿态进行重复作业的机器人(实用，主要用于搬运、喷漆、点焊等)	
第二代机器人 (感知机器人)	带有如视觉、触觉等外部传感器，具有不同程度感知环境并自行修正程序的功能。可完成较为复杂的作业，如装配、检查等	
第三代机器人 (智能机器人)	除具有外部感知功能，还具有一定的决策和规划的能力，从而可适应环境的变化而自主地工作。这种机器人不仅能模仿人的机械动作，而且能解决一些复杂的智力问题，诸如识别零件的形状和位置，组装随意摆放的部件，检查产品质量	

表 4.3　按驱动方式分类

名 称	特 征 说 明	图　　例
气动机器人	以压缩空气来驱动执行机构，动作迅速，结构简单，价格低廉。但由于空气的可压缩性，该类机器人的工作稳定性差，气源压力一般为0.7 MPa，因此抓取力小，只能抓取质量为几千克到几十千克的物体	
液压传动机器人	以液压方式驱动执行机构，其传动平稳、动作灵敏、出力大，但密封性要求较高，不宜在高温或低温现场工作，需要配备一套液压系统	
电力驱动机器人	采用电动方式驱动执行机构，常用的有步进电机驱动、直流伺服电机驱动和交流伺服电机驱动，其控制方法灵活，结构紧凑简单	

表 4.4　按控制方式分类

名　称	特 征 说 明	图　　例
顺序控制机器人	按照预先假定的信息(顺序、条件、位置等)逐步进行各步骤动作的机器人	无
示教再现机器人	通过示教操作向机器人传授顺序、条件、位置和其他信息，机器人能按照所存储的信息，反复再现示教动作	无
可控轨迹型机器人(数控机器人)	以机器人语言为工具，采用离线方式完成机器人运动及操作的编程。使用者只需给定作业参数，机器人即能规划出全部控制程序	无
适应型机器人	能根据传感器反馈信息调整其运动轨迹和操作	无
智能机器人	能根据感觉机能和认知机能来自行决定行动	无

表 4.5　按运动方式分类

名　称	特 征 说 明	图　　例
点位控制型(PTP)	机器人受控运动方式为自一点位目标移向另一点位目标，不涉及两点之间的移动轨迹，只在目标点处控制机器人末端执行器的位置和姿态。该控制方式较为简单，适用于上下料、电焊等作业	无
连续控制型(CP)	机器人终端按预期轨迹和速度运动，在机器人的整个空间运动过程中都要进行控制，末端执行器在空间的任何位置都可以控制姿态	无

表 4.6　按系统功能分类

名　称	特 征 说 明	图　　例
专用机器人	在固定地点以固定程序工作的机器人。其结构简单，无独立控制系统，造价低廉，如附设在加工中心机床上的自动换刀机械手	无
示教再现机器人	通过示教操作向机器人传授顺序、条件、位置和其他信息，机器人能按照所存储的信息，反复再现示教动作	无
通用机器人	具有独立控制系统，通过改变控制程序能完成多种作业的机器人。其结构复杂，工作范围大，定位精度高，通用性强，适用于不断变换生产品种的柔性制造系统	无
智能机器人	能根据感觉机能和认知机能来自行决定行动的机器人。智能机器人一般具备感知(获取外部信息，以机器视觉和机器听觉为主)、运动(特定的自动机械装置完成动作)、思维(对感知的信息认知、推理与判断)、人机交互(理解程序指令，实现程序可控和可变性，如同自身有大脑)等特征	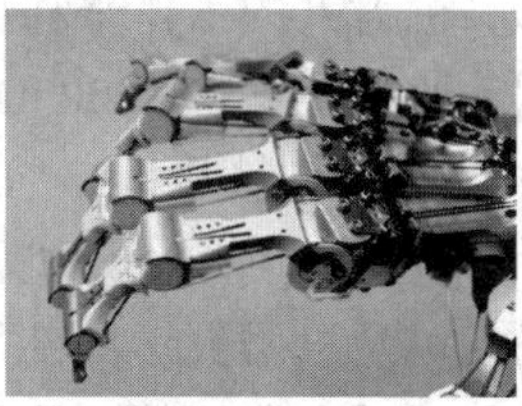

3. 工业机器人系统的组成

工业机器人由主体、驱动系统和控制系统以及各部分的连接线组成。

(1) 主体即机座和执行机构，包括臂部、腕部和手部，有的机器人还有行走机构。

(2) 驱动系统包括动力装置和传动机构，用以使执行机构产生相应的动作。

(3) 控制系统按照输入的程序对驱动系统和执行机构发出指令信号并进行控制。如 KeMotion 是 KEBA 公司提供的机器人控制系统，主要包括硬件部分 KeDrive for Motion(控制器和驱动器)、KeTop(人机界面)和软件 KeStudio(配置、诊断、编程环境)。

(4) 工业机器人的外围设备指所有不包括在工业机器人系统内的设备。常用的外围设备有机器人行走轴、变位机、机器人工具、保护装置输送带、传感器、机器等。

4. 工业机器人的性能特征

工业机器人的性能特征影响着机器人的工作效率和可靠性。在设计和选用机器人时应考虑如下几个性能指标：

(1) 自由度。

自由度是衡量机器人技术水平的主要指标。所谓自由度，是指运动件相对于固定坐标系所具有的独立运动。每个自由度需要一个伺服轴进行驱动，因而自由度数越高，机器人可以完成的动作越复杂，通用性越强，应用范围也越广，但相应地带来的技术难度也越大。一般情况下，通用工业机器人有 3～6 个自由度。

(2) 工作空间。

工作空间是指机器人应用手爪进行工作的空间范围。机器人的工作空间取决于机器人的结构形式和每个关节的运动范围。直角坐标型机器人的工作空间是一个矩形空间，圆柱坐标型机器人的工作空间是一个圆柱体，而球坐标型机器人的工作空间是一个球体。

(3) 提取重量。

机器人提取的重量是反映其负载能力的一个参数，根据提取重量的不同，可将机器人大致分为以下几种：

① 微型机器人，提取重量在 10 N 以下；

② 小型机器人，提取重量为 10～50 N；

③ 中型机器人，提取重量为 50～300 N；

④ 大型机器人，提取重量为 300～500 N；

⑤ 重型机器人，提取重量在 500 N 以上。

(4) 运动速度。

运动速度影响机器人的工作效率，它与机器人所提取的重量和位置精度均有密切的关系。运动速度高，机器人所承受的动载荷增大，必将在加减速时承受较大的惯性力，影响机器人的工作平稳性和位置精度。就目前的技术水平而言，通用机器人的最大直线运动速度大多在 1000 mm/s，最大回转运动速度一般不超过 120°/s。

(5) 位置精度。

位置精度是衡量机器人工作质量的又一技术指标。位置精度的高低取决于位置控制方式以及机器人运动部件本身的精度和刚度，此外还与提取重量和运动速度等因素有密切的关系。典型的机器人的位置精度一般在±0.02～±5 mm 范围内。

5. 工业机器人的感觉系统

早期的工业机器人是程序控制机器人，它们按照人们预先编制好的程序完成操作，其工作条件是严格的、固定的，但它们仅仅能完成相关指令，不能应付意外情况。第二代机器人的出现突破了这样的障碍，开始具备一定的“感觉”系统。图 4.4 所示为各种视觉、触觉、接近觉等传感器在机器人进行环境识别、避障、目标探测、路径规划等方面的应用。

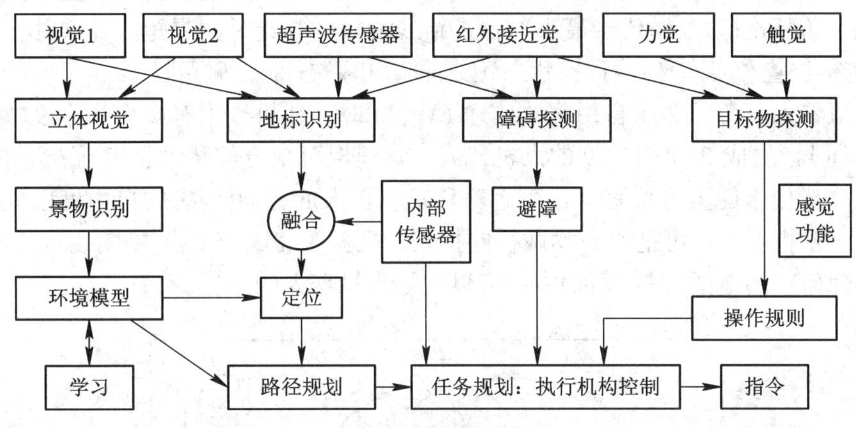

图 4.4　机器人的感觉系统示意图

1) 机器人的触觉传感器

触觉传感器包括接触觉、压觉、滑觉、力(力矩)觉四种。

(1) 接触觉传感器是机器人在探测是否接触到物体时所用的开关传感器，接受由于接触而产生的柔量(位移等的响应)。机械式的接触觉传感器有微动开关、限位开关及猫胡须传感器等。微动开关是按下开关就能进入电信号的简单机构。限位开关是为了防止油污染开关而把留出的微动开关的控制杆部分(与物体接触的部分)加上罩盖的开关。猫胡须传感器是用猫胡须一样的柔软物质做成的，是一种即使轻轻碰一下也能动作的开关。

(2) 压觉传感器是装在机器人手指上、用于感知被接触物体压力值大小的传感器。检测这些量需要使用许多压电元件，将物体上施加的压力转变成电信号。机器人通过对压觉的巧妙控制，既能抓取如豆腐状等物体，也能抓取易碎的物体。

(3) 滑觉传感器是检测垂直加压方向的力和位移的传感器。机器人用手指抓取处于水平位置的物体时，手指对物体施加水平压力，垂直方向作用的重力会克服这个压力使物体下滑。

(4) 力(力矩)觉传感器是用于测量机器人自身或外界相互作用而产生的力(力矩)的传感器。它通常装在机器人各关节处。

2) 机器人的视觉传感器

CCD(电荷耦合器件)传感器是机器人视觉传感器的一般形式，其基本结构是一个间隙很小的光敏电极阵列，即无数个 CCD 单元，也称为像素点(如 448 × 380)。它可以是一维的线阵，也可以是二维的面阵。

全方位视觉传感器是移动机器人为了获得全方位的环境信息，采用摄像机回转的方式，或鱼眼透镜及特殊反射镜之类的装置向摄像机输入全方位景物的传感器。当采用反射镜反射全方位景物时，其反射镜部分是双曲面形状，操作时把双曲面反射镜的凹面向上，使得摄像机的透镜中心位于双曲面反射镜的下侧焦点上。从整个环境射向双曲面上侧焦点的光，通过反射镜将其反射到下焦点(摄像机的透镜中心)，由此在一幅图像上得到全方位景物信息。

6. 机器人的路径规划

路径规划是移动机器人的一个重要组成部分，它的任务是在具有障碍物的环境内按照一定的评价标准(如工作代价最小、行走路线最短、行走时间最短等)，寻找一条从起始状态(包括位置和姿态)到达目标状态(包括位置和姿态)的无碰路径。

移动机器人只考虑 2 个自由度(如位置(X，Y))时，或机械手有 2 个自由度(如两个关节θ_1和θ_2)时，生成 2 个自由度的点机器人。这里取可全方位移动且用圆表示的移动机器人。首先，由于能全方位移动，可忽略移动机器人的方向(姿态的自由度)。其次，由于能用圆表示机器人，可把障碍物做径向扩张，机器人缩成一个点(见图 4.5)。由此，在扩张了的障碍物的地图(X-Y 平面)中，可以规划点机器人的路径。

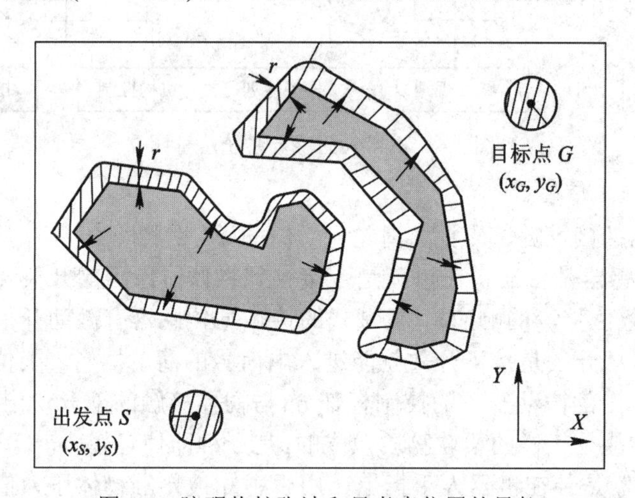

图 4.5　障碍物扩张法和只考虑位置的导航

移动机器人的路径规划，有无地图会有很大的差别。一面看地图一面运行，或机器人走过工厂及学校等人工构造物时，有地图。由于这个地图是由机器人和障碍物的模型做成的，因此这个路径规划称为基于模型的路径规划。另一方面，机器人穿行游乐场的迷宫等结构未知的地方时，不存在地图。这时，机器人用传感器一面检测、回避障碍物，一面把目的地当作目标，这种路径规划称为基于传感器的路径规划。

7. 多机器人系统与控制

智能机器人的交互为智能机器人的研究提出了一个新的方向，即多机器人系统的研究。多机器人系统可以描述为一些机器人在同样的环境下协作完成任务的系统。多机器人系统具有时间分布、空间分布、功能分散、信息分散、资源分散等特点，合理地利用这些特点，可以提高系统的工作效率，增强系统的容错性、鲁棒性、灵活性，扩大系统的工作范围。

1) 多机器人系统的体系结构

多机器人系统的体系结构是指系统中各机器人之间的信息关系和控制关系以及问题求解能力的分布模式。多机器人系统的体系结构可分为集中式控制方式、分布式控制方式以及集中式与分布式控制方式相结合的混合控制方式。

(1) 集中式控制方式比较适合紧密协调的工作要求。采用集中式控制方式的机器人分为主机器人和从机器人两种，主机器人负责任务的动态分配和调度，对各机器人进行协调，具有完全的控制权。该控制方式的特点是：降低了系统的复杂性，减少了机器人之间直接协商通信的开销，但要求主机器人具有较强的规划处理能力；系统协调性较好，实时性和动态性较差。

(2) 分布式控制方式比较适合松散协调的工作要求。这种控制方式没有任何集中控制单元，系统各机器人之间的地位平等，没有逻辑上的隶属关系，彼此行为的协调是通过机器人之间的交互来完成的。这种结构有较好的容错能力和可扩展性，但对通信要求较高，多边协商效率较低，有时无法保证全局目标的实现。

(3) 混合控制方式可克服分布式结构以自我为中心所造成的性能低下和集中式结构缺乏控制灵活性等问题，提高了协调性，所以也提高了工作效率。

2) 多机器人系统规划

规划问题主要包括任务规划和路径规划两方面。与体系结构相对应，多机器人系统的规划包括任务分解、分配，资源的分配，任务的规划、调度等内容，通常采用集中式规划(Centralized Planning)和分布式规划(Distributed Planning)两种方式。

(1) 集中式规划一般能获得高效率、全局最优的规划结果，但这种方式主要适用于静态环境，难以应付环境的变化。

(2) 在分布式规划中，每个机器人可根据自身拥有的环境信息规划自己的行动，其优点是能适应环境的变化，缺点是不能获得全局最优解以及可能会出现死锁现象。

3) 多机器人之间的协调协作

多机器人之间的协调协作是多机器人系统中最关键的技术，机器人之间的协调协作可以划分为多个不同的层次，以反映机器人之间从动作、资源到目标、规划等多方面的相互关系和不同的协调协作方式。一般多机器人之间的协调协作需要解决三个方面的问题：多机器人之间的协作，多机器人之间的避障行为和防止任务死锁。

(1) 多机器人之间的协作体现为机器人之间的团队精神，机器人为了完成共同的目标而进行合作。这种类型中比较典型的应用是机器人保持队形和搬运物体。

(2) 多机器人之间的避障属于动态避障行为。基于传感器的避障行为可以对动态的障碍物做出及时的响应。

(3) 机器人的任务死锁是指机器人执着于执行一件自己“力所不及”的任务，从而丧失了完成其他任务的可能。对于多机器人任务协作时的死锁问题，主要使用人工势场法、改进的人工势场法等方式来解决。

4) 多机器人之间的通信

通信可以分为隐式通信和显式通信。

(1) 对于采用隐式通信的多机器人系统，其信息的交换、获取主要通过其自身的传感器来进行，机器人通过传感器获得信息，依据一定的模型或规则进行推理，从而获知其他机器人的意图和决策。

(2) 对于采用显式通信的多机器人系统，其信息的交换、获取均采用一定的数据结构、规范的通信内容，以点到点或广播的方式在一定的通信媒介上进行。

5) 多机器人的感知学习

感知是一种局部的主动交互，是智能机器人行动的基础。感知问题包括“感觉”和“知道与理解”两方面。“感觉”研究的方向是实现更灵敏、快速、可靠、小型的传感器系统；“知道与理解”则是研究如何更有效地融合、利用传感器信息，如何将传感器信息与控制更好地结合。

在不断变化的环境中，多机器人系统面对的任务比较复杂，需要对各种协调操作进行优化组合。因此，机器人应当有能力感知环境的变化。如果机器人过于依赖信息，那么当机器人数量增加时，会因系统的通信负担增大而降低系统运行的效率，因此机器人的感知能力非常重要。

为了获得合适的参数并适应环境的变化，就要在系统中加入学习机制，诸如启发式学习、分析式学习、遗传算法、神经网络和强化学习等机器学习方法，结合多机器人系统的要求形成新的个体学习和群体协同学习算法。

目前，多机器人系统大多数在固定任务下进行研究，而且使用同种类型的机器人协作，这就使得固定任务下的多机器人系统无法灵活应用在其他环境下。同时还需要可靠有效的通信协议，因而多机器人系统还有待进一步发展。

4.1.3 快速成型技术与设备

快速成型技术又称快速原型制造技术，诞生于20世纪80年代后期，被认为是制造领域的一个重大成果。快速成型技术是由CAD模型直接驱动的、快速制造任意复杂形状的三维物理实体的技术，它基于离散/堆积成形原理，综合了机械工程、CAD、数控技术、激光技术及材料科学技术，可以自动、直接、快速、精确地将设计思想转变为具有一定功能的原型或直接制造零件，从而对产品设计进行快速评估、修改及功能实验或直接应用，大大缩短了产品的研制周期。

快速成型工艺中，具有代表性的工艺是：光敏树脂液相固化成形、薄片分层叠加成形、选择性激光粉末烧结成形、熔丝堆积成形和三维打印成形。

1. 光敏树脂液相固化成形(SL)

1) 工艺原理

SL技术原理是利用计算机控制激光束对液态光敏树脂表面进行逐点扫描，被扫描区域的树脂薄层(约十分之几毫米)产生光聚合反应而固化。当一层扫描完成后，工作台下移一层高度，已成形的层面上又布满一层液态树脂，刮平器将黏度较大的树脂液面刮平，然后进行下一层的扫描，进行新的固化，新的一层牢固地粘在前一层上，如此反复，直到整个零件制造完毕，如图4.6所示。

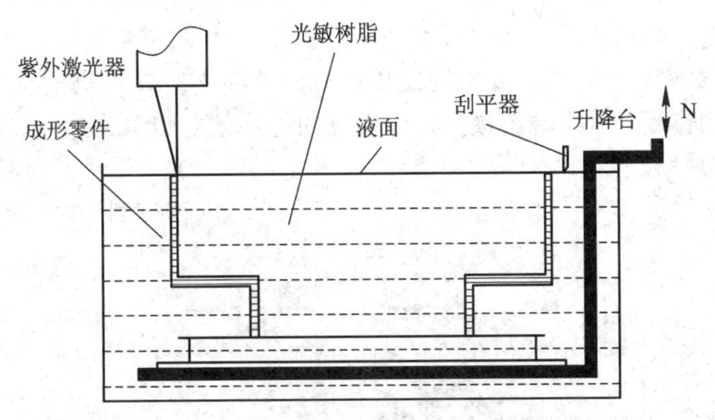

图 4.6　光敏树脂液相固化成形工艺原理图

2) 成形材料和特点

SL 工艺的成形材料称为光敏树脂(或称为光固化树脂)，主要包括齐聚物、反应性稀释剂及光引发剂。根据引发剂的引发原理，光敏树脂可以分为三类：自由基光敏树脂、阳离子光敏树脂和混杂型光敏树脂。

光敏树脂液相固化成形的特点是精度高、表面质量好、原材料利用率接近 100%；可直接制作各种树脂功能件，用于结构验证和功能测试；可制作比较精细和复杂的零件；可制造出有透明效果的制件；制作出来的原型件可快速翻制各种模具。光敏树脂液相固化成形的设备——SLA 光敏树脂光固化 3D 打印机如图 4.7 所示。

图 4.7　SLA 光敏树脂光固化 3D 打印机

2. 薄片分层叠加成形(LOM)

1) 工艺原理

薄片分层叠加成形(LOM)工艺又称为叠层实体制造或分层实体制造。

LOM 工艺采用薄片材料，如纸、塑料薄膜等作为成形材料。将单面涂有热溶胶的纸片通过加热辊加热黏结在一起，位于上方的激光器按照 CAD 分层模型所获数据，用激光束将纸切割成所制零件的内外轮廓，激光切割完成后，工作台带动已成形的工件下降，然后新的一层纸再叠加在上面，通过热压装置和下面已切割层黏合在一起，激光束再次切割，如此反复直至零件的所有截面切割、黏结完毕，得到三维实体模型。LOM 系统装置如图 4.8 所示。

利用 LOM 技术制作冲模的成本约比传统方法节约 1/2，生产周期也大大缩短。另外，LOM 技术用来制作复合模、薄料模、级进模等的经济效益也甚为显著，该技术在国外已经得到了广泛的使用。

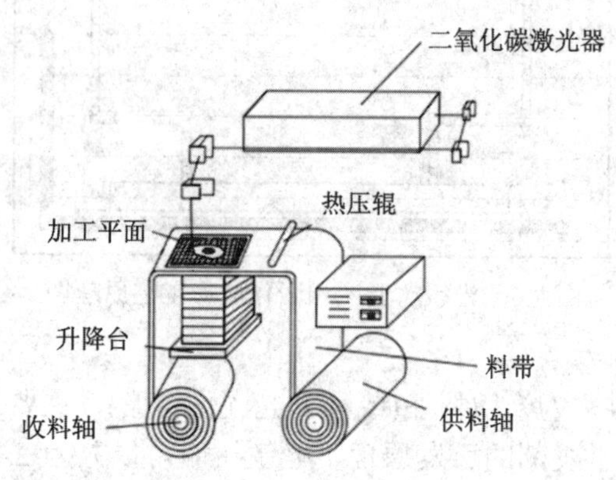

图 4.8　LOM 系统装置图

2) 成形材料和特点

LOM 的成形材料常用成卷的纸，纸的表面事先涂敷一层热熔胶，偶尔也用塑料薄膜作为成形材料。

LOM 工艺对纸材的要求是应具有抗湿性、稳定性、涂胶浸润性和抗拉强度高。

热熔胶应保证层与层之间的黏结强度，薄片分层叠加成形工艺中常采用 EVA 热熔胶，它由 EVA 树脂、增黏剂、蜡类和抗氧剂等组成。

LOM 工艺只需在片材上切割出零件截面的轮廓，而不用扫描整个截面，因此易于制造大型实体零件，且零件的精度较高。工件外框与截面轮廓之间的多余材料在加工中起到了支撑作用，所以 LOM 工艺无需加支撑件。

3. 选择性激光粉末烧结成形(SLS)

1) 工艺原理

SLS 工艺利用粉末材料(金属粉末或非金属粉末)在激光照射下烧结的原理，在计算机的控制下堆积成形。如图 4.9 所示，在工作台上均匀地铺上一层很薄的粉末，激光束在计算机的控制下按照零件分层轮廓有选择性地进行烧结，一层烧结完成后再进行下一层的烧结。全部烧结完后去掉多余的粉末，再进行打磨、烘干等处理便获得零件。

SLS 工艺具有原材料选择广泛、多余材料易于清理、应用范围广等优点，适用于原型及功能零件的制造。

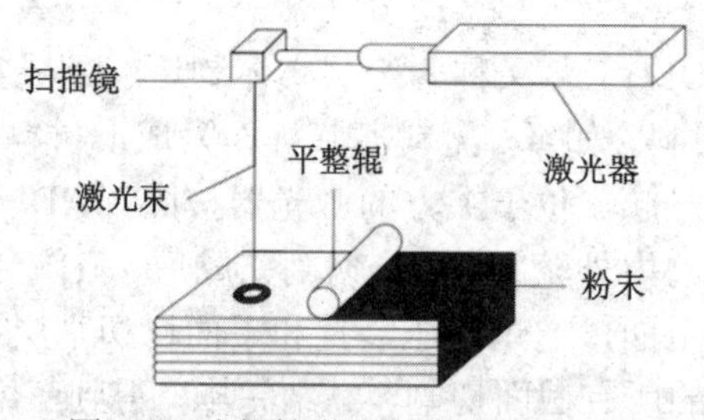

图 4.9　选择性激光粉末烧结装置图

2) 成形材料和特点

SLS 工艺早期采用蜡粉及高分子塑料粉作为成形材料，现在利用金属粉或陶瓷粉进行黏结或烧结的工艺已进入实用阶段。任何受热后能黏结的粉末都有被用作 SLS 成形材料的可能性，原则上包括塑料粉、陶瓷粉、金属粉及其复合粉。

SLS 工艺还可以采用其他粉末，比如聚碳酸酯粉末，当烧结环境温度控制在聚碳酸酯软化点附近时，其线胀系数较小，进行激光烧结后，被烧结的聚碳酸酯材料翘曲较小，具有很好的工艺性能。

SLS 工艺的特点是材料适应面广，不仅能制造塑料零件，还能制造陶瓷、石蜡等材料的零件，特别是可以直接制造金属零件。另外，SLS 工艺无需加支撑件，因为没有被烧结的粉末起到了支撑的作用，因此 SLS 工艺可以烧结制造空心、多层镂空的复杂零件。

4. 熔丝堆积成形(FDM)

1) 工艺原理

FDM 工艺是利用热塑性材料的热熔性、黏结性，在计算机控制下层层堆积成形。材料先抽成丝状，通过送丝机构送进喷头，在喷头内被加热熔化，喷头沿零件截面轮廓和填充轨迹运动，同时将熔化的材料挤出，材料迅速固化，并与周围的材料黏结，层层堆积成形。FDM 系统装置如图 4.10 所示。

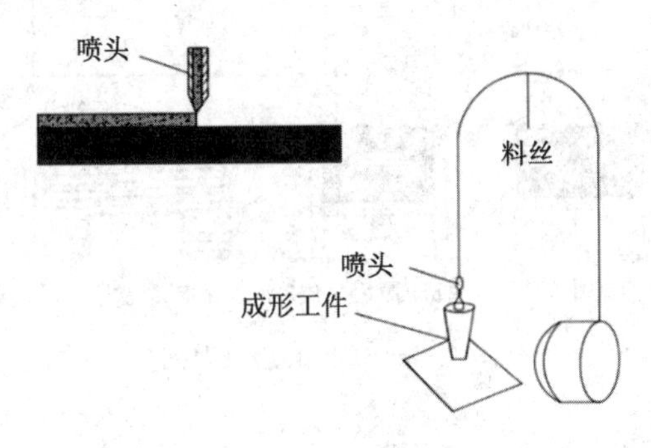

图 4.10　FDM 系统装置图

2) 成形材料和特点

成形材料是 FDM 的基础。FDM 工艺中使用的材料除成形材料外还有支撑材料。

(1) 成形材料。

FDM 工艺常用 ABS 工程塑料丝作为成形材料，对其的要求是熔融温度低、黏度低、黏结性好、收缩率小。影响材料挤出过程的主要因素是黏度，材料的黏度低、流动性好，阻力就小，有助于材料顺利挤出；若材料的流动性差，则需要很大的送丝压力才能挤出，会增加喷头的启停响应时间，从而影响成形精度。

熔融温度低对 FDM 工艺的好处是多方面的。熔融温度低可以使材料在较低的温度下挤出，有利于延长喷头和整个机械系统的寿命；可以减小材料在挤出前后的温差，减小热应力，从而提高原型的精度。

黏结性主要影响零件的强度。FDM 工艺是基于分层制造的一种工艺，层与层之间往往是零件强度最薄弱的地方，黏结性的好坏决定了零件成形以后的强度。如果黏结性过低，有时在成形过程中由于热应力就会造成层与层之间的开裂。另外，收缩率在很多方面也影响零件的成形精度。

(2) 支撑材料。

采用支撑材料是加工中采取的辅助手段，在加工完毕后必须去除支撑材料，所以支撑材料与成形材料的亲和性不能太好。

FDM 的工艺特点是该工艺不用激光，因此使用、维护简单，成本较低。用蜡成形的零件原型可以直接用于熔模铸造，用 ABS 工程塑料制造的原型因具有较高的强度而在产品设计、测试与评估等方面得到了广泛的应用。由于以 FDM 工艺为代表的熔融材料堆积成形工艺具有一些显著优点，因此该工艺发展极为迅速。

5. 三维打印成形(3DP)

三维打印技术的工作原理类似于喷墨打印机，核心部分为打印系统，由若干细小喷嘴组成，将黏结剂、液态光敏树脂、熔融塑料等材料从喷嘴喷出。3DP 工艺原理如图 4.11 所示。

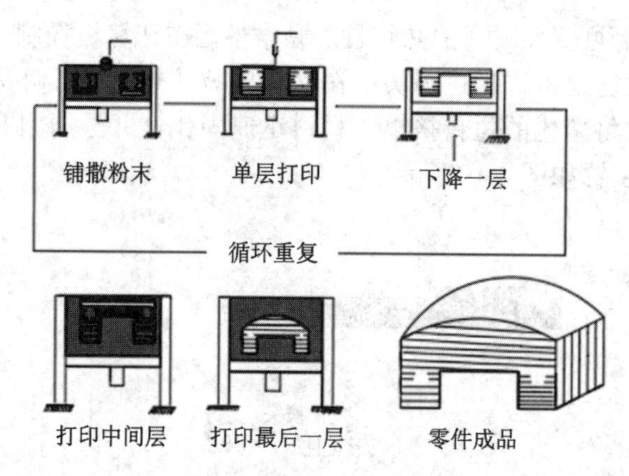

图 4.11 3DP 工艺原理图

1) 黏结型 3DP

黏结型 3DP 工艺通过喷头在材料粉末上面喷射出的黏结剂进行黏结成形，依次打印出零件的一个个截面层，然后工作台下降，铺上一层新粉，再由喷嘴在零件新截面层按形状要求喷射黏结剂，不仅使新截面层内的粉末相互黏结，还与上一层零件实体黏结，如此反复直至制件成形完毕。

2) 光敏固化型 3DP

该工艺打印机喷头喷出的是液态光敏树脂，利用紫外光对其进行固化。打印头沿导轨移动，根据当前切片层的轮廓信息精确、迅速地喷射出一层极薄的光敏树脂，同时使用喷头架上的紫外光照射使当前截面层快速固化。每打印完一层，升降工作台高度下降一层，再次进行下一层打印直至成形结束。

3) 熔融涂覆层 3DP

该工艺即为熔丝沉积成形工艺 FDM。成形材料为热塑性材料，包括蜡、ABS、尼龙等，以丝材供料，丝料在喷头内被加热熔化。喷头按零件截面轮廓填充涂敷，熔融材料迅速凝固，并与周围材料凝结。

三维打印工艺无需激光器，体积小，结构紧凑，可用作桌面办公系统，特别适合于快速制作三维模型、复制复杂工艺品等应用场合，但是 3DP 成形的零件大多需要进行后处理以增加零件强度，工序较为复杂，难以成形高性能的功能零件。

4.2　刚性自动化生产线设计

刚性自动化生产线是一种多工位的生产系统，它是一种用工件输送系统将各种自动化加工设备和辅助设备按一定的顺序连接起来，在控制系统的作用下，完成单个零件加工的复杂大系统。

在刚性自动化生产线上，被加工零件以一定的生产节拍、顺序通过各个工作位置，自动完成零件预定的全部加工过程和部分检测过程。刚性自动化生产线生产效率高，是少品种、大量生产必不可少的加工装备。但是刚性自动化生产线的系统调整周期长，投资较大，更换产品也不方便，为此，人们发展了组合机床自动线，以便大幅度缩短建线周期和系统调整时间，增加生产线柔性，降低生产成本。目前，刚性自动化生产线正向着刚柔相结合的方向发展。

4.2.1　机械加工生产线的组成及分类

机械加工生产线(Production Line)是由多个工位组成，通过物流搬运系统连接在一起的自动化生产系统，如图 4.12 所示。初始工件从生产线的一端进入，物料搬运系统将零件从一个工作站传输到另一个工作站，按顺序加工工件，所有的操作累加起来就能够完成一件完整的产品。

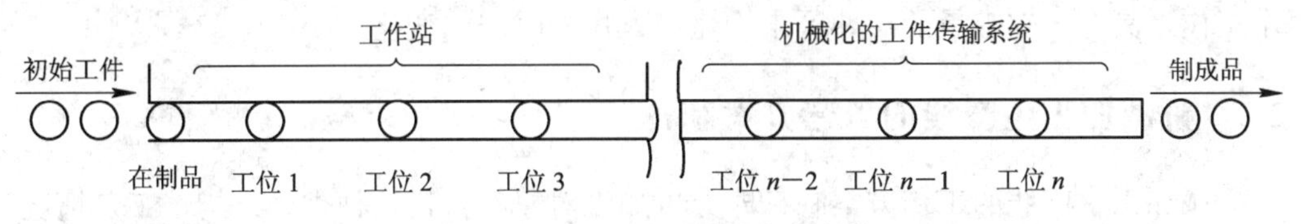

图 4.12　自动化生产线的一般结构

机械加工生产线由加工装备、工艺装备、输送装置、辅助装备和控制系统组成。由于不同工件的加工工艺复杂程度不同，机械加工生产线的结构及复杂程度常常有很大的差别。一般将机械加工生产线按照不同的分类原则分为若干种类型。

(1) 按工件外形和工件运动状态可将生产线分为旋转体工件加工生产线和非旋转体工件加工生产线。

旋转体工件加工生产线主要用于加工轴、盘和环状工件，加工过程中工件旋转，典型工艺是车或磨内、外圆，内、外槽，内、外螺纹和端面；非旋转体工件加工生产线主要用于加工箱体和杂类工件，加工过程中工件往往固定不动，典型工艺是钻孔、扩孔、镗孔、铰孔、铣平面和铣槽。

(2) 按工艺设备类型可将生产线分为通用机床生产线、组合机床生产线、专用机床生产线、数控机床生产线。

通用机床生产线建线周期短、成本低，多用于加工盘类、轴、套、齿轮等中小旋转体工件；组合机床生产线由组合机床联机构成，主要适用于箱体及杂类工件的大批量生产；专用机床生产线主要由专用机床构成，设计制造周期长、投资较大，适用于加工结构特殊、复杂的工件或产品结构稳定的大量生产类型；数控机床生产线以数控机床为主要加工装备，适应工件品种变化的能力强。

(3) 按设备连接方式可将生产线分为刚性连接生产线和柔性连接生产线。

刚性连接生产线的工件传送装置将工件逐一传送给每一个工位，各工位之间没有缓冲区，如果一个工位因故障停车将会导致全线被迫停车；柔性连接生产线将生产线分割成若干段，在段与段之间设有缓冲区，如某一工段因故障停车，其前后工段因为有缓冲区存放和供给工件，仍可继续工作。

(4) 按生产线适应产品类型变化的能力可将其分为单一产品线、成批产品线、混流产品线。

单一产品线在线上只能生产一种零件，称为刚性生产线；成批产品线一次只能生产一种产品，当某一种产品的生产量达到后，在转入下一种产品的生产时，需要重新调整生产线，由于重新调整时间的影响，这种生产线的生产率将会降低；混流产品线同时在一条生产线上生产多种产品，不同的产品混合间歇地流出生产线，而不是一批批地按不同的产品流出。

(5) 按照传输线(物流系统)的不同，生产线可分为连续传输线、同步传输线、异步传输线。

连续传输线以恒定的速度连续运行，当零件和传输线固定时，操作工人必须随着传输线走动而完成操作；同步传输线间断运行，在运行的间歇期中，操作人员或设备完成预定工作；异步传输线间断运行，每个单元的传输运动相对独立，这类生产线一般要求每个工作站具有一定容量的缓冲区来均化工人作业时间的变化。

4.2.2 机械加工生产线的工艺方案制订

机械加工生产线的工艺方案制订即分析加工对象的材料、种类、结构、工艺情况；确定需要完成的工艺内容，应达到的精度要求和技术条件，以及车间平面布置情况，工件和切屑的流向，生产线在车间的安装位置及允许占用的空间大小；确定车间对刀具结构和材料、切削用量等方面的特殊要求；确定机械加工生产线的生产类型、加工工艺方案，以保证加工对象适宜的精度及生产率。

1. 确定生产类型

生产类型是指工业企业生产专业化程度的分类，可分为大量生产、成批生产和单件生产。生产类型取决于产品的年生产纲领、加工周期，不同生产类型生产线的专业化和自动化程度有较大差别，生产线的总体布局和物流设计也各有特点。

2. 拟定生产线工艺方案

1) 确定输送方式

(1) 直接输送方式。

直接输送方式是指工件由输送装置直接输送，依次输送到各工位，输送基面就是工件的某一表面。这种输送方式可分为通过式和非通过式两种。通过式又可分为直线通过式、折线通过式、框形和并联支线形式。

① 直线通过式。直线通过式生产线布局形式如图 4.13 所示，工件的输送带穿过全线，由两个转位装置将其划分成 3 个工段，工件从生产线始端送入，加工完毕后从末端取下。其特点是输送工件方便，生产面积可充分利用。

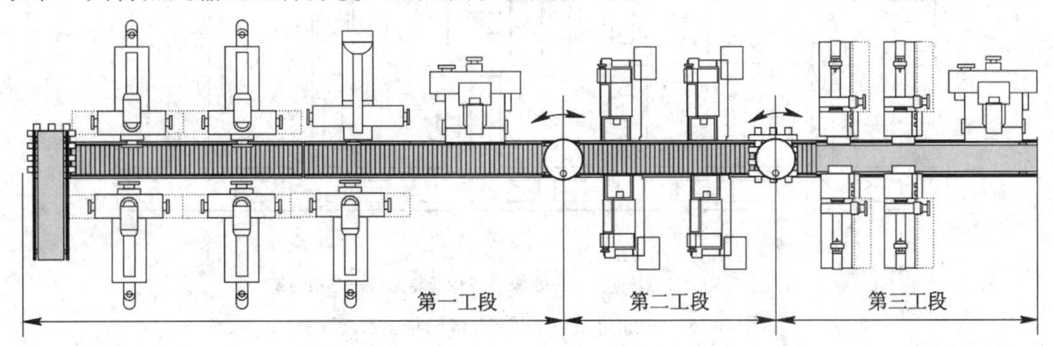

图 4.13　直线通过式生产线布局形式示意图

② 折线通过式。当生产线的工位数多、长度较长，直线布置受到车间布局的限制，或者需要工件自然转位时，可布置成折线通过式生产线。如图 4.14 所示，折线通过式生产线在两个拐弯处，工件自然地水平转位 90°，并且节省了水平转位装置。

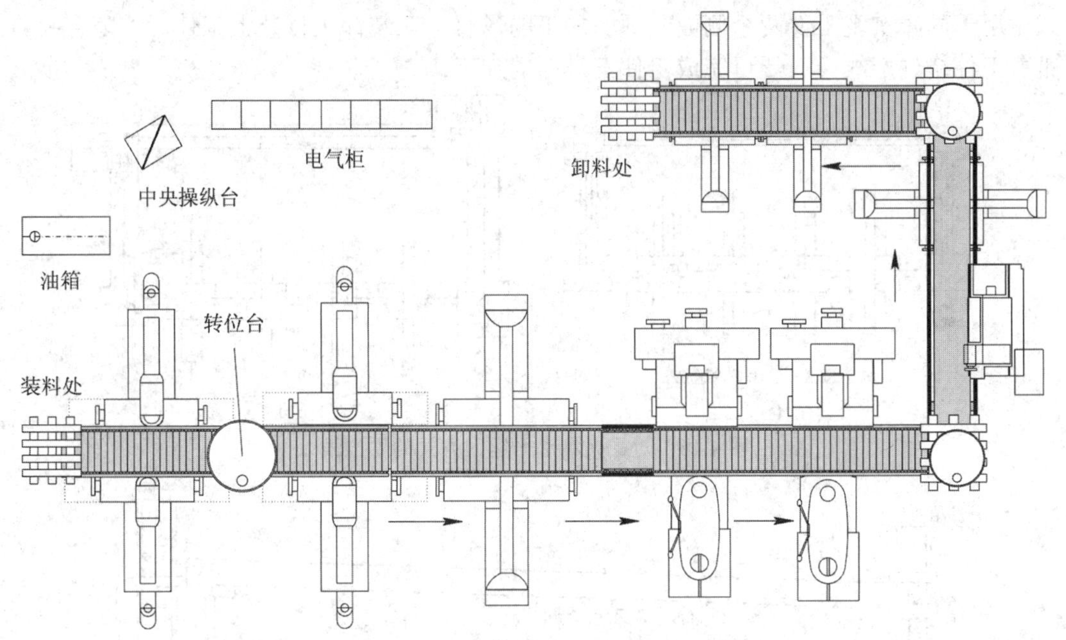

图 4.14　折线通过式生产线布局形式示意图

③ 框形。这种布局适用于采用随行夹具输送工件的生产线，随行夹具自然地循环使用，可以省去一套随行夹具的返回装置。

④ 并联支线形式。在生产线上，若某些工序的加工时间特别长，则可在一个工序上重复配置几台同样的加工设备，以平衡生产线的生产节拍。

⑤ 非通过式。非通过式生产线的工件输送装置位于机床的一侧，如图 4.15 所示。当工件在输送线上运行到加工工位时，通过移载装置将工件移入机床或夹具中进行加工，

并将加工完毕的工件移至输送线上。该方式便于采用多面加工，保证加工面的相互位置精度，有利于提高生产率，但需增加横向运载机构，生产线占地面积较大。

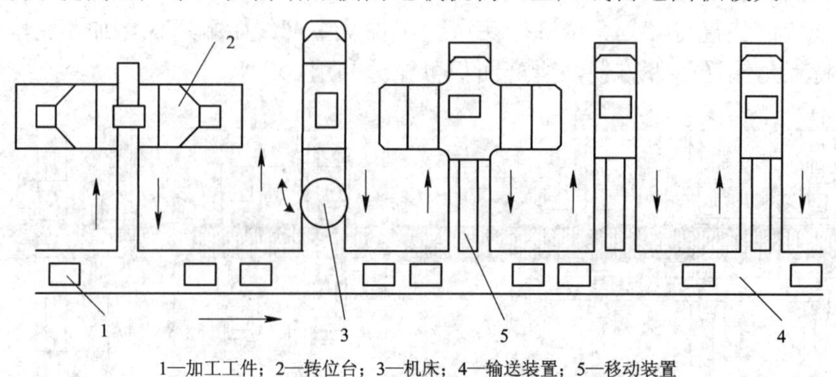

1—加工工件；2—转位台；3—机床；4—输送装置；5—移动装置

图 4.15　非通过式生产线的布局形式示意图

(2) 带随行夹具方式。

在带随行夹具方式生产线中，一类方式是将工件安装在随行夹具上，输送线将随行夹具依次输送到各工位，随行夹具的返回方式有水平返回、上方返回和下方返回三种形式，如图 4.16、图 4.17 和图 4.18 所示。另一类方式是由中央立柱带随行夹具，这种方式适用于同时实现工件两个侧面及顶面加工的场合，在装卸工位装上工件后，随行夹具带着工件绕生产线一周便可完成工件三个面的加工。

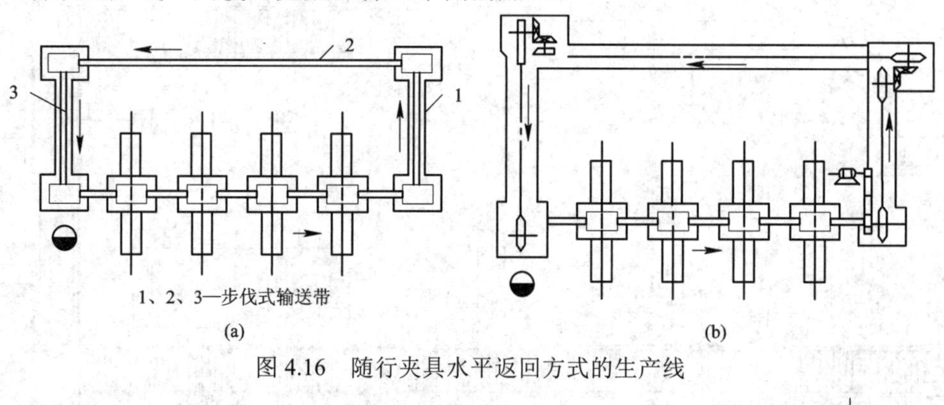

1、2、3—步伐式输送带

(a)　(b)

图 4.16　随行夹具水平返回方式的生产线

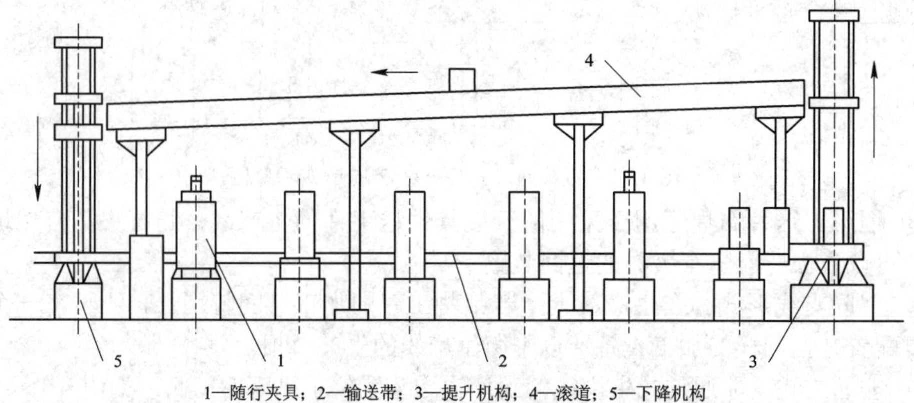

1—随行夹具；2—输送带；3—提升机构；4—滚道；5—下降机构

图 4.17　随行夹具上方返回方式的生产线

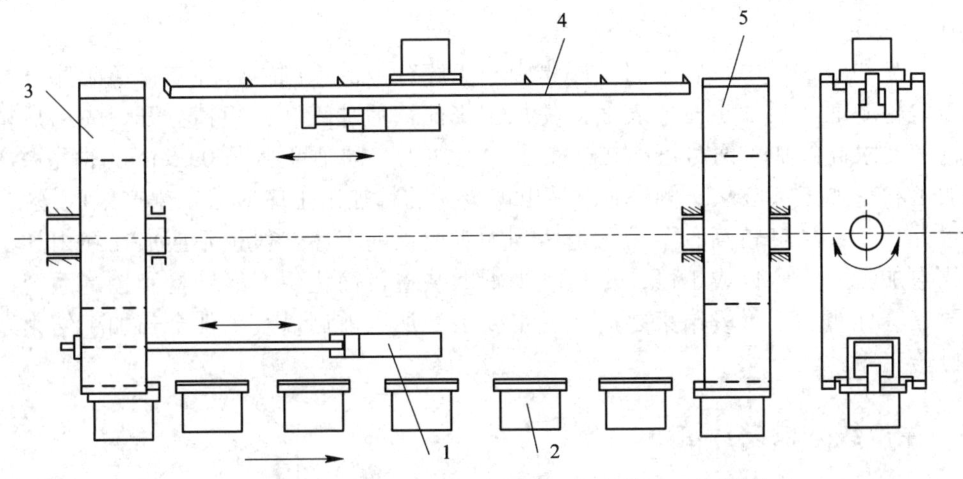

1—输送带；2—随行夹具；3—下降机构；4—滚道；5—提升机构

图 4.18　随行夹具下方返回方式的生产线

(3) 悬挂输送方式。

悬挂输送方式主要适用于外形复杂及没有合适输送基准的工件与轴类零件，工件传送系统设置在机床的上方，输送机械手悬挂在机床上方的桁架上。各机械手之间的间距一致，不仅可完成机床之间的工件传送，还可完成机床的上下料。这种输送方式的特点是结构简单，适用于生产节拍较长的生产线，但只适用于尺寸较小、形状较复杂的工件的加工。

2) 选择定位基面

从保证工件的加工精度和简化生产线的结构出发，当确定和选择机械加工生产线上加工零件的定位基面时，应尽可能采用设计基准、已加工面作为定位基准，避免因为两种基准不重合而产生定位误差，以保证加工精度。

3) 确定各表面的加工工艺

确定各表面加工工艺的依据是：工件的材料、各加工表面的尺寸、加工精度与表面粗糙度要求、加工部位的结构特征与生产类型以及现有生产条件等。其中，加工表面的技术要求是决定加工方法的首要因素。因此，应首先确定工件主要表面的最终加工方法，然后依次向前选定各预备工序的加工方法和各次要表面的加工方法。在此基础上，还要综合考虑为保证各加工表面位置精度要求而采取的工艺措施，并对已选定的加工方法做出适当调整。

4) 划分加工阶段

机械加工工艺过程一般可划分为粗加工、半精加工、精加工和光整加工四个阶段。

5) 确定工序集中和分散程度

工件表面的加工方法和加工阶段划分后，工件加工的各个工步也就确定了。根据这些工步确定工序时，还需要依据工序集中与分散的原则。工序集中可以实现工件在一次装夹情况下完成多个表面的加工，有利于保证各加工表面间的相互位置精度，减少机床的数量。工序分散可以将零件的加工分散到很多道工序内完成，虽然每道工序加工的内容少，工艺路线较长，但是设备和工艺装备比较简单，便于调整，容易适应产品的变换。

6) 安排工序顺序

在产品加工过程中，应根据工序集中和工序分散的原则，合理安排各工序。一般先加工定位基面，后加工一般表面；先加工平面，后加工孔；粗精分开，先粗后精；位置精度要求高的加工面尽可能在一个工位上加工；同轴度小于 0.05 mm 的孔系，其半精加工和精加工都应从一侧进行；易出现废品的粗加工工序应放在生产线的最前面，或在线外加工；精度较高、不易稳定达到加工要求的工序一般也不应放在线内加工，若在线内加工，则应自成工段；尽量减少辅助装置，简化生产线结构和控制系统；一般还要在零件粗加工阶段结束之后或者重要工序加工前后以及工件全部加工结束之后安排检验工序。

4.2.3 生产线分段设计法

1. 生产节拍的平衡

生产线的节拍是指连续完成相同的两个产品之间的间隔时间。换句话说，即指完成一个产品所需的平均时间。由于各工序的加工时间和辅助工作时间不相同，生产线所需的工序及其加工顺序确定以后，可能会使得加工时间比生产纲领规定的生产节拍长的工序不能完成加工任务，而另外一些加工时间比生产纲领规定的生产节拍短的工序的设备负荷不满，不能充分发挥其生产性能，因此，必须平衡各工序的生产节拍。生产线的生产节拍可按下式计算：

$$t_j = \frac{60T}{N}\beta_1$$

式中：t_j 表示生产线的生产节拍；T 表示年基本工时(h/年)，一般规定，按一班制工作时为 2360 h/年，按两班制工作时为 4650 h/年；β_1 为复杂系数，一般取 0.65～0.85，复杂的生产线因故障导致开工率相对低一些，应取低值，简单的生产线则取高值；N 表示生产线加工工件的年生产纲领(件/年)，其计算式为

$$N = qn\left(1 + p_1 + p_2\right)$$

式中：q 为产品的年产量(台/年)，n 为每台产品所需生产线加工的工件数量(件/台)，p_1 为备品率，p_2 为废品率。

在各个工序中，节拍大于 t_j 的工序限制了生产线的生产率，使生产线达不到生产节拍要求，这些工序称为限制性工序。必须设法缩短限制性工序的节拍以达到平衡工序节拍的目的。当工序节拍比 t_j 慢很少时，可以采用提高切削用量的办法来减少其工序节拍，但如果限制性工序的节拍比 t_j 慢很多，就必须采用下列措施来实现节拍的平衡：

(1) 作业转移、分解与合并。如将瓶颈工序的作业内容分摊给其他工序；合并相关工序，重新排布生产线加工工序；分解作业时间较短的工序，把该工序安排到其他工序中。

(2) 采用新的工艺方法，提高工序节拍。

(3) 增加顺序加工工位，采用工序分散的方法，将限制性工序的工作行程分为几个工步，分摊到几个工位上完成。但是采用这种方法来平衡节拍时，会在工件的已加工表面上留下接刀痕迹。因此，这种方法只适用于粗加工或精度与表面质量要求不高的工序。

(4) 在限制性工位上实行多件加工，提高单件的工序节拍。这样就需要在限制性工序上设立单独的输送装置，使其单独组成工段，其缺点是增加了自动线的复杂程度。

(5) 增加同时并行加工的工位数，即在自动线上设置若干台同样的机床，同时加工同一道限制性工序。这几台机床在自动线中有两种接入方式，即串联方式和并联方式。

2. 生产线的分段

由于自动线工艺上的需要，或者由于自动线的工位太多，可将生产线分段以增加生产线的"柔性"，以便提高生产线的生产率。所设计的生产线属于下列情况时，往往需要将生产线分段：

(1) 当工件因为工艺上的需要在生产线上要进行多次转位或翻转时，工件的输送基面变了，往往使得全线无法采用统一的输送带，而必须分段独立输送。在这种情况下，转位或翻转装置就自然地将生产线分成若干段。

(2) 为了平衡自动线的生产节拍，当需要对限制性工序采用"增加同时加工的工位数"或"增加同时加工的工件数"等办法，以缩短限制性工序的工时时，往往也需要将限制性工序单独组成工段，以满足成组输送工件的需要。

(3) 当自动线的工位数多，自动线较长时，一旦任何一个工位出现故障停歇将会导致全线都停顿，因此一般不宜采用刚性连接方式，而是将自动线分段，并在每段之间设置缓存区，以增加自动线的柔性。

(4) 当零件加工精度要求较高时，为使工件粗加工过程中所产生的热变形和内应力重新分布所造成的变形不影响后续工序的精度，要求工件有较长的存放时间，此时往往将自动线分段。

3. 生产线的连接

1) 刚性连接

刚性连接是指输送装置将生产线连成一个整体，用同一节奏把工件从一个工位传到另一工位。其特点是生产线中没有储料装置，工件输送有严格的节奏性，一旦某一工位出现故障，将会影响到全线。此种连接方式适用于各工序节拍基本相同、工序较少的生产线或长生产线中的部分工段。

2) 柔性连接

柔性连接是指设有储料装置的生产线。储料装置可设在相邻设备之间或相隔若干台设备之间。由于储料装置储备有一定数量的工件，因而当某台设备因故停歇时，其余各台机床仍可继续工作一段时间。如果在这段时间内故障能够排除，就可以避免全线停产。另外，当相邻机床的工作循环时间相差较大时，储料装置又能起到一定的调剂平衡作用。

4.2.4 生产线的总体布局

1. 直线型生产线

直线型生产线由一系列按直线排列的工作站组成。这种结构对于加工较大的工件来说比较常见，如汽车的发动机汽缸、机头以及变速箱等，这是因为这些工件所需的加工工艺较多，需要在配备了大量工作站的生产线上生产，而直线型生产线可以容纳大量的工作站。

2. 分段直线型生产线

分段直线型生产线由两段以上直线传输部分组成，通常这些分段之间彼此是正交的。把生产线设计成这种结构的原因如下：可利用的空间大小可能会限制生产线的长度；允许工件再定向加工不同的表面；矩形的布局有利于夹具返回到生产线的起点，以便重复使用。

3. 回转型生产线

在回转型生产线中，工件被固定在圆形工作台外围的夹具上，这种工作台是分度的(以固定的角度旋转)，以便使工作站对各个零件进行加工。工作台常被称为转盘，其设备叫作转盘分度机。与直线型结构以及分段直线型结构相比较，回转分度系统通常只限于较小的工件和较少的工作站，同时它不能容纳太多的缓冲存储。但回转型生产线通常使用较便宜的设备，并且占用较少的空间。

4.3 柔性制造系统设计

“柔性”是相对“刚性”而言的，“柔性”可以表述为两个方面：一方面是系统适应外部环境变化的能力，可用系统满足新产品要求的程度来衡量；另一方面是系统适应内部变化的能力，可用在有干扰(如机器出现故障)的情况下，系统的生产率与无干扰情况下的生产率期望值之比来衡量。

4.3.1 FMS 的概念及分类

柔性制造系统(Flexible Manufacturing System，FMS)是利用计算机控制系统和物料输送系统，把若干台设备联系起来，形成没有固定加工顺序和节拍的自动化制造系统。根据FMS所含机床的数量、机床结构的不同，可将柔性制造系统分为柔性制造单元(Flexible Manufacturing Cell，FMC)、柔性制造系统(Flexible Manufacturing System，FMS)、柔性制造线(Flexible Manufacturing Line，FML)和柔性制造工厂(Flexible Manufacturing Factory，FMF)。

1. 柔性制造单元 FMC

柔性制造单元一般由 1～2 台数控机床、加工中心、工业机器人及物料运输存储设备等组成；数控加工设备间由小规模的工件自动运输装置连接，并由计算机对它们进行生产控制和管理。柔性制造单元具有适应加工多品种产品的灵活性。

图 4.19 和图 4.20 描述了由加工中心和托盘交换系统组成的 FMC 以及由数控机床和工业机器人组成的 FMC。

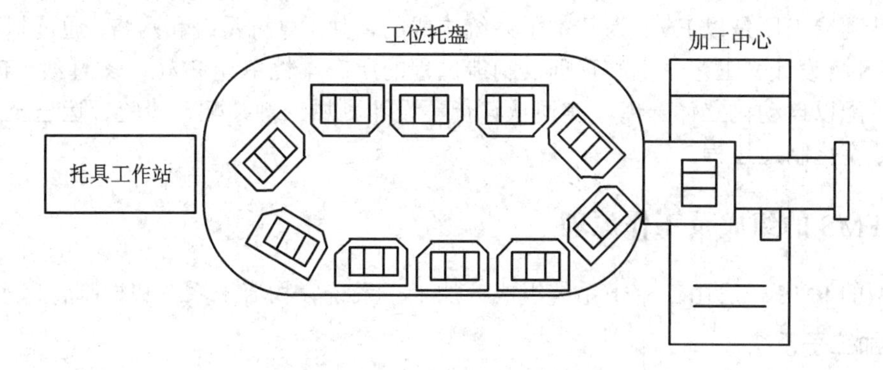

图 4.19　具有加工中心和托盘交换系统的 FMC

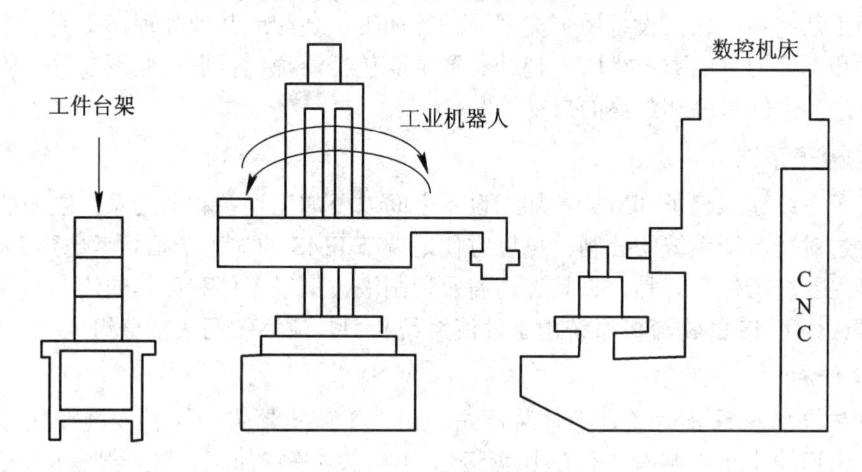

图 4.20　由数控机床和工业机器人组成的 FMC

2. 柔性制造系统(FMS)

柔性制造系统通常包括 4 台或更多的数控加工设备(加工中心与切削中心、FMC)。FMS 的控制、管理功能也比 FMC 强，对数据管理与通信网络的要求更高，其由集中的控制系统及物料系统连接起来，可在不停机的情况下实现多品种、中小批量的加工管理。

3. 柔性制造线(FML)

柔性制造线是处于单一或少品种大批量非柔性自动线与中小批量多品种 FMS 之间的生产线，其加工设备可以是通用的加工中心、CNC 机床，亦可采用专用机床或 NC 专用机床，对物料搬运系统柔性的要求低于 FMS。FML 以离散型生产中的 FMS 和连续性生产过程中的分散型控制系统(DCS)为代表，其特点是实现生产线柔性化及自动化，但柔性较低，专用性较强，生产率较高，生产量较大，相当于数控化的自动生产线。FML 能加工的零件往往具有高度的相似性。和大批量自动生产线相类似，工件在 FML 中是按一定的生产节拍(时间间隔)沿一定的方向顺序输送的，输送过程中，由各种自动机床依次进行加工。

4. 柔性制造工厂(FMF)

柔性制造工厂是以 FMS 为基本子系统构成的，由计算机系统和网络，通过制造执行系统 MES 将设计、工艺、生产管理及制造过程的所有柔性单元 FMC、柔性线、FMS 连接起来，配以自动化立体仓库，实现从订货、设计、加工、装配、检验、运送至发货的完整的数字化制造过程。

4.3.2 FMS 的组成及工作原理

典型的 FMS 一般由三个子系统组成：加工子系统、物流子系统和控制管理子系统。

1. 加工子系统

在 FMS 中，加工子系统是改变物性任务的执行系统，包括加工设备、辅助装置、监测装置和工艺装备。加工设备用于对产品进行加工、装配或其他处理，主要采用可自动装卸工件和更换刀具的数控机床。辅助装置主要包括清洗、排屑和监测装置。监测装置主要用于产品中间工序和最终的自动检测。

2. 物流子系统

物流子系统建立起了 FMS 各加工设备之间以及加工设备和储运系统之间的自动化联系，通过对物流子系统的控制，可以方便地调节 FMS 的加工节拍。考虑到 FMS 中流动的物料主要有工件、刀具、夹具、切屑及切削液，但以工件和刀具的流动问题最为突出，通常认为 FMS 的物流子系统由工件流系统和刀具流系统两大部分组成。

1) 工件流

从立体仓库将毛坯运送到工件装卸站，由人工或机器人将工件安装在托盘上的夹具内，再由运输小车将装有工件的托盘运送到缓冲站等待加工，这一过程就是工件流。运输小车将装有毛坯的托盘运送到机床前，托盘交换装置将托盘送上机床，机床对毛坯进行加工，加工完毕后，又通过托盘交换装置由运输小车将装有加工完毕的工件的托盘送到缓冲站，等待下一道工序的加工。当所有的工序都加工完毕后，运输小车将成品工件运送到工件装卸站，由人工或机器人将工件从托盘的夹具上卸下，运送到立体仓库储存。

2) 刀具流

在刀具预调工作站上将刀具预调好之后，存储在中央刀库；由刀具运送装置将刀具从中央刀库取出，运送到机床前，刀具交换装置将刀具运送装置上的刀具装到机床刀库中，并将机床暂时不用的刀具从机床的刀库中取出，由刀具运送装置将其送回中央刀库。这一过程就是刀具流。

3. 控制管理子系统

控制管理子系统主要包括过程控制和过程监视两方面。其中，过程控制主要进行加工子系统及物流子系统的自动控制，过程监视主要进行在线状态数据的自动采集和处理。

控制管理子系统的核心通常是一个分布式数据库管理系统和控制系统，整个系统采用分级控制结构，即 FMS 中的信息由多级计算机进行处理和控制。控制管理子系统的主要任务是：组织和指挥制造流程，并对制造流程进行控制和监视；向 FMS 的加工子系统、物流子系统提供全部控制信息并进行过程监视；反馈各种在线监测数据，以便修正控制信息，保证系统安全运行。

4. FMS 的工作原理

图 4.21 描述了 FMS 的工作原理。物料库和夹具库根据生产的品种及调度计划信息提供相应品种的毛坯，选出加工所需要的夹具。毛坯的随行夹具由输送系统送出。工业机器人或自动装卸机按照信息系统的指令和工件及夹具的编码信息，自动识别和选择所装卸的工件及夹具，并将其安装在相应的机床上。机床的加工程序识别装置根据送来的工件及加工程序编码，选择加工所需的加工程序，并进行检验。全部加工完毕后，由装卸及运输系统将其送入成品库，同时把加工质量、数量信息送到监视和记录装置，随行夹具被送回夹具库。当需要改变加工产品时，只要改变传输给信息系统的生产计划信息、技术信息和加工程序，整个系统即能迅速、自动地按照新的要求来完成新产品的加工。中央计算机控制着系统中物料的循环，执行进度安排、调度和传送协调等功能，它不断收集每个工位上的统计数据和其他制造信息，以便做出系统的控制决策。

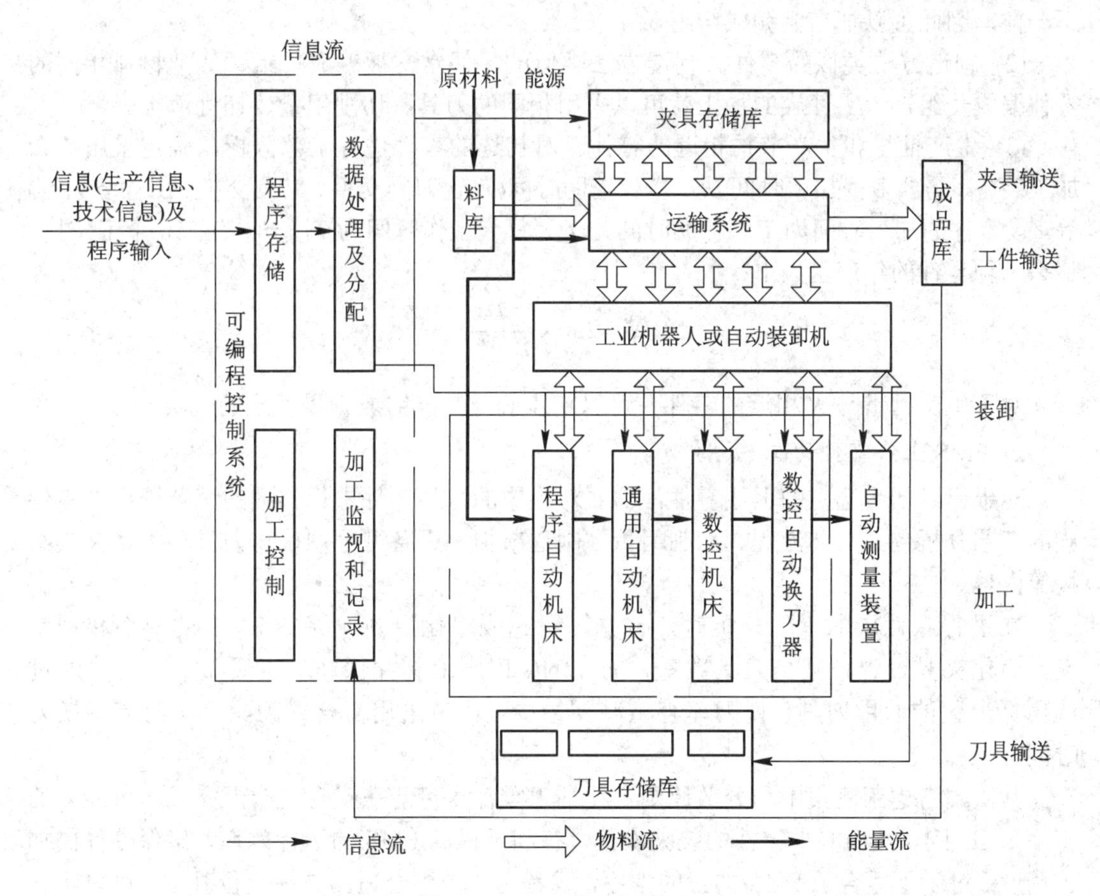

图 4.21　FMS 的工作原理

4.3.3　柔性制造系统的总体设计

柔性制造系统的设计一般分为初步设计和详细设计两大步。初步设计是柔性制造系统设计工作的第一阶段，其重点在于系统的总体设计，即对可行性论证中提出的技术方案做进一步的论证，对方案中考虑不周的内容做进一步的调研并加以完善，对不确切、不现实的内容予以调整和改正。具体地说就是从对市场分析和本企业的生产状态出发，确定采用柔性制造系统的目标；接着从企业的产品中筛选出适合采用柔性制造系统制造的零件并对这些零件进行工艺分析；以此为依据，规划柔性制造系统的基本装备、物流系统、管理和控制方案；最后按照实际工作场地的情况，对柔性制造系统进行布局规划，编写出相应的文档。

1. 零件族的成组化及工艺分析

1) 零件族的来源及成组化

从正在(或将要)制造的产品中选出适合柔性制造系统生产的关键零件，按照零件的形状、尺寸、材料、加工工艺的相似性，用成组技术把它们分组编成零件族。一般情况下可以编制为一组的零件有以下三类：

(1) 系列产品。系列产品的结构相同，主要零件的形状相似，只是尺寸或某处细节不一样，因此可以把它们编成一组。

(2) 制造方法类似的零件。制造方法类似的零件常常被编成一组，如把材料相同的零件编成一组，该零件族的加工就可以采用相同的刀具、切削用量、切削液等。

(3) 生产批量和生产节拍相近的零件。对初选的零件进行工艺分析，确定采用什么加工装备，需要多少加工时间以及多少辅助时间(包含刀具交换、夹具交换、工件装夹等)等。设零件的加工时间为 T_1，辅助时间为 T_2，每天工作时间为 T，一年有 250 个工作日，那么一种零件的年产量如下：

$$N = 250 \times \frac{T}{T_1 + T_2}$$

对于生产批量与 N 相近的零件，可以初步确定其能够成为零件族的一员。

2) FMS 上线零件的工艺分析

对于已经初步选定的上线零件，需要对族中的每种零件进行详细的工艺分析。零件族的工艺分析包括工艺流程、切削用量、制造节拍、设备型号规格、刀具种类、夹具结构等内容。

在进行零件族的工艺分析时，首先，考虑成组化原则，提高 FMS 的效率和利用率，简化夹具设计，减少刀具数量，简化 NC 程序编制并保证加工质量，还可以通过选用标准化的通用刀具，使刀库容量减至最少，尽量采用复合式刀具，从而节省换刀时间。

其次，考虑工序集中和分散原则，使加工零件尽可能在一台机床上完成尽可能多的工序(或工步)，从而减少零件的装夹次数，有利于提高 FMS 的运行效率，确保零件的加工精度；对于不适合于 FMS 加工的工序，或者为了得到合适的装夹定位基准，可以将某些工序安排在线外加工。

再次，考虑零件族在 FMS 上加工的适宜性，即为了适应柔性制造系统的加工，零件族中的某些零件结构需要做一些必要的修改，诸如为了减少刀具的种类和换刀时间，可以把箱体零件的 M5、M6、M8 螺孔修改成一种规格尺寸 M6；为了减少刀具和夹具的种类，可以把结构尺寸相近的零件修改成一种零件。当然零件的这类修改必然导致产品设计的修改。

2. 制造设备和刀具的选择

零件族的工艺分析完成后，就开始选定柔性制造系统的制造设备和刀具了。在选定制造设备和刀具时，要考虑 FMS 加工零件的尺寸范围、经济效益、零件的工艺性、加工精度和材料等，以便准确及时地实现数据通信与交换，使 FMS 的各个生产设备、运储系统、控制系统等协调地工作，提高系统的运行效率。

1) FMS 的机床选择原则

机床类型通常选择为数控机床或计算机数控(CNC)的车、铣、刨、磨机床和齿轮加工机床等。由于 FMS 的加工能力完全取决于所选择的机床，所以在机床的选择上，需要遵循一定的基本原则，并随加工零件形状的不同配置不同的机床类型：加工轴类零件，应该选择带有尾座的数控车床；加工盘类零件，应该选择短床身的数控车床；加工棱体类零件，应该优先选择加工中心；对于箱体类工件，通常选择立式和卧式加工中心，以及有一定柔性的专用机床，如可换主轴箱的组合机床，或带有转位主轴箱的专用机床等；对于带有大孔的箱体类工件，可以采用立式车床；需要进行大量铣、钻和攻螺纹加工，且长径比小于 2 的回转体类工件，通常可以在加工箱体类工件的 FMS 中进行加工；加工纯回转体类工件(杆和轴)时，可以把具有加工轴类和盘类工件能力的标准 CNC 车床结合起来，构成一个加工回转体类工件的 FMS；对于大中批量生产，常常选用数控组合机床，或可换主轴箱的专用数控机床；为了提高加工平面的效率，可选用具有大铣刀盘的数控机床。

FMS 应能完成某一零件族全部工序的加工任务，为实现这一目标，系统内需要配置不同工艺范围及精度的机床。最理想的配置方案是所选机床的工艺范围有较大的兼容性，即每道工序有多台机床可以胜任。这样可以有效地防止因为某个关键工序或某台关键机床成为瓶颈，影响了整条生产线的正常作业，从而大大提高装备的利用率。

2) 机床数量的确定方法

图 4.22 所示为机床种类和数量的确定流程。图中上部列出的是分析生产任务用的重要参数，目的是选择合适的机床。首先，对工件的尺寸进行分类，确定机床切削区的尺寸范围；其次，确定机床设备的效能，如可进行的操作、加工精度、规格和受控轴数等，从而为确定加工工件的成套机床方案提供基础。一般根据给定的技术条件，把各类操作分派给指定的机床，并计算每种操作的加工时间，确定工作量、机床数量等。只有对所规划的机床成本加以估计，才有可能估计出选定的机床方案的经济性能。如果加工能力太低或者经济效果不明显，则要对选择机床的方案做出修改，直到获得满意的结果为止。

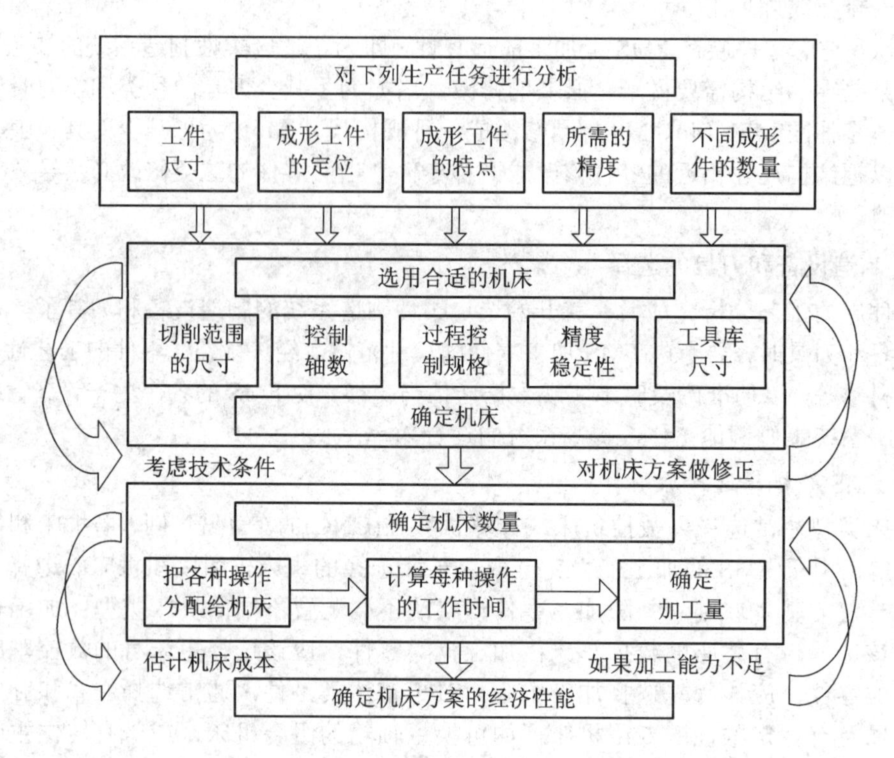

图 4.22　机床种类和数量的确定流程

3) 刀具种类和数量选择原则

为了满足 FMS 内工件品种对刀具的要求，通常要求有很大的刀具存储容量。如加工中心所采用的鼓形、链形等各种形式的刀库，通常设定有 100 个以上的刀座。此外，大容量的刀库加上某些大质量的刀具，诸如大的镗杆或平面铣刀，以及刀具传送和更换机构的可靠性都是影响 FMS 加工刀具选择的重要一环，需要特别注意。

4) FMS 的机床配置形式

FMS 适用于中小批量生产，既要兼顾对生产率和柔性的要求，也要考虑系统的可靠性和机床的负荷率。因此，加工机床选定之后，要依据设备的布局原则，对机床进行合理配置。一般情况下，机床配置方案包括互替形式、互补形式以及混合形式等类型，如表 4.7 所示。

(1) 机床配置的互替形式相当于多机床的并联布局。当制造系统中的某一台机床发生故障时，其加工作业可由其余机床替代，因而增加了系统的可靠性，不会造成生产系统的停滞。

(2) 机床配置的互补形式类似于多机床的串联布局，各自完成某些特定的工序，各机床之间不能互相替代，工件在一定程度上必须按顺序经过各加工工位。即当一台机床发生故障时，其加工作业尽管可以由其余相邻或相近的设备补充，但是往往会造成相邻或相近设备的负荷过重，形成加工瓶颈，影响制造系统的正常运作。

(3) 机床配置的混合形式兼具机床互替形式和互补形式的优势，具有生产柔性高、系统可靠性适当等特点。因此，现有的柔性制造系统大多是互替机床和互补机床的混合使用，即 FMS 中的某些装备按照互替形式布置，而另一些机床则以互补方式安排，以发挥各自的优点。

总之，三种机床配置形式各具特点，在实际产品的加工中需依据生产系统及技术要求，选择合理经济的配置形式。

表 4.7　互替形式、互补形式和混合形式比较

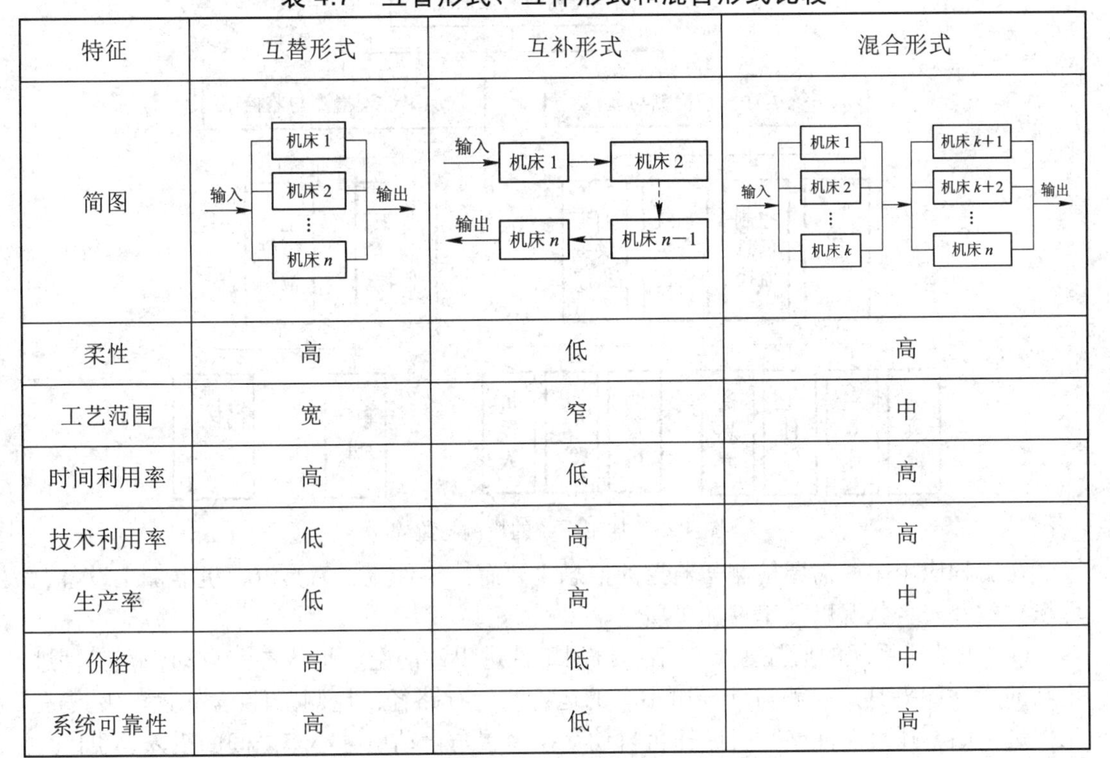

特征	互替形式	互补形式	混合形式
简图			
柔性	高	低	高
工艺范围	宽	窄	中
时间利用率	高	低	高
技术利用率	低	高	高
生产率	低	高	中
价格	高	低	中
系统可靠性	高	低	高

5) 机床自动上下料装置

机床自动上下料装置通常包括随行托盘、托盘缓冲站、托盘交换器和机械手臂或机器人等。随行托盘是工件与夹具的载体，其作用是实现工件夹具系统与输送装置以及加工设备之间的连接作用；托盘缓冲站是待加工零件的中间存储站，一般设在机床旁边，使待加工零件排队等待机床空闲后进行加工；托盘交换器是用来实现托盘缓冲站与机床之间工件装卸的装置；机械手臂或机器人用来装卸工件和运送工件。

加工回转体零件的数控机床通常采用工业机器人来交换工件。如果柔性制造系统的制造设备是加工中心，要缩短工序切换时间，就可以采用托盘交换器来交换工件。托盘交换器是加工中心的辅助装置。一个工件加工完成后，托盘交换器把该工件从加工中心取出来，接着把待加工工件送进加工中心。工件自动交换还涉及待加工工件的调度、识别、领取、输送、交换，完成这些作业不需要加工中心；配备了托盘交换器，能极大地缩短工序切换时间，提高柔性制造系统的运行效率。

6) 加工系统的检测与监控

FMS 的工作过程大多是在无人操作和无人监视的环境下进行的，为保证系统正常运行，必须对系统运行状态和加工过程进行检测与监控，如图 4.23 所示。系统运行状态检测与监控主要是检测、收集系统各部分的运行信息，如加工设备监控、物流监控、系统安全监控等信息，并做出相应的处理。加工过程检测与监控主要是对工件精度进行检测和对加工刀具进行监控。

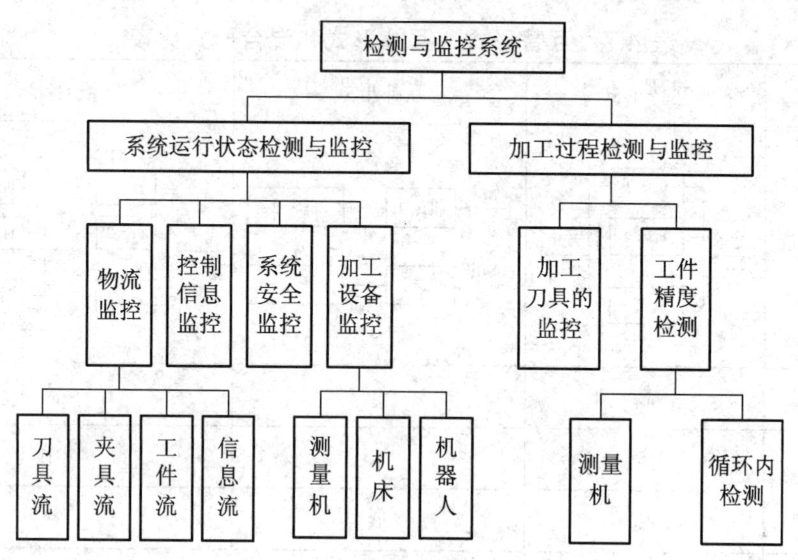

图 4.23　加工系统的检测与监控

在工程应用中，需要检测与监控的信息主要有：工件流、刀具流、机器加工设备、环境参数及安全状况以及工件加工质量。

(1) 工件流系统的监控主要包括：检测工件进出站的空、忙状态，自动识别工件进出站的工件和夹具；检测自动导引小车的运行与运行路径；检测工件(含托盘、夹具)在工件进出站、托盘缓冲站、机床托盘自动交换装置与自动引导小车之间的引入、引出质量；检测物料在自动化立体仓库上的存取质量。

(2) 刀具流系统的监控主要包括：阅读与识别贴于刀柄上的条码，检测刀具进出站的刀位状态(空、忙、进、出)，检测换刀机器人的运行状态和运行路径，检测换刀机器人对刀具的抓取、存放质量，检测刀具的破损情况，检测和预报刀具的寿命。

(3) 机器加工设备的监控主要是监视 FMS 系统的工作状态，主要包括：通过闭路电视系统观察运行状态正常与否，检测主轴切削转矩、主电动机功率、切削液状态、排屑状态以及机床的振动与噪声。

(4) 环境参数及安全状况监控主要包括：监测电网的电压和电流；监测供水供气等压力；监控空气的温度和湿度，并对火灾进出系统进行统计检测。

3. 物料输运系统规划

柔性制造系统是自动化程度很高的制造系统，材料、工件、刀具、夹具的输送任务都由物料输运系统承担。为了保证柔性制造系统的连续运行，需要整体规划包括物料输送的设备、存取方式、存储设备等在内的物料输运系统。

1) 物料输运系统的功能

FMS 的物料输运系统要求完成运输装卸功能、存储功能和物料识别功能。

(1) 运输装卸功能要求在正确的时间，将正确的物料(工件、刀具)运送(装卸)到正确的地点，其运输路径如图 4.24 所示。

(2) 存储功能由仓库和缓冲站等构成，用以工件(毛坯、半成品、成品)和刀具等物料处于等待和准备状态时的暂时存放。

(3) 物料识别功能用于识别物料(工件和刀具)在系统流动过程中的位置、数量及性质，以便对系统物料进行识别和编号，进行有效的控制和管理。

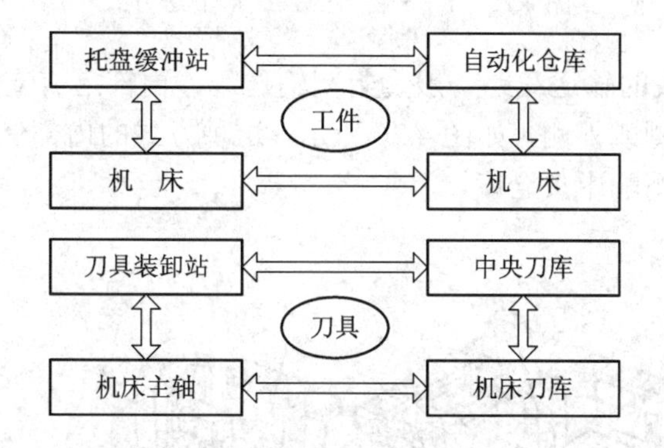

图 4.24　工件与刀具的运输路径示意图

2) 物料输送设备类型

对于柔性制造系统而言，常用的物料输送设备有三类：

(1) 输送机，也称为传送带，包括 V 带输送机、板条式输送机、滚子输送机、动力滚子输送机、链式输送带、托盘链输送机等。

(2) 运输小车，包括有轨导引小车(RGV)、自动导引小车(Automated Guided Vehicle，AGV)、牵引车、链式驱动车等。有轨导引小车有地面轨道和高架轨道两种；自动导引小车是指无人驾驶的运输小车，有线导、光导、遥控制导等几种形式。

(3) 搬运机器人，包括固定式机器人和移动式机器人。

在设计柔性制造系统、选定物料输送设备时，常常参照下述惯例：

(1) 棱体类零件多装夹在托盘上，用自动导引小车来输送。

(2) 回转体类零件常用机器人输送设备。

(3) 工夹具的搬运一般采用输送机。

(4) 有轨导引小车是输送大型工件及其托盘系统的首选设备。

3) 物料输运系统的输送形式

按输送设备的不同，FMS 通常有四种输送方式：直线形输送方式、环形输送方式、网形输送方式和单元输送方式。

(1) 直线形输送方式的输送设备做直线运动，在输送线两侧布置机床，如图 4.25 所示。该物料输送方式一般用于工件按规定顺序输送的情况，类似于自动线，它配置中央仓库和缓冲站后，可具有较大的柔性。

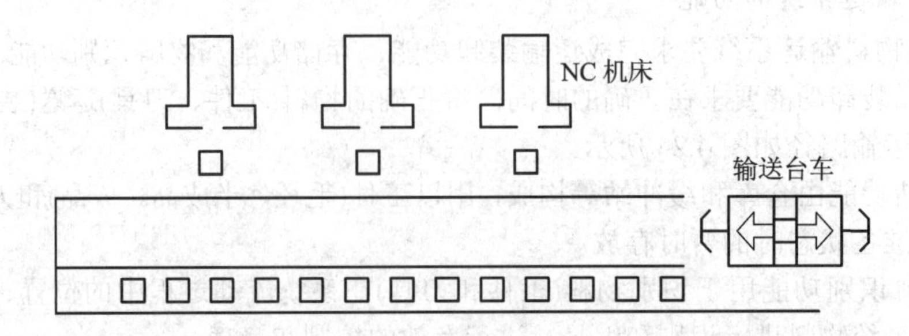

图 4.25　FMS 物料的直线形输送方式

(2) 环形输送方式的输送线路一般为封闭输送线，内部还有支线，可形成多环线，机床布置在环线的内侧或外侧，如图 4.26 所示。这种方式的内部储存功能较大，运输线路较为灵活，一般可不配中央仓库。

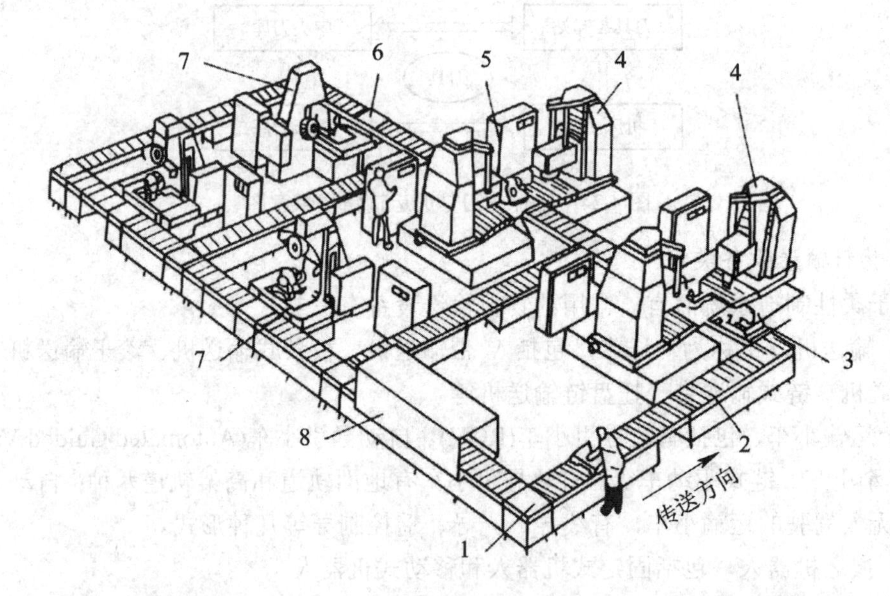

1—转角装置；2—输送带；3—用于托盘装卸的回转工作台；4—加工机床；
5—控制柜；6—托盘；7—加工中心；8—储存仓库

图 4.26　FMS 物料的环形输送方式

(3) 网形输送方式以自动运输小车作为输送设备，它的运输线路是多结点的网状形，其工件的输送非常灵活，如图 4.27 所示。网形输送方式一般配合中央仓库使用，生产柔性很大，适用于小批量多品种的生产。

(4) 单元输送方式以机器人为中心，机床布置在以机械手臂长度为半径的圆周上，如图 4.28 所示。单元输送方式主要用于加工回转体类零件的柔性制造系统。

综合上述四种物料输送形式，直线形输送和环形输送方式通常采用滚道输送机，它们的运行效率比较高，适用于工件批量较大的生产；网形输送和单元输送方式使 FMS 的柔性提高，工件的输送路线较为灵活、自由，适用于多品种混合批量的生产。

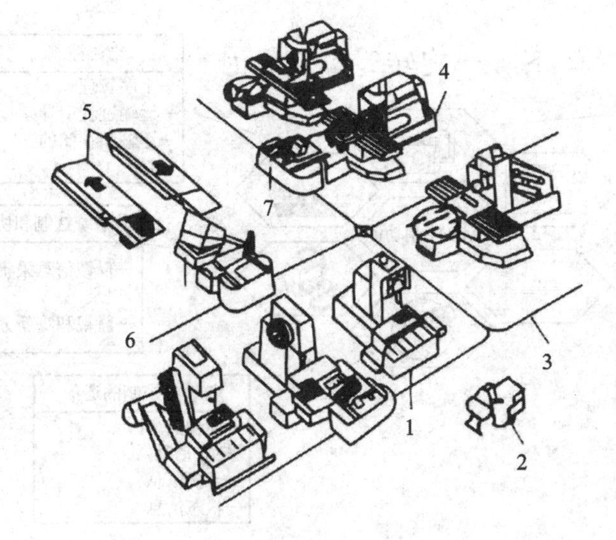

图 4.27　FMS 物料的网形输送方式

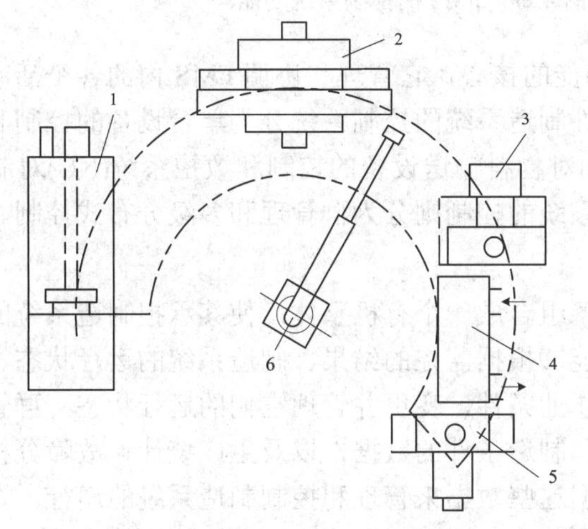

图 4.28　FMS 物料的单元输送方式

4) *物料输送设备及存取方式*

在进行物料输送设备的选择时，必须考虑它与物料存储设备、装卸站、制造设备之间的连接方式，以便确保物料交换的顺利进行。存放毛坯、半成品、成品零件的地点有制造系统的缓存区和立体仓库两大类。广义上讲，自动立体仓库也是 FMS 托盘缓冲站的扩展与补充，FMS 中使用的托盘及大型夹具也可以存放在立体仓库中。在立体仓库中自动存取物料的堆垛机能把盛放物料的货箱推上输送装置或从其上取走，有时堆垛机还与自动导引小车进行物料的传递。

4. FMS 的控制系统

FMS 是一个复杂的制造系统，通常需要对系统的控制功能(见图 4.29)进行正确、合理地分解，划分成若干层次，各层次分别进行独立处理，完成各自的功能。层与层之间在网络和数据库的支持下保持信息交换，上层向下层发送命令，下层向上层反馈命令的执行结果。

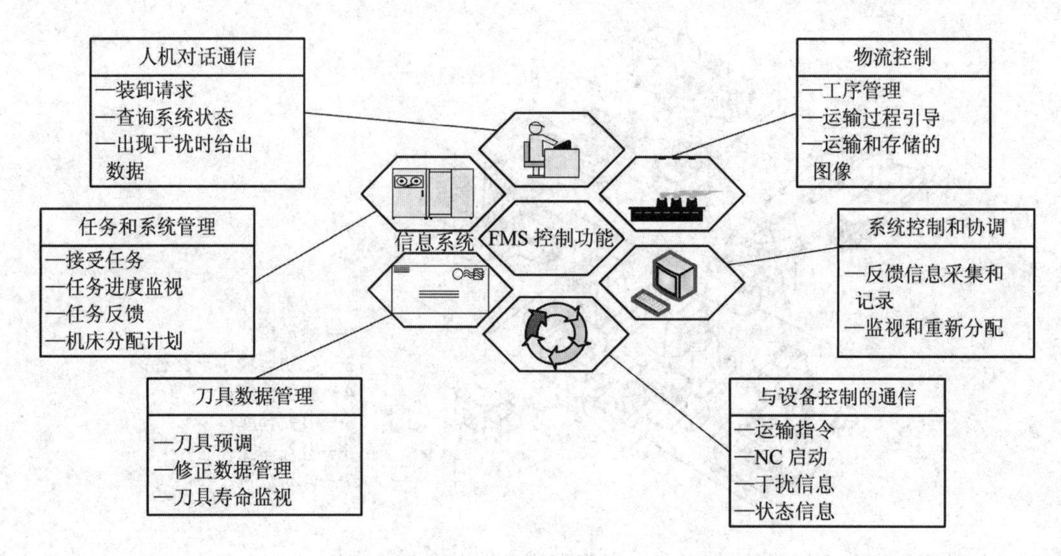

图 4.29　FMS 的控制系统功能

控制系统是 FMS 实现其功能的核心，它管理和协调 FMS 内的各个活动以完成生产计划并达到较高的生产率。柔性制造系统的控制系统分为单台设备的控制和制造系统的控制。可编程逻辑控制器(PLC)对物料输送设备的控制和数控系统(NC)对制造设备的控制属于单台设备的控制。制造系统的控制则分为群管理和多级分布式控制。

1) 群管理

群管理是把若干台控制设备组合成一个有机整体，使其承担制造系统的生产管理和控制。群管理系统的主计算机能够根据监控的结果、制造系统的运行状态、作业计划，远距离地向制造设备指定新的作业条件，变更并管理它们的运行状态。群管理系统能够采集制造设备的运行状态信息和制造条件的数据，以及生产统计、故障分析、运行状态分析、工件分析等数据，并根据这些数据来管理和控制制造系统的运行。

2) 多级分布式控制

与群管理方式相比，多级分布式控制是一种技术水平更高的制造系统控制方式，如图 4.30 所示。采用多级分布式控制就是以“树结构”的形式把柔性制造系统的各系统连接成计算机网络系统，构筑柔性更高的柔性制造系统。

多级分布式控制结构分为两种：分布式系统控制级—工作站控制级—设备控制级三级结构；分布式车间级—FMS 级—工作站级—设备级四级结构。

目前，多级分布式控制结构趋向于三级控制结构，又称单元级—工作站级—设备级三级递阶控制。

(1) 设备级控制器包括数控系统(NC)、可编程控制器、机器人控制装置(Robot Control，RC)等，其要完成的控制任务就是按上级命令，直接控制加工机床、机器人、托盘交换器、三坐标测量机等完成各项操作，并向上级控制器反馈命令执行信息。

(2) 工作站级包括加工工作站、刀具工作站、物流工作站，其要完成的控制任务是加工工作站接收上级控制器下达的加工任务和数控加工程序向下级控制器分配的加工任务和加工程序，并下达加工指令；刀具工作站按上级控制器指令进行刀具分配和管理；物流工作站按上级指令及时运送夹具、托盘、工件、刀具等物料；最后将设备级的执行信息和反馈信息向上级反馈。

(3) 单元级接收计算机辅助生产管理系统(如 MRP 或 ERP)输入的生产计划信息，同时接收 CAD/CAM 集成系统输入的工艺信息和数控加工程序；对任务加工时间、顺序做出决策，并将任务和工艺信息及程序向下级分配；对刀具调用及管理做出决策并向下级下达指令；根据接收的反馈信息对系统进行监控，并及时做出调度决策。

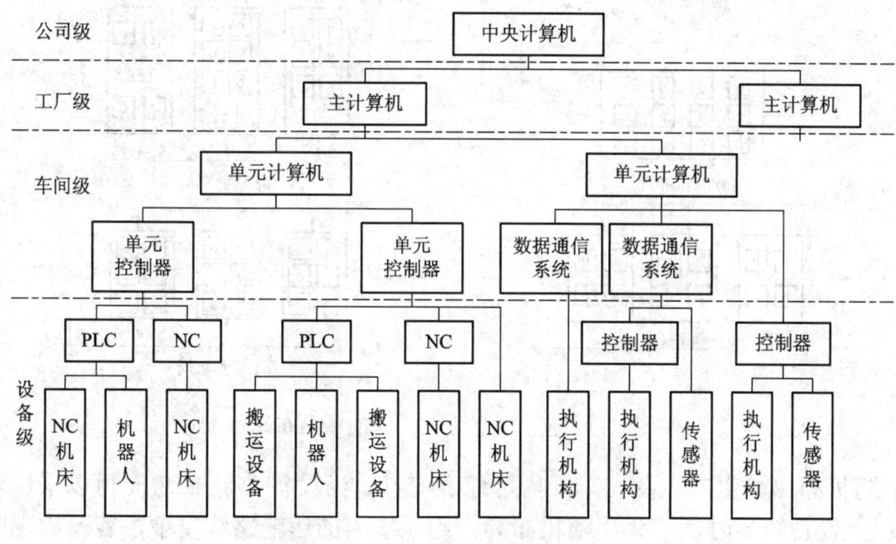

图 4.30　多级分布式控制原理图

5. FMS 的总体平面布局

影响 FMS 总体平面布局的因素很多，诸如开发目标、经济与技术实力、项目预定完成的期限等，此外 FMS 的总体平面布局还受到以下因素的直接影响：

(1) 厂房的面积与结构；

(2) 制造工艺流程和生产的组织形式；

(3) 基本制造设备；

(4) 物料输送设备和物流路径；

(5) 制造经验和习惯等。

因此，进行 FMS 系统平面布局时，需要遵循一些基本原则：

(1) 有利于提高加工精度；

(2) 有利于人身安全，设置安全防护网；

(3) 占地面积较小，且便于维修；

(4) 排屑方便，便于将装切屑的小车推出系统或利用自动输送沟进行排屑；

(5) 整个车间的物流要通畅且自动化；

(6) 避免系统通信线路受到外界磁场干扰；

(7) 布局模块化，使系统控制简捷；

(8) 便于系统扩展。

在上述原则指导下，FMS 平面布局的形式主要有两类：基于装备之间关系的平面布局，基于物料输送路径的平面布局。

1) 基于装备之间关系的平面布局

基于装备之间关系的平面布局如图 4.31 所示，按照 FMS 中加工装备之间的关系，平面布局形式可分为随机布局、功能布局、模块布局和单元布局四种。

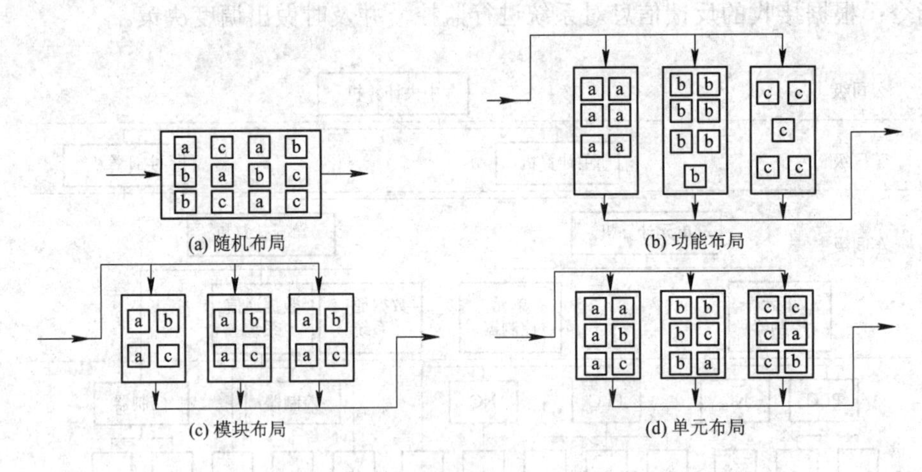

图 4.31　基于装备之间关系的平面布局

(1) 随机布局。生产设备在车间内可任意安置。当设备少于 3 台时可以采用随机布局形式；当设备较多时，若采用随机布局，则系统内的运输路线复杂，容易出现阻塞，增加系统内的物流量。

(2) 功能布局。生产设备按照其功能分为若干组，相同功能的设备安置在一起，即形成“机群式”布局。

(3) 模块布局。把机床分为若干个具有相同功能的模块。这种布局的优点是可以较快地响应市场变化并处理系统发生的故障，缺点是不利于提高装备利用率。

(4) 单元布局。按成组技术原理，将机床划分成若干个生产单元，每一个生产单元仅加工某一族的工件。这是 FMS 经常采用的布局形式。

2) 基于物料输送路径的平面布局

基于物料输送路径的平面布局如图 4.32 所示，按照工件在系统中的流动路径，FMS 的总体平面布局可以分为直线形、环形、网络形等多种形式。

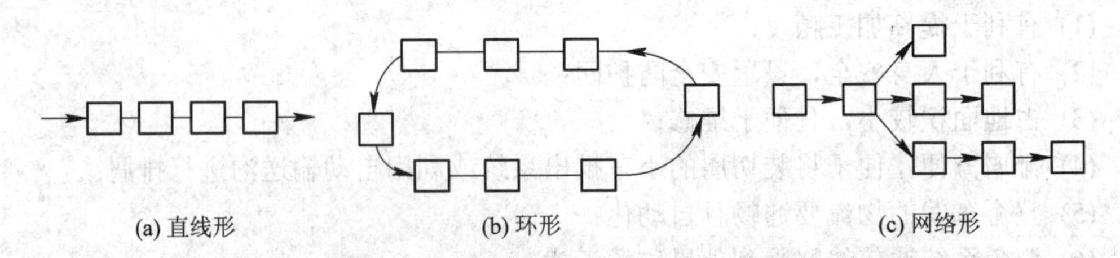

图 4.32　基于物料输送路径的平面布局

(1) 直线形布局。这种布局形式最为简单，各独立工位排列在一条直线上，自动导引小车沿直线轨道运行，往返于各独立工位之间。当独立工位较少、工件生产批量较大时，大多数系统采用这种布局形式，且采用有轨式自动导引小车。

(2) 环形布局。环形布局是各独立工位按多边形或弧形首尾相连而成的封闭型布局，自动导引小车沿着封闭式环型路径运动于各独立工位之间。环形布局形式使得各独立工位在车间中的安装位置比较灵活，且多采用无轨自动导引小车。

(3) 网络形布局。各独立工位之间都可能有物料的传送路径，自动导引小车可在各独立工位之间以较短的运行路线输送物料。当系统中有较多的独立工位时，这种布局的优点是装备利用率和容错能力较强，缺点是无轨自动导引小车的控制调度比较复杂。

6. FMS 总体方案的评估

为了减少投资费用和投资风险，使 FMS 的配置和布局更为合理，在运行中效率更高，应该对设计结果进行评估和仿真。评估柔性制造系统不能偏重某一方面，应该综合考虑各个因素。

(1) 柔性：产品的品种和批量发生了变化，制造系统能否快速地重新组织生产。

(2) 效率：能否以少量的人员迅速地完成生产任务。

(3) 可靠性：故障率小，能够支持制造系统长时间无人运行。

(4) 开机率：辅助时间少，工序切换容易，基本制造设备停机时间短。

(5) 经济性：投资回收效率高，产品单件制造成本低。

对柔性制造系统的设计方案进行综合评价常常采用仿真的方法。仿真研究分为两类：一类是对 FMS 的规划设计进行仿真，另一类是对 FMS 的运行进行仿真。但是无论哪一种类型的仿真，只是辅助 FMS 的总体方案设计，最终的 FMS 方案设计仍旧需要设计者根据输出的众多结果最后做出决策。

4.4　计算机集成制造系统设计

美国 Joseph.Harrington 博士于 1973 年首次提出了计算机集成制造系统(Computer Intergrated Maufacturing System，CIMS)的概念，主张打破以往的一个个自动化孤岛，在计算机网络和分布式数据库的支持下，把各种局部的自动化子系统集成起来，将市场、工程设计、生产制造、管理等集成在一起，实现信息集成、功能集成、过程集成，建立综合自动化大系统，从而强化系统优势，提高企业的生产效率和效益。

4.4.1　CIMS 的基本构成

CIMS 在不同的制造企业有不同的模式。典型的 CIMS 一般由四个功能子系统和两个支撑子系统构成。图 4.33 所描述的为 CIMS 的逻辑模型，其中，四个功能子系统包括管理信息子系统、工程设计自动化子系统、制造自动化子系统和质量保证子系统；两个支撑子系统包括计算机网络子系统和数据库子系统。

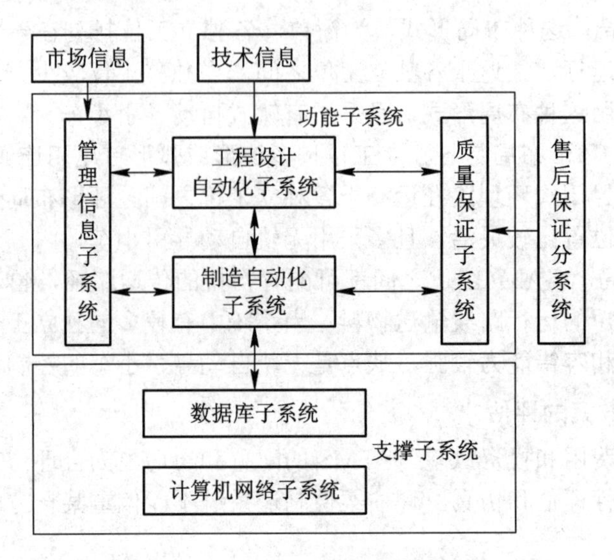

图 4.33　CIMS 的逻辑模型示意图

(1) 管理信息子系统：以 MRPⅡ为核心，包括预测、经营决策、各级生产计划、生产技术准备和销售、供应、财务、成本、设备、人力资源的管理信息功能。

(2) 工程设计与制造自动化子系统：通过计算机来辅助产品设计、制造及测试，由数控机床、加工中心、清洗机、测量机、运输小车、立体仓库和多级分布式控制计算机等设备及相应的支持软件组成。根据产品工程技术信息、车间层加工指令，完成对零件毛坯的作业调度及制造。

(3) 质量保证子系统：包括质量决策、质量检测、产品数据采集、质量评价和生产加工过程中的质量控制与跟踪功能。系统保证从产品设计、产品制造、产品检测到售后服务全过程的质量。

(4) 计算机网络子系统：企业内部的局域网，是支持 CIMS 各子系统的开放型网络通信系统。采用标准协议可以实现异机互联、异构局域网和多种网络的互联。系统满足不同子系统对网络服务提出的不同需求，支持资源共享、分布处理、分布数据库和适时控制。

(5) 数据库子系统：支持 CIMS 各子系统的数据共享和信息集成，覆盖企业全部数据信息，在逻辑上是统一的，在物理上是分布式的数据管理系统。

4.4.2　CIMS 的体系结构

CIMS 的体系结构可以分为纵向和横向两种。纵向结构是把一个企业划分为多级递阶结构形式，每一级的职能及信息特点大不相同。美国国家标准局提出了著名的五级递阶控制结构模型，如图 4.34 所示，五级分别是：工厂级、车间级、单元级、工作站级和设备级。

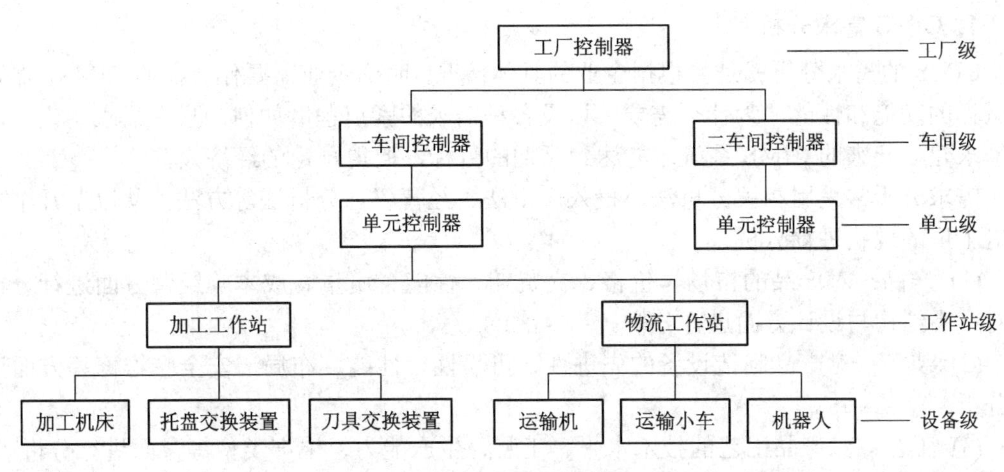

图 4.34　CIMS 的五级递阶控制结构模型

(1) 工厂级控制系统。这是最高一级控制，履行“厂部”职能。完成的功能包括市场预测、制定生产计划、确定生产资源需求、制定资源规划、制定产品开发及工艺过程规划，以及进行厂级经营管理。

(2) 车间级控制系统。这一级控制系统主要根据工厂级生产计划，负责协调车间的生产和辅助性工作以及这些工作的资源配置。车间级控制主要有两个模块：作业管理模块和资源分配模块。

(3) 单元级控制系统。这一级控制系统安排零件通过工作站的分批顺序，管理物料储运、检验，以及进行其他有关辅助性的工作。

(4) 工作站级控制系统。这一级主要负责指挥和协调车间中一个设备小组的活动。一个典型的加工工作站由一台机器人、一台机床、一个物料储运器和一台控制计算机组成，它负责处理由物料储运系统送来的零件托盘，控制工件调整、工件夹紧、切削加工、切屑清除、加工检验、工件拆卸以及清理工作等设备级各子系统的任务。

(5) 设备级控制系统。这一级是“前沿”系统，由各种设备的控制器组成，采用这种设备控制装置是为了扩大现有设备的功能。

从上述介绍可知，CIMS 是一种高级别的自动化制造系统，但这并不意味着 CIMS 是完全自动化的制造系统。CIMS 强调的主要是信息、功能、过程的集成，而不是制造过程物流的自动化。

4.4.3　CIMS 的总体设计

CIMS 总体设计的主要任务是从全局和长远发展的立场出发，确定用户的需要和系统的目标，提出实施系统的总体方案再分步实施。

CIMS 的总体设计包括三个部分：

(1) 需求分析：确定系统目标。

(2) 总体方案设计：确定系统体系结构。

(3) 分系统方案设计：各分系统的总体设计及确定各分系统目标。

1. CIMS 需求分析

CIMS 的需求分析就是要根据企业的具体情况，明确企业需要什么样的 CIMS，需要什么样的功能和性能，为什么需要，以及各种需求的紧迫程度如何。只有需求明确了，按需求建立起来的 CIMS 系统才能达到预期的目标，取得预定的经济效益。

需求分析常采用相关分析法、投入产出法、经营姿态分析法等方法，从以下几个方面对工厂的现状进行分析：

(1) 产品：对产品的市场、价格、交货期、性能、质量、成本等经营方面进行分析和对产品结构与设计方面进行分析。

(2) 装备：对产品制造设备的先进性、可靠性、性能、布局、安全、维修等方面进行分析。

(3) 工艺：对产品工艺的技术水平、工装、生产能力、生产类型等方面进行分析。

(4) 计划：对销售、采购、库存、制造的生产计划与控制等方面进行分析。

(5) 人员：对企业精神、人员结构和组合、人员培训与教育等方面进行分析。

此外，企业的经营目标、功能、结构、信息量、子系统间的关系等都是系统设计的基本参照信息。需求分析阶段的各种活动及其产生的文档如表 4.8 所示。

表 4.8　需求分析阶段的各种活动及其产生的文档

序号	活　动	细　目	文　档
1	制定需求分析阶段计划	制定保证计划，制定管理计划，制定活动计划	
2	收集原系统资料	表述原系统状况系统分析方法，工具和技术，问题排序，准备需求说明初稿	系统需求分析报告
3	评价原系统变更要求和新系统概貌	原系统的评价、功能要求，人—机接口要求，可靠性要求，组织相关要求，其他系统的要求	系统需求规范说明书 系统需求分析报告
4	评价组织结构的影响和开发顺序	组织结构变更的影响说明，系统目标、效益指标	系统需求分析报告
5	准备新系统概貌和选择方法	准备新系统概貌构思	系统需求分析报告
6	确定系统开发环境和运行环境	计算机设备明细表，软件产品明细表，开发工具明细表	系统需求分析报告
7	确定新系统评价准则和评价方法	准备评价准则，评价方法说明	系统需求分析报告
8	确定安装方案和验收方法与步骤	准备系统安装要求，准备系统验收大纲	系统验收大纲
9	准备新系统开发计划和成本/效益综述	编制新系统开发计划，评估系统成本/效益	系统开发计划
10	审核需求分析报告	准备系统分析报告	
11	评审系统需求定义说明书和报告	系统需求分析评审会	

2. CIMS 总体方案设计

经过 CIMS 的需求分析而确定 CIMS 的目标之后，接下来就是制定 CIMS 的总体方案和总体方案的描述方法，即如何制定 CIMS 的总体方案，以及如何把总体方案清晰、准确地描述出来。

1) 制定总体方案的指导思想

CIMS 总体方案是对企业发展的一项中长期规划，它直接为实现企业生产经营战略目标服务，同时指导 CIMS 的近期实施，以保证分期实施的部分是可以集成的。制定 CIMS 总体方案的指导思想如下：

(1) 面向全局。

CIMS 是面向整个企业的，覆盖企业全部的生产经营活动。因此，CIMS 总体方案必须考虑企业的外部环境，包括市场机制下的供求关系，国家、部门、行业的要求和限制以及生态环境等因素。

(2) 面向未来。

CIMS 总体方案是对企业发展的一项中长期规划，一方面要考虑企业经营活动的改进、发展和扩大，使总体方案与其相匹配；另一方面要考虑 CIMS 相关技术的未来发展趋势，考虑可能出现或已经出现的新产品、新理论、新方法，并结合企业的现实可行性，以提高 CIMS 的先进性。

(3) 开放性。

所谓开放系统，是指采用一组标准、规范或约定来统一系统内各部件的接口、通信和系统与外部的连接，使系统能容纳不同厂家制造的设备及软件产品，同时又能适应未来新技术的发展的系统。由此可知，CIMS 系统具备开放性有两个方面的原因：一是为了适应未来市场环境和技术的发展与变化，二是为了适应不同厂家制造的设备产品。

(4) 充分利用现有资源。

CIMS 系统总是建立在企业现有技术基础之上的，因此必须充分利用企业的现有资源，诸如计算机资源、设备资源和人力资源等，以减少工程投资，缩短开发周期。

(5) 与企业的技术改造相结合。

企业的技术改造尤其是大型技术改造经费数量很大，往往单独立项，专项管理。如何将其与 CIMS 紧密结合，不仅非常重要而且有相当的难度。为此，应当注意协调 CIMS 与技术改造项目的目标、内容、进度、资金等要求。

(6) 与企业的机制改革相结合。

在 CIMS 的实施中，技术上的问题可以通过 CIMS 的实施和企业的技术改造加以解决，管理运行机制方面的问题则需要通过改进运行机制、加强管理来解决。因此，在 CIMS 总体设计过程中，除了进行技术方案设计，同时要进行运行机制的改革设计，实现经营过程重组。

2) CIMS 总体方案设计的内容及描述

(1) CIMS 的体系结构。

CIMS 的体系结构是描述 CIMS 系统的宏观框架，是系统运行的总体结构，常用的是由欧洲共同体 ESPRIT 计划提出的 CIM-OSA 体系结构模型。此模型较为全面，特别是其功能、信息、资源、组织视图已比较成熟。

(2) CIMS 的功能设计。

功能模型描述企业的经营过程和企业活动的组成，即说明 CIMS 所包括的功能行为，功能间的相互联系，以及实现这些功能所需的资源和约束等。在 CIMS 总体规划、总体设计过程中采用的功能描述方法主要有功能树(如图 4.35 所示的 CIMS 功能树)、功能模型图(参见第 3 章中 $IDEF_0$ 方法)和流程图。

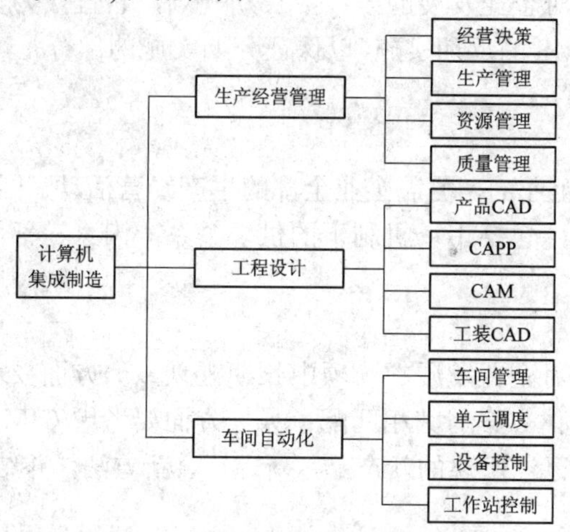

图 4.35　某厂的 CIMS 功能树

(3) CIMS 的信息设计。

CIMS 要处理的信息既包括企业内部的信息，也包括企业外部的信息；既包括各种实时数据，也包括重要的历史数据，涉及面较广。为了实现 CIMS 信息的集成，有两方面的工作要做：一是为了对信息进行加工、处理和集成，建立信息模型；二是为了便于计算机进行识别和处理，对信息进行分类编码。

(4) CIMS 的资源设计。

CIMS 的功能实现和信息的组织管理，都需要各种硬、软件资源及人力资源。资源在 $IDEF_0$ 中作为“支撑机制”出现在功能模型图中。资源的作用有两点：一是资源支持功能的实现，即完成信息的转化过程；二是资源支持信息的采集、存储、传递和处理。

CIMS 中的资源包括三类：一是硬件资源，包括各种生产设备、工具和设施，各种辅助设备(如能源设备、运输设备、计量设备等)，以及计算机或其他信息控制和转化设施；二是软件资源，包括计算机系统软件和应用软件；三是人力资源，人的能力可用其所具有的知识、技能和体力等(或统称人的综合素质)来描述。

CIMS 系统设计中的一项重要内容是如何充分发挥人和机械的作用，使之统一协调运行。CIMS 系统是一个人机系统，人和机械密不可分，缺一不可。但这并非意味着人和机械的地位是等同的。事实上，人和机械有着明确的分工：首先，人是处于主导地位的，机械(各种生产设备、计算机系统等)是为人服务的，它用于减轻人的体力和脑力劳动；其次，各种先进机械的出现又对人的素质提出了更高、更新的要求。

(5) CIMS 的组织设计。

CIMS 的组织设计是提出 CIMS 运行的组织机构，即将企业的各种资源(包括人件、软件、硬件)统一起来，并明确 CIMS 系统中各种人员的职责。组织设计应完成的任务包括功能的组织、信息的组织和资源的组织。机构内的人员与计算机系统共同完成工作任务，计算机程序是管理工作流程的组成部分。

(6) 分系统的总体设计。

CIMS 是一个复杂的大型系统，包括若干个分系统。在 CIMS 的总体设计中必须对每个分系统分别从体系结构、功能、信息、资源和组织等方面进行总体设计。

3. CIMS 分系统方案设计

CIMS 系统首先是由多个分系统构成的复杂大系统，每个分系统都是由多个子系统组成的，因此只有对分系统进行总体设计后，才能充分说明 CIMS 系统的总体方案。其次，分系统总体设计也是保证 CIMS 系统集成的需要，因为 CIMS 的核心问题是集成，CIMS 总体设计就是要重点解决总体集成问题，集成包括分系统间的集成及分系统内的集成，不对分系统进行深入的分析和设计就难以保证 CIMS 系统的总体集成。最后，不同的行业、不同生产方式、不同规模的企业不仅仅影响 CIMS 的总体结构，还会影响分系统结构。只有进行分系统的总体设计，才能充分反映一个企业 CIMS 工程的特点，满足企业的需求。

1) CIMS 各分系统的覆盖范围

(1) 生产经营管理分系统。

生产经营管理分系统应该覆盖企业的所有管理部门。从层次上看，覆盖厂级决策层和管理层；从职能范围看，一般包括经营决策、计划、生产、设备、物资、劳资、人事、后勤、厂级领导职能；从功能范围看，应与一般企业的管理信息系统(MIS)基本一致，这也是制造资源计划(MRP Ⅱ)的主要功能，一般包括生产预测、销售管理、主生产计划、财务管理、成本管理、库存管理、人事管理、设备管理、经营及生产规划、物资需求计划等。

(2) 工程设计分系统。

工程设计分系统的覆盖范围包括企业的所有工程设计部门以及产品设计的全过程(产品设计、零部件设计、工艺设计、数控编程、工装设计等)。从层次上看，工程设计分系统一般在工厂层，但是当企业规模庞大、产品复杂时，也将工艺设计、数控编程等功能分散到分厂或车间。

(3) 制造自动化分系统。

制造自动化分系统覆盖了企业的所有车间及各种与车间功能相近的各类部门，覆盖了车间内的全部生产经营活动。需要注意的是，各个车间的具体构成各不相同，例如车间的规模大小、职能权限、自动化程度、组织方式、生产性质(流程生产和离散制造)不同等，相应地各个车间的自动化系统的构成及其层次结构就有很大差异，导致车间层、单元层、工作站层和设备层就有不同程度的增加或减少，对应的各层功能自然也会不同。

(4) 质量保证分系统。

产品的质量是企业市场竞争能力的关键，为了保证产品质量，企业还需单独设立一个质量保证分系统来确保企业的产品满足质量要求。质量保证分系统有如下所述四类不同的功能。

① 质量计划功能：包括检测计划生成、检测规程生成和检测程序生成。

② 质量检测功能：包括质量数据采集、计量器及设备的鉴定。

③ 质量评价与控制功能：包括外购外协质量评价、工序控制点的质量评价与控制、产品设计质量评价、售后产品质量分析、质量成本分析和企业质量综合指标统计与分析。

④ 质量信息管理功能：包括质量报表的生成及质量综合查询、质量文档管理、检验人员信息管理、印章管理等。

(5) 计算机支撑分系统。

CIMS 的核心技术是信息集成，因而计算机集成支撑环境是必不可少的。一般来说，计算机支撑分系统覆盖了 CIMS 系统中信息系统维的下四层，即计算机系统层、网络层、数据库层和集成平台层。

①计算机系统层。计算机系统层是计算机集成环境的基础，不仅支持其上应用软件的开发和运行，也通过计算机网络等支持集成运行。计算机系统涉及的内容有工作环境、主机系统、外部设备、软件系统、文字处理、信息安全等。

② 网络层。网络通常指一组计算机和外围设备(打印机、调制解调器、绘图仪、扫描仪等)通过某种媒介连接在一起，网络上的不同外设通过事先定好的一套规则(协议)进行通信。

在 C1MS 环境中，企业的 CIMS 网络规模首先要覆盖整个企业，根据不同的企业规模，CIMS 网络通常可以采用 LAN、LAN/LAN 互联和 LAN/WAN 互联的方式组建，其中，LAN 应是 CIMS 网络的基本组成部分。CIMS 网络实质上是包括异构网络、异构机型和异种操作系统的网络，并可提供多种类型的服务。

③ 数据库层。CIMS 中涉及了多种类型的数据，按照企业经营活动的对象类型可分为产品信息(包括产品结构、零件等)、工艺信息(包括工艺特征、工艺文件等)、生产状态信息(包括指令单、完工报告、质量状态等)、计划信息(包括经营计划、生产计划和物料采购计划，库存计划等)、资息(包括人员、资金、设备、物资等)、组织信息(包括组织机构、职责任务、隶属关系等)以及经营信息(包括市场、供应商、客户、订单及经营指标等)。这些数据信息构成了复杂多样的数据类型。要对所涉及的数据进行全面管理，既要保证这些数据的正确性、一致性与完整性，又要求各分系统、子系统可以及时获得有关数据，共享信息资源，这对 CIMS 的数据管理提出了更高的要求。为此，一般采用分布式的数据库管理。

分布式数据库是由一组数据组成的，这组数据分布在计算机网络的不同计算机上，网络中的每个结点具有独立处理的能力(称为场地自治)，可以执行局部应用；同时，每个结点也能通过网络通信子系统执行全局应用。

④ 集成平台层。企业在实现信息集成、功能集成和过程集成时，都离不开软件工具的支持，而且企业集成水平的提高在很大程度上取决于软件系统的集成水平，良好的软件支持工具可以帮助企业快速实现 CIMS 应用集成。因此，开发 CIMS 应用集成平台就是为企业实施 CIMS 提供开放的、易维护的、可重构的应用开发与系统运行的集成支持工具。适合于 CIMS 系统的集成平台能够屏蔽异构操作系统、屏蔽异种计算环境、屏

蔽异种数据库系统，提供集成各类应用的统一接口模型，并且在无需知道信息存放地点的情况下，以正确的存取权限、在正确的时间、从正确的地点存取整个系统的正确信息，保证信息的一致性。

2) CIMS 各分系统的总体设计要点

CIMS 的各个分系统功能不同，特点也不同，这里给出 CIMS 各分系统的总体设计要点，以便在 CIMS 的总体设计中能充分反映各 CIMS 的特点和重点内容。

(1) 生产经营管理分系统。

在进行生产经营管理分系统的总体设计时要注意以下要点：

① 从企业的整体和战略高度出发，坚持局部服从整体，考虑企业长远利益，确定分系统的需求分析和目标。

② 确定是自行开发还是购买商品软件。除非企业特殊要求太多，现有的商品无法满足企业需要，一般来说，都应该选择购买商品软件，这样可引入先进的管理经验，以进行高起点的开发。

③ 在选用制造资源软件时，要针对企业的自身特点选用合适的产品和模块，并加以必要的改造。所选软件不但需考虑本分系统的需要，还需考虑它与其他分系统集成的需要。

④ 在选择软件时，要进行投资效益分析，在可用资金约束下，应选择性能价格比高的软件。

⑤ 在引进先进的管理软件的同时，也要引进先进的管理思想。因为 CIMS 工程的实施离不开高素质的人，如果缺少足够的思想准备，必然将影响 CIMS 工程的实施进度和效果。

(2) 工程设计分系统。

在进行工程设计分系统的总体设计时，要注意以下设计要点：

① 要根据行业影响、企业的产品设计能力及对外合作方式的影响、企业自身条件的影响、市场竞争环境的影响等因素明确分系统的需求和目标。

② 提高产品的自主开发能力，这是企业生存发展的关键之一。

③ 加强产品开发的过程管理和产品数据管理。

④ 提高产品的通用化、标准化和系列化水平。

⑤ 吸收并行工程思想，改进设计过程。

⑥ 在选型时，要坚持实用原则、可集成原则、开放性原则、经济性原则以及充分利用企业现有资源的原则。

(3) 制造自动化分系统。

在进行制造自动化分系统的总体设计时，要注意以下设计要点：

① 从企业的全局出发进行车间的需求分析。因为企业存在的差距几乎都会在车间以不同的程度体现出来，所以在需求分析阶段应从企业总体经营目标出发，找出影响较大的车间、工序进行重点分析，并由此导出制造自动化分系统的需求和目标。

② 全面规划，突出重点，以点带面。由于制造自动化分系统涉及大量生产加工设备，需要较多的投资和较大的开发力量；因此在设计时不仅要考虑需求，还要考虑所需

的资金投入和开发力量的投入，统一规划。同时，应选择重点项目进行实施，坚持效益驱动原则，并把车间级管理作为 CIMS 工程中几个分系统的交汇点。

③ 抓住车间共性，提高设计效率。车间虽然各有各的特点，但总有其共同的特点，可以从职责权限、规模层次划分、技术构成、资源管理功能等方面寻找车间的共性，然后重点分析、设计其中有代表性的车间，再说明其他的车间与代表性车间之间的差异。采用此法可大大提高总体设计的效率。

④ 与企业技术改造紧密结合。因为企业技术改造的重点一般都在车间范围之内，所以在实施 CIMS 工程时，应将它们纳入其中。同时，在实施 CIMS 工程时，也会提出新的技术改造项目。因此在制造自动化分系统范围内，二者并无本质差别，必须紧密结合。

⑤ 充分发挥非自动化设备和人的作用。现阶段，车间内自动化设备与普通设备并存的现象是普遍存在的，即使在自动化程度很高的岗位，人仍然起着不可替代的作用。因此，应充分发挥人和非自动化设备的作用。

⑥ 结合车间特点进行设计。企业产品不同、所属行业不同、车间性质不同，对车间的需求及满足这些需求的系统方案也会有所差别。因此要结合具体的车间特点，进行有针对性的特色设计。

(4) 质量保证分系统。

在进行质量保证分系统的总体设计时，要注意以下设计要点：

① 深入分析企业对质量保证功能的真实需求，确定质量保证分系统的总目标。不同的企业有其自身的特点和特殊要求，它们对质量保证功能的需求程度是有区别的，并会受到各种因素的影响，如产品应用环境的影响、产品竞争环境的影响、产品生产环境的影响和企业质量观的影响等。

② 确定质量保证分系统的总体结构。质量保证分系统的结构形式一般遵循从逻辑上设置质量保证分系统，由专业人员负责对质量保证分系统的功能进行总体设计，但在物理实现上，可采用将质量保证分系统的功能纳入其他分系统中进行设计的做法。

③ 结合企业的产品质量标准体系进行技术设计。不同类别的企业有不同的产品质量标准体系，如产品的质量指标、对产品的检测要求、产品的质量要求等，均因企业的不同而有所差别。因此，应根据企业自身的产品质量标准体系来确定质量保证分系统的技术设计。

④ 与企业的其他活动相结合，共同解决产品质量问题。企业的质量问题不仅仅是质量保证分系统的问题，仅依靠质量保证分系统并不能完全解决企业的质量问题。因为质量保证分系统对产品质量只起监督保证作用，要解决产品质量问题，必须有企业其他部门的配合，而且通过企业 CIMS 的其他分系统也会改善相关部门的工作，提高产品质量。

(5) 计算机支撑分系统。

计算机支撑分系统是由计算机系统、网络系统、数据库系统和集成平台共同组成的，是为各应用系统服务的，因此应根据各应用系统的要求来设计，要既能满足各应用分系统的要求，又能满足整个系统集成的要求。其设计要点如下：

① 在进行设计时要尽可能利用现有资源，以购买为主，但也要结合企业的具体情

况进行设计和二次开发。此外，为了降低集成的难度，应尽量避免和减少异构现象。

② 计算机系统的选型应满足应用环境的要求和标准化。

③ 在进行计算机通信网络总体设计时，需注意准确定位，根据系统对网络的要求和企业的经济实力，确定先进合理的网络方案，并需要统一结构、减少异构，选择先进、通用的标准。

④ 数据库的总体设计包括两个过程：概念设计和逻辑模式设计。其中，概念设计独立于数据库的逻辑模式设计，也独立于特定的数据库管理系统，应能充分反映现实世界，易于理解，易于修改，具有简明性、稳定性、完整性与通用性；逻辑模式设计则是将概念模式转换为与所选用的数据库管理系统的模式相符合的过程，此过程可分为两步：先把概念模式向一般的数据模型转换，然后向特定的数据库管理系统支持的数据模型转换。

⑤ 在选用集成平台时需注意成熟性、适用性和价格。

思　考　题

1. 什么是数控机床？数控编程的方法有哪些？各自具有什么特点？
2. 简述机器人的分类及其特点。
3. 简述机器人感觉系统常用的传感器类型及其特点。
4. 什么是多机器人系统？多机器人系统有什么特点？
5. 什么是生产节拍？实现节拍平衡需要注意哪些问题？
6. 生产线分段设计的原则有哪些？其相互之间的连接方式是什么？
7. 生产线的布局形式有哪些？各自有什么样的特点？
8. 什么是柔性制造系统？它有哪些类型？它们各自具有什么样的特点？
9. 柔性制造系统的物料输送方式有哪些？它们各自具有什么样的特点？
10. 简述基于装备之间关系的FMS平面布局和基于物料输送路径的FMS平面布局的异同。

第5章　制造系统的物流设计

制造系统是由人、生产设备、生产工具、物料传输设备及其他辅助装置组成的硬件环境，以及由生产信息、决策信息、生产方法、工艺手段和管理模式所形成的软件环境所构成的有机整体。该系统在运行过程中伴随着物料流、能量流、信息流、技术流、资金流。物料流占有了制造系统75%的生产时间，其优化与否直接关系到产品的质量、机器设备的生产效率和利用率，影响着产品的成本和市场竞争力。因此，在设计制造系统的物流时，应从系统集成的观点出发，依据制造系统的自动化程度，加工对象的结构、类型、数量，加工设备性能及系统柔性要求的不同，设计、研究、改进不同要求的物流系统，以便在合适的时间、指定的地点，提供所需数量的物料，力求物流系统整体的实用性、效益及合理配置。

5.1　制造系统的设施布局方法

制造系统的布局依序分为设施布局、工厂布局、车间布局和设备布局。设施布局是指企业根据经营目标和生产纲领，在已确定的空间范围内，从原材料的接收、零件和产品的制造，直到成品的包装、发运的全过程，将人员、设备、物料所需空间做适当、有效的分配与组合，以获得最大的生产经济效益。工厂布局为设施布局的一部分，包括工厂总体布局和车间布局。车间布局主要解决各生产工部、工段、服务辅助部门、储存设施等作业单元和工作地、设备、通道、管线之间的相互位置，以及物料搬运的流程和方式。设备布局是指在一定的生产环境下，制造系统设计人员根据生产目标确定制造系统中各设备的布置形式和位置。

5.1.1　系统化布局方法

系统化布局设计(Systematic Layout Planning，SLP)方法是由Richard Muther及其同事共同设计的一种有组织的布局设计方法。图5.1描述了该方法的实施步骤。

1. 物料流程及流程图

如图5.1所示，在进行系统化布局设计时，必须收集到所有现在的和预测的生产数据资料，在收集完所有产品的生产数据之后，就可以开始系统布局设计方法的第1步，这就是物料流程图，它使用图表的形式对工厂内的物料流动过程进行说明。如果只有少数几种产品，可以采用多产品工艺程序图。这两种图都由图5.2所示的制图符号组成。

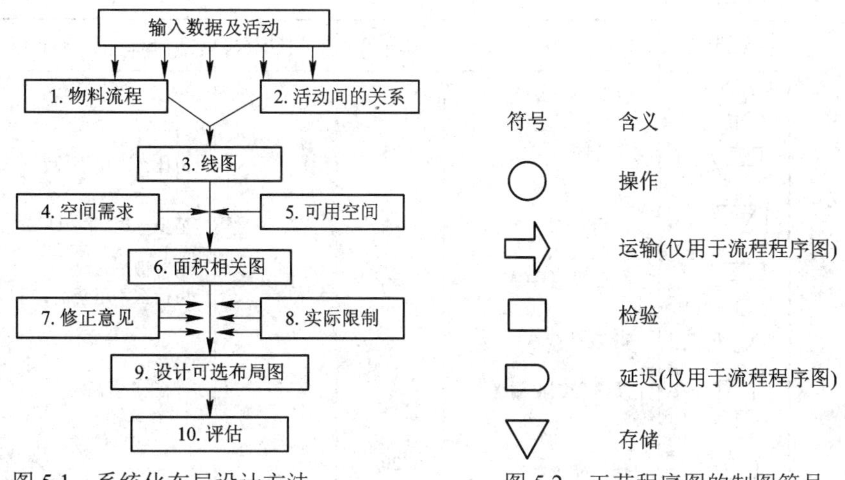

图 5.1　系统化布局设计方法　　　　图 5.2　工艺程序图的制图符号

在制作工艺程序图时，要在图纸的右上角画一条线，以表示开始生产最大的部件。其他零部件的材料从左侧引入，顺序是自上而下，并且只需列出操作和检验流程。图 5.3 给出了 Whittemore 乳品厂用于加工牛奶的工艺程序图。

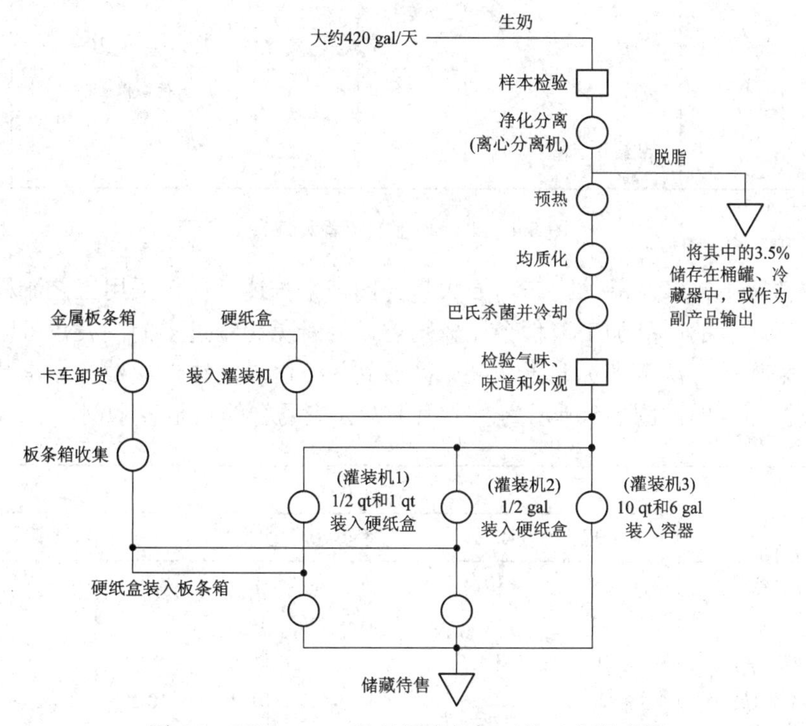

图 5.3　Whittemore 乳品厂牛奶加工的工艺程序图

有时候我们需要一些关于特定作业阶段的额外资料，流程程序图就是用于这一目的的。一张流程程序图基本上和一张工艺程序图相同，但在流程程序图中给出了关于某一特定零部件的更多信息。图 5.4 给出了原乳品厂制造果汁的流程程序图，这种图能够提供比工艺程序图更多的生产细节，如存储和运输情况等，这是一种高度简化的加工流程表(工艺卡)格式。

符号	描述	距离/ft	其他因素	备注
○	从罐车上卸载果汁			
⇨	至冷藏室	25		用手推车 为什么不用泵抽？
▽	待用			至少一周
⇨	至巴氏消毒罐	30		用手推车 为什么不用泵抽？
○	混合调配			
□	质量控制检测			
⇨	抽至灌装机	20		
○	灌装			
⇨	至冷藏室	20		动力传送机
▽	储存			平均少于24 h
⇨	至货车	15		动力传送机
○	装载和运输			

图 5.4 果汁加工的流程程序图

在某些情况下，多产品的生产需要大量的图表来描述，仅仅采用工艺流程图和流程程序图来表示所有的产品加工流程会比较困难。为避免绘制过多的图表，可以采用一种“从至表”来代替。从至表标明了从某一区域到另一区域的往返次数，它是基于历史数据或计划数据制成的。图 5.5 所示为一个用于办公室场合的从至表示例。

从	至					
	经理	秘书	打字员	职员	……	合计
经理	—	10	5	1	……	
秘书	20	—	10	10	……	
打字员	10	30	—	20	……	
职员	5	25	10	0	……	
……	……	……	……	……		
合计						

图 5.5 用于办公室场合的从至表示例

通常可以以流程程序图为基础对工厂进行布局。但是在许多情况下，流程只能说明生产过程的一部分，因为有的区域没有产品流动，而在另外一些区域各种产品的流动顺序也各不相同。因此，绘制一张活动(作业)相关图将对设施布局有所帮助。

2. 活动间关系与活动相关图

系统布局设计的第二步是绘制活动相关图，用于说明工厂内各部门和各区域之间相关联的密切程度。活动相关图揭示了并非所有重要的关系都能通过产品流程图来表示。例如，乳品厂的质量控制实验室应尽可能地靠近加工区域，而休息室等场所就应远离加工区的混合装置。

在绘制活动相关图时要将所有部门和区域都列举出来，同时给每对组合赋予要求邻近程度的等级。图 5.6 是由 Muther 提出的一套等级标准。对于任何一对组合而言，等级 A 意味着两个区域绝对需要互相为邻，在另一种极端的情况下，等级 X 意味着两个区域不能邻近。休息室和加工区域的组合是一个等级为 X 的组合，这样就避免了将它们安排在一起的可能。

字母	邻近等级
A	绝对必要
E	特别重要
I	重要
O	一般邻近即可
U	不重要
X	不能邻近

图 5.6　活动相关图符号

对于相互间有产品流动的各区域之间的关系，可以通过考虑工艺程序图、流程程序图和从至表来确定适当的邻近等级。对于一个或两个非加工区域的关系，确定其邻近等级就更困难了。通常是先询问所有有关人员对于两区域间邻近等级的意见，然后取其平均数。

3. 线图绘制

系统布局设计的第三步是使用第一步和第二步产生的数据资料来制作线图，以找到未考虑空间约束情况下工厂设施的近似最优布局。图 5.7 给出了乳品厂的一张可能的线图，该布局是采用试算法确定的。

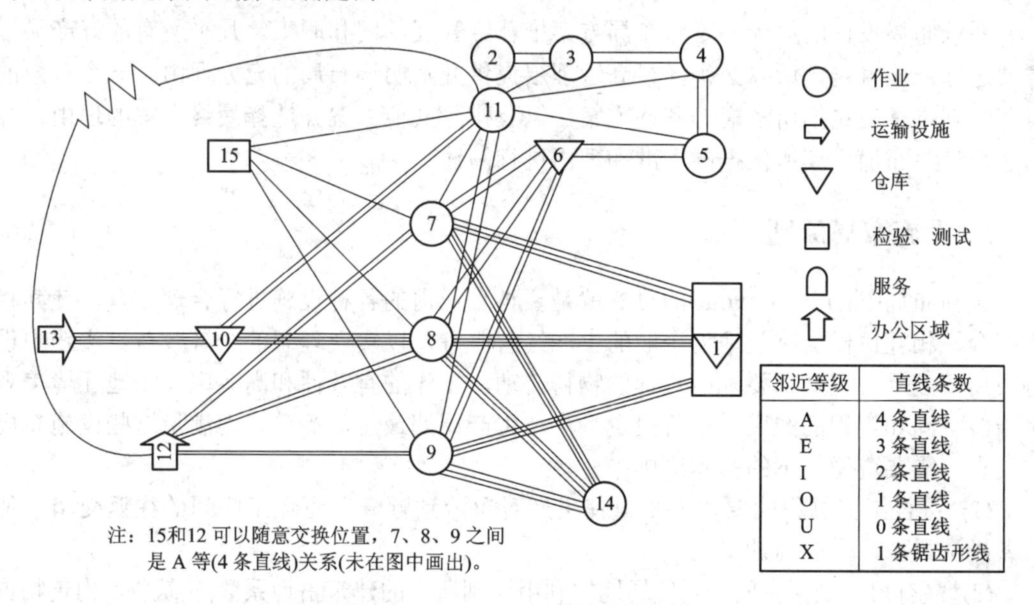

图 5.7　Whittemore 乳品厂的线图

一般情况下，首先标明那些具有 A 级邻近等级的区域，并用 4 条直线连接，然后将 E 级区域用 3 条直线连接，依此类推。当某一活动必须邻近多个其他区域时，可以将其拉伸或改变形状，如图 5.7 所示的硬纸盒储藏区域 1。某些区域可以在周围移动并可与其他区域互换位置，直到获得一个可以接受的安排为止。

4. 空间约束与面积相关图

系统布局设计的第四步可以叫作调整阶段。根据可用空间对空间需要量进行调整，所以必须首先确定空间的需要量。这是一个关键阶段，但是对几乎所有的组织来说，都可以对在制品库存和机器所占用的面积进行精确的估计，从而确定对空间的需要量。该需要量一经确定，就必须考虑可用空间的面积(第五步)。在某些情况下，因为布局必须适合于现有的建筑物，所以可用面积就会受到非常大的限制。在某些情况下，主要的限制条件是资金预算，所以可用面积的限制可能就会小一些。无论如何，在进行第六步——制作面积相关图之前，必须将空间需要量和可用空间调整到平衡状态。

5. 实际约束与可选布局设计

在系统布局设计的第七步和第八步中，必须考虑到现实的局限性，特别是在必须将线图套用到现有建筑物或设定的形状中时，或者在必须为支柱、能源接口以及特殊的形状或要求预留空间时，至少要准备两套可供选择的布局方案。这些可供选择的布局方案应当是标明了主要区域和大体形状的方框图。

在对所提出的各方案进行考虑时(第九步)，可能需要回到第一步～第五步，以确定每个区域的详细布局方案。在这一阶段，要采用一些标准来对两个或多个可选方案进行检验，并从中选择一个最佳方案。检验标准通常是对多种标准综合效果的主观估计。

6. 方案评估

系统布局设计的第十步是将布局方案推荐给管理部门和职工。几乎所有的好产品都需要进行一些宣传，所以必须向最高管理层提供并阐明该布局的充分理由。一个有效的推荐计划常常应包括所考虑的备选方案，以及排除其他方案并选择最终方案的理由，并对选择最终布局方案所依据的标准和理由进行阐述。

5.1.2　设施布局原则

设施布局(Facility Layout)的目标就是要将企业内的各种设施进行合理布置，使其相互配合、相互协作，有效地为企业的生产经营服务，以实现理想的经济效益。实践中设施布局要满足一些基本要求：合理的物料流动，工作的有效性和高效率，场地环境美观清洁，空间和容积的约束，设备投资最小，生产周期最短，等等。为满足这些设施布局的要求，需要遵循如下的基本原则：

(1) 符合工艺过程的要求。尽量使生产对象流动顺畅，避免工序间的往返交错，使设备投资最少，生产周期最短。

(2) 最有效地利用空间。要使场地的利用达到适当的建筑占地系数(建筑物、构筑物占地面积与场地总面积的比率)，使建筑物内部设备的占有空间和单位制品的占有空间较小。

(3) 物料搬运费用最少。要便于物料的输入，使产品、废料等物料的运输路线便捷，尽量避免运输的往返和交叉。

(4) 保持生产和安排的良性。要使设施布置适应产品需求的变化、工艺和设备的更新及扩大生产能力的需要。

(5) 适应组织结构的合理化和管理的方便。使有密切关系或性质相近的作业单位布置在一个区域并就近布置，甚至合并在同一个建筑物内。

(6) 为职工提供方便、安全、舒适的作业环境。使作业环境合乎职工生理、心理的要求，为提高生产效率和保证职工身心健康创造条件。

在设施布局的具体过程中，上述原则有可能相互矛盾。比如将性质相近的作业单位布置在一个区域满足了第(5)条目标，却可能导致物流量的增大；同样，达到了尽量减少往返这一目标，就有可能不能达到柔性目标。因此，上述任何一项目标，都不能无视其他目标的存在而片面应用。

5.1.3　成组化布局方法

成组化布局也称单元式布局，是指将不同的机器分成单元来对形状和工艺相似的零件进行加工。成组化布局充分利用了工艺和加工对象的优点，通过合理的设备布局和对零件科学的分类，并加以有效的组织，从而提高零件的加工效率。成组化布局现在被广泛地应用于金属加工、半导体制造和装配作业。

成组化布局可通过以下三个步骤来实现：

(1) 将零件分类，建立并维护计算机化的零件分类与编码系统。

(2) 识别零件组的物流类型，以此作为工艺布置和再布置的基础。

(3) 将机器和工艺分组，组成工作单元。

在分组过程中经常会发现，有一些零件由于与其他零件联系不明显而不能分组，还有一些专用设备由于在各加工单元中的普遍使用而不能具体分到任一单元中去。这些无法分组的零件和设备可放到“公用单元”，如图 5.8 所示。

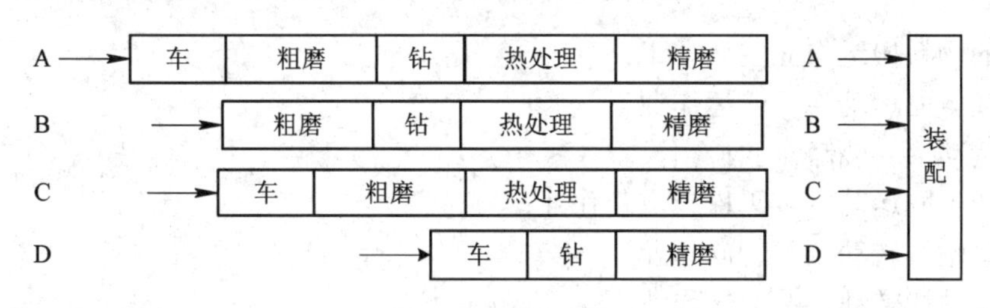

图 5.8　成组化布局示意图

5.2　传统物流系统设计

在制造企业生产过程中，物料流(工件流、刀具流等)是其重要的流动要素，物料搬运贯穿于产品加工的工序之间、车间之间、工厂之间。据国外统计，在中等批量的生产车间里，零件在机床上的时间仅占生产时间的 5%，而 95%的时间消耗在原材料、工具、零件的搬运、等待上，物料搬运的费用占全部生产费用的 30%～40%。为此，设计合理、高效、柔性的物料搬运系统，对压缩库存资金占用、缩短物流搬运所占时间是十分必要的。

5.2.1　物料搬运的相关概念及原则

1. 物料搬运的概念

物料搬运是指在同一场所范围内进行的、以改变物料的存放(支撑)状态(狭义的装卸)和空间位置(狭义的搬运)为主要目的的活动。例如，装卸、移动、分类、堆码、理货和卸货等作业都属于物料搬运活动。

装卸搬运是物料装卸和物料搬运两项作业的统称。这两项作业又密不可分，习惯上常常以“装卸”或“搬运”代替“装卸搬运”的完整含义。在流通领域常把装卸搬运活动叫作“货物装卸”，而在生产领域则把这种活动叫作“物料搬运”。一般地，在强调物料存放状态的改变时，使用“装卸”一词，在强调物料空间位置的改变时，使用“搬运”这个词。

这里还要明确物料搬运的范围，可以从距离和时间两个维度将它与运输、控制和工作空间内的动作等概念区分开来，如图 5.9 所示。如果对距离的区分不需要很明确，那么物料搬运的概念可以包括运输，如图中的虚线框所示。

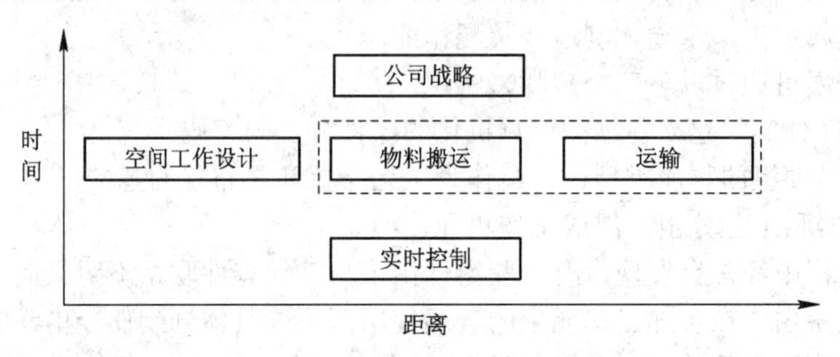

图 5.9　物料搬运的范围

具体的物料搬运作业主要如下：

水平或斜面运动——搬运作业；

垂直运动——装卸作业；

提升或下降运动——码垛或取货作业；

绕垂直轴线转动——转向作业；

绕水平轴线转动——翻转作业。

搬运作业中还有附加的动作，包括搬运、倒退让路、排除路障、堆码、清点、整列、寻找、停下与返回等。

物料搬运的基本内容有三项，即物料、移动和方法。这三项内容是进行搬运分析的基础，后续将对其做详细论述。

2. 物料搬运的原则

国际物料管理协会下属的物料搬运研究所浓缩数十年物料搬运专家的经验，总结出了物料搬运的 20 条原则。美国物料搬运教育大学与产业联系理事会将其进一步提炼为如下 10 条原则：

(1) 规划原则。全面考虑需求、作业目标和功能要求来规划所有的物料搬运和物料存储工作。

(2) 标准化原则。物料搬运方法、设备、器皿、控制和软件应标准化，以达到系统总体作业目标，且不牺牲灵活性、模块化和吞吐量的要求。

(3) 工作原则。物料搬运工作应当尽可能少，且达到作业所需的生产率和服务水平。搬运工作可以用运量(F)乘以运距(D)来衡量，即 $W = F \times D$。

(4) 人因化原则。在设计物料搬运作业和选择设备时，要考虑人体的作业能力和局限性，以保证安全和有效地作业。

(5) 单元化原则。尽可能采用标准容器与装载工具集中装载物料，以便于物料搬运过程的标准化、集装化。

(6) 空间利用原则。最大可能地充分利用建筑物的平面空间和立体空间，使之整体达到最优。

(7) 系统化原则。尽可能广泛地整合各种搬运活动，使之成为一个整体，组成相互协调的搬运系统。系统范围包括供应商、收货、验收、储存、生产、检验、包装、仓储、发货、运输和反向物流等。

(8) 自动化原则。应当尽可能采用合理的机械设备执行搬运作业，避免使用人力搬运，以提高作业效率、反应速度和一致性，降低成本并消除重复性和有潜在不安全性的人工作业。

(9) 环境原则。在设计物料搬运系统和选择设备时，应当将对环境的影响和能量的消耗作为一个重要依据。

(10) 成本原则。应当在整个生命周期内，对所有的物料搬运设备和最终的物料搬运系统进行全面深入的经济分析，在经济有效的基础上，比较每个设备和每种方法的经济条件，衡量每个搬运单位所耗用的成本大小。

这些原则可以作为对物料搬运系统优劣的判断。但是要注意，其中有些原则是相互冲突的，需要根据具体情况做出取舍。

3. 物料搬运活性系数

物料搬运活性系数是指物料的存放状态对搬运作业的难易程度。物料的存放状态各式各样，可以散放，也可以装箱，或放在托盘上支垫和装车。由于存放状态不同，物料的搬运难易程度就不同。比如，搬运处于静止状态的物料时，需要考虑搬运作业所必需的人工作业，所费的人工越多，活性就越低；反之，所需的人工越少，活性越高，但相应的投资费用也越高。而从经济角度考虑，搬运活性高的搬运方法是比较好的方法。

度量物料搬运的活性系数时，规定最基本的活性是水平最低的散放状态的活性，其活性系数为 0，对此状态每增加一次必要的操作，其物品的搬运活性系数就增加 1 个单位，活性水平最高状态的活性系数是 4。诸如把散放在地上的物品运走，需要经过集中、搬起、升起、运走四次搬运作业，需要进行的作业次数最多、最不方便，即活性水平最低；而对于集装在箱中的物品，只要进行三次作业就可以运走，物料搬运作业较为方便，活性水平高一个等级；装载于正在运行的车上的物品，已经在运走的过程中，不需要进行其他作业，活性水平最高，活性系数为 4。图 5.10 所示为物料搬运活性系数的变化情况，活性系数确定的原则如表 5.1 所示。

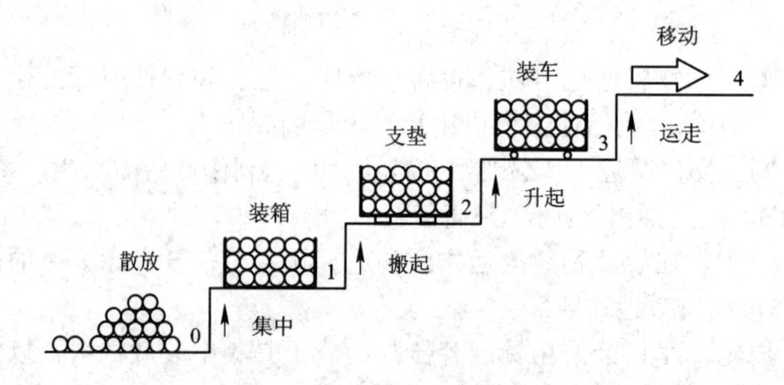

图 5.10　物料搬运活性系数示意图

表 5.1　活性系数确定原则表

物品状态	作业说明	作业种类				还需要的作业数目	已不需要的作业数目	搬运活性指数
		集中	搬起	升起	运走			
散放在地上	集中、搬起、升起、运走	要	要	要	要	4	0	0
集装在箱中	搬起、升起、运走(已集中)	否	要	要	要	3	1	1
托盘上	升起、运走(已搬起)	否	否	要	要	2	2	2
车中	运走(不用升起)	否	否	否	要	1	3	3
运动着的输送机	不要(保持运动)	否	否	否	否	0	4	4
运动着的物品	不要(保持运动)	否	否	否	否	0	4	4

在对物料搬运的活性系数有所了解的情况下，可以利用活性理论，改善搬运作业。如对不同的物料搬运工具，其相应的活性系数可规定如下：

低于 0.5，有效利用集装器具、手推车；

0.5～1.3，有效利用动力搬运车、叉车、卡车；

1.3～2.3，有效利用输送机、自动导引车；

2.3 以上，从设备、方法方面进一步减少搬运工序数。

总之，活性系数越高，所需人工越少，但设备投入越多。在进行搬运系统设计时，不应机械地认为活性系数越高越好，而应综合考虑。

4. 物料搬运的单元化和标准化

实现单元化和标准化对物料搬运的意义重大。一方面，物料实行单元化后，改变了物料散放状态，提高了搬运活性系数，易于搬运；同时也改变了堆放条件，能更好地利用仓库面积和空间。另一方面，实现标准化能合理、充分地利用搬运设备、设施，提高生产率和经济效益。

1) 单元化

单元化是将规模思想应用到不同物料的搬运中，即将不同状态和大小的物品集装成一个搬运单元，便于搬运作业，故也称为集装单元化。物品的搬运单元化可以缩短搬运时间，保持搬运的灵活性和作业的连贯性，也是搬运机械化的前提；具有一定规格尺寸的货物单元便于搬运机械操作，减轻工人劳动强度，提高工作效率；集装单元可以防止物品散失，易于清点和增加货物堆码层数，更好地利用仓库空间；减少货物变换环节，减少因变换而造成的货损差，提高物流质量，节约人力、物力和费用；减少了受气候影响的程度，保证正常工作，加速货物流转，提高效率。

2) 标准化

标准化是指物品包装与集装单元的尺寸(如托盘的尺寸、包箱的尺寸等)，要符合一定的标准模数。因为仓库货架、运输车辆、搬运机械均要根据标准模数确定其性能参数，这有利于物流系统中各个环节的协调配合，在异地中转等作业时可不用换装，提高了通用性，能够减少搬运作业时间，减轻物品的散失、损坏，节约费用。

3) 物流基础模数

物流基础模数是物流系统各标准尺寸的最小公约尺寸，是标准化的基础，其考虑的基本要点是简单化。在基础模数尺寸确定之后，各个具体的尺寸标准，诸如设备的制造、设施的建设、物流系统的各个环节、物流系统与其他系统的配合，都要以基础模数尺寸为依据。目前 ISO 中央秘书处及欧洲各国已基本认定 600 mm × 400 mm 为基础模数尺寸。对于基础模数一般采用“逆推法”，即由输送设备的尺寸来推算最佳的基础模数，同时考虑现在已通行的包装模数和已使用的集装设备，以及人体可操作的最大尺寸等因素。

4) 物流模数

物流模数即集装单元基础模数尺寸(最小的集装尺寸)，是物流设施与设备的尺寸基准。物流模数是为了物流的合理化和标准化，以数值关系表示的物流系统各种因素尺寸的标准尺度。它是由物流系统中各种因素构成的，这些因素包括货物的成组、成组货物的装卸机械、搬运机械和货车、卡车、集装箱以及运输设施、用于货物保管的机械和设备等。

集装单元的基础模数可以从 600 mm × 400 mm 按倍数系列推导出来，也可以在满足 600 mm × 400 mm 基础模数的前提下，从卡车或大型集装箱的分割系列推导出来，如图 5.11 所示。物流模数尺寸以 1200 mm × 1000 mm 为主，也允许 1200 mm × 800 mm 及 1100 mm × 1100 mm 等规格。

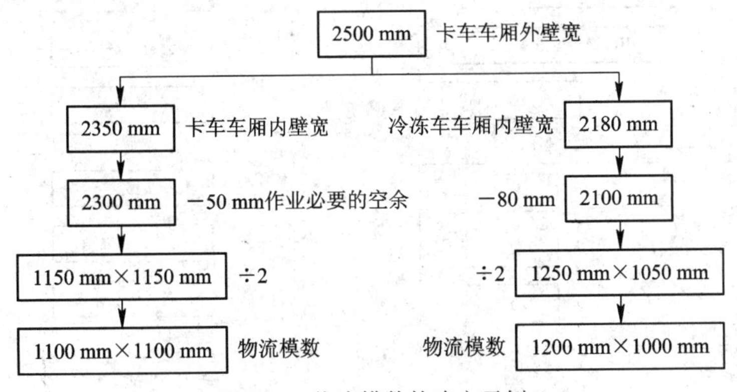

图 5.11　物流模数的确定示例

一般情况下，物流基础模数尺寸与集装单元基础模数尺寸之间存在着简单的配合关系，以集装单元基础模数尺寸 1200 mm × 1000 mm 为例，其配合关系如图 5.12 所示。

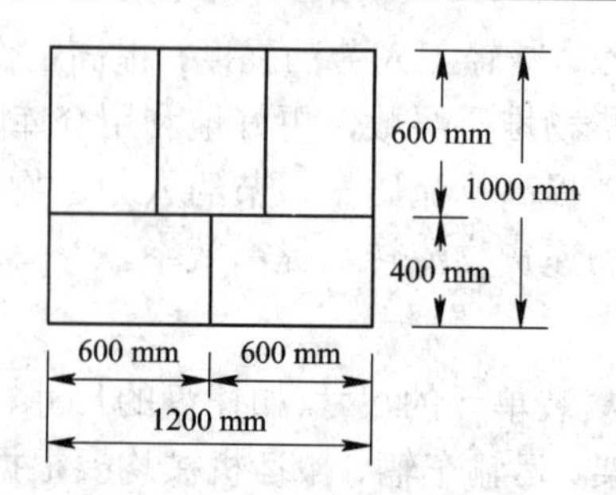

图 5.12　物流基础模数尺寸与集装单元基础模数尺寸的配合关系示例

5.2.2　物料搬运系统分析与设计

物料搬运系统(Material Handling System，MHS)是指将一系列相关的设备或者装置，结合在一个系统或过程中，协调、合理地对物料进行移动、储存或控制。对此，Muther提出了一种适合一切物料搬运项目的系统分析方法，其基本的观点就是针对企业物流系统的环境、物料性质、搬运路线、搬运设备与器具、物料移动方式和搬运方法进行全面、系统的调查与分析，找出当前存在的问题，设计出最佳的物料搬运系统设计方案。

1. 物料搬运系统的分析过程

物料搬运系统分析(System Handling Analysis，SHA)的基本方法包括三部分：

(1) 一种解决问题的方法，一系列依次进行的步骤和一套关于记录和图表化的图例符号；

(2) 四个分析阶段，每个阶段都是相互联系、相互交叉重叠的；

(3) 总体方案设计和详细方案设计都必须遵循同样的程序模式。

物料搬运系统分析过程的四个阶段分别是外部衔接、总体搬运方案设计、详细搬运方案设计及方案实施，如图 5.13 所示。

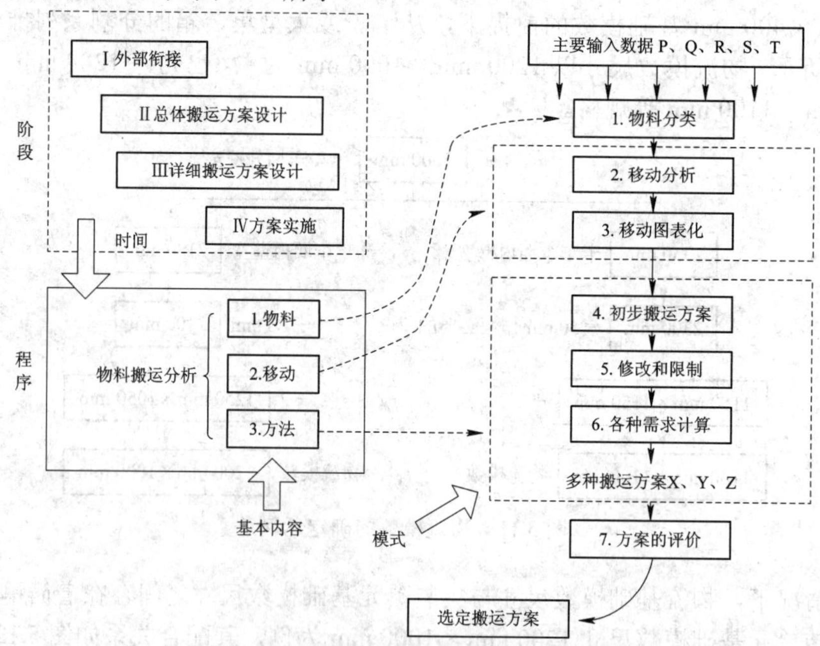

图 5.13　物料搬运系统分析过程示意图

(1) 外部衔接。这个阶段要弄清整个区域或所分析区域的全部物料进出搬运活动。在这之前，先要考虑所分析区域以外的物料搬运活动，就是把区域内具体的物料搬运问题同外界情况或外界条件联系起来考虑，使内外衔接能够互相协调，以利于确定设施的具体布置地点。

(2) 总体搬运方案。这个阶段要确定各主要区域之间的物料搬运方法、作业单位、部门或区域的相互关系及外形，对物料搬运的基本路线系统、搬运设备大体的类型以及运输单元或容器做出总体决策。

(3) 详细搬运方案。这个阶段要考虑每个主要区域内部各工作地点之间的物料搬运，确定每台机器、设备、通道、仓库或服务涉及的位置；确定各工作地点之间的移动路线系统、设备和容器，以及对每项移动的分析，完成详细的物料搬运系统设计。如果说第二阶段是分析工厂内部各车间或各厂房之间的物料搬运问题，那么第三阶段就是分析从一个具体工位到另一个工位或者从一台设备到另一台设备的物料搬运问题。

(4) 方案实施。任何方案都要在实施之后才算完成。这个阶段要进行必要的准备工作，即订购设备、完成人员培训、制定并实现具体搬运设施的安排计划，以支持后面的实施与管理。

上述四个阶段是按时间顺序依次进行的，但是为了取得最好的效果，各阶段在时间上应有所交叉重叠。总体方案和详细方案的编制是物流系统规划设计人员的主要任务。

2. 物料搬运系统的设计要素

物料搬运系统的输入要素包括五个方面(参看图 5.13)：用符号 P 表示系统产品或物料(部件、零件、商品)种类；用符号 Q 表示输入系统的物料数量(销售数量或合同订货量)；用符号 R 表示物料的各种路线，包括工艺路线、生产流程、各工件的加工路线及其形成的物流路线；用符号 S 表示后勤与服务(如库存管理、订货单管理、维修等)；用符号 T 表示物料流动时间等。各要素的详细说明如表 5.2 所示。

表 5.2　物料搬运系统的设计五要素说明

设计要素	影 响 特 征
P 产品(部件、零件、商品)	产品和物料的可运性取决于物品的特征和所用容器的特征，而且每个工厂都有其经常搬运的某些物品
Q 数量(产量、用量)	数量有两种意义：① 单位时间的数量(物流量)；② 单独一次的数量(最大负荷量)。不管按哪种意义，只要搬运的数量愈大，搬运所需的单位费用就愈低
R 路线(起点至终点)	每次搬运都包括一项固定的终端(取、放点)费用和一项可变的行程费用。注意路线的具体条件，并注意条件变化(室内或室外搬运)及方向变化所引起的费用变化
S 辅助服务(周围环境)	传递过程、维修人员、发货、文件等均属服务性质，搬运系统和搬运设备都有赖于这些服务；工厂布置、建筑物特性，以及储存设施都属于周围环境，搬运系统及设备都必须在此环境中运行
T 时间(时间性、规律性、紧迫性、持续性)	一项重要的时间因素(时间性)是：物料搬运必须按其执行的规律；另一重要因素是时间的持续长度——这项工作需要持续多长时间；紧迫性和步调的一致性也会影响搬运费用

3. 物料的分类

在生产系统中，物料分为八个基本类型：

(1) 散装物料，如煤、型砂等；

(2) 板料、型材，如金属、塑料等；

(3) 单件物料，如大型机械部件；

(4) 桶装料，如油、各种粉料；

(5) 箱盒装料，如各种小零件；

(6) 袋装料，如各种粉料；

(7) 装料，如各种气体、液体、粉料；

(8) 其他。

物料分类的基本方法和目的是要弄清物料的形态及其特征性质，概括而言需要认清其是固体、液体还是气体，是单独件、包装件还是散装件。经过对所有物料进行分类，不仅可简化分析工作，还有助于把整个问题化整为零，逐个解决。SHA 的物料分类是根据影响物料可运性(移动的难易程度)的各种特征判断是否可以采用同一种搬运方法，通常先考虑物理特征(对物理特征来说，实际起作用的往往是容器或搬运单元)、数量、时间等，然后编制物料特征表，如表 5.3 所示。

表 5.3　物料特征表

产品与物料名称	物品的实际最小单元	单元物品的物理特性							其他特性			
		尺寸			重量	形状	损伤的可能性(对物料、人、设备)	状态(湿度、稳定性、刚度)	数量(产量)或批注	时间性	特殊控制	类别
		长	宽	高								

4. 布置

对物料鉴别并分类后，SHA 的下一步就是分析物料的移动。在对移动进行分析之前，首先应该对系统布置进行分析，因为布置在很大程度上决定了物料之间的移动和距离，并影响搬运设备和容器的选择。一般需要从布置中了解以下基本信息：

(1) 每项移动的起讫点(提取和放下的地点)具体在哪里？

(2) 有哪些路线及这些路线上有哪些物料搬运方法是在规划之前已经确定了的，或者大体上规定好了的？

(3) 物料搬进运出和穿过的每个作业区域所涉及的建筑特点是什么样的(包括地面负荷、厂房高度、柱子间距、屋架支撑强度、室内还是室外、有无采暖、有无灰尘等)？

(4) 物料搬进运出的每个作业区域内进行什么工作？作业区域内部分已有的(或大

体规划的)安排是什么？或大概是什么样的布置？

由此可见，当进行某个区域的搬运分析时，应该先取得或先准备好这个区域的布置草图、蓝图或规划图。如果分析一个厂区内若干建筑物之间的搬运活动，就要有厂区总体布置图；如果分析一个加工车间或装配车间内两台机器之间的搬运活动，就要有这两台机器所在区域的布置详图。

5. 移动分析

布置形式决定了物料搬运的起点和终点的距离，因此，移动分析必须建立在物料搬运作业与具体布置结合的基础上，其主要工作有四项。

(1) 收集各项移动分析的资料，包括物料分类、移动距离和路线的具体情况(弯曲程度、路面情况、气候与环境、拥挤程度、起讫点情况)，以及物流量和物流条件。

(2) 选择移动分析方法——流程分析法。每次只观察一类物料，并跟随它沿整个生产过程收集材料，必要时跟随从原料库到成品库的全过程，然后编制出流程图(见图 5.14)或流程线路图。当物料品种很少或是单一品种时，常采用此法。

序号	工序（说明）	数量/箱	距离/m	时间/min	符号					备注
					○	⇨	D	□	▽	
1	从货车卸下，置于斜板上		1.2		●					2人
2	从斜板上滑下		6	5		➡				2人
3	置于手推车上		1		●					2人
4	推至启箱处		6	5		➡				1人
5	移至箱筐		—	5	●					1人
6	推向载货台		9	5		➡				1人
7	等待卸车		—	5			◗			
8	从箱和盒中取出T形块放在工作台上		—	20	●					检查员
9	进行点数及检查		—					■		
10	点数后重新装箱		—		●					库管员
11	等待搬运工		—	5			◗			
12	运至分配点		9	5		➡				1人
13	存放		—						▼	
合计			32.2	55	5	4	2	1	1	

图 5.14　物流流程分析示意图

起讫点分析法又有两种不同的做法：一种是搬运路线分析法，另一种是区域进出分析法。搬运路线分析法是通过观察每项移动的起讫点来收集资料，编制搬运路线一览表(见表 5.4)。每次分析一条路线，收集这条路线上移动的各类物料或各种产品的有关资料。区域进出分析法则每次对一个区域进行观察，收集这个区域搬进运出的所有物料的资料，每个区域要编制一个物流进出表。

表 5.4　搬运路线一览表示意

厂名：＿＿＿＿　项目：＿＿＿＿　制表人：齐二石　参加人：荆冰彬

起点：原料库　终点：压力机车间　日期：＿＿＿＿　第＿页共＿页

物料类型		路线状况　距离 280 米			物流或搬运活动		等级依据
名称	类别代号	起点	路程	终点	物流量(单位时间的数量)	物流要求(数量、管理和时间要求)	
钢板	*a*	原料库(配有桥式起重机)	穿过露天场地到达	剪切机旁边(地方有限)	平均每天 60 张	必须与剪切计划步调一致	
托盘货物	*b*	物料从托盘上起运(有些托盘在托盘架上)	生产厂房、电梯到三层楼。冬天四个门	预焊接线(极为拥挤)	平均每天 18 托盘	与每天的油漆进度密切联系	
小件	*e*	从料架或料箱中取下，放在存放区	夏天两个门。生产厂房的底层交通拥挤	分列在小件所用的三个不同料架上	平均每天 726 kg，30 种	共计 120 种零件；有些 1 天，有些 2 天，有些 1 周	
空盒	*j*	堆放在地上，位置在原料库的东北角		“无装配”件集合点	每天 0～25 盒，平均每天 18 盒	每天一次即可。盖板松下是个问题	

表 5.5　物料搬运活动一览表示意

公司：＿＿＿＿　厂名：＿＿＿＿　项目：＿＿＿＿

①　制表人：＿＿＿＿　参加人：＿＿＿＿

物流量单位：＿＿＿＿　日期：＿＿＿　第＿页共＿页

物料↓ / 移动→ 工作量

物料类型 →			③	路线合计		
路线						
从—至 双向运输	距离 单位	具体 情况	④	物流量 单位＿＿	运输工作量 单位＿＿	等级
1						
2	②			⑤		
3						
4						
5						
6						
7						
8						
9						
10						
……						
20						
21						
22						
23						
24						
25						
每类物料合计	物流量			⑦		
	运输工作量					
	标定等级		⑥			

校核总数

搬运活动一览表用法说明

① 填写本表表头各项，表示物流量的计量单位

② 每一条路线填一行（注明是单向还是双向）记下路线的距离和具体状况(在左下角说明代号的意义)

③ 填写各类物料，每类占一样或两样视需要而定

④ 按项目重要性填写物料搬运量，类型的填写内容有：物流量(必填)、物料要求(在本表右下方加以说明)和运输工作量，留个地方供以后填写每个物流量的等级，在本表的空白地方对有关此项目所填的内容加以说明

⑤ 合计每条路线的物流量，必要时填写运输工作量，用 AEIOU 对每条路线的相对重要性标定等级

⑥ 纵向合计每类物料的物流量，必要时填写运输工作量，用 AEIOU 对每类物料的相对重要性标定等级

⑦ 纵向及横向合计，核对无误，填定物料量和运输工作量总数

代号	路线的具体情况

代号	物流条件、状况或其他说明事项

(3) 搬运活动一览表。为了把所收集的资料进行汇总，达到全面了解情况的目的，可以编制搬运活动一览表(见表 5.5)。其中，需要对每条路线、每类物料和每项移动的相对重要性进行标定时，采用作业相关图法的 A、E、I、O、U 等级划分，以此表示区域之间相关功能的密切程度及其相互位置，按重要等级高的部门相邻布置的原则，安排出最合理的布置方案。

(4) 各项移动的图表化。图表化是将各项移动的分析结果标注在区域布置图上，达到一目了然的效果。各项移动的图表化是 SHA 模式中的一个重要步骤。物流图表化的方法有三种：物流流程简图、平面布置图上绘制的物流图(见图 5.15)和坐标指示图。其中平面布置图上绘制的物流图由于注明了准确的位置和距离，能够表明每条路线的距离、物流量和物流方向，可用于选择搬运方案。

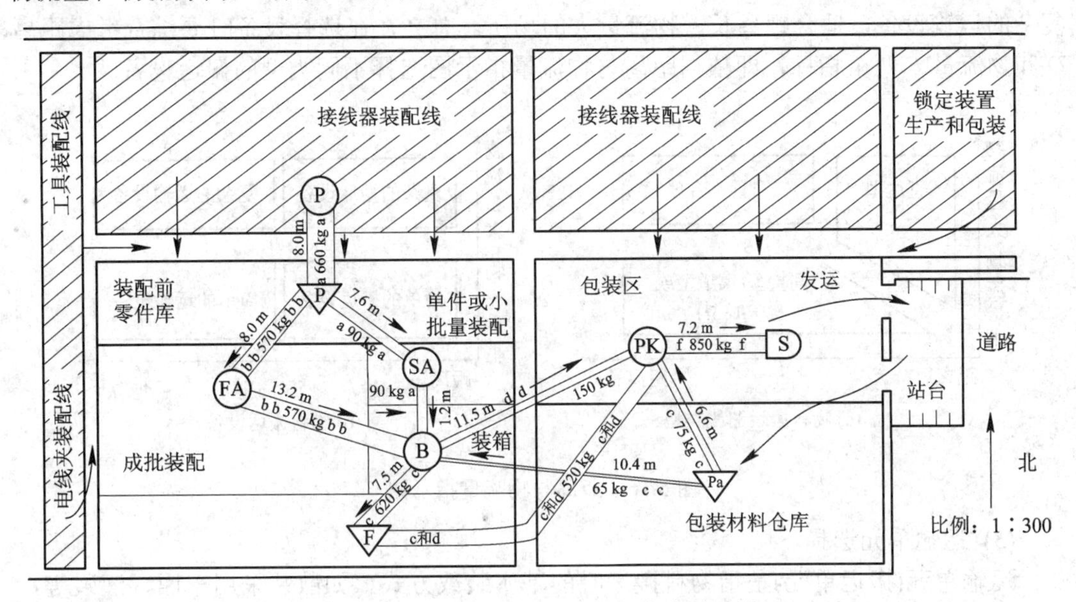

图 5.15　平面布置图上绘制的物流图示例

6. 搬运方案分析

物料搬运方法是物料搬运路线、搬运设备和运输单元的总和，即将一定类型的搬运设备与一定类型的运输单元相结合，并进行一定模式的搬运活动，以形成一定的搬运路线系统。一个工厂的搬运活动可以采用同一种搬运方法，也可以采用不同的方法。一般情况下，搬运方案都是几种搬运方法的组合。

1) 物料搬运路线及设备选择原则

(1) 搬运路线选择。

① 直达型 D。这种路线上各种物料从起点到终点经过的路线最短。当物流量大、距离短或距离中等时，一般采用这种形式是最经济的，尤其当物料有一定的特殊性而时间又较紧迫时更为有利。

② 渠道型 K。一些物料在预定的路线上移动，同来自不同地点的其他物料一起运到同一个终点。当物流量为中等或少量，而距离为中等或较长时，采用这种形式是经济的，尤其当布置不规则、分散时更为有利。

③ 中心型 C。各种物料从起点移动到一个中心分拣处或分拨地，再运往终点。当物流量小而距离中等或较远时，这种形式是非常经济的，尤其当厂区外形基本上是方整的且管理水平较高时更为有利。

图 5.16(a)所示为物料搬运路线的三种形式选择图。根据物料搬运的原则，若物流量大而距离又长，则说明这样的布置不合理。

(2) 搬运设备选择。

根据距离与物流量指示来确定设备的类别，如图 5.16(b)所示。一般按设备的技术或具体性将其分成四类：起重机、输送机、无轨搬运车辆和有轨搬运设备。若采用费用标准则可将搬运设备分为：简单的搬运设备，适合距离短、物流量小的场所；简单的运输设备，适合距离长、物流量小的场所；复杂的搬运设备，适合距离短、物流量大的场所；复杂的运输设备，适合距离长、物流量大的场所。总之，在选择设备时要综合考虑距离 D 和物流量 F 两个指标，即依据距离与物流量指示图选择不同类型的搬运设备。

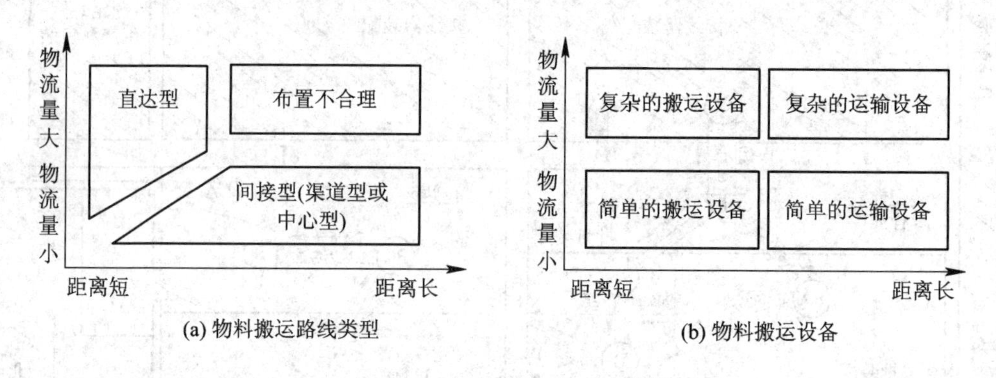

图 5.16　距离与物流量指示图

(3) 运输单元选择。

运输单元(搬运单元)是指物料搬运时的基本装载方式，如散装采用车厢、灌装等，单件采用单件包装、集装器具等。应根据物料特点和设备来选择运输(搬运)单元，诸如单件物品合并、聚集或分批地用桶、纸箱、板条箱等组成运输单元，或用托盘、袋子、包裹或板条箱叠装以及将物品绑扎等都是单元化搬运形式。

(4) 搬运方法选择。

确定搬运的方法时，先根据图 5.16(a)所示的搬运路线类型及选择原则确定搬运路线，再根据搬运设备选择原则确定搬运设备的类别、规格及型号，最后根据物料一览表确定运输单元。

2) 搬运方案的修改和限制

将物料分类后，对布置方案中各项搬运活动进行分析和图表化，并对物料搬运分析中所用的各种搬运方法综合组合就可以初步确定具体的物料搬运方案，诸如方案 X、方案 Y、方案 Z 等。此后要使初步设计的搬运方案符合实际、切实可行，必须根据实际的限制条件进行修改。物料搬运系统的设计除了路线、设备和容器(运输单元)外，还要考虑正确有效地操作设备，协调和辅助物料搬运正常进行的问题等。在设计后要进行修改和限制的方面有：

(1) 已确定的同外部衔接的搬运方法；
(2) 既满足目前生产需要，又能适应远期发展或变化；
(3) 和生产流程或流程设备保持一致；
(4) 可以利用现有公用设施和辅助设施保证搬运计划的实现；
(5) 布置方案对面积、空间的限制条件；
(6) 建筑物及其结构特征；
(7) 库存控制原则及存放物料的方法和设施；
(8) 投资的限制；
(9) 影响工人安全的搬运方法等。

3) 说明和各项需求的计算

按实际条件和限制作出了修改后，一般会产生若干个不同的方案。对这些方案要逐个进行说明或计算，其内容包括：每条路线上每种物料搬运方法的说明；搬运方法以外其他必要的变动说明，如更改布置、作业计划、生产流程、建筑物、公用设施、道路等；计算搬运设备和人员的需求量；计算投资数额和预期的运营费用。

4) 方案评价

对方案的评价是搬运系统设计方法的一个决定性的步骤，需要采用成本费用或财务比较法、加权因素比较法等方式，从几种合理可行的方案中选择最佳方案。

7. 搬运方案的详细设计

搬运方案的详细设计是在确定了搬运路线系统、搬运设备、运输单元、搬运方案初步设计的总体方案基础之上，制定一个从工作地到工作地，或从具体取货点到具体卸货点之间的搬运方法。详细搬运方案必须要与总体搬运方案协调一致。实际上，SHA 在方案初步设计阶段和方案详细设计阶段用的是同样的模式，只是在实际运用中，两个阶段的设计区域范围不同，详细程度不同。详细设计阶段需要大量的资料、更具体的指标和更多的实际条件。这时我们需要掌握物料分类、布置和移动分析的详细资料。

在完成总体搬运方案和详细搬运方案的设计后，加上外部衔接和方案的实施两部分，就是 SHA 阶段构成的完整内容，也是利用 SHA 方法进行物料搬运系统设计的内涵。

5.2.3　自动化立体仓库设计

自动化立体仓库又称立库、高层货架仓库、自动仓储 AS/RS(Automatic Storage & Retrieval System)，是一种采用高层立体货架(托盘系统)存储物资，用计算机控制管理和用自动控制堆垛运输车，在不直接进行人工处理的情况下自动存取作业的系统。

1. 自动化立体仓库的分类

自动化立体仓库是一个复杂的综合自动化系统，作为一种特定的仓库形式，一般有以下几种分类方式。

1) 按建筑形式分类

按建筑形式可分为整体式和分离式。

(1) 整体式仓库是指货架除了存储货物以外，还作为建筑物的支撑结构，构成建筑物的一部分，即库房货架一体化结构，一般整体式仓库的高度在 12 m 以上。这种仓库结构质量轻，整体性好，抗震好。

(2) 分离式仓库的货架在建筑物内部独立存在，其高度在 12 m 以下，但也有 15 m～20 m 的，适用于利用原有建筑物作库房，或在厂房和仓库内单建一个高货架的场所。

2) 按货物存取形式分类

按货物存取形式可分为单元货架式、移动货架式和拣选货架式。

(1) 单元货架式是常见的仓库形式，货物先放在托盘或集装箱内，再装入单元货架的货位上。

(2) 移动货架式仓库由电动货架组成，货架可以在轨道上行走，由控制装置控制货架合拢和分离。作业时货架分开，在巷道中可进行作业；不作业时可将货架合拢，只留一条作业巷道，从而提高空间的利用率。

(3) 拣选货架式仓库中的分拣机构是其核心部分，分为巷道内分拣和巷道外分拣两种方式。“人到货前拣选”是拣选人员乘拣选式堆垛机到货格前，从货格中拣选所需数量的货物出库。“货到人处拣选”是将存有所需货物的托盘或货箱由堆垛机送至拣选区，拣选人员按提货单的要求拣出所需货物，再将剩余的货物送回原地。

3) 按货架构造形式分类

按货架构造形式可分为单元货位式、贯通式、水平旋转式和垂直旋转式。

(1) 单元货位式仓库应用最为广泛，也称巷道式立体仓库。它适用于存放多品种少批量货物。巷道两边是多层货架，在巷道之间有堆垛机，沿巷道中的轨道移动。用堆垛机上的装卸托盘可到多层货架的每一个货格存取货物。巷道的一端为出入库装卸站。这类仓库的巷道占去了 1/3 左右的面积，为了提高仓库面积利用率，可以将货架合并形成贯通式仓库。

(2) 贯通式仓库取消了单元货位式仓库位于各排货架之间的巷道，将个体货架合并在一起，使每一层、同一列的货物互相贯通，形成能依次存放多货物单元的通道。在通道一端，由一台入库起重机将货物单元装入通道，而在另一端由出库起重机取货。根据货物单元在通道内的移动方式，贯通式仓库又可分为重力式货架仓库和穿梭小车式货架仓库。

① 重力式货架仓库依靠存货通道的坡度，货物单元在其重力作用下从入库端自动向出库端移动，直到碰上已有的货物单元停止为止。当出库端的货物单元取走后，后面的货物单元在重力作用下依次向出库端移动。由于每个存货通道只能存放同一种货物，重力式货架仓库适用于存储品种不太多而数量又相对较大的货物。

② 穿梭小车式货架仓库的工作方式是梭式小车在存货通道内往返穿梭以搬运货物。一旦出库起重机从存货通道的出库端搬出一个货物单元，梭式小车开始在存货通道内往返穿梭，将货架上的货物单元依次前移，达到整理完毕待命状态，如图 5.17 所示。这时在存货通道的入库端留出空位来，允许入库起重机将要入库的货物单元搬入。这种货架结构比重力式货架简单得多。梭式小车可以由起重机从一个存货通道搬运到另一个通道。必要时，这种小车可以自备电源，工作比较灵活，其数量可根据仓库作业的频繁程度进行确定。

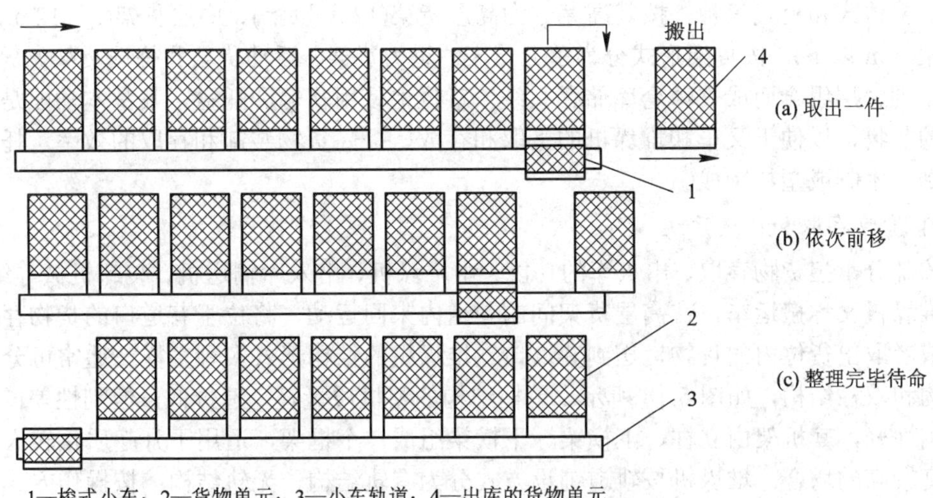

图 5.17　梭式小车的工作原理

(3) 水平旋转式仓库可以在水平面内沿环形路线来回运行。每组货架由若干独立的货柜组成，用一台链式传送机将这些货柜串连起来。每个货柜下方有支撑滚轮，上部有导向滚轮。传送机运转时，货柜在水平面内沿环形路线来回运动。需要提取某种货物时，只需在操作台上给予出库指令，相应的一组货架便开始运转。当装有所需货物的货柜转到出货口时，货架停止运转，操作人员可从中拣选货物。货柜的结构形式根据所存货物的不同而变更。这种货架对于小件物品的拣选作业十分合适。它简便实用，充分利用建筑空间，适用于作业频率要求不太高的场合。对于存储量大、作业频率较高的场合，可采用多层循环货架。

(4) 垂直旋转式仓库与水平旋转式仓库相似，只是把水平面内的旋转改为垂直面内的旋转。这种货架本身就是一台提升机，提升机的分支上都悬挂有货格。提升机根据操作命令可以正转或反转，使需要的货物降落到取货位置上。这种垂直旋转式货架特别适用于存放长卷状货物，如地毯、地板革、胶片卷、电缆卷等，也可用于储存小件物品。

4) 按作用分类

按作用可分为生产性仓库和流通性仓库。

(1) 生产性仓库是指工厂内部为了协调工序和工序、车间和车间、外购件和自制件物流的不平衡而建立的仓库，它能保证各生产工序间有节奏地生产。

(2) 流通性仓库是一种服务性仓库，它是企业为了调节生产厂商和用户间的供需平衡而建立的仓库。这种仓库进出货物比较频繁，吞吐量较大，一般都和销售部门直接联系。

2. 自动化立体仓库的构成

自动化立体仓库是机械和电气、强电控制和弱电控制相结合的产品，它主要由货物储存系统、货物存取和传送系统、控制和管理系统等组成，还有与之相配套的供电系统、空调系统、消防报警系统、称重计量系统、信息通信系统等。

1) 货物储存系统

货物储存系统由立体货架的货位(托盘或货箱)组成，立体货架的机械结构可分为分离式、整体式和柜式三种，按其高度分为高层货架(12 m 以上)、中层货架(5～12 m)、底层货架(5 m 以下)。按货架形式分为单元货架、重力货架、活动货架和拣选货架。货架按照排、列、层组合而成立体仓库储存系统。货位上使用货箱和托盘，其基本功能是装载小件的货物，以便于叉车和堆垛机的叉取和存放，提高货物装卸和存取的效率。托盘多为钢制、木制或塑料制成。

2) 货物存取和传送系统

该部分承担货物存取、出入库的功能，由堆垛机、出入库输送机、装卸机械等组成。

堆垛机又称搬运车，在高层货架间的巷道内来回运动，将位于巷道口的货物存入货位，或者取出货位内的货物运送到巷道口。堆垛机的结构形式多种多样，通常可分为单柱结构和双柱结构，如图 5.18 所示。单柱结构的整机质量轻、造价低，但刚性差；双柱结构刚性好，其机架由立柱、上横梁、下横梁组成一个框架，适用于升起质量较大或起升高度较高的场合。堆垛机按轨道铺设方式分为有轨结构、无轨结构；按操作方式分为有人操作方式、无人操作方式；按控制方式还可以分为手动控制方式、PC 控制方式和无线遥控方式；按照行走动力不同有电力、电瓶、内燃动力等；按其运行方式分为直线运动和回转运动。

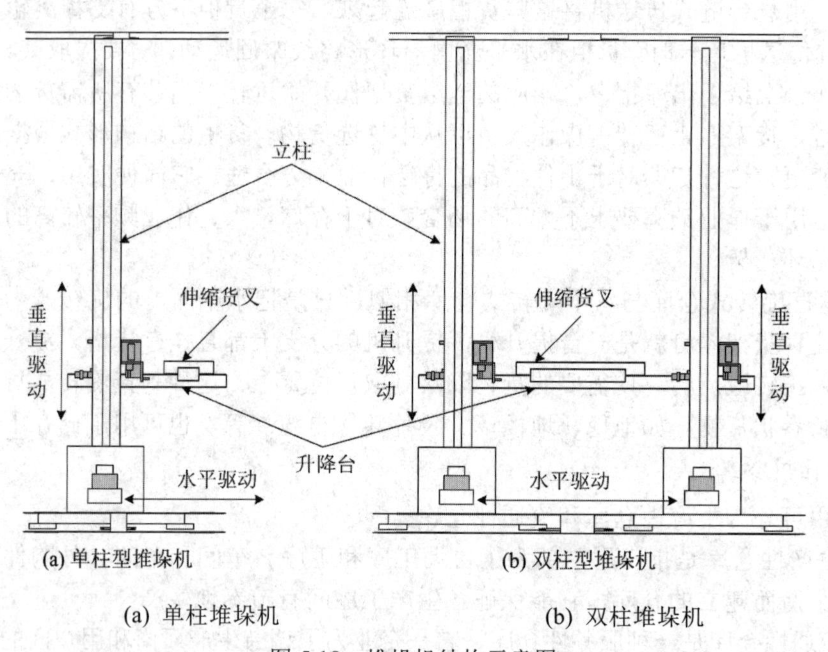

(a) 单柱堆垛机　　(b) 双柱堆垛机

图 5.18　堆垛机结构示意图

堆垛机采用相对寻址的操作方式寻找货位。当堆垛机沿巷道轨道或装卸托盘沿框架导轨行走时，每经过仓库的一列或一层，货位地址的当前值加 1 或减 1，当前值与设定值接近时，控制堆垛机或装卸托盘自动减速；当前值与设定值完全相符时，发出停车指令，装卸托盘便准确地停在设定的货位前。堆垛机升降机构由电动机、制动器、减速器、卷筒、链轮、柔性件(钢丝绳或起重链)等组成。载货台是货物单元的承载装置，由货台本体和存取货装置组成。安全保护装置主要包括终端限位保护、连锁保护、载货台断绳保护和断电保护等，连锁保护主要指货叉伸缩、堆垛机行走和载货台升降之间的互锁。

出入库输送机是自动化立体仓库的主要外围设备，负责将货物送到堆垛机或从堆垛机将货物移走。输送机的种类很多，常见的有滚道输送机、链条输送机、升降台、分配车、提升机、传送带机等。它们可以将物料沿固定的路线移动，这种移动可以是连续的，也可以是断续的。装卸机械承担货物出入库装车或卸车的工作，一般由行车、起重机、叉车等装卸机械组成。

3) 控制和管理系统

自动化立体仓库一般采用计算机控制和管理。不同的立体仓库有着不同的控制管理方式，有的仓库只采取对存取堆垛机、出入库输送机的单台 PLC 控制，机与机之间无联系；有的仓库对各单台机械进行联网控制；更高级的自动化立体仓库的控制系统采用集中控制、分离式控制和分布式控制，即由管理计算机、中央监控计算机和堆垛机、出入库输送机等直接控制的可编程控制机械组成控制系统，如图 5.19 所示。

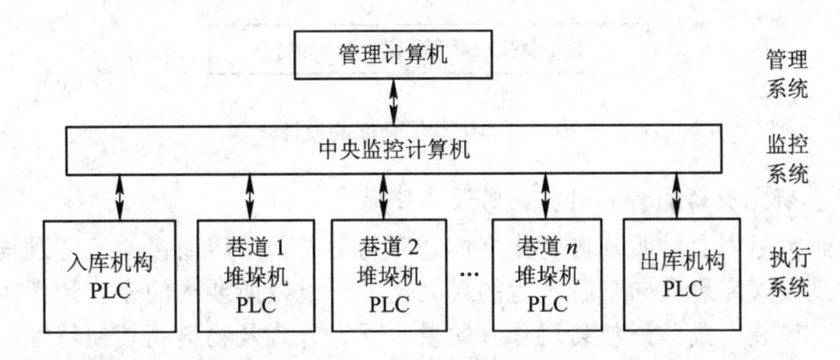

图 5.19　自动化立体仓库控制和管理系统示意图

管理计算机是自动化立体仓库的管理中心，承担出入库管理、盘库管理、查询、打印及显示、仓库经济技术指标计算分析管理等任务，它包括在线管理和离线管理。

中央监控计算机是自动化立体仓库的控制中心，它沟通并协调管理计算机、堆垛机、出入库输送机等之间的联系；控制和监视整个自动化立体仓库的运行，并根据管理计算机或自动键盘的命令组织流程，监视现场设备运行情况和现场设备状态，根据货物流向及收发货显示，与管理计算机、堆垛机和现场设备通信联系，还具有对设备进行故障检测及查询显示等功能。

直接控制是直接将单机自动控制器应用于堆垛机和出入库输送机的控制系统，控制堆垛机从入库取货到送至指定的货位，或从指定的货位取出货物并将其放置到出库取货台。

3. 自动化立体仓库的规划设计

自动化立体仓库的设计是集机、电、光、计算机、建筑于一体的机电一体化系统工程，它包含了许多专门的技术，设计时必须要在分析相关数据的基础上，正确决定仓库的选址、货位的数量、仓库的形式等，按照实际需要并留有余地地计算出入库能力、周边机械和工作循环时间等。一般设计立体仓库时，从仓库的技术先进性与装备适应性的角度出发，其基本设计步骤如图 5.20 所示。

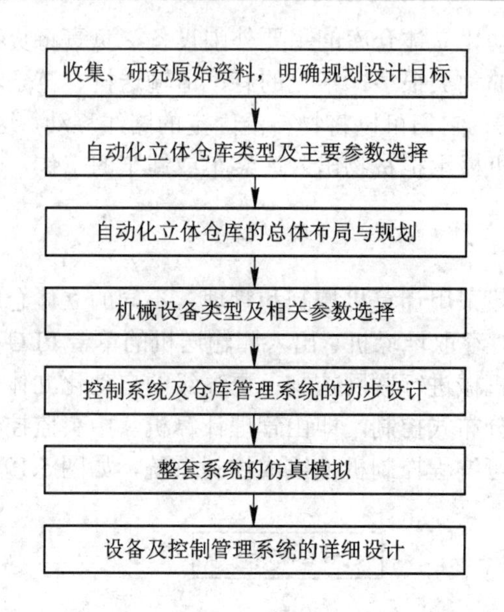

图 5.20　自动化立体仓库的设计步骤

1) 收集、研究原始资料，明确规划设计目标

根据企业实际需要，明确自动化立体仓库与上游、下游衔接的工艺过程，即上游进入仓库的最大入库量、向下游转运的最大出库量以及所要求的库容量；明确物料的品种数、物料包装形式、外包装尺寸、质量、保存方式及物料的其他特性；明确立体仓库的现场条件及环境要求；明确仓库管理系统的功能要求及其他相关的资料与特殊要求等。

2) 自动化立体仓库类型及主要参数选择

所有原始资料收集完毕后，可根据相关的原始资料计算设计所需的相关参数，诸如：整个库区的出入库总量，亦即仓库的流量；货物单元的外形、尺寸及其质量；仓库储存区(货架区)的仓位数量；储存区货架的排数、列数及巷道数目等其他相关技术参数。

(1) 自动化立体仓库的选型及作业方式。

依据立体仓库的流量，一般情况下采用单元货位式仓库；当货物的品种单一、批量较大时，可采用重力式、梭式小车货架仓库，或者贯通式仓库；对于长料储存，可采用垂直旋转式货架仓库；对于小件存储，可采用水平旋转式货架仓库等。

对于物料出入库作业方式的选择，其依赖入库前的搬运状态、出库后的搬运状态、库存作业的要求以及卸货后入库前需要的操作。入库前需要考虑物料是以人工或堆垛机搬运还是无轨小车搬运，或者直接与生产线相连等；出库后的搬运状态考虑物料是以输送机输送还是无轨小车搬运、人工或堆垛机搬运，以及搬运工具的数量等；库存作业要求考虑物料分拣、盘点等；卸货后入库前需要考虑物料的清点、分类，自动堆垛机、托盘的作业循环及数量等。

(2) 货位与货物单元尺寸的确定。

对于横梁式货架，每个货位可以存放两个或三个货物单元，如图 5.21 和图 5.22 所示。

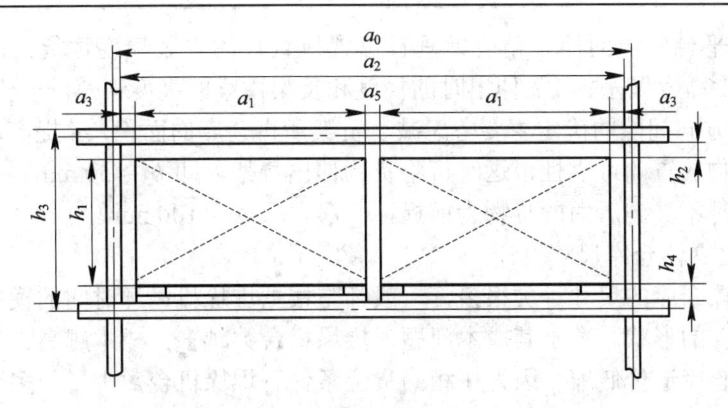

图 5.21　横梁式货架两个货物单元存放尺寸图

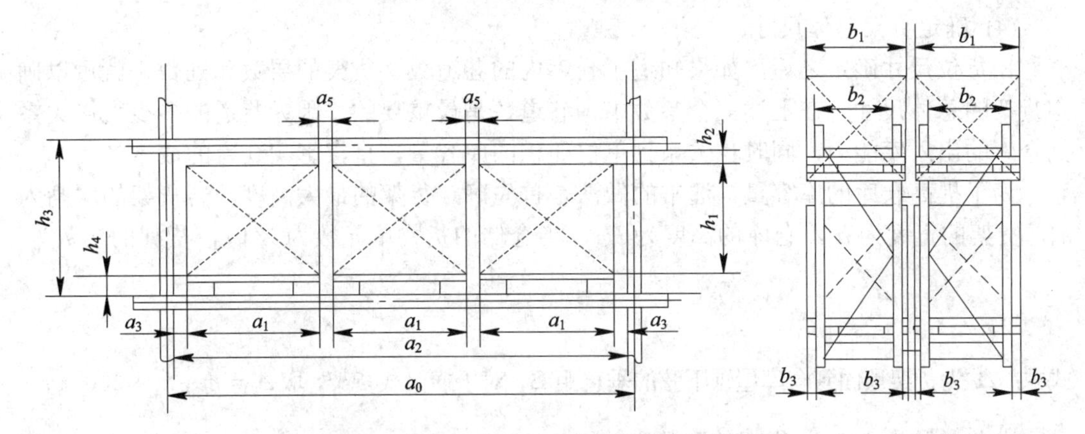

图 5.22　横梁式货架三个货物单元存放尺寸图

货物与货位尺寸代号见表 5.6。当货物尺寸确定之后，货位的尺寸主要取决于货物与货位之间的间隙大小。

表 5.6　货物与货位的尺寸代号说明

代号	名称	代号	名称
a_0	货位单元长度	b_2	货位深度
a_1	货物单元长度	b_3	货物伸出货架长度
a_2	货位单元有效长度	b_4	货物后部间隙
a_3	侧面间隙	h_1	货物高度
a_4	支撑宽度	h_2	货物上部垂直间隙
a_5	货物单元间的水平间隙	h_3	货架层高
b_1	货物宽度	h_4	货物下部垂直间隙

侧面间隙 a_3 和水平间隙 a_5 的大小取决于堆垛机的停车精度及堆垛机与货架的安装精度。精度越高，该取值越小。对于横梁式货架，在堆放 3 个货物单元时，取 $a_3 = a_5 =$ 100 mm；在堆放 2 个货物单元时，取 $a_3 = a_5 = 75$ mm。上部垂直间隙 h_2 应保证堆垛机的货叉在取货物的过程中，微起升时不与上部构件发生碰撞，一般要求 $h_2 >$ (货叉的微行程 + 安全裕量)。对于横梁式货架，下部垂直间隙 h_4 即为托盘高。安全裕量的设置要考

虑堆垛机载货平台升降的停车精度、垂直位置检查片的安装精度、货叉微升和微降行程的误差、货物高度误差、货叉伸出时的挠度和货架横梁的高度误差。一般取 $h_2 = 100$～150 mm。宽度方向间隙的确定主要考虑减少货架所占仓库的面积，并提高堆垛机在横梁货架卸货时货物放置的可靠性，这时可将货物伸出货架，即 $b_3 = 50$ mm。货物后面间隙应以货叉作业时不叉到后面的货物为前提，一般可取 $b_4 = 100$ mm。

(3) 自动化立体仓库尺寸设计。

自动化立体仓库的尺寸种类很多，一般都是根据堆垛机循环时间的模拟实验来确定自动化立体仓库的形状。关于其成本问题，堆垛机台数越多，成本越高。窄长形状尺寸的自动化立体仓库造价低廉，因为在相同货位条件下堆垛机台数少了。多数情况是根据实际允许的土地形状和仓库能力来决定仓库形状和尺寸的。

(4) 确定货架总体尺寸。

在货位尺寸确定之后，如果知道了仓库内的巷道数、货架的层数和列数，就可以确定货架的总体尺寸。在上述三个参数中，巷道数是最重要的。因为巷道的多少直接关系到仓库的出入库能力，同时也关系到单位面积的库容量，直接影响仓库的成本。

为了提高仓库的库容量，通常的做法是首先确定货架的最大高度。若货架的层高为 h_3，货架的宽度为 b_2，仓库的高度为 H_{w}，当仓储的货物单元数为 W 时，货架的层数为

$$C = \frac{H_w - \varDelta_h}{h_3}$$

式中：$\varDelta_h$ 为货架顶面到仓库屋顶下弦的垂直距离，对于横梁式货架，取 $\varDelta_h = h_1 + h_4 + 200\ mm$。

当巷道数为 D 时，货架的列数为

$$L = \frac{W}{2DC}$$

货架的总长度为

$$L_{\mathrm{T}} = a_0 L$$

横梁式货架宽度为

$$B = 2b_2 + 2b_3 + b_4$$

另外，货架的总体尺寸还受其他因素的影响，如地面条件、空间制约、投资、堆垛机升降、行走速度等，所以总体尺寸在设计过程中仍然需要不断修改和完善。

(5) 货物与货架的尺寸。

为使货物能顺利无阻地入库和出库，货物与货架应保持一定的间隙。图 5.23 所示为货物与货架的尺寸关系，表 5.7 所示为货物与货架间的尺寸关系。货物与货架的尺寸一般是在堆垛机行走方向上单侧取 50～70 mm 左右，在深度方向上取 50 mm 左右。此外再加上堆垛机的制造精度和停止精度、货架的制造精度以及富裕尺寸，才能确定货物与货架间的关系尺寸。在托盘式货架情况下，在高度方向的货位层高度较小，焊接工作量大，货架精度变差。考虑到货架制作与安装精度较低，货物与货架之间必须留有适量间隙。

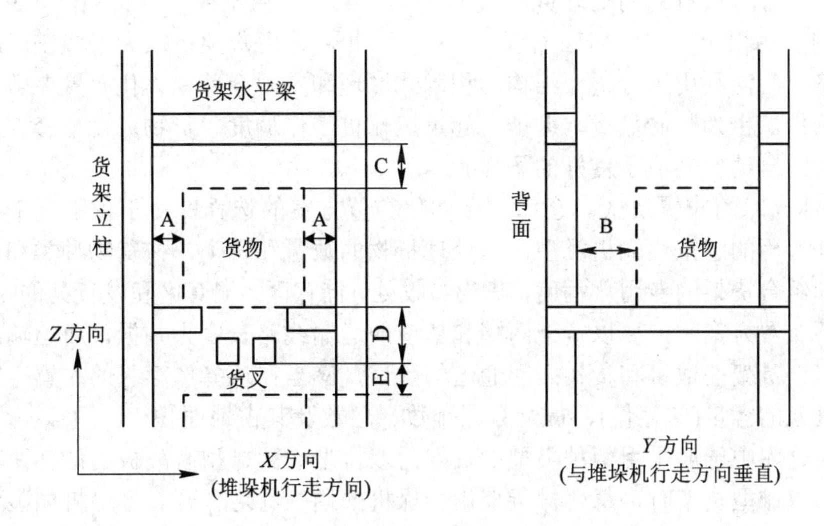

图 5.23　货物与货架尺寸关系图

表 5.7　货物与货架间的尺寸关系　mm

货架高度		10 m 以下	15 m 以下	30 m 以下
X	A	60	65	75
Y	B	50		
Z	C	100		
	D	100(货重 1 t、货物深度 1100 mm)		
	E	60		

货架高度必须根据货叉厚度、货叉变形量和动作尺寸来确定。此外，还要加上货架水平梁位置尺寸。当自动化立体仓库设有自动喷水装置时，还应该加上配水管尺寸。

3) 自动化立体仓库的总体布局与规划

一般来说，在进行自动化立体仓库规划时，需要考虑入库暂存区、检验区、码垛区、储存区、出库暂存区、托盘暂存区、不合格品暂存区及杂物区等。具体可根据用户的工艺特点及要求，合理划分各区域和增减区域。同时，还要合理考虑物料的流程，使物料的流动畅通无阻，这将直接影响到自动化立体仓库的能力和效率。

(1) 自动化立体仓库的空间布置。

在选择立体布置方案时，考虑到仓库参数与各储运过程之间的相互关系，广泛应用货架储存成件包装货物。货架的一个重要优点是可提高库房容积和面积利用率。当成件包装货物的储存方式和处理方式不同时，仓库容积的利用程度也各不相同。如采用手工堆垛时，仓库容积的利用率为 10%；采用电动装卸机时为 20%～25%；采用多层桥式堆垛起重机时为 35%～45%；采用单行货架堆垛机时为 55%～65%；采用双行货架堆垛机时为 65%～70%；采用移动货架堆垛机时为 75%～80%。采用货架储存方式可以提高货物的完好性，并可使货物的处理费用减少 35%～40%，劳动生产率提高到 1.3～1.5 倍，与堆放货物方式相比，实施周期缩短了 1/3。因此，采用货架可以为形成统一的库房建设技术规格、广泛利用组合货架结构的积木式原理和实现仓库立体化布置参数的最佳化创造有利条件，也为仓储盘货、编址、起重运输机工作调度、货物成批配套、装卸作业等储运过程的自动化创造了良好的条件。

① 立体仓库的布置形式。仓库的立体化布置方案的选择取决于以下几个方面：货架结构，仓库用的起重运输机类型，待处理货物的数量和种类，按货物种类和用途划分的货架段和组合货架的专用化程度，货物验收处、储存区、配套区和发货处的相互布局。选择货架的布置方案时，要以货架两端和通道的运输线路长度为判据，而运输线路的长度取决于组合货架的数目和货架之间通道的数目，应当在选择储存区的布置方案之前，首先计算货架的容量(储存量)、货位数、排数、层数及其占地面积。

在多层仓库中一般采用两种类型的货架：双排型或四排型有隔板的储存变动频繁的货架。采用双排型货架时，每两排货架由堆垛机的通行巷道分开。堆垛机如装备有可伸缩的叉式抓取装置，可以将装有货物的托盘送入两排货架的深处，从而使仓库面积的利用率提高 15%～20%。在储存变动频繁的情况下，由辊道式货架和带格板货架组成大型组合货架，每一个组合货架的容量为 4000～6000 包货物，从而保证仓库面积和容积的最佳利用。但是重力式货架的造价比带格板货架的造价高出 1.5～2 倍，而且需要为有载托盘和集装箱配备专用的移动速度调节装置，因此限制了这种货架的广泛应用。

在车间的备品和工具等仓库中，除固定货架外，还采用其位置可变动的移动式货架，因此要建造活动布局系统。图 5.24 所示的货架呈双排布置的仓库布局即是此例，四排型货架一般也采用类似的布局。图 5.24(a)是通道式货架，当收、发货间分别设置在货架相对的两端时最方便，在这样的条件下可保证货物连续移动。同时，在设计实践中往往遇到这样的情形：当采用通道式货架时，收货区和发货区常常位于储存区的某一端，这样就加长了货物在仓库区的运输行程，而且要不同程度地将库内物流分开。如果收、发货间位于储存区的一侧，则宜于采用死巷道货架(见图 5.24(b)、(c))。图 5.24(d)所示为储运机械从若干组合货架上进行货物配套时的运行路线和布局，所列布局的比较表明，布局 1 的效益最小。一般认为，从起重运输机械行程长度的观点来说，组合货架在四个以上时最好不要彼此并列设置。

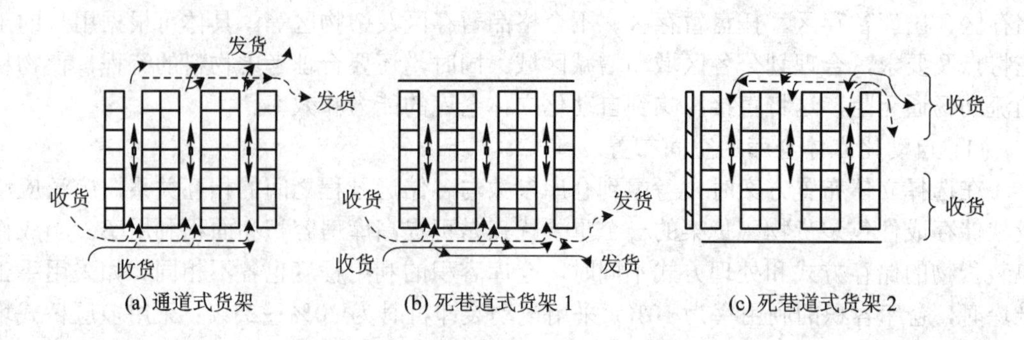

(a) 通道式货架　　(b) 死巷道式货架 1　　(c) 死巷道式货架 2

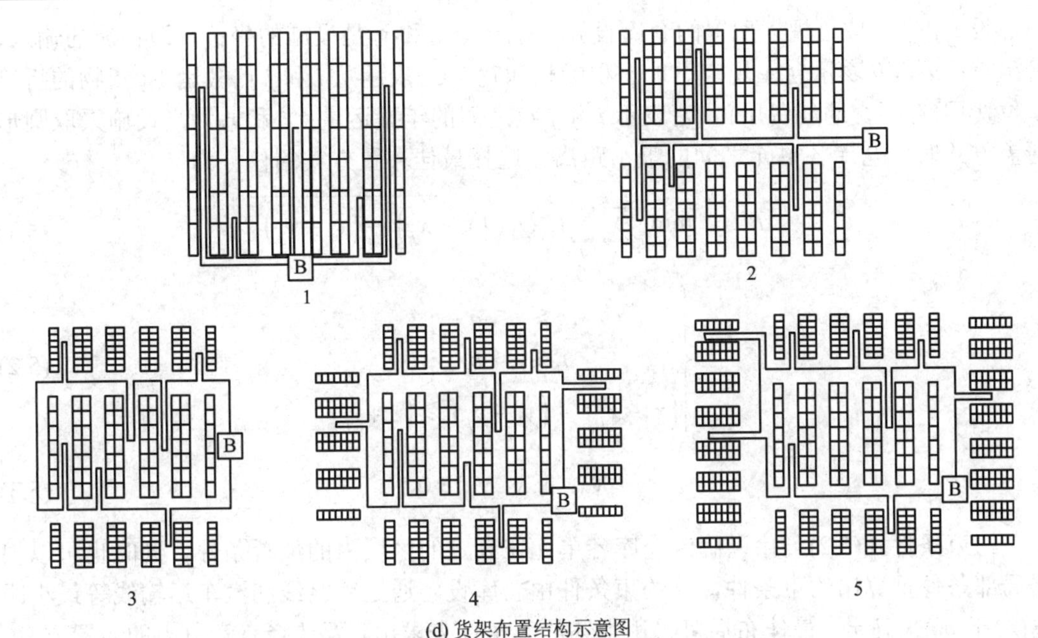

(d) 货架布置结构示意图

1～5—布局方案；B—堆垛机出发点

图 5.24　布局方案

综合上述可行的立体仓库布局方案，存在着两种取决于收、发货间和储存区分布位置彼此相关的典型方案：其一是进、出货物装卸场分别设置在储存区两侧的方案，其二是收货间和发货间设在货架一侧的方案。而原苏联仓库系统设计院提出一种不同于传统仓库布置方式的货架仓库的独特布局结构形式，其特点是储存区与收、发货间成一定的角度关系，以覆盖的方式选择仓库的布置形式，如图 5.25 所示。这种方式可以成功地用于设计成件包装货物库、金属库和货运站的通用综合储运系统。

该方法以标准几何形状(正方形、圆形、长方形等)所划定的仓库各单元设置区域的覆盖原则为其基本原则。最佳布局方案根据运输费用和交通线建设费用总和的折算费用来选择。

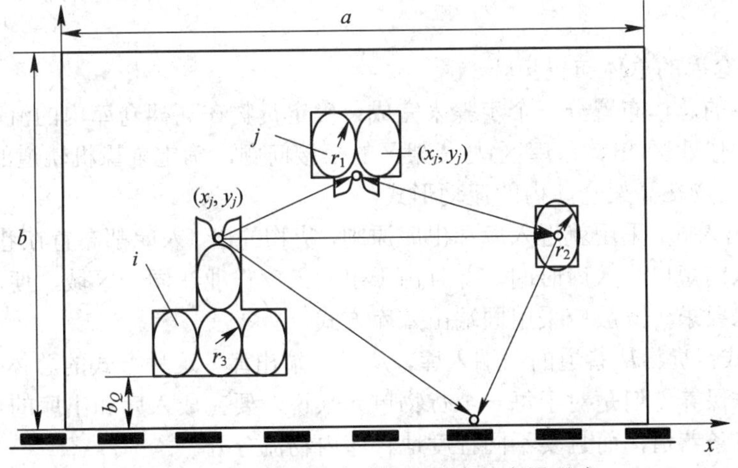

图 5.25　以覆盖的方式选择仓库的布置形式

设 i 和 j 是按总规划配置的仓库设施；x_i、y_i、x_j 和 y_j 是设施的坐标，即物流的输入、输出点；a 和 b 表示仓库规定占地面积的长和宽；C_{ij} 表示从 i 和 j 点搬运 1 t 货物的折算单位费用(包括交通线费用)；Q_{ij} 表示 i 和 j 点之间的年搬运量；r_i 和 r_j 为当设施采取圆形覆盖方式时，仓库各单元之间的最小距离。选择最佳布置方案的任务为

$$R^* = \min_{x_i, y_i, x_j, y_j} \sum_i \sum_j C_{ij} Q_{ij} \sqrt{\left(x_i - x_j\right)^2 + \left(y_i - y_j\right)^2} \tag{5.1}$$

$$\begin{cases} r_i \leqslant x_i \leqslant a - r_i \\ r_i \leqslant y_i \leqslant b - r_i \\ \left(x_i - x_j\right)^2 + \left(y_i - y_j\right)^2 \geqslant \left(r_i + r_j\right)^2 \end{cases} \tag{5.2}$$

$$\left(x_i, y_i, x_j, y_j\right) \geqslant 0 \tag{5.3}$$

约束条件式(5.2)可藉以确定仓库各单元在划定的区域内的配置条件。同时也可以根据局部条件推算出约束条件，该约束条件由仓库设施通过铁路线和汽车运输线等最小距离(等于 b_0)来确定。最佳布局可采用上述约束条件来求出。要选择有竞争力的布置方案，不但要符合约束条件式(5.2)，还要符合技术要求。例如，收货区、防腐保存区、储存区、配套区和货物的防腐处理区等按一定的储运顺序设置，也就是按储运条件分别对仓库各单元在库房区内的布置形式进行计算，确定出仓库的最佳布置方案。实践表明，采用上述方法比用传统方法作出的设计要节约运输费用 20%～40%。

② 装载单元的流动路径。装载单元在自动化立体仓库内部的流动线路如图 5.26 所示，分为 U 形、I 形、L 形和双 U 形。所谓 U 形是出入库作业都在同一侧进行，这是最普通的形式。I 形是立库一端为入库作业，另一端为出库作业，这在大规模生产工厂中设置的分离式自动化立体仓库中应用较广，这种模式的生产效率较好。L 形和双 U 形根据作业地点的条件和生产工程的特殊性来决定。

总之，不管采用什么形式，都要根据实际条件来选择适合的形式，必须综合考虑物流线路、装载单元的搬运、作业时间、现场条件、已有设备和生产纲领，确定管理体制和作业人员。

(2) 立体仓库的总体布置步骤。

立体仓库的总体布置分三个步骤来完成：确定货物在高架仓库内的流动形式，解决好立体仓库的作业区(出、入库区)与货架区的衔接问题，确定堆垛机轨道的铺设形式。

① 确定货物在高架仓库内的流动形式。

· 同端出入式：采用就近入库和出库原则，货物的出、入库都布置在巷道的同一端。这种布置可以缩短出、入库时间，并且由于出、入库作业在同一区域，便于集中管理，因此若无特殊要求，一般应采用同端出入库方式。

· 贯通式：货物从巷道的一端入库，从另一端出库。这种方式的总体布置简单，便于操作和维修保养。但是对于每一个货物单元来说，要完成入库和出库的全过程，堆垛机需要穿过整条巷道，而且要不同程度地将库内物流分开。

· 旁流式：高架仓库的货物从仓库的一端(或侧面)入库，从侧面(或一端)出库。这

种物流方式要求货架从中间分开，设立通道，同侧门相通，以减少货格；但也可同时组织两条路线进行作业，方便不同方向的出入库。

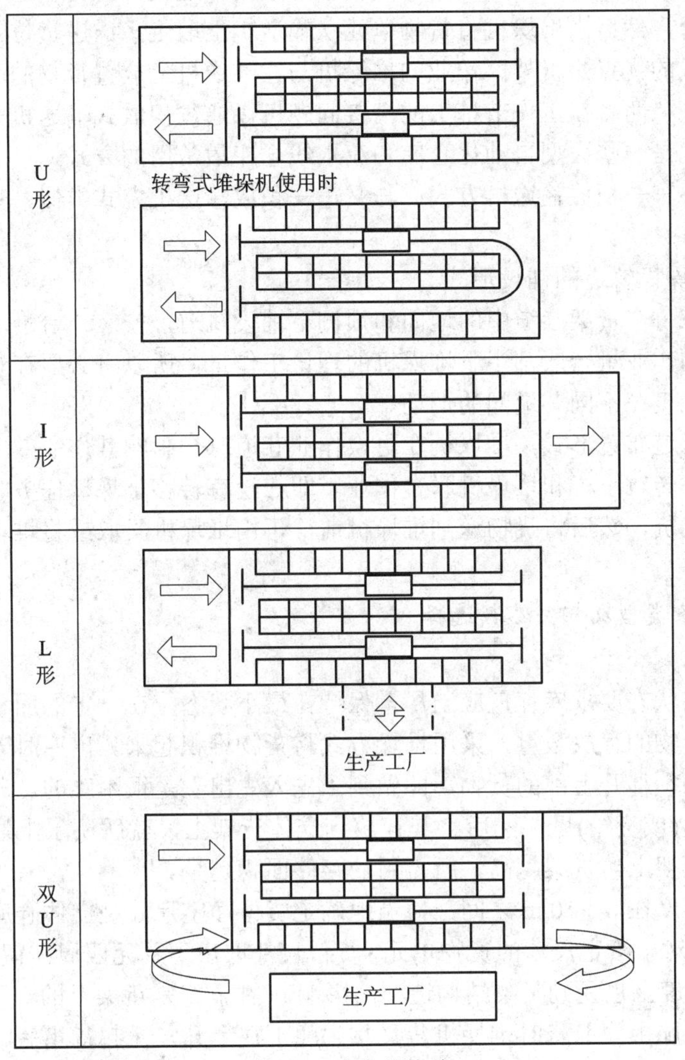

图 5.26　库内物流线

根据高架仓库的物流形式，可在物流路径的端点设置相应的出入库台，即同端出入库台、两端出入库台和中间出入库台。一般说来，出入库台多在同一平面，但有时由于仓库作业的需要，也可将出入库台安排在不同平面。

② 解决立体仓库的作业区(出、入库区)与货架区的衔接问题。

立体仓库的作业区(出、入库区)与货架区的衔接可以采用堆垛机与叉车、堆垛机与 AGV 或与输送机以及其他搬运机械的配套来解决。

叉车—出入库台方式：在货架的两端设立出库台和入库台。入库时，叉车将货物单元从入库作业区运到入库台，再由货架区内的堆垛机取走送进货位。出库时，由堆垛机从货位取出货物单元，放到出库台，再由叉车取走，送至出库作业区。

自动导引小车—出入库台方式：与叉车—出入库台方式类似，只是用自动导引小车代替了叉车。

叉车—积放输送机方式：用叉车将货物单元送到输送机，再由输送机将货物送到货架端部的入库台，然后由堆垛机将货物单元从输送机上取走，送进货位。出库时反方向运行。这种方式的优点是货架区作业的堆垛机与往输送机上放置货物的叉车都是一种间歇式的作业机械，两者在工作节拍上的衔接问题可以通过积放式输送机来解决。叉车—积放输送机方式是一些大型自动化仓库和流水线仓库最常用的方式。

自动导引小车—积放输送机方式：与叉车—积放输送机方式类似，只是用自动导引小车代替了叉车。

③ 确定堆垛机轨道的铺设形式。

一般要求在每个货架巷道中的地面和顶棚下铺设轨道，安装一台堆垛机。但是实际上，每个巷道的作业量一般都小于堆垛机的理论工作量，所以有必要在货架间安排一些弯道以方便堆垛机在不同巷道间的调动。

如果采用弯道布置形式，堆垛机在更换作业巷道时会影响其作业效率，因此可以采用另一种方案：转轨小车和堆垛机联合作业。即在没有转移堆垛机任务时，转轨小车可直接到取货台取货，然后将货物送到堆垛机前，再由堆垛机叉取或将堆垛机拣取的货物送到出库台。

4) 机械设备类型及相关参数选择

(1) 货架。

理想的存储状态要求库存量应当尽量保持在最小状态。在一定的面积内建造一座仓库，为了提高货物的存放数量，采用堆垛方式将货物堆积起来。出库时若需从底部或里面取出货物，必须移开上部的货物，即做到“先入先出”是很困难的。若将不同的货物存放在标准托盘(或货箱)里，然后将其存放到立体货架上，就解决了上述问题。将不同的物品都放在货架上，货架越高，所占用的存储面积越少。

通常货架高度在 8～50 m 之间，恰当地确定货位净空尺寸是立体仓库设计中一项重要的设计内容。对于给定尺寸的货物单元，货位尺寸取决于单元四周需留出的空隙大小。同时，在一定程度上也受到货架结构造型的影响。“牛腿”是货架上的一个重要结构，货箱或托盘放在牛腿上。取货时堆垛机货叉从牛腿下往上升，托起货箱后收叉取走货箱；存货时，货叉支托着货箱从牛腿上方往下降，当其低于牛腿高度时货物就支托在牛腿上。货架与托盘的关系如图 5.27 所示，A 为托盘宽度，b 为货叉宽度，d 为牛腿间距，c 为货叉与牛腿间距，e 为牛腿宽度，a 为托盘与立柱间距，h 为牛腿与货箱高度差，其参数关系如下(大货箱取大值)：

$b = 0.7A$；

$d = (0.85\sim0.9)A$；

$c = (0.75\sim0.1)A$；

$e = 60\sim120$ mm；

$a = 25\sim60$ mm；

$h = 70\sim150$ mm

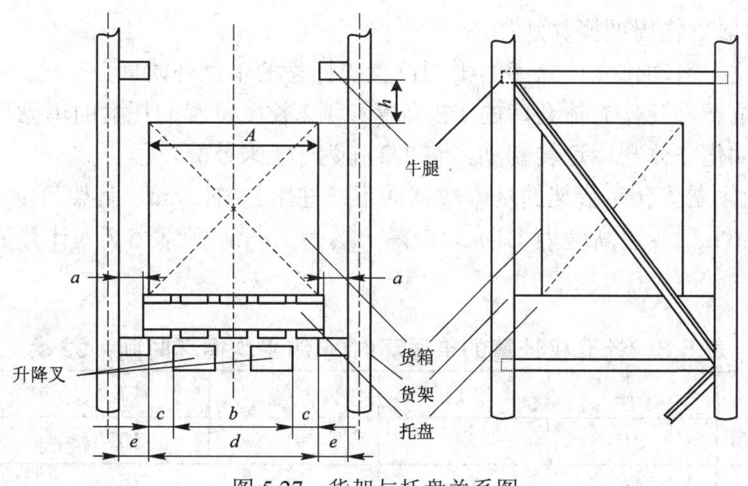

图 5.27　货架与托盘关系图

(2) 堆垛机。

堆垛机是整个自动化立体仓库的核心设备，通过手动操作、半自动操作或全自动操作实现把货物从一处搬运到另一处。堆垛机由机架(上横梁、下横梁、立柱)、水平行走机构、提升机构、载货台、货叉、安全保护装置和电气设备构成。

① 堆垛机工作速度确定。

依据货架的总体尺寸、出入库频率、作业方式、仓库的流量要求，计算出堆垛机工作的水平速度、提升速度及货叉速度。

② 堆垛机工作周期计算。

在选择自动化立体仓库的功能时，应考虑货物出入库的周期。货物出入库周期是选择自动化立体仓库的基本单位，它表示堆垛机存取货时间的长短，即表示其效率高低。通过对货物在库内流动的时间分析，确定各相关设备的能力，为设计自动化立体仓库的规模提供科学依据。

堆垛机的周期如图 5.28 所示，根据堆垛机动作线分类来选择其规格型号。按照自动化立体仓库的运转方法来决定堆垛机是单循环还是复合循环。把整个系统作为研究对象，在规划时进行概算。

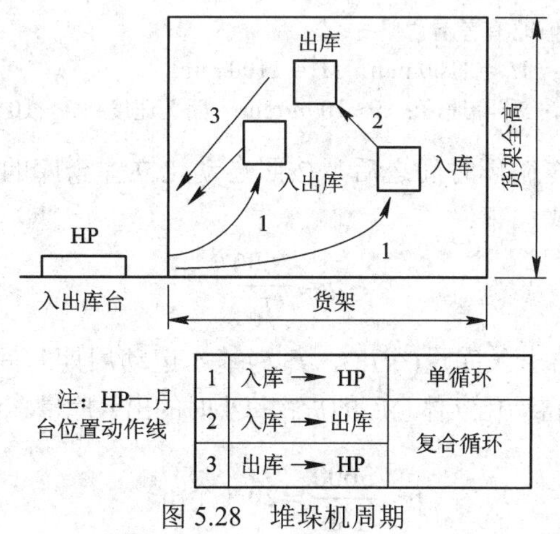

图 5.28　堆垛机周期

堆垛机存取货物周期概算法如下：

- 计算位于自动化立体仓库的平均位置的托盘的单循环时间。
- 计算位于自动化立体仓库的 1/2 高度和 1/2 长度位置的托盘的单循环时间。
- 在自动化立体仓库运转初期，将 1/2 作为 1/3 来计算。

假设自动化立体仓库货架的基本数据如下：柱距为 1.35 m，货架高度为 6.8 m，其中最底层为 0.6 m，各层高度为 1.1 m，最高一层为 1.8 m，则表 5.8 为计算机计算的单循环时间例。

表 5.8　计算机计算的单循环时间例(平均循环时间：92 s)

	1 层	2 层	3 层	4 层	5 层
1 行	81	81	91	105	118
2 行	65	78	91	105	118
3 行	65	78	91	105	118
4 行	65	78	91	105	118
5 行	65	78	91	105	118
6 行	65	78	91	105	118
7 行	65	78	91	105	118
8 行	65	78	91	105	118
9 行	65	78	91	105	118
10 行	66	78	91	105	118
11 行	68	78	91	105	118
12 行	70	78	91	105	118
13 行	72	78	91	105	118
14 行	74	78	91	105	118
15 行	76	78	91	105	118

注：上述数值与实测数值略有差异。

基本参数：15 行 × 5 层；M_x = 1100 mm；M_y = 1100 mm；

行走速度：8～80 m/min；升降速度：5～10 m/min；货叉速度：5～10 m/min

确定了堆垛机的工作循环时间之后，按照自动化立体仓库的设计原则便可计算出基本出入库能力。计算公式如下：

$$\eta = \frac{3600}{T_0}$$

其中，η 为每小时托盘的出入库量(个/h)，T_0 为基本运动周期时间(s)。

根据上述公式，计算自动化立体仓库的货物每小时的出入库量。设循环时间 T_0 = 180 s，则

$$\eta = \frac{3600}{180} = 20\text{（个/h）}$$

也就是说，自动化立体仓库每小时的出入库能力为 20 个装载单元。根据一台运输车的装载能力可计算出每小时需运输车的台数。此外，还可计算出堆垛机台数，从而可确定自动化立体仓库的规模。

③ 其他参数及配置。

依据出入库频率和堆垛机的作业周期确定堆垛机的数量，依据货物单元的重量选定堆垛设备的额定起重量，依据仓库现场情况及用户的要求选定堆垛机的定位方式、通信方式等。

(3) 输送系统。

根据库内物流线，合理选择输送机的类型，包括辊道输送机、链条输送机、皮带输送机、升降移载机、提升机等。同时，还要根据仓库的瞬时流量合理确定输送系统的速度。对于输送机，要依据货物单元的尺寸确定其宽度，通过输送机速度来协调整个仓库系统运行的节拍。

(4) 其他辅助设备。

根据仓库的工艺流程及用户的一些特殊要求，可适当增加一些辅助设备，包括手持终端、叉车、平衡吊等。

5) 控制系统及仓库管理系统(WMS)的初步设计

根据仓库的工艺流程及用户的要求，合理设计控制系统及仓库管理系统(Warehouse Management System，WMS)。控制系统及仓库管理系统一般采用模块化设计，便于升级和维护。

6) 整套系统的仿真模拟

在有条件的情况下，对整套系统进行仿真模拟，可以对立体仓库的储运工作进行较为直观的描述，发现其中的一些问题和不足，并做出相应的更正，以优化整个 AS/RS 系统。

7) 设备及控制管理系统的详细设计

以上所述为自动化立体仓库设计的一般过程，在具体设计中，可结合具体情况灵活运用。除了上述设备外，立体仓库系统还要配置消防、照明、防盗报警、通风、采暖、给排水和动力系统。

5.3　精益物流系统规划与设计

精益物流(lean logistics)指的是通过消除生产和供应过程中非增值的浪费，以减少备货时间，提高客户满意度。精益物流作为一种新型的生产组织方式，主要包括以下几个方面：

(1) 以客户需求为中心，从客户的立场，而不是仅从企业的立场或一个功能系统的立场，来确定什么创造价值、什么不创造价值。

(2) 对价值链中的产品设计、制造和订货等的每一个环节进行分析，找出不能提供增值的浪费所在。

(3) 根据不间断、不迂回、不倒流、不等待和不出废品的原则制定创造价值流的行动方案。

(4) 及时创造仅由顾客驱动的价值。

(5) 一旦发现有造成浪费的环节就及时消除，努力追求完美。

精益物流系统是建立在精益思想和精益物流基础之上的，属于拉动型的物流系统。在精益物流系统中，顾客需求是驱动生产的源动力，是价值流的出发点。价值流的流动要靠下游顾客来拉动，而不是依靠上游的推动。当顾客没有发出需求指令时，上游的任何部分不提供服务，而当顾客需求指令发出后，则快速提供服务。

5.3.1 精益物流系统规划设计

根据精益思想，要建立精益物流系统，必须正确认识以下几个问题：

(1) 正确认识价值流是精益物流的前提。

价值流是企业产生价值的所有活动过程，这些活动主要体现在三项关键的流向上：从概念设想、产品设计、工艺设计到投产的产品流，从顾客订单到制定详细进度再到送货的全过程信息流，从原材料制成最终产品再到送到用户手中的物流。因此，认识价值流必须超出企业范畴，去查看创造和生产一个特定产品所必需的全部活动，厘清每一个步骤和环节，并对它们进行描述和分析。

(2) 价值流的顺畅流动是精益物流的保证。

消除浪费的关键是让完成某一项工作所需的步骤以最优的方式连接起来，形成无中断、无绕流和排除等候的连续流动。具体实施时，首先要明确流动过程的目标，使价值流活动趋向明确。其次，把价值流的所有参与方集成起来，摒弃传统的各自追求利润极大化而相互对立的观点，以最终顾客的需求为共同目标，共同探讨最优物流路径，消除一切不产生价值的行为。

(3) 把顾客需求作为价值流的动力是精益物流的关键。

在精益物流模式中，价值流的流动要靠上游来推动，当顾客没有发出需求指令时，上游的任何部分都不要去生产产品，而当顾客的需求指令发出后，则快速生产产品，提供服务。

(4) 不断改进、完善是精益物流的生命。

精益物流是动态管理，对物流活动的改进和完善是不断循环的，每一次改进，消除一批浪费，形成新的价值流的流动，同时又存在新的消费而需不断改进，这种改进使物流总成本不断降低，提前期不断缩短而使浪费不断减少，达到全面物流管理的境界。

对上述四个方面的认识和理解，就可以构建精益物流系统的基本框架。

1. 精益物流系统的基本框架

在精益物流系统中，电子化的信息流保证了信息流动的迅速、准确无误，还可有效减少冗余信息传递，减少作业环节，消除操作延迟，这使得以客户需求为中心的物流服务具有了准时、准确、快速的特性。

(1) 以客户需求为中心。精益物流系统的设计要求将客户需求作为系统设计的中心任务，通过客户需求拉动物流系统顺畅运行。

(2) 准时。准时的概念包括物品在流动中的各个环节按计划按时完成，包括交货、运输、中转、分拣、配送等各个环节。物流服务的准时概念是与快速同样重要的方面，是保证货品在流动中的各个环节以最低成本完成的必要条件，同时也是满足客户要求的重要方面之一。另外，准时也是保证物流系统整体优化方案能得以实现的必要条件。

(3) 准确。准确的概念包括准确的信息传递、准确的库存、准确的客户需求预测、准确的送货数量等。准确是保证物流精益化的重要条件之一。

(4) 快速。精益物流系统的快速包括两方面的含义：第一是物流系统对客户需求的反应速度，第二是货品在流通过程中的速度。物流系统对客户需求的反应速度取决于系统的功能和流程。当客户提出需求时，系统应能对客户的需求进行快速识别、分类，并制定出与客户要求相适应的物流方案。货品在物流链中的快速性包括：货物停留的节点最少，流通所经路径最短，仓储时间最合理，并达到整体物流的快速。快速的物流系统是实现货品在流通中增加价值的重要保证。

(5) 降低成本、提高效率。精益物流系统通过合理配置基本资源，以需定产，充分合理地运用优势和实力；通过电子化的信息流进行快速反应、准时化生产，从而消除诸如设施设备空耗、人员冗余、操作延迟和资源浪费等，保证其物流服务的低成本。

(6) 系统集成。精益物流系统是由提供物流服务的基本资源、电子化信息和使物流系统实现“精益”效益的决策规则所组成的系统。具有能够提供物流服务的基本资源是建立精益物流系统的基本前提。在此基础上，需要对这些资源进行最佳配置，资源配置的范围包括设施设备共享、信息共享、利益共享等。只有这样才可以最充分地调动优势和实力，合理运用这些资源，消除浪费，最经济合理地提供满足客户要求的优质服务。

(7) 信息化。高质量的物流服务有赖于信息的电子化。物流服务是一个复杂的系统项目，涉及大量繁杂的信息。电子化的信息便于传递，这使得信息流动迅速、准确无误，保证物流服务的准时和高效；电子化信息便于储存和统计，可以有效减少冗余信息传递，减少作业环节，降低人力浪费。此外，传统的物流运作方式已不适应全球化、知识化的物流业市场竞争，必须实现信息的电子化，不断改进传统业务项目，寻找传统物流产业与新经济的结合点，提供增值物流服务。

2. 精益物流系统的规划设计

精益物流系统的规划设计就是对企业现有的原材料及设备采购供应阶段(采购物流)、生产阶段、销售配送阶段(销售物流)和废物回收物流阶段中的购料、配料、投料、送料、存放、搬运以及数量、时间、地点、方法、工具等按照科学的生产工艺，重新进行时间、空间及物流人员、物流设备和物流信息方式的规划、布局，并且根据合理的生产节拍，量化(标准化)各项指标，达到准时化的模式(构筑 JIT 方式的生产配送系统)。

在精益物流系统规划过程中，需要做到以下几点：

(1) 明确整体物流规划的核心内容：物料、移动和方法。

(2) 研究整体物流规划涉及的所有物料及其形状、状态、数量、质量、体积、包装、堆垛等，按照一定的标准进行分类，找出不同物料的搬运方法。

(3) 全面了解物料的移动情况，包括移动距离、线路状况，便于选择路线系统和设备，提高效率。

3. 企业精益物流系统实现的步骤

要建立企业的精益物流系统，首先要对企业服务的对象进行细分，确定哪些是企业需要提供精益服务的对象，然后决定建立的方式和方法。

1) 服务客户的市场细分

不是所有的客户都需要物流的精益服务，这取决于客户的需求和客户能够承担的物流成本。因此精益物流的服务不可能覆盖整个物流市场，需要通过市场细分来选择客户。

精益物流的服务对象应当是重要商品以及高附加值商品，因为这种类型的产品有承担较高物流费用的能力。就具体的物流对象而言，大体分为以下几类：

(1) 制造业产品，如家用电器、电工产品、仪器仪表、医疗器械、汽车及汽车配件、工具。

(2) 高科技产品，如电脑组配件、通信信息类产品及配件。

(3) 精细化工产品，如化妆品、医药用品、保健品等。

(4) 高附加值的服装百货产品，如礼服、西服、时装等。

(5) 安全和保质要求很高的产品，如炸药、燃料、油漆、高档食品、油料、海产品及肉类等。

(6) 无价及保价货物，如信件、公函、快递包裹等。

(7) 贵重物品，如珠宝、首饰、工艺品、古玩、字画等。

2) 精益物流系统的建立方式

企业创建精益物流系统，可以分为新建及改进两种方式。前一种是从组织、管理到技术装备、工程设施，完全采取新建的方式，即全新的精益物流系统，需要强大的技术支持，特别是信息技术在物流领域的应用，有效地解决了生产领域、物流领域的技术落后问题。后一种是不断改进而实现的物流系统精益化，即在原有物流系统的基础上，通过流程改造，不断完善建立精益物流系统。现实中精益物流系统的建设大多是在原有系统的基础上不断进行精益化。

3) 精益物流的切入方式

企业发展精益物流，一般分为两步：企业系统的精益化和提供精益物流服务。

(1) 企业系统的精益化。

① 组织结构的精益化。大多数企业的组织结构是传统的科层式或职能式，不利于企业的物流系统建设。应当利用精益化思想减少中间组织结构，实施扁平化管理。

② 系统资源的精益化。传统企业存在着众多孤立的各类资源，需要整合、重组资源，才能建立良性的精益物流系统。

③ 信息网络的精益化。信息网络系统是实现精益物流的关键，因此，建立精益化的信息网络系统是先决条件。

④ 业务系统的精益化。实现精益物流，首先要对当前企业的业务流程进行重组与改造，删除不合理的因素，使之适应精益物流的要求。

⑤ 服务内容及对象的精益化。由于物流本身不直接创造利润，在提供精益物流服务时应选择适合本企业体系及设施的对象及商品，这样才能使企业形成核心竞争力，才能产生企业不断创新的动力。

⑥ 不断地完善与鼓励创新。不断完善就是不断发现问题，不断改进，寻找原因，提出改进措施，改变工作方法，使工作质量不断提高。鼓励创新是建立一种鼓励创新的机制，形成一种鼓励创新的氛围，在不断完善的基础上有一个跨越式提高。在物流的实现过程中，人的因素发挥着决定性的作用，任何先进的物流设施、物流系统都要人来完成。物流形式的差别、客户个性化的趋势和对物流越来越高的要求，也必然需要物流各具体岗位的人员具有不断创新的精神。

(2) 提供精益物流服务。

精益物流的目标是在提供满意的顾客服务水平的同时，把浪费降到最低程度。企业物流活动中的浪费现象很多，诸如不满意的顾客服务、无需求造成的积压和多余的库存、实际不需要的流通加工程序、不必要的物料移动、因供应链上游不能按时交货或提供服务而等候、提供顾客不需要的服务等，努力消除这些浪费现象是精益物流最重要的内容。

4) *精益物流系统的实现步骤*

明确了建立精益物流系统的方式及其切入点，精益物流系统实现的一般过程包括六个主要步骤：

(1) 明确精益物流是为精益生产服务的，在生产端发出的物流拉动信号产生的物料配送批量最少、信号最准确。所以第一步就是要将生产线切换到单元生产方式的状态，特别是总装线要实现单件流的生产状态。通行的做法是用 U 形生产线来取代传统的大批量直线生产方式，可节省空间 40%左右。

(2) 建立水蜘蛛(水蜘蛛是按照一定路线以一定周期给生产线配送物料的辅助作业员)配送系统。生产线发出信号后，要想快速响应信号，必须建立一套水蜘蛛配送系统。因为精益生产的要求是物料配送的批量越少越好，最好是一件一件送到生产操作员的手中，这样生产效率最高，所以水蜘蛛配送系统要建立改善目标，逐步减少批量，比如从配送 1 小时批量到 30 分钟，再到 15 分钟，再到 5 分钟等。

(3) 建立仓库配送系统。建立了水蜘蛛配送系统后，系统就会发出拉动信号给仓库，因为水蜘蛛配送系统的批量一步一步减少，相应地，要求仓库配送系统的批量也越来越少，所以仓库配送系统的建立目标是逐步减少批量。

(4) 建立超市取代仓库运行。一般仓库管理粗放，控制库存的方法都是传统的方法，比如确定订货方式、订货批量等，容易出现过量库存，所以给每一种物料建立资料库，根据供应商状态明确供应商送货天数，进而明确库存的最大数和最小数。建立这个管理基准后，就可以逐步减少供应商送货天数，实现牛奶式配送，这就是供应商物料的 JIT 配送体系。

(5) 建立自制件拉动系统。这一步可以放在第(2)步到第(4)步中的任何一步，并不一定要在前面四步完成后开始。现在一般都不采取丰田的单纯看板式的方法，而是采取首先稳定 3～5 天主生产计划，然后在自制件车间划出看板区域，该看板区域根据可供总装生产线生产时间来安排批量生产，这样就不会导致过量生产。意外情况诸如总装计划有变、质量出了问题等，这时自制件已经生产出来塞满了看板区域，需要将现在不能使用的自制件从看板区域移到溢出区域。这样管理问题就可视化了，只需要不断地驱动管理人员去改善就可以了，同时此看板区域也可以通过不断地减少使用面积来减少批量。

(6) 一般实现了以上五步，成品输出就会比较顺利，并且批量少、流动快。因此针对可以马上出货的订单，对每一条总装线设立一定的看板区域，区域塞满就要停止生产。如果不能及时出货，可以移动到溢出区，这样可以很明显地看出到底是什么原因在阻碍流动，问题就可以立即得到解决，同时责任也一目了然。

以上六步已经建立了生产线配送、供应商原材料配送、自制件以及成品的精益物流体系，也就意味着已经建立了 JIT 的体系。

5.3.2 精益物流系统的工厂布局

精益物流系统布局是指建立在单元成组布置方式的基础上，选择适合企业订单和市场的布局和操作方式。其目的是实现生产线的一个流，减少中间库存和在制品库存，使场地利用率最大化，消除浪费，同时实现可视化管理，提高生产线平衡率和生产能力，缩短生产周期。

1. 车间设备布局

1) “河流水系”状的总装配线布置

就整个工厂布局而言，总装配生产线与其他零部件、制造单元在布局上呈“河流水系”状分布，即由于全企业实行同步化均衡生产，各制程按照统一的节拍或节拍的倍数组织生产，所以各制程间以及内部都不存在大量过剩的在制品，再加上拉动方式使物流很畅通，如同一条河流，最终流入总装配。这种布局使得物流路线短、物流顺畅，没有停滞，物流和生产流相一致，减少了物流成本和周转时间，易于达到准时生产和低廉物流的目的。

2) 单条生产线实现“混流”制造

精益物流系统按市场订单组织多品种小批量产品的均衡生产，为此大胆地采用“混流”制造方式。“混流”制造即将多条生产线合为一条，在一条生产线上混合生产出各种不同规格、不同型号的产品，并实现准时化。由于单一生产线代替了多种生产线，减少了生产线的个数和工作站个数，设备量和所需厂房、库存也都减少了。

2. 生产线布局——U 形布置

精益物流系统改变了传统的设备布置方式，采用了 U 形布置方式。这种布置方式是按照零部件工艺的要求，将所需要的机器设备串联在一起布置成为 U 形制造单元，并在此基础上将几个 U 形制造单元结合在一起连接成一条生产线。U 形生产线的布置方式如图 5.29 所示。

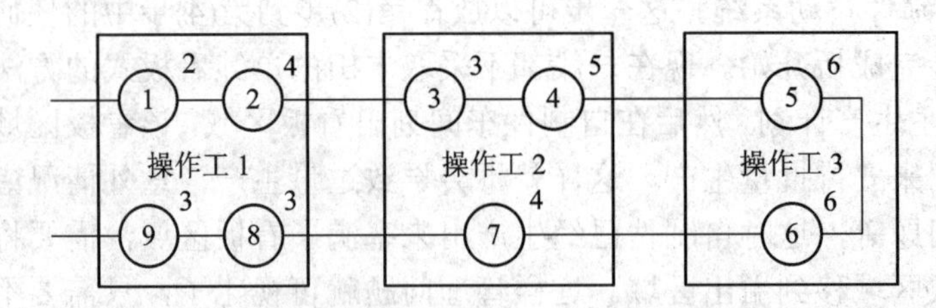

图 5.29　U 形生产线的布置方式

从图 5.29 中可以看出 U 形布置具有以下特点：

(1) 设备布置紧凑，方便工件制品之间的传递，减少了工件制品的运输时间和运输成本，有助于实现单件生产、单件传递。

(2) 由于 U 形制造单元的出口和入口都在同一位置上，这使得“拉动式的”准时化生产能够在生产单元的各个工序实现。

(3) 生产单元内的在制品数量稳定，生产周期便于控制，不会生产多余的在制品。这就增强了生产单元的柔性，能够迅速适应生产计划的变化和调整。

(4) 这种局部的准时化生产是与全工厂整体性的准时化生产相一致的，也是全工厂整体性的准时化生产所必需的。

(5) 使生产单元内的作业人员工作在 U 形的两边之间，同时操作两边相邻的机床。这不但提高了作业人员的工作效率，而且便于随时调整生产线上或生产单元内的作业人员数，以适应产品产量需求的变化。

(6) 能够按需求量变化增减作业人员，但要求员工多能工化。当产量增加时，作业人员增加；当产量减少时，作业人员减少。作业人员要能操作多种工序。

例如，某生产线每日产能范围为 500～3000 台，人员配置为 1～6 人。当订单增加时，流水线节拍加快，增加人员；当订单减少时，节拍减慢，减少人员。表 5.9 为 U 形生产线不同产量下的人员配置，图 5.30 为 U 形生产线不同产量下人员操作工序的安排。

表 5.9　U 形生产线产量与人员配置

作业安排	客户需求/件	产品总周期/s	每日可用时间/s	生产节拍/s	操作员配置/个
A	500	60	30 000	60	1
B	1000	60	30 000	30	2
C	1500	60	30 000	20	3

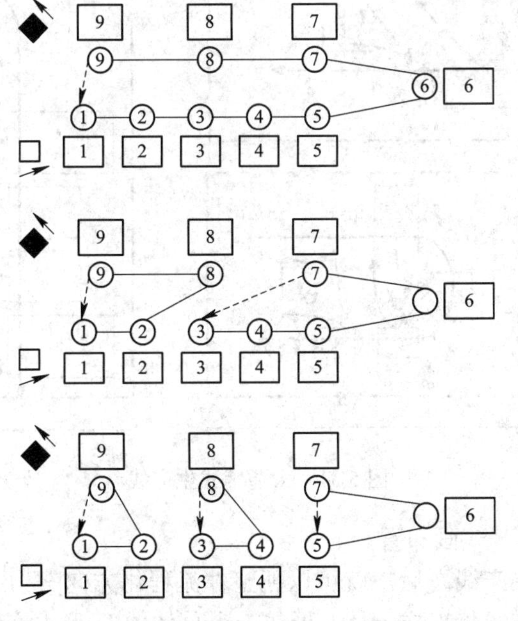

图 5.30　U 形生产线不同产量下人员操作工序的安排

3. 一笔画的整体工厂布置

一笔画的布置也即实现工厂整体流程化。工厂流程像一笔画下去一样，连续不中断。对一个工厂来说，生产线不会只有 1 条，并且在前后流程上彼此关联，所以整体工厂生产线该如何布置也不容忽视。工厂的布置要考虑整体流程化，即朝向一笔画的方向努力，不要将个别生产线布置在个别房间里。工厂布置的基本做法是打破各个隔离的生产线的界限，进行集中布置。具体可以按下列步骤进行：

步骤 1：将机群式布置改为流程式布置。

将原来依据不同工艺形成的离岛式或鸟笼式的水平布置生产线，改为依不同产品的加工顺序所需要的机器设备的垂直布置。同时，尽可能设立更多的生产线。每一条生产线的产量虽然较少，但是每一个产品在每一条生产线上都能很快地加工完，使得流程时间缩短，此即“细流而快”的原理，这样更能满足多样少量、交货期短的市场需求。相反地，若生产线减少，每一条线的产量就会增多，流速就慢下来，即“粗流而慢”，这样不但无法满足市场的需求，同时也隐藏了许多问题。

步骤 2：采用 U 形生产线。

流程式布置只是强调将设备依据制程加工顺序布置。其方式有许多种，一般都以一字排开的方式布置，缺乏对 U 形生产线布置的认识。为了实现弹性生产，应尽量采用 U 形生产线。

步骤 3：将长屋形变为大通铺式。

为了有效利用空间，及时发现问题，便于相互合作，需将长屋形生产线(单独隔离生产线)改为大通铺式生产线(生产线集中布置)，如图 5.31 所示。

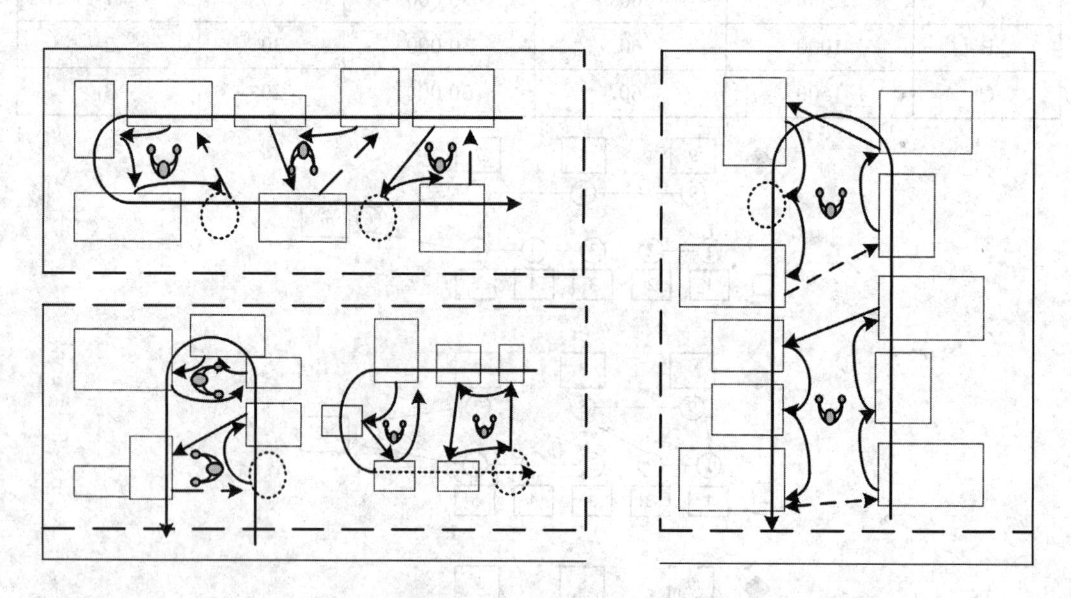

图 5.31　大通铺式生产线

步骤 4：整体上呈一笔画布置。

在形成大通铺式生产线之后，就可以朝整件流程化方向努力。整个工厂内，各个不同生产间隔时间的生产线将连成一体，形成一个总体的 U 形生产线，整个工厂将形成一笔画的布置，如图 5.32 所示。

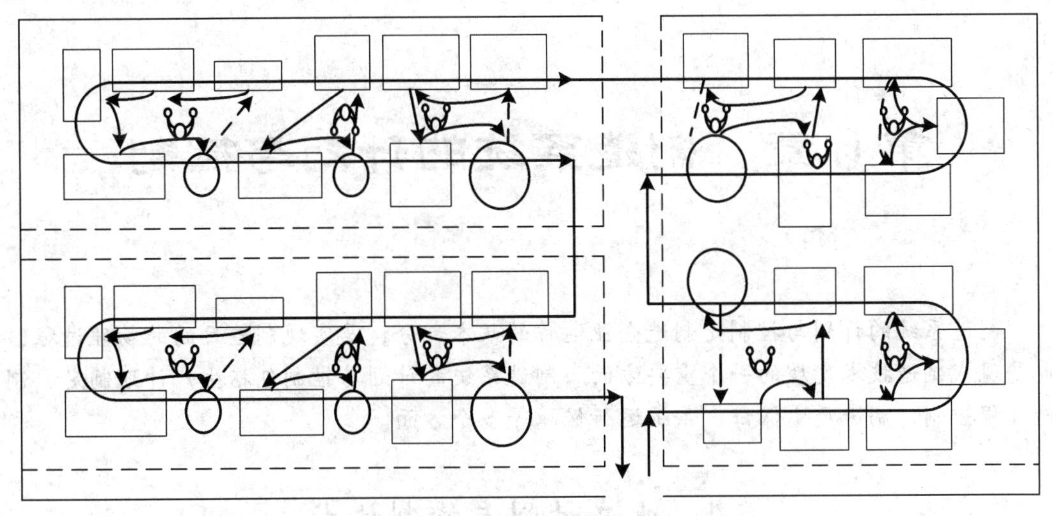

图 5.32　一笔画的整体工厂布置

思 考 题

1. 制造系统设施布局的原则有哪些？成组化布局是如何实现的？试举例说明。

2. 系统化布局方法有哪些关键的步骤？举例说明系统化布局方法的应用。

3. 什么是物料搬运？物料搬运的基本内容有哪些？

4. 物料搬运需要遵循哪些原则？

5. 什么是物流基础模数和物流模数？如何确定物流模数？试举例说明。

6. 在生产系统中，依据所需储运物料的搬运和储存的形式、特征和性质，一般将物料分为哪些类型？

7. 自动化立体仓库有哪些分类？各自的特点是什么？

8. 简述堆垛机的工作原理及其用途。

9. 堆垛机的工作速度、工作周期如何确定？

10. 横梁式货架中，货位与货物的尺寸关系是如何确定的？

11. 立体化仓库的布置形式受哪些因素影响？一般立体仓库的布局结构有哪些类型？

12. 立体化仓库内物流的流动路径有哪几种？各自的特点是什么？

13. 什么是精益物流？它具有什么特点？

14. 什么是“一笔画”的工厂布置？试举例说明。

第 6 章　制造系统的计划与控制

制造系统的计划与控制是制造企业运作的基本部分，是实现制造目的的物理过程，也是现代制造技术发展的一个重要方面。制造系统的计划与控制包括生产计划制定、制造过程控制、制造质量保证、系统运行保障等多个方面。

6.1　生产计划与控制技术

生产计划是企业为了生产出符合市场需要或顾客要求的产品，所确定的在什么时候生产，在哪个车间生产以及如何生产的总体计划。它的主要内容包括：制定企业生产战略和目标，调查和预测市场对产品的需求，核定企业的生产能力，选择计划方法，正确制定生产计划、库存计划、生产进度计划和计划工作程序，以及计划的实施与控制工作。对于一个制造企业，企业的生产计划是根据客户需求和销售计划制定的，它又是企业制定资源需求计划、设备管理计划和生产作业计划的主要依据，如图 6.1 所示。

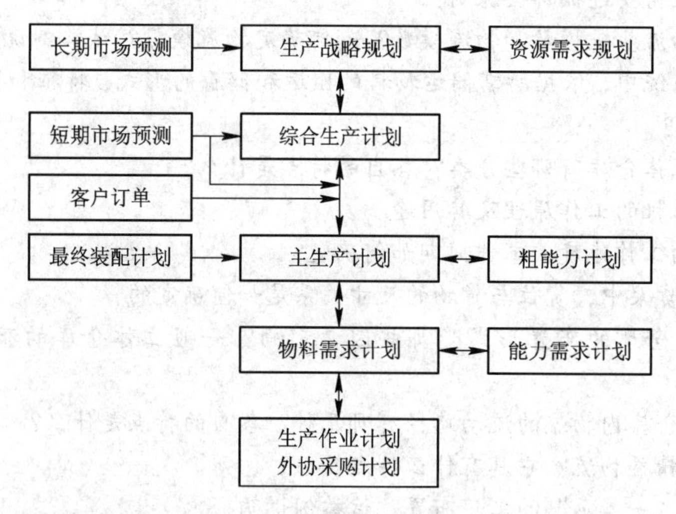

图 6.1　企业生产计划体系

6.1.1　综合生产计划

综合生产计划又称为生产大纲，它是对企业未来较长一段时间内资源和需求之间的平衡所做的概括性设想，是根据企业所拥有的生产能力(生产系统在一定期间能够提供的最大产量)和需求预测对企业未来较长一段时间内的产出内容、产出量、劳动力水平、库存投资等问题所做的决策性描述，如图 6.2 所示。

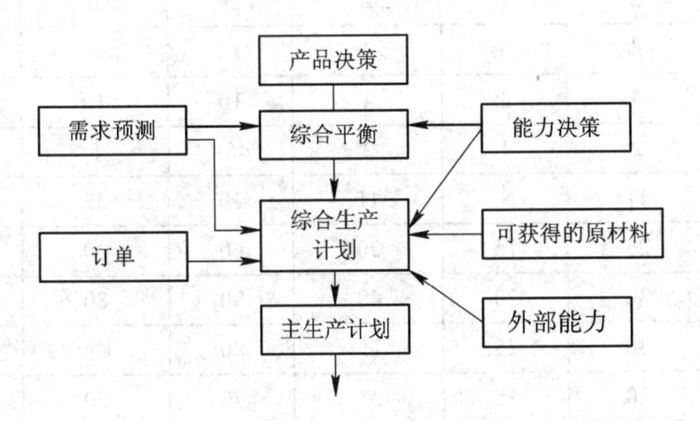

图 6.2　综合生产计划在企业生产计划体系中的作用

1. 综合平衡的概念

综合生产计划的核心是期望在生产能力与市场需求(生产任务)之间寻求平衡点，达到均衡生产的目的。但在实现企业综合生产平衡的过程中，除了解决生产能力与市场需求之间的平衡(调节生产能力和调节市场需求)，还需要解决企业内部生产要素的平衡，诸如建立在设备配置与人员配备基础上的各生产环节间生产能力的平衡；从原材料投入到成品产出全过程的物流平衡；支撑生产运作循环的资金平衡等。特别是企业内部生产要素的平衡，涵盖了生产过程中的人力资源、设备资源、物料流动和管理水平等，在一定程度上成为度量生产平衡的有效尺度。

2. 综合生产计划的制定方法

综合生产计划的制定方法通常有图表法、运输模型法、试算法、线性规划法、仿真计算法等。此处只以运输模型法为例，制定制造企业的综合生产计划。

1) 运输模型法的作用

运输模型是线性规划的分支，可用表上作业法求最优解，广泛应用于产品发运、生产安排、短缺资源分配等方面。比如大功率柴油机，主要用于船舶、机车或发电机，其用户和产品具有鲜明的特点，次年的市场需求情况于当年年底基本上能预测出来，而且交货期一般以季度来界定。另外，其生产方式基本上是单件小批量，其整个生产周期大约只比一个季度稍短，因此，其生产计划、产品发运、库存等方面均能够以季度为一个周期。

2) 运输模型法的案例

假设某内燃机厂在每年的十二月份，准备确定企业次年的生产经营计划。企业经营计划部门根据销售、生产、财务、技术等部门对次年的市场需求、生产能力、生产成本进行测算，经过综合分析和研究，其相关数据见表 6.1。

表 6.1 某厂产品生产的相关数据(一)

产品	供货期	甲市场/台	乙市场/台	丙市场/台	总需求/台	生产能力/台	生产成本/万元	备注
A	春季	2	1	2	5	6	21	
	夏季	4	3	3	10	8	20.5	
	秋季	3	3	4	10	10	20	
	冬季	2	1	2	5	8	22	
	合计	11	8	11	30	32	—	
B	春季	25	15	20	60	60	10.5	
	夏季	30	20	40	90	80	11	
	秋季	30	25	25	80	100	9.5	
	冬季	20	15	35	70	80	10.5	
	合计	105	75	120	300	320	—	

由于生产和财务部门的测算是基于次年进行一定技术改造才能达到的生产能力和成本，从表 6.1 可以看出，部分产品、部分季度可能出现缺货或能力过剩，这就必须考虑缺货成本(延期交货应支付给用户的赔偿费用)和库存积压费用。同时在进行市场分配时，也要考虑三个市场的运输费用。此外，为应付市场急需，当年冬季部分产品有积压，次年冬天留一定的库存备用。为此，有关部门又进行调查和分析，得出有关数据，见表 6.2。

表 6.2 某厂产品生产的相关数据(二)

产品	甲市场运价/(万元/台)	乙市场运价/(万元/台)	丙市场运价/(万元/台)	目前库存	库存费用/(台/季)	缺货成本/(台/季)	到期库存
A	0.2	0.4	0.6	2 台	0.4 万元	1.5 万元	2 台
B	0.1	0.2	0.3	5 台	0.2 万元	0.5 万元	4 台

传统的生产经营计划的制定依照表 6.1 提供的数据就基本够了，而且以往实际的年度经营计划都是如此确定的。但是要做到生产经营计划的科学化、合理化，而且使总成本最低，必须同时依据表 6.1 和表 6.2 的数据，建立必要的数学模型，通过求其最优解来确定。

(1) 运输模型的建立。

因 A、B 两种产品互相独立，综合分析各种情况和条件，认为可以通过建立运输模型来确定两种产品的生产经营计划。即拟订每种产品每季的生产进度，以及产出的产品在哪个季度交货，并交到哪个市场，以使总的经营费用最低。

为了将运输模型转化为运输问题，首先，决策变量的设定要符合运输模型的变量形式，又要全面反映问题的实际要求。以 A 产品为例，设 X_{ijz} 为第 i 季生产、第 j 季交货、交到 z 市场(或库存)的 A 产品的台数(i、j、z =1、2、3、4、5)，如表 6.3 所示。

表 6.3　运输模型的变量形式

产期	甲市场销期				乙市场销期				丙市场销期				库存至次年初	产量
	春	夏	秋	冬	春	夏	秋	冬	春	夏	秋	冬		
库存	X_{111}	X_{121}	X_{131}	X_{141}	X_{112}	X_{122}	X_{132}	X_{142}	X_{113}	X_{123}	X_{133}	X_{143}	X_{144}	
春季	X_{211}	X_{221}	X_{231}	X_{241}	X_{212}	X_{222}	X_{232}	X_{242}	X_{213}	X_{223}	X_{233}	X_{243}	X_{244}	
夏季	X_{311}	X_{321}	X_{331}	X_{341}	X_{312}	X_{322}	X_{332}	X_{342}	X_{313}	X_{323}	X_{333}	X_{343}	X_{344}	
秋季	X_{411}	X_{421}	X_{431}	X_{441}	X_{412}	X_{422}	X_{432}	X_{442}	X_{413}	X_{423}	X_{433}	X_{443}	X_{444}	
冬季	X_{511}	X_{521}	X_{531}	X_{541}	X_{512}	X_{522}	X_{532}	X_{542}	X_{513}	X_{523}	X_{533}	X_{543}	X_{544}	
销量														

如果将各产期视为“产地”，将各市场的销期及库存期视为“销地”，将 X_{ijz} 视为“运量”，则只要确定产、销量及运价，就能构成一个运输模型。由表 6.1、表 6.2 可知，各个市场、各季的需求和到期库存为销量，目前库存和生产能力为产量，产品生产成本加上运费、库存费用或缺货成本为运价。另外，由于该模型产大于销，所以应虚设一个销地，该销地的运价为 0。这样，就将该问题转化为规范的运输模型，如表 6.4 所示。

表 6.4　A 产品的运输模型计算表

产期	甲市场销期				乙市场销期				丙市场销期				库存至次年初	虚销地	产量
	春	夏	秋	冬	春	夏	秋	冬	春	夏	秋	冬			
库存	0.6	1.0	1.4	1.8	0.8	1.2	1.6	2.0	1.0	1.4	1.8	2.2	2.0	0	2
春季	21.2	21.6	22.1	22.4	21.4	21.8	22.2	22.6	21.6	22	22.4	22.8	22.6	0	6
夏季	22.2	20.7	22.1	21.5	22.4	20.9	21.3	21.7	22.6	21.1	21.5	21.9	21.7	0	8
秋季	23.2	21.7	20.2	20.6	23.4	21.9	20.4	20.8	23.6	22.1	20.6	21	20.8	0	10
冬季	26.7	25.2	23.7	22.2	26.9	25.4	23.9	22.4	27.1	25.6	24.1	22.6	22.4	0	8
销量	2	4	3	2	1	3	3	1	2	3	4	2	2	2	34

B 产品的问题同样可以转化为运输模型，其决策变量的设立与表 6.3 完全相同。经过计算，B 产品规范的运输模型如表 6.5 所示。

表 6.5　B 产品的运输模型计算表

产期	甲市场销期				乙市场销期				丙市场销期				库存至次年初	虚销地	产量
	春	夏	秋	冬	春	夏	秋	冬	春	夏	秋	冬			
库存	0.3	0.5	0.7	0.9	0.4	0.6	0.8	1.0	0.5	0.7	0.9	1.1	1.0	0	5
春季	10.6	10.8	11	11.2	10.7	10.9	11.1	11.3	10.8	11.0	11.2	11.1	11.3	0	60
夏季	11.6	11.1	11.3	11.5	11.7	11.2	11.4	11.6	11.8	11.3	11.5	11.7	11.6	0	80
秋季	10.6	10.1	9.6	9.8	10.7	10.2	9.7	9.9	10.8	10.3	9.8	10	9.9	0	100
冬季	12.1	11.6	11.1	10.6	12.2	11.7	11.2	10.7	12.3	11.8	11.3	10.8	10.7	0	80
销量	25	30	30	20	15	20	25	15	20	10	25	35	4	21	325

(2) 运输模型的表上作业法。

通过以上方式建立的运输模型，完全可以用表上作业法求解，也可运用成熟的计算机程序来求解。通过求解，得出 A、B 两种产品的最佳经营计划方案，分别见表 6.6、表 6.7。

表 6.6　A 产品的最佳经营计划方案

产期	甲市场销期				乙市场销期				丙市场销期				库存至次年初	虚销地	产量
	春	夏	秋	冬	春	夏	秋	冬	春	夏	秋	冬			
库存	2														2
春季					1				2	3					6
夏季		4				3					1				8
秋季			3	2			3				2				10
冬季								1			1	2	2	2	8
销量	2	4	3	2	1	3	3	1	2	3	4	2	2	2	34

从表 6.6 可以看出，冬季虚销地的产量为 2，这表示冬季实际产销量为 8−2=6。故 A 产品的实际年产量为 30 台，经计算其生产经营总费用为 639.5 万元。

表 6.7　B 产品的最佳经营计划方案

产期	甲市场销期				乙市场销期				丙市场销期				库存至次年初	虚销地	产量
	春	夏	秋	冬	春	夏	秋	冬	春	夏	秋	冬			
库存									5						5
春季	25				15				15	5					60
夏季		30				20				15				15	80
秋季			30				25			20	25				100
冬季				20				15				35	4	6	80
销量	25	30	30	20	15	20	25	15	20	40	25	35	4	21	325

从表 6.7 中可以看出，夏、冬季虚销地的销量为 15 和 6，表示夏、冬季实际产销量为 80−15=65 和 80−6=74，故 B 产品的实际年产量为 299 台，经计算其生产经营总费用为 2996.3 万元。如果按照传统的生产经营计划，B 产品的生产计划就很可能安排春季 60 台、夏季 80 台、秋季 100 台、冬季 59 台，这样 B 产品生产 299 台的总费用为 3143.2 万元，而用运输模型求得的决策方案(春季生产 60 台、夏季生产 65 台、秋季生产 100 台、冬季生产 74 台)的总费用为 2996.3 万元，节约了 146.9 万元。

6.1.2　主生产计划

主生产计划(Master Production Schedule，MPS)是在综合计划基础上确定每一个具体的最终产品在每一个具体时间段内的生产计划。主生产计划是综合计划的具体体现，又是进一步编制生产作业计划的依据。所谓最终产品，对企业来说是最终完成、要出厂的完成品，它可以是直接用于消费的消费产品，也可以是作为其他企业的部件或配件。具体时间段通常以周为单位，或以旬、日、月为单位。

MPS 的主要功能就是要根据不同产品的需求时间安排它们的产出时间和生产投入时间，并进行粗能力运算，以粗略的方式计算是否可能完成生产计划。其制订流程如图 6.3 所示。

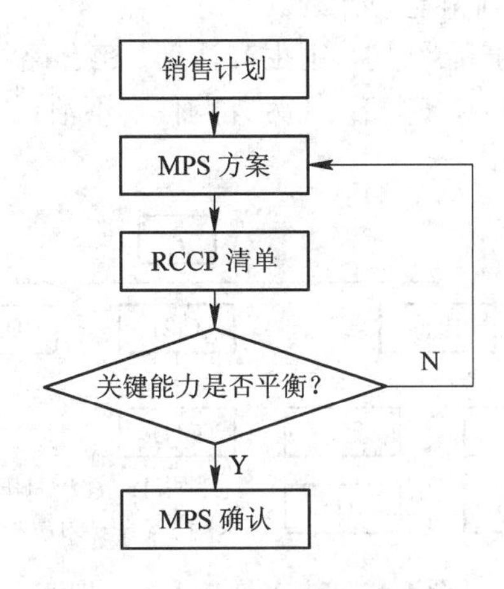

图 6.3　主生产计划制订流程

1. 基本概念

1) 时段(Time Period)

时段就是时间段落、间隔或时间跨度，划分时段只是为了说明在各个时间跨度内的计划量、产出量、需求量，以固定时间段的间隔汇总计划量、产出量、需求量，便于对比计划，从而可以区分出计划需求的优先级别。

2) 时界(Time Fence)

时界是在 MPS 中计划的参考点，是控制计划变化的参考与依据，以保持计划的严肃性、稳定性和灵活性。MPS 设有两个时界点：需求时界和计划时界。

典型的 MPS 把需求时界设定在最终装配计划的提前期，偏离实际的预测要在需求时界点之前从需求计划中排除。计划时界总是大于或等于需求时界。在计划时界以内，MPS 系统不能自动确定 MPS 订单计划，而只能由主生产计划员确认安排。在计划时界以后，MPS 将自动编制主计划订单，但必须由主计划员审核调整。

在需求时界和计划时界的基础上，MPS 将计划展望期划分为需求时区、计划时区和预测时区。不同时区的分割点就是时界，表明跨过这一点，编制计划的政策或过程将有变化。MPS 就是通过设立这三个时间区间，确定订单状态(计划状态、确认状态和下达状态)的变化的。

2. 粗能力计划

粗能力计划(Rough-Cut Capacity Planning，RCCP)是对关键工作中心的能力进行运算而产生的一种能力需求计划，它的计划对象只是针对设置为“关键工作中心”的工作中心能力，计算量要比能力需求计划小许多。粗能力计划的计算过程如下：

(1) 确定某工作中心各具体时段的负荷与能力，找出超负荷时段。

(2) 确定各时段的负荷是由哪些物品引起的，各占用资源的情况如何。

(3) 总体平衡 MPS 中装配成最终产品的各工件进度(可初步平衡，详细的平衡在物料需求计划与能力需求计划时制订进行)。

下面举例来说明根据物料清单(Bill of Material，BOM)和工艺路线文件如何得到能力清单，进而根据能力清单编制粗能力计划。

例如，某产品 A 对应的产品结构、主生产计划、工艺路线文件如图 6.4、表 6.8 和表 6.9 所示。在图 6.4 中，零件 D、G、H、I 为外购件，不消耗内部的生产能力，无需在能力计划中考虑。

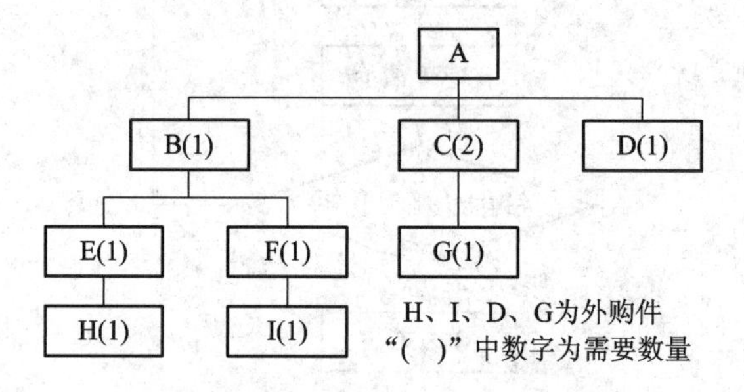

图 6.4　产品 A 的产品结构图

表 6.8　产品 A 的主生产计划

周次	1	2	3	4	5	6	7	8	9	10
主生产计划	25	25	20	20	20	20	30	30	30	25

表 6.9　产品 A 的工艺路线文件

零件号	工序号	工作中心	单件加工时间	生产准备时间	平均批量	单件准备时间	单件总时间
A	101	WC-30	0.09	0.40	20	0.0200	0.1100
B	201	WC-25	0.06	0.28	40	0.0070	0.0670
C	301	WC-15	0.14	1.60	80	0.0200	0.1600
	302	WC-20	0.07	1.10	80	0.0138	0.0838
E	401	WC-10	0.11	0.85	100	0.0085	0.1185
	402	WC-15	0.26	0.96	100	0.0096	0.2696
F	501	WC-10	0.11	0.85	80	0.0106	0.1206

有了产品结构 BOM 和工艺路线文件，就可以编制能力清单，其过程如下：

(1) 在每一个工作中心上，计算出全部项目的单件加工时间：

$$加工件数 \times 单件加工时间$$

工作中心 WC-10 的单件加工时间：

$$1\text{件}E\times0.11+1\text{件}F\times0.11=0.22\text{定额工时/件}$$

工作中心 WC-15 的单件加工时间：

$$2\text{件}C\times0.14+1\text{件}E\times0.26=0.54\text{定额工时/件}$$

工作中心 WC-20 的单件加工时间：

$$2\text{件}C\times0.07=0.14\text{定额工时/件}$$

工作中心 WC-25 的单件加工时间：

$$1\text{件}B\times0.06=0.06\text{定额工时/件}$$

工作中心 WC-30 的单件加工时间：

$$1\text{件}A\times0.09=0.09\text{定额工时/件}$$

(2) 在每一个工作中心上，计算出全部项目的单件生产准备时间：

加工件数 × 单件准备时间

工作中心 WC-10 的单件准备时间：

$$1\times0.0085+1\times0.0106=0.0191$$

工作中心 WC-15 的单件准备时间：

$$2\times0.0200+1\times0.0096=0.0496$$

工作中心 WC-20 的单件准备时间：

$$2\times0.0138=0.0276$$

工作中心 WC-25 的单件准备时间：

$$1\times0.0070=0.0070$$

工作中心 WC-30 的单件准备时间：

$$1\times0.0200=0.0200$$

(3) 计算每个工作中心的单件总时间：

单件加工时间 + 单件准备时间

通过上述三个步骤的计算，就可得到单件成品在每个工作中心上所需求的用定额工时数表示的产品 A 的能力清单，如表 6.10 所示。

表 6.10　产品 A 占用的能力清单

工作中心	单件加工时间	单件生产准备时间	单件总时间
WC-10	0.22	0.0191	0.2391
WC-15	0.54	0.0496	0.5896
WC-20	0.14	0.0276	0.1676
WC-25	0.06	0.0070	0.0670
WC-30	0.09	0.0200	0.1100
合计	1.05	0.1233	1.1733

至此，根据产品 A 的能力清单和主生产计划，计算出产品 A 的粗能力计划，即用产品 A 的主生产计划表(表 6.8)中每个周期的计划产量乘以能力清单中各工作中心的单件总时间值，就可得到用能力清单编制的以总定额工时表示的产品 A 的粗能力计划，如表 6.11 所示。

表 6.11　产品 A 的粗能力计划

工作中心	拖期	周次										总计
		1	2	3	4	5	6	7	8	9	10	
WC 30	0	2.75	2.75	2.20	2.20	2.20	2.20	3.30	3.30	3.30	2.75	
WC 25	0	1.68	1.68	1.34	1.34	1.34	1.34	2.01	2.01	2.01	1.68	
WC 20	0	4.19	4.19	3.35	3.35	3.35	3.35	5.03	5.03	5.03	4.19	
WC 15	0	14.74	14.74	11.79	11.79	11.79	11.79	17.69	17.69	17.69	14.74	
WC 10	0	5.98	5.98	4.78	4.78	4.78	4.78	7.17	7.17	7.17	5.98	
合计	0	29.34	29.34	23.46	23.46	23.46	23.46	35.20	35.20	35.20	29.34	287.46

用资源清单进行粗能力计划编制，资源清单的建立与存储比较简单。一旦建立了资源清单，则可对不同的主生产计划重复使用。只有当它们所依赖的信息变化很大时，才需要修改这个清单。用这种方法可以仅对关键资源(瓶颈环节)建立和使用资源清单。这样就简化了能力计划的编制、维护和应用，并且由于计算量小，用计算器也可以进行能力计划的编制。

6.1.3　物料需求计划

物料需求计划(Materials Requirement Planning，MRP)，就是要制定原材料、零部件的生产和库存计划，即决定外购什么、生产什么，什么物料必须在什么时候订货或开始生产、订多少、生产多少，每次的订货和生产批量是多少，等等。在生产实践中，物料种类繁杂，相互之间因产品用量的不同，存在相互独立、相互制约的关系。对于互不相关的物料需求，其需求量容易控制，但是对于相互制约的非独立物料需求，很多情况下难以准确把握，而且独立需求和非独立需求在生产中可能相互转换，二者的界限并不泾渭分明。因此，在制定物料需求计划时，要严格区分独立需求和非独立需求。

1. 独立需求与非独立需求

企业虽然拥有卓越的销售人员推销产品，但是生产部门却没有办法如期交货，车间管理人员抱怨说采购部门没有及时供应他们所需要的原料；采购部门则显得效率过高，仓库库位饱和，资金周转很慢；财务部门不信赖仓库部门的数据，不以它来计算制造成本。产生这些问题的主要原因是企业对非独立需求管理不善。

独立需求与非独立需求之间的区别是：独立需求中各物资的需求是互不相关的，例如制造工厂会生产相互无关的一些产品，用来满足一些外部需求。对于非独立需求，其需求常常是因为对其他物资需求的拉动的结果。因此说，非独立需求是由更高层的物料项目引起的。如果零部件 A 是在企业外部销售的，则 A 是独立需求，如果零部件 B 是 A 的组成部分，则 B 是相关需求。

非独立需求的特征是其需求的数量呈现偶发性或者说是“成块”性，有时需要大量的耗用，有时则用得很少。如通用零部件螺钉，会经常被使用，而一些专用零件只在装配特定产品时需要。因此，在企业中，大量的非独立需求最好只在生产需要时出现，但现实工作中是很难实现的，往往造成积压或者短缺。

2. MRP 的作用及其内容

MRP 的主要作用就是：(1) 从最终产品的生产计划(独立需求)导出相关物料(原材料、零部件等)的需求量和需求时间(相关需求)；(2) 根据物料的需求时间和生产(订货)周期确定其开始生产(订货)的时间。

MRP 的基本内容是编制零件的生产计划和采购计划。然而，要正确地编制零件计划，首先必须落实产品的生产进度计划，即主生产计划。此外，MRP 还需要知道产品的零件结构，即物料清单(Bill of Material)，才能把主生产计划展开成零件计划；同时，必须知道库存数量才能准确计算出零件采购数量。因此，基本 MRP 的计划依据是主生产计划、物料清单、库存信息，它们之间的逻辑流程关系如图 6.5 所示。

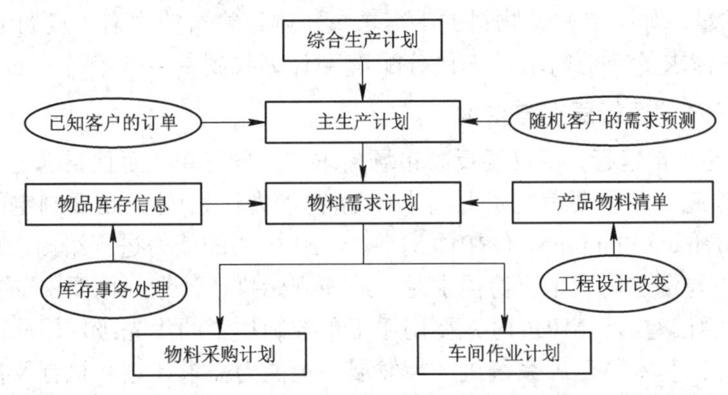

图 6.5　MRP 的流程关系图

1) 产品结构与物料清单

MRP 系统要正确计算出物料需求的时间和数量，特别是相关需求物料的时间和数量，首先要使系统能够知道企业所制造的产品结构和所有要使用到的物料。产品结构列出构成成品或装配件的所有部件、组件、零件等的组合、装配关系和数量要求。它是 MRP 产品拆零的基础。图 6.6 所示是一个简化了的自行车的产品结构图，它大体反映了自行车的零部件构成。

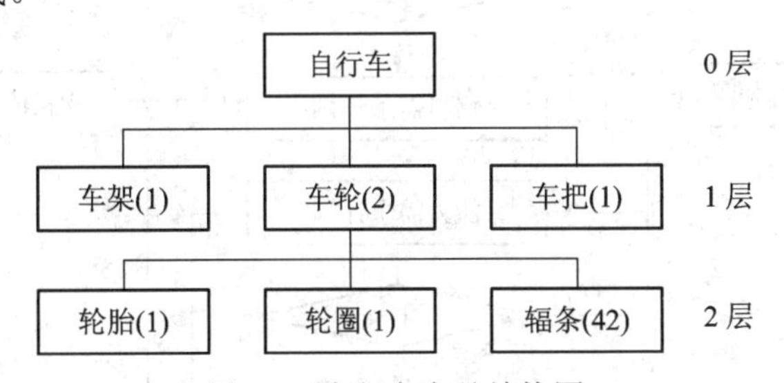

图 6.6　自行车产品结构图

为了便于计算机识别，必须把产品结构图转换成规范的数据格式。这种用规范的数据格式来描述产品结构的文件就是物料清单，它包含了组件(部件)中各种物料需求的数量和相互之间的组成结构关系。

2) 库存信息

库存信息是保存企业所有产品、零部件、在制品、原材料等存在状态的数据库。在 MRP 系统中，将产品、零部件、在制品、原材料甚至工装工具等统称为“物料”或“项目”。为便于计算机识别，必须对物料进行编码。物料编码是 MRP 系统识别物料的唯一标识。

(1) 现有库存量：在企业仓库中实际存放的物料的可用数量。

(2) 计划收到量(在途量)：根据正在执行中的采购订单或生产订单，在未来某个时段物料将要入库或将要完成的数量。

(3) 已分配量：尚保存在仓库中但已被分配掉的物料数量。

(4) 提前期：执行某项任务由开始到完成所消耗的时间。

(5) 订购(生产)批量：在某个时段内向供应商订购或要求生产部门生产的某种物料数量。

(6) 安全库存量：为了预防需求或供应方面不可预测的波动，在仓库中经常应保持最低库存数量作为安全库存量。

(7) 净需求量：如果已知某物料的毛需求量，则该物料的净需求量如下：

$$\text{净需求量} = \text{毛需求量} + \text{已分配量} - \text{计划收到量} - \text{现有库存量}$$

3. 闭环 MRP 的运行原理与结构

MRP 系统的正常运行，不仅要反映市场需求和合同订单，而且要满足企业的生产能力约束条件。因此，除了要编制资源需求计划(粗能力计划)外，还要制定能力需求计划(Capacity Requirement Planning，CRP)，对各个工作中心的能力进行平衡。只有在采取了措施，做到能力与资源均满足负荷需求时，才能开始执行计划。而要保证实现计划，就要控制计划的执行。执行 MRP 时，要用派工单控制加工的优先级，用采购单控制采购的优先级。这样，基本 MRP 系统进一步发展，把能力需求计划和执行及控制计划的功能也包括进来，形成一个环形回路，称为闭环 MRP，如图 6.7 所示。闭环 MRP 形成了一个完整的生产计划与控制系统。

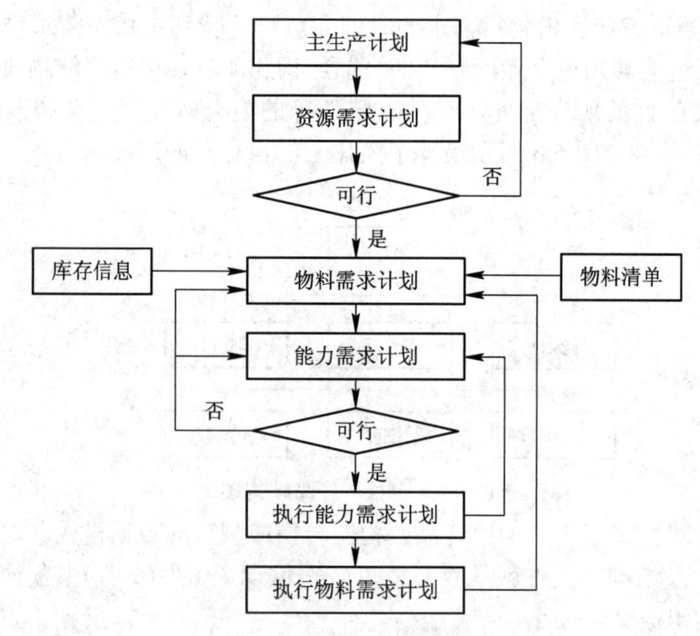

图 6.7　闭环 MRP 逻辑流程图

1) 能力需求计划

在日常运作过程中，MRP 可对具体的机器或工人发出作业计划，从而影响它们的工作负荷。能力需求计划的任务就是对这些负荷预先做出安排。

(1) 能力需求计划的概念。

在闭环 MRP 系统中，关键工作中心的负荷平衡称为资源需求计划，或称为粗能力计划，它的计划对象为独立需求件，主要面向的是主生产计划；全部工作中心的负荷平衡称为能力需求计划，或称为详细能力计划，它的计划对象为相关需求件，主要面向的是车间。由于 MRP 和 MPS 之间存在内在的联系，所以资源需求计划与能力需求计划也是一脉相承的，而后者是在前者的基础上进行计算的。

(2) 能力需求计划的计算逻辑。

闭环 MRP 的基本目标是满足客户和市场的需求，因此在编制计划时，总是先不考虑能力约束而优先保证计划需求，再进行能力计划。经过多次反复运算，调整核实，才转入下一个阶段。能力需求计划的运算过程就是把物料需求计划订单换算成能力需求数量，生成能力需求报表。这个过程可用图 6.8 来表示。

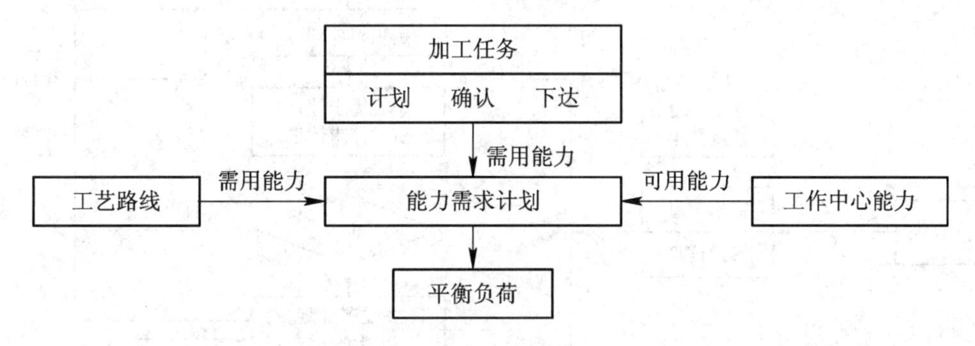

图 6.8　能力需求报表生成过程

在计划时段中，有可能出现能力需求超负荷或低负荷的情况。闭环 MRP 能力计划通常是通过报表的形式(直方图是常用工具)向计划人员报告，但是并不进行能力负荷的自动平衡，这个工作由计划人员人工完成。

2) 现场作业控制

各工作中心能力与负荷需求基本平衡后，接下来就要集中解决如何具体地组织生产活动，使各种资源既能合理利用又能按期完成各项订单任务，并将客观生产活动进行的状况及时反馈到系统中，以便根据实际情况进行调整与控制，这就是现场作业控制。它的工作内容一般包括以下四个方面：

(1) 车间订单下达：核实 MRP 生成的计划订单，并转换为下达订单。

(2) 作业排序：从工作中心的角度控制加工工件的作业顺序或作业优先级。

(3) 投入—产出控制：一种监控作业流(正在作业的车间订单)通过工作中心的技术方法。利用投入—产出报告，可以分析生产中存在的问题，采取相应的措施。

(4) 作业信息反馈：主要是跟踪作业订单在制造过程中的运动，收集各种资源消耗的实际数据，更新库存余额，并完成 MRP 的闭环反馈。

6.1.4　制造资源计划

闭环 MRP 系统的出现，使生产活动方面的各种子系统得到了统一。但在企业的管理中，生产管理只是一个方面，它所涉及的仅仅是物流，而与物流密切相关的还有资金流。这在许多企业中是由财会人员另行管理的，这就造成了数据的重复录入与存储，甚至造成数据的不一致性。20 世纪 80 年代，人们把生产、财务、销售、工程技术、采购等各个子系统集成为一个一体化的系统，并称为制造资源计划(Manufacturing Resourse Planning)，为了与物流需求计划相区别而记为 MRPⅡ。

1) MRPⅡ的原理与逻辑

MRPⅡ的基本思想就是把企业作为一个有机整体，从整体最优的角度出发，通过运用科学的方法对企业各种制造资源和产、供、销、财各个环节进行有效的计划、组织和控制，使之协调发展。MRPⅡ的逻辑流程如图 6.9 所示。

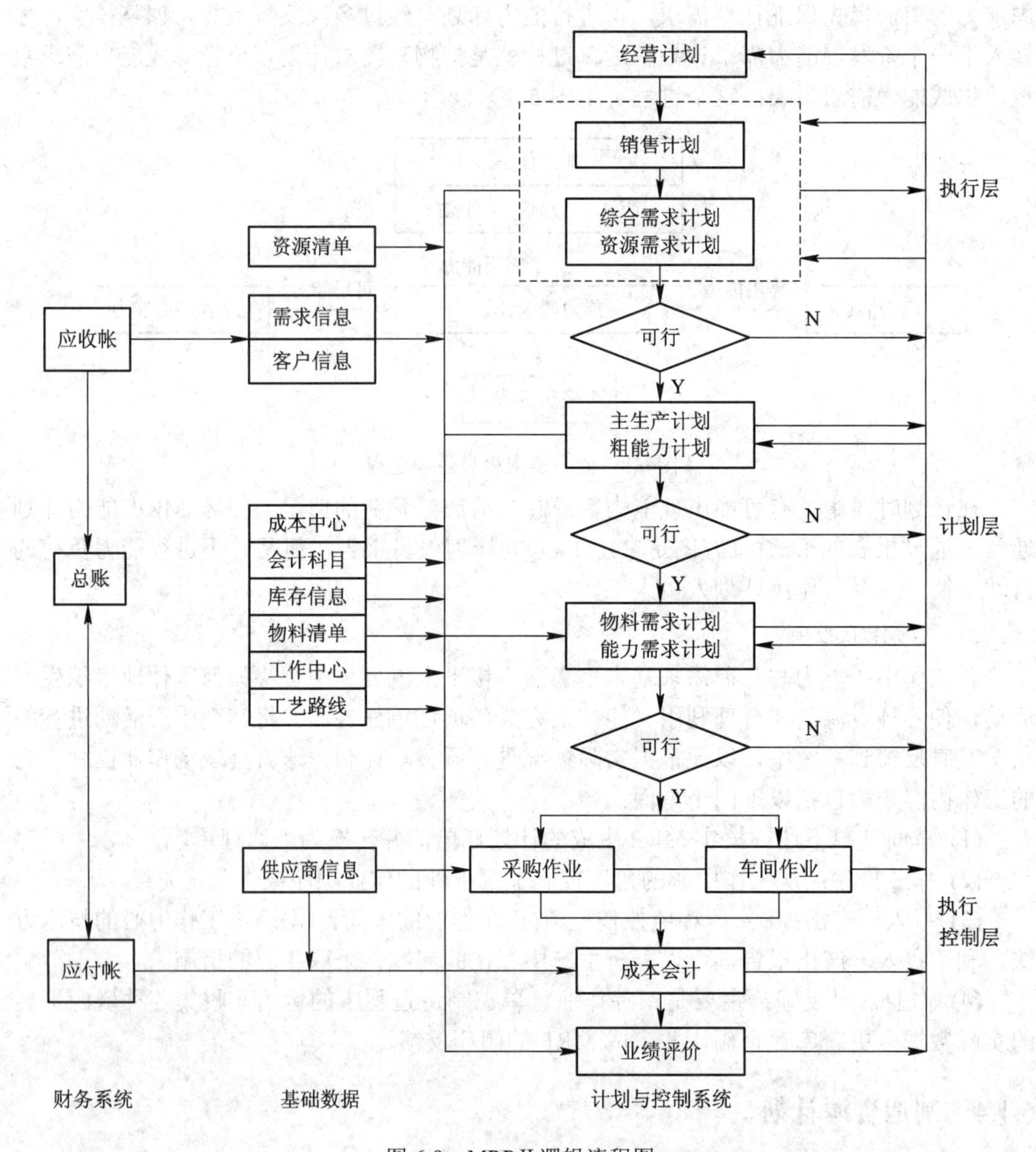

图 6.9 MRPⅡ逻辑流程图

在流程图的右侧是计划与控制的流程，包括决策层、计划层和控制执行层，可以理解为经营计划管理的流程；中间是基础数据，要储存在计算机系统的数据库中，并且反复调用。这些数据信息的集成，把企业各个部门的业务沟通起来，可以理解为计算机数据库系统；左侧是主要的财务系统，这里只列出应收账、总账和应付账。各个连线表明信息的流向及相互之间的集成关系。

2) MRPⅡ管理模式的特点

MRPⅡ的特点可以从以下几个方面来说明，每一项特点都含有管理模式的变革和人员素质或行为变革两方面，这些特点是相辅相成的。

(1) 计划的一贯性和可行性。

MRPⅡ是一种计划主导型管理模式，计划层次从宏观到微观、从战略到技术、由粗到细逐层优化，始终保证与企业经营战略目标一致。它把通常的三级计划管理统一起来，计划编制工作集中在厂级职能部门，车间班组只能执行计划、调度和反馈信息。计划下达前反复验证和平衡生产能力，并根据反馈信息及时调整，处理好供需矛盾，保证计划的一贯性、有效性和可执行性。

(2) 管理的系统性。

MRPⅡ是一项系统工程，它把企业所有与生产经营直接相关部门的工作连接成一个整体，各部门都从系统整体出发做好本职工作，每个员工都知道自己的工作质量同其他职能的关系。这只有在“一个计划”下才能成为系统，条块分割、各行其是的局面应被团队精神所取代。

(3) 数据共享性。

MRPⅡ是一种制造企业管理信息系统，企业各部门都依据同一数据信息进行管理，任何一种数据变动都能及时地反映给所有部门，做到数据共享。在统一的数据库支持下，按照规范化的处理程序进行管理和决策，改变了过去那种信息不通、情况不明、盲目决策、相互矛盾的现象。

(4) 动态应变性。

MRPⅡ是一个闭环系统，它要求跟踪、控制和反馈瞬息万变的实际情况，管理人员可随时根据企业内外环境条件的变化迅速做出响应，及时决策调整，保证生产正常进行。它可及时掌握各种动态信息，保持较短的生产周期，因而有较强的应变能力。

(5) 模拟预见性。

MRPⅡ具有模拟功能，可以解决“如果……将会……”的问题，并可预见在相当长的计划期内可能发生的问题，事先采取措施消除隐患，而不是等问题已经发生了再花几倍的精力去处理。这将使管理人员从忙碌的事务堆里解脱出来，致力于实质性的分析研究，提供多个可行方案供领导决策。

(6) 物流、资金流的统一。

MRPⅡ包含了成本会计和财务功能，可以由生产活动直接产生财务数据，把实物形态的物料流动直接转换为价值形态的资金流动，保证生产和财务数据一致。财务部门及时得到资金信息用于控制成本，通过资金流动状况反映物料和经营情况，随时分析企业的经济效益，参与决策，指导和控制经营和生产活动。

以上几个方面的特点表明，MRPⅡ是一个比较完整的生产经营管理计划体系，是实现制造业企业整体效益的有效管理模式。

6.1.5 企业资源计划

ERP 是 Enterprise Resource Planning(企业资源计划)的简称，是 20 世纪 90 年代美国一家 IT 公司根据当时的计算机信息、IT 技术发展及企业对供应链管理的需求，预测在今后信息时代企业管理信息系统的发展趋势和即将发生变革，而提出了这个概念。ERP 是针对物资资源管理(物流)、人力资源管理(人流)、财务资源管理(财流)、信息资源管理(信息流)集成一体化的企业管理软件。它包含客户/服务架构，使用图形用户接口，应用开放系统制作。

1. ERP 的主要特点

(1) ERP 将供应链管理功能包含进来，强调了供应商、制造商与分销商间新的伙伴关系，并且支持企业后勤管理，更加面向市场，面向经营，面向销售，能够对市场快速做出响应。

(2) ERP 更强调企业流程与工作流，通过工作流实现企业的人员、财务、制造与分销间的集成，支持企业过程重组。

(3) ERP 更多地强调财务，具有较完善的企业财务管理体系。这使得价值管理概念得以实施，资金流与物流、信息流更加有机地结合。

(4) ERP 较多地考虑人的因素作为资源在生产经营规划中的作用，也考虑了人的培训成本等。

(5) 在生产制造计划中，ERP 支持 MRPⅡ与 JIT 混合管理模式，也支持多种生产方式(离散制造、连续流程制造等)管理模式。

(6) ERP 采用了最新的计算机技术，如客户/服务器分布式结构、面向对象技术、电子数据交换 EDI、多数据库集成、图形用户界面、第四代语言及辅助工具等。

ERP 是信息时代的现代企业向国际化发展的更高层管理模式。它能更好地支持企业 CIMS 各方面的集成，并将给企业带来更广泛、更长远的社会效益与经济效益。

2. ERP 系统的主要功能

1) 供应链管理

供应链是一套网络机制，它保证企业获取原材料，将原材料转化为间接产品和最终产品，并将产品分送至顾客手中。供应链管理包括的主要环节有顾客、制造、分发、运输、库存计划、预估、供应计划等。

2) 财务管理

ERP 建立了较完善的企业财务管理系统，主要功能包括应收账与赊账、应付账、总账、成本会计、货币流通转换、支票、预算与分析、记账、固定资产、财务综合等管理。此外 ERP 的财务管理还考虑了全球化市场与跨国公司的需求，提供了灵活的不同财务体系与货币体系的转换功能。

3) 多种方式的生产管理

ERP 支持多种生产方式的管理模式，如连续流程制造、离散制造、重复式生产等。ERP 软件提供灵活的可选配置的生产计划与控制功能模块，以适应不同应用企业的特定生产方式的管理。

4) 制造执行系统(MES)

MES 是介于 ERP/MRPⅡ与生产控制之间的生产管理层。MES 主要面向产品的生产，它是工厂层调度、分配、发送、跟踪、监控与控制、实时测量并报告生产信息的生产计划执行系统。MES 的主要功能包括资源配置及状态报告、操作与详细调度、分配生产单元、文档控制、数据收集/获取、工人管理、质量管理、工艺管理与物料管理、维护管理、工具管理、生产跟踪、制造测量性能分析等。

5) 分布式对象计算结构

ERP 采用的是客户/服务器分布式结构和面向对象的计算机技术。ERP 将生产经营的核心功能放在服务器端，将供应链中与外部交互的应用功能(如销售、订单、采购等)放在客户端；客户/服务器节点间按照基于面向对象模型的工作流方式进行分布式处理。

3. ERP 与 MRPⅡ之间的区别

表 6.12 描述了 ERP 与 MRPⅡ的主要区别。

表 6.12　ERP 与 MRPⅡ的主要区别

	ERP	MRPⅡ
资源管理范围方面	对订单、采购、库存、计划、生产制造、质量控制、运输、分销、服务与维护、财务、人事、实验室、项目、配方等进行有效管理	侧重对企业内部人、财、物等资源的管理
生产方式管理方面	ERP 适宜于支持和管理混合型制造环境，满足企业的多角化经营需求	MRPⅡ适宜于批量生产、订单生产、订单装配、库存生产等
管理功能方面	ERP 支持制造、分销、财务管理功能；支持整个供应链上物料流通体系中供、产、需各个环节之间的运输管理和仓库管理；支持生产保障体系的质量管理、实验室管理、设备维修和备品备件管理；支持对工作流(业务处理流程)的管理	—
事务处理控制方面	ERP 系统支持在线分析处理和售后服务，强调企业的事前控制能力，可以将设计、制造、销售、运输等通过集成来并行地进行各种相关的作业	MRPⅡ通过计划的及时滚动来控制整个生产过程，实时性较差，一般只能实现事中控制
跨区经营事务处理方面	ERP 系统应用完整的组织架构，可支持跨国经营的多国家、多地区、多工厂、多语种、多币制应用需求	—
计算机信息处理技术方面	ERP 系统采用客户/服务器(C/S)体系结构和分布式数据处理技术，支持 Internet/Intranet/Extranet、电子商务、电子数据交换，实现在不同平台上的互操作	—

6.2 典型系统的生产计划与控制

生产计划与控制是制造企业的核心内容。编制满足需求数量和交货期的计划，监督和控制该计划的实现，从而在满足需求的前提下，合理、经济地分配资源并进行生产是生产计划与控制的主要活动。概括而言，现代生产计划与控制主要有五种模式，即以制造资源计划 MRPⅡ为代表的推式生产方式，以丰田准时化生产、精益制造为思想的拉式生产方式，以约束理论(Theory of Constraints，TOC)为基础的寻优生产方式，以敏捷制造为基础的灵活响应生产方式和以可重构制造为基础的自适应生产方式。本节主要以混合生产系统、精益生产系统和自适应看板系统为例，了解制造系统的生产运作与控制。

6.2.1 混合生产系统的运作控制

混合生产系统是根据制造企业的实际情况，将推式生产、拉式生产或 TOC 理论结合起来，建立有助于改善生产组织状况的制造系统。

1. MRPII 与 JIT 集成的混合生产系统

1) 推式系统的运作原理

MRPⅡ是用物料投入的方式来推动系统运行的，故称为 Push 控制策略的推式系统。这种系统在制订生产计划时假定所制订的计划能够实现。其特点是：工件在某加工中心如期完成后，便将其传送到下一个它该去的地方，在这个地方有计划好的所需的各种零件。也就是说，推式系统将各种物料根据计划推到所需要的生产岗位，生产控制的作用是保持生产严格按计划实施。

2) 拉式系统的调度控制

准时制生产系统采用成品取出的方式来拉动系统运行，是一种 Pull 控制策略的拉式系统。它的实施是每道工序都与后续的一些工序协调，以便准时生产得以实现。其主要特征是：由仓库自己决定进货，而不是由中央供应部门决定；在生产中，产品作为需求项目中的一种；在材料控制中，按照生产工序的实际需求发放材料，也就是说直到用户发出需求信号时，材料才被发放。

在拉式系统中，从前一阶段加工制造的存储区中提取工件，以及进行后续阶段的加工制造订单，都按实际需要的时间和速度进行，这样在后续阶段的加工制造过程中，避免将前面阶段产生的需求偏差放大；能够将在制品库存量的波动减至最小，以简化库存控制，并且压缩制造周期；通过管理分散化，提高车间控制水平。

传统推式生产系统的实际生产数量常常不等于计划生产数量。JIT 靠正确运用计划与控制的手段，就可能做到计划生产数量与实际生产数量相等。在 JIT 生产方式中，以企业的总体生产计划为基础，并据此制订产品投产顺序计划。JIT 与其他生产管理方式的不同之处在于，真正作为生产指令的产品投产顺序计划只下达到最后一道工序(如图 6.10 所示的拉式系统中的物料流)；而下达给最后一道工序以外的工序计划只是大致的生产品种和数量计划，作为其安排计划的一个参考基准，并不是真正的生产指令，真正的生产指令是由前面的工序通过看板发出的。

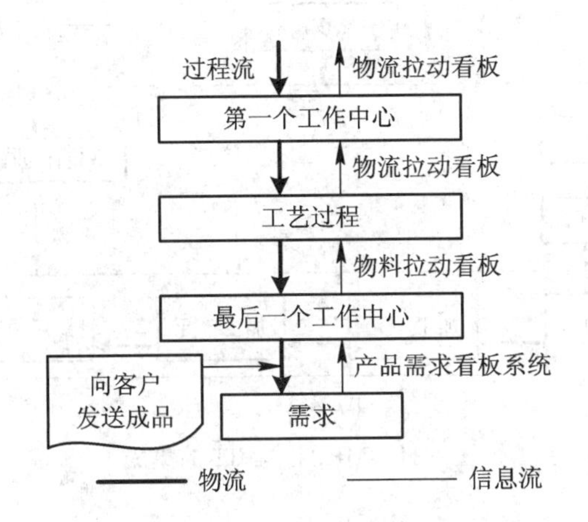

图 6.10　拉式系统中的物料流

从上述 JIT 生产特点可以看出，下达给最后一道工序的生产指令指挥着整个企业的生产过程，其正确与否关系重大，生产指令必须在“需要的时候发出”。要做到这一点，就必须有正确的产品投产顺序计划，因为生产指令是根据产品投产顺序的计划发出的。由此可见，制订正确的产品投产顺序计划是实现适时适量生产的关键。

制订正确的产品投产顺序计划，既要使各工序的作业速度大致相同，避免由于各工序作业速度不一样而引起全线停车的可能，又要使各种零部件出现的概率保持不变，避免在制品库存。这个问题可以构筑满足零部件出现偏差的均方和最小的数学模型来表示，在这样的约束条件下，求解最优的投产顺序计划是非常困难的。丰田汽车公司研究了一种所谓“目标追踪法”的近似解法，成功地应用于投产顺序计划的制订。

3) MRPⅡ和 JIT 的集成策略

MRP 与 JIT 最根本的区别在于 MRP 将制造系统的现行参数值，如提前期、批量、准备时间、能力需求等均看作给定的，并以此作为计划与组织未来生产的依据。而准时化生产 JIT 则是通过对生产环节的改造、能力的重新调配等去积极改善这些参数，以期获得更好的生产性能。

无论是 MRP 还是 JIT，制造系统刻画得越精细，所需的状态信息就越多，而且变化的频率也越快，控制就越困难，于是突发事件就越频繁。为此，人们通常在结构不精细、计划周期较大的程度上，利用 MRP 系统制订生产排程计划。在结构精细度较大、计划周期较大，或结构精细度较小、计划周期也相应较小时，由于制造系统的状态信息、控制参数较多，通常采用分散、协调原理，利用拉式系统的控制调度方法来管理。也就是说，在制造系统概念模型中的“中层管理机构”可以采用如同 MRP 那样的推式系统管理控制逻辑，而在制造系统概念模型中的“监测和协调机构”宜采用如同准时化 JIT 那样的拉式系统控制调度逻辑。换句话说，在描述结构精细度较小的上层管理中可能采用物料需求计划来管理控制；而在描述结构精细度较大的下层控制协调中则应采用“工艺工序调度”控制策略，其系统运行原理如图 6.11 所示。

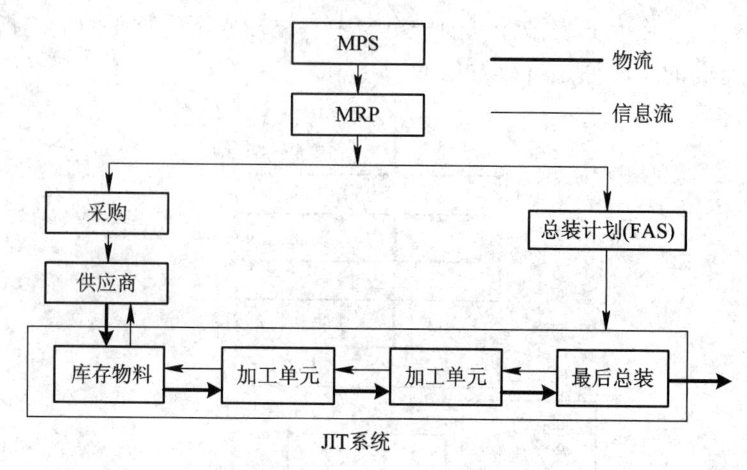

图 6.11　MRP Ⅱ与 JIT 的集成

4) MRP Ⅱ和 JIT 的集成方法

在实践中，如何实现 MRP Ⅱ和 JIT 的协调结合，存在着一系列理论和实践问题，其关键点是 Push/Pull 混合控制策略问题。20 世纪 80 年代末，软件商在开发的 MRP Ⅱ系统中加入了 JIT 管理模块，即用 MRP Ⅱ作为制造系统的生产计划方法，而将 JIT 作为计划的执行手段。20 世纪 90 年代以来，MRP Ⅱ与 JIT 的结合成了工业工程和计算机应用研究领域里的一个研究热点，当然，这还不能算是 JIT 与 MRP Ⅱ的结合。

1990 年初，Flapper 等人提出了将 JIT 嵌入 MRP 的三步实现框架，美国西北大学的 Spearman 等人提出了定量在制品法(Constant Work in Process，CONWIP)，并取得成功，最优 Push/Pull 混合控制策略进一步发展，使得生产控制层上的 MRP Ⅱ与 JIT 结合问题获得了模型解决。同年，K.R.Baker 和 G.D.Scudder 提出了提前/拖期调度问题的数学模型，这是一种具有 JIT 管理思想的生产计划制订模型。

1991 年，汪定伟教授和美国北卡罗来纳州立大学的 T.J.Hodgson 教授共同提出了一种推拉混合控制方式，将提前/拖期生产调度问题扩展到带有能力约束的生产计划问题中，提出了用 JIT 思想改进 MRP Ⅱ计划功能的准时化生产计划问题和算法。其改进方法就是针对一般多阶段生产存储系统，在生产线所有分支的初始阶段采用推式控制，而在其他阶段采用拉式控制。从控制结构上看，这种推拉混合的方式是一种带有集中协调的分散控制，这就使得企业计划层和控制层的 MRP Ⅱ与 JIT 结合问题在一定程度上得到了解决。20 世纪 90 年代末，有些学者提出了用约束理论(Theory of Constraints，TOC)改进 MRP Ⅱ与 JIT 结合的问题。

综合国内外学者对 MRP Ⅱ与 JIT 的集成研究，人们通常把 MRP Ⅱ看成一种计划策略，侧重于中长期，而 JIT 是一种执行策略，侧重于近期甚至当前。而将 MRP Ⅱ与 JIT 进行集成的大体思路就是将 MRP Ⅱ的“计划”功能和 JIT 的“执行”功能进行优势互补，从而形成功能比较完备的生产计划与控制管理系统，如图 6.12 所示。图中描述的拉动式生产根据主生产计划(MPS)和总装计划(Final Assembly Schedule，FAS)制定日产计划或单位时间产出率，从最后总装开始，由后道工序向前道工序逐步发出物料移动的指令信号

(如看板)，看板作为实现拉动式生产的一种现场管理与作业控制方法，被应用于生产的执行层。

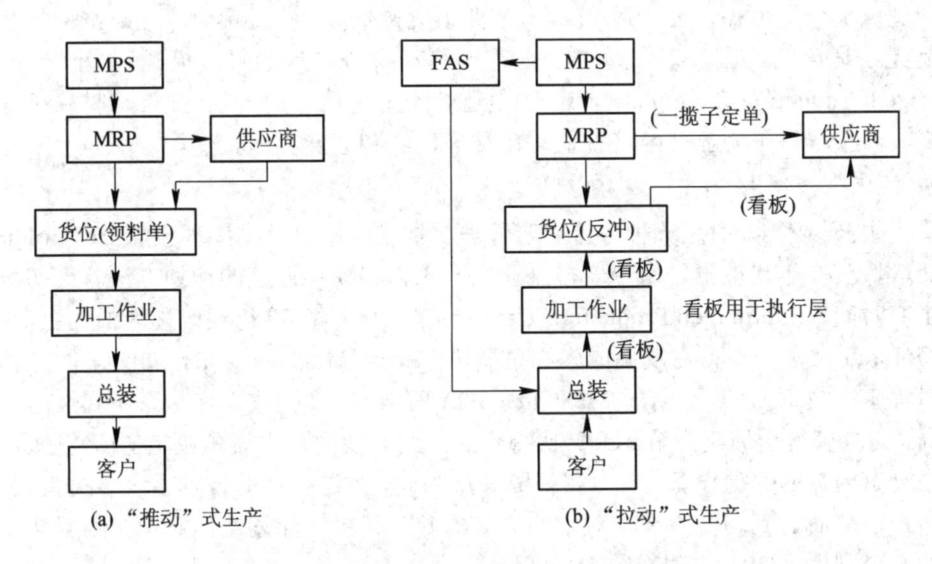

图 6.12　MRP Ⅱ与 JIT 集成的生产计划与控制系统

2. MRP Ⅱ与 OPT 集成的混合生产系统

1) MRP Ⅱ的应用局限

编制零件进度计划是生产作业计划工作的重要环节。对于重复性生产、结构不复杂的产品，要编制零件生产进度计划，一般可采用 MRP 系统直接对 BOM 表中全部自制零件用无限能力计划进行编制。但是对于单件小批量的生产结构复杂的产品，例如飞机、船舶、轧钢机组和各种大型成套机器设备，这类产品的自制零件种数常在几千种甚至万种以上，如仍用 MRP 系统来编制零件生产进度计划，则有很大的不适应性，其原因如下：

(1) MRP 系统编制零件进度计划，应用的期量标准主要是零件的生产提前期。如企业的产品品种繁多、产品结构复杂、零件种类众多，制造企业要为这类一次性生产的产品去制订每一种零件准确的生产提前期，这样的要求是难以做到的。

(2) 零件的生产提前期作为一项期量标准是相对固定的，但是零件的生产提前期中除了加工时间、运输时间、检验时间之外，还包含工序间的等待时间和非工作班的停歇时间。工序间的等待时间是一项不确定因素，因此，按固定提前期安排的进度计划与生产实际情况出入往往很大。为了使计划具有可执行性，一般采用放宽提前期的办法，但放宽提前期一方面会降低计划的准确性，另一方面它将延长产品的制造周期并增加在制品量，这与 MRP 系统的目标是互相矛盾的。

(3) MRP 系统用无限能力计划法对全部自制零件不分主次地按工艺顺序倒排，按这种方法所得的零件进度表，由于不考虑生产能力的约束，每种产品在其生产周期内的负荷分布肯定是不均衡的。产品中各种零件的质量、大小、复杂程度差异很大，工序有的多、有的少，生产周期有的长、有的短，参差不齐，倒排后负荷的分布总是前松后紧。

按此进度计划汇总所得的负荷计划，在进行负荷与生产能力平衡时，需要靠人机交互进行大幅度的调整和修改，则编制这种计划的价值就降低了。

通过以上分析可知，MRP 系统对于单件小批量生产、产品品种繁多、结构复杂的零部件是无法适应的，因此对于这类企业需要另择有效的计划管理模式。最优生产技术(Optimized Production Technology，OPT)是适合于上述情形的一种生产计划与控制技术，在生产实践中取得了明显的经济效益，已被理论界和企业界所接受。

2) 最优生产技术 OPT

最优生产技术 OPT 是一种改善生产管理的技术，由以色列物理学家 Eli Goldratt 博士于 20 世纪 70 年代提出，用于安排企业生产人力和物料调度的计划方法。最初被称作最佳生产时间表(Optimized Production Timetable)，20 世纪 80 年代改称为最优生产技术。后来 Goldratt 又进一步将它发展成为约束理论(Theory of Constraints，TOC)。

最优生产技术 OPT 不同于 MRPⅡ和 JIT 等生产管理模式，它从系统观点出发，纵观全局，力求取得全局满意解。OPT 认为企业的生产能力是由瓶颈决定的(这里瓶颈是指企业中没有闲置的关键设备、人力和物资等)，为此，通过有效的技术手段寻找企业瓶颈，解决瓶颈，从而达到均衡生产。对于非关键资源，其生产计划及作业安排则服从于关键资源的充分利用。OPT 原理如图 6.13 所示。

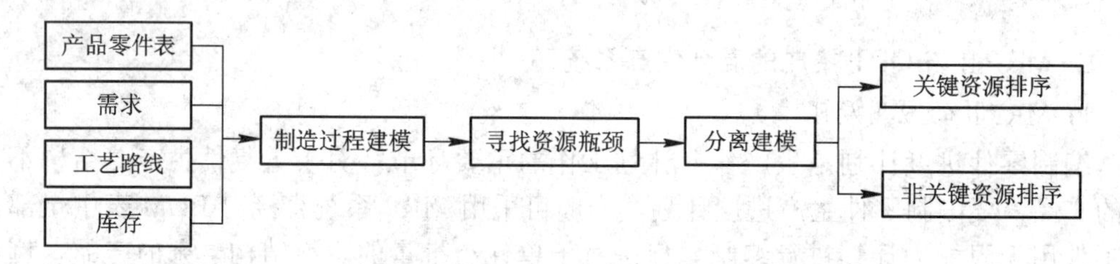

图 6.13　最优生产技术原理

最优生产技术 OPT 的实质是集中精力优先解决主要矛盾，这对于单件小批量生产类型比较适应。这类企业由于产品种类多、产品结构复杂、控制对象过多，因此必须分清主次，抓住关键环节，用于企业的生产计划和作业控制的管理，其关键内容包括如下几个方面：

(1) 物流平衡问题。对企业的产品需求是外部因素，时刻都在变化。为适应市场，企业必须以可能的低成本、短周期生产出顾客需要的产品。因此，制造问题主要是物流平衡问题，即需要强调实现物流的同步化。OPT 同 JIT 一样，具有生产暂停的功能。当所供应的生产线上有两个或两个以上工作站的缓冲存储器已经装满时，生产自动暂停。该现象消失后，又重新生产，这样可以避免过多的库存量出现。

(2) 瓶颈资源控制问题。在制造过程中，影响生产进度的是瓶颈资源。瓶颈资源实现满负荷运转是保证企业物流平衡的基础。瓶颈资源是制造系统控制的重点，为使其达到最大产出量，可以采取以下措施：

① 在瓶颈工序前，设置质量检查点，避免瓶颈资源做无效劳动。

② 在瓶颈工序前，设置缓冲环节，使其不受前面工序生产率波动影响。

③ 适当加大生产批量，以减少瓶颈资源的设备调整次数，提高其利用率。

④ 减少瓶颈工序中的辅助生产时间，以增加设备的基本生产时间。

⑤ 适当减小运输批量，使工件分批到达瓶颈资源，可减少工件在工序前的等待时间，减少在制品库存。

(3) 由瓶颈资源的能力决定制造系统其他环节的利用率和生产效率。根据 OPT 的原理，企业在生产计划编制过程中，首先应编制产品关键件的生产计划，在确认关键件生产进度的前提下，再编制非关键件的生产计划。OPT 安排生产计划大致分为两步：首先，反向安排优化生产计划，找出瓶颈设施；其次，正向安排瓶颈及其后续工序的生产计划。瓶颈控制了整个生产的节奏。

(4) 为提高计划的可执行性，对瓶颈工序的前导和后续工序采用不同的计划方法。处于瓶颈上游地区的系统，采用看板分散控制方法，按后续工序的要求，决定前导工序的投产时间和数量。而瓶颈及下游地区的系统，采用集中控制的方法，按前导工序的完成情况，决定后续工序的投产时间和数量。

(5) 不采用固定的生产提前期，用有限能力计划法编制生产进度表。MRP 按预先确定的生产提前期，用无限能力计划法编制生产进度计划。当生产提前期与实际情况出入大时，所得的进度计划就脱离实际，难以付诸实施。而 OPT 不采用固定的生产提前期，因此考虑计划期内的资源约束，用有限能力计划法，按一定的优先规则编制生产进度计划。所得进度计划可实施性好，且经过了一定的优化。

(6) 采用动态的加工批量和输送批量。OPT 中把批量分成最小批量(Minimum Batch Quantity，MBQ)和工作站库存极限(Station Stock Limitation，SSL)，它们分别相当于看板控制中的运送批量和生产批量。在看板系统中，这些批量是固定的。而在 OPT 系统中，它们是可变的，以适应更多的生产环境。对瓶颈资源，通常加工批量较大，减少瓶颈资源的加工设置时间和次数，提高其利用率而使运送批量较小，使工件分批到达瓶颈资源，减少工件在工序前的等待时间，减少在制品库存。

在 MRPⅡ/ERP 的计划系统中，利用 OPT 的技法，在“基于制约因素(Constraint-Based)”的理念下，可设计“瓶颈计划进度”和“现场作业管理”的功能模块，从而构成“高级计划与排程(Advanced Planning and Scheduling，APS)”的软件系统。

OPT 后来进一步发展为约束理论(TOC)。TOC 就是关于进行改进和如何最好地实施这些改进的一套管理理念和管理原则，可以帮助企业识别出在实现目标的过程中存在哪些制约因素——TOC 称之为“约束”，并进一步指出如何实施必要的改进来消除这些约束，从而更有效地实现企业目标。

3) 基于 OPT 的生产计划编制

通常情况下，企业的生产系统是根据专业化分工或成组原理的原则，按照生产单元或车间组织生产的。产品中的每一个零件均按其类别被分配到一定的生产单元中生产，各生产单元之间的生产进度是由主生产计划或最终装配计划来协调的。借助于 OPT 的基本原理，将零部件的生产计划分为两个层次：首先编制生产单元中关键件的生产计划；在确认关键件生产进度的前提下，再编制非关键件的生产计划。基于 OPT 原理编制生产计划的算法流程如图 6.14 所示。

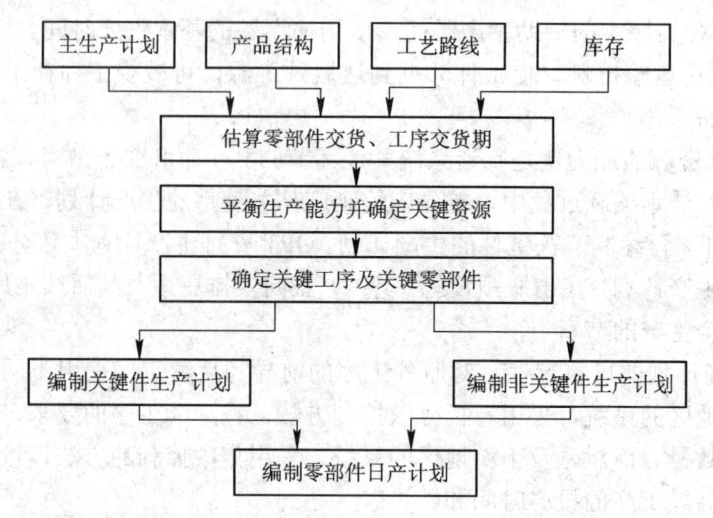

图 6.14　基于 OPT 原理编制生产计划的算法流程

4) 基于 OPT 的 ERP 作业计划编制方法的案例分析

(1) 作业计划编制方法的处理流程。

图 6.15 描述了基于 OPT 的 ERP 作业计划编制方法的逻辑图，其主要环节的处理内容如下。

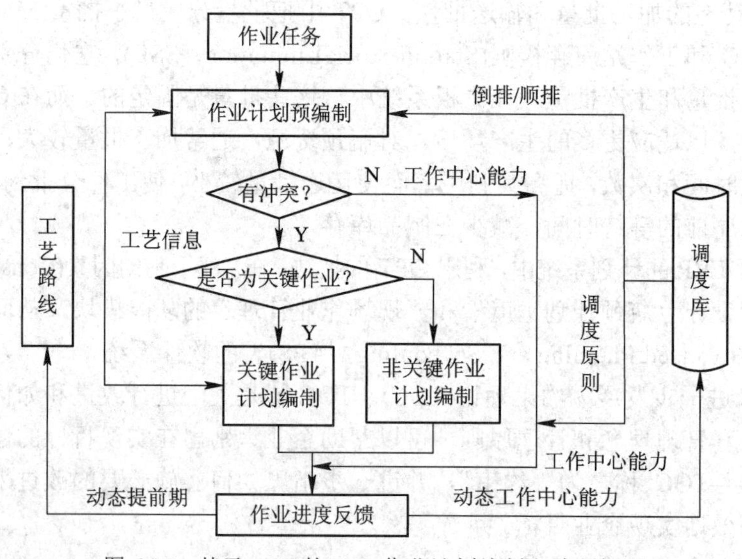

图 6.15　基于 OPT 的 ERP 作业计划编制方法逻辑图

① 作业任务。从系统集成角度出发，根据 ERP 处理逻辑，由物料需求计划依据工艺路线、产品结构生成作业任务。

② 作业计划预编制。为了简化整个作业计划编制过程，将作业计划分成作业计划预编制、基于调度原则的作业计划编制两个过程。作业计划预编制是针对作业任务较少、工作中心较多的情况，工作中心上可能不会出现多个加工任务，这样只需采用简单的倒排或顺排即可，不必考虑同一工作中心上的作业调度原则。

③ 冲突判断。冲突判断是指判断作业任务所涉及的每个工作中心是否出现多个作

业同时加工的情况。若不出现冲突，则经过作业计划预编制生成的作业计划即可作为正式的作业计划；若出现冲突，则进行基于调度原则的作业计划编制过程，该过程分为关键作业计划编制、非关键作业计划编制两部分。

关键作业计划编制首先根据调度原则计算出关键工序的开工时间、完工时间，然后对位于关键工序前面的工序，以关键工序为基准，按拉动式计划原则，由后往前倒排，计算出各工序的开工时间、完工时间；对位于关键工序后面的工序，按推动式计划原则，由前往后顺排。非关键作业计划编制就是根据调度原则计算出各工序的开工时间、完工时间。

④ 作业反馈。通过对已编制好的作业计划的完工情况进行跟踪，计算出各物料的工艺路线的动态提前期、工作中心的动态能力等，并对工艺路线和工作中心定义中的参数进行动态更新、调整，从而形成一个能反映客观变化的反馈机制，并实现工艺路线与作业计划的有机集成。

⑤ 工艺路线。根据工序号、工作描述、所使用的工作中心、各项时间(如准备时间、加工时间、传送时间等)定额、外协工序的时间等数据来发放生产订单和进行工序调整。

⑥ 调度库。调度库中主要存放作业调度规则、倒排及顺排的原则，以及能力资源不足时采取的措施，如增加人力、外协等。

(2) 作业计划预编制。

作业计划预编制的编制过程如下：

① 物料需求计划(MRP)根据物料清单及产品的交货日期生成建议的加工单。

② 订单经确认后下达，系统同时生成该加工单的加工工艺路线文件，包括加工单号、物料代码、工序号、订单数、完工数、开工日期、完工日期等信息。

③ 根据加工单工艺路线并结合工作中心能力进行车间作业计划编制。如果采用倒排方法，从最后一道工序一直往前排。

(3) 以 OPT 技术为核心的作业计划编制。

经过作业计划预编制，通常出现如下几种情况：

① 各工作中心上没有任务冲突，作业计划预编制得到的结果可作为正式作业计划下达。

② 计算结果表明该工件可能拖期，常采用转移部分工作到替代工作中心上等措施。

③ 关键工作中心的能力严重冲突，只能根据企业实际情况，采用相应的调度原则，如先满足关键作业的安排，或采用外协等措施。

结合 OPT 和 ERP 各自在作业编制上的特长，采用 ERP 作业计划编制使用的能力—负荷图，形象地确定关键工作中心的能力状况，从而确定作业计划的瓶颈所在。若工作中心由多台相同工作能力的设备组成，则将工作中心任务进行分解，细化到各设备。最后按 OPT 思想以关键工序为基础对前后工序进行拉式、推式的作业计划编制。其详细的步骤如下：

步骤 1：关键工作中心任务分解

当关键工作中心的负荷超过其能力时，可将工作中心上的任务按作业数分解到各加工设备上。图 6.16 用能力—负荷图描述了该分解过程，该工作中心由 m 台相同能力的设备组成，现将该工作中心上的任务合理地细分到各加工设备上。

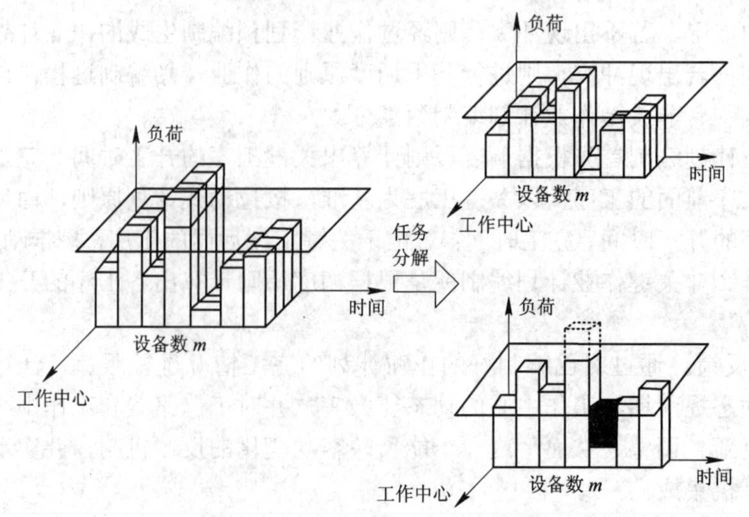

图 6.16　工作中心任务分解示意图

步骤 2：关键工序前后工序的作业计划编制

确定了关键工序的开工时间和完工时间后，根据 OPT 思想，以关键工序为基准，分别采用不同的策略计算出前后工序。关键工序之前的工序采用拉动式原则，由后往前倒排；关键工序之后的工序采用推动式原则，由前往后顺排。

步骤 3：以 OPT 思想为核心的作业计划编制过程如图 6.17 所示，具体描述如下。

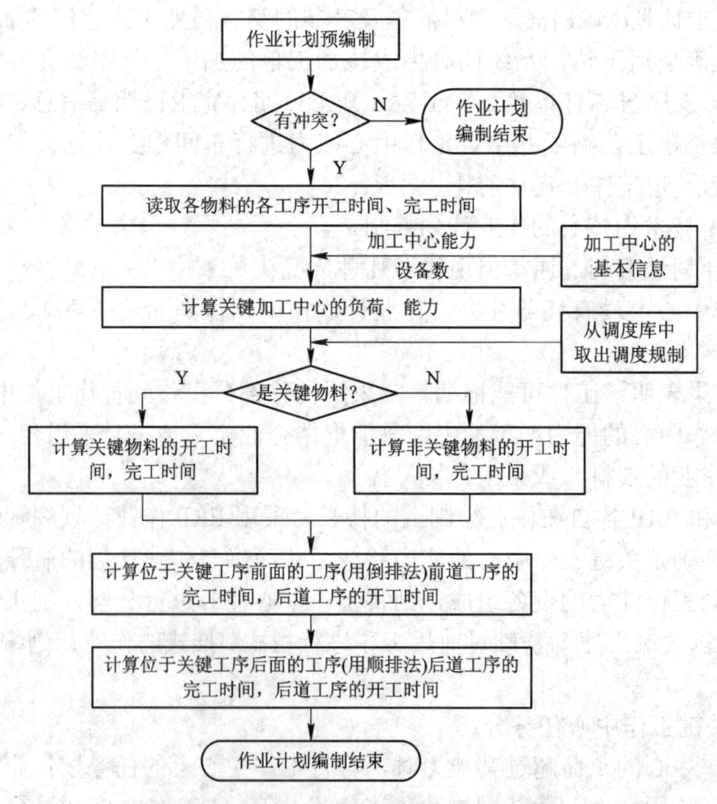

图 6.17　基于 OPT 思想的作业计划编制

① 读取经过作业计划预编制生成的各物料的计划编制结果(各物料各工序的开工时间、完工时间)。

② 如果所有工作中心没有任务冲突，则预编制作业计划即为最终的作业计划。

③ 如果工作中心任务发生冲突，读取对应工作中心的能力信息和设备的数量。

④ 确定关键物料及对应关键工序，将生产中负荷重、能力紧的工作中心定义为关键工作中心；对关键工作中心进行任务分解，对关键物料和非关键物料计算关键工序的开工时间、完工时间。

⑤ 对位于关键工序前面的工序，按拉动式计划原则，由后往前倒排，即前道工序的完工时间等于后道工序的开工时间，以关键工序的开工时间作为递推的基准。

⑥ 对位于关键工序后面的工序，按推动式计划原则，由前向后顺排，即后道工序的开工时间等于前道工序的完工时间，以关键工序的完工时间作为递推的基准。

6.2.2 自适应看板系统的运作控制

看板系统是以板卡为基础的生产控制系统，以看板来启动和控制生产过程中的物料流动。在企业的各工序之间，企业之间或生产企业与供应者之间，采用某种格式的卡片来表示物料的需求，这些卡片也称为板卡。将这些卡片作为要货凭证，由下一环节根据自己的节奏，逆生产流程方向，向上一环节指定供应，从而协调关系，做到供应和生产准时同步。

所谓自适应看板系统，则是根据用户需求和系统状态的改变，自动调整看板的数量以及瓶颈资源缓冲的大小，有效地降低工厂中在制品的数量和生产的成本。所以在用户需求和生产系统状态发生变化时，如何及时、动态地对看板系统重新调度，使系统适应新的环境，就成为一个值得考虑的系统运行控制问题。

1. 看板应用的前提及作用

1) *看板应用的前提*

JIT 是一种拉动式的管理方式，它需要从最后一道工序通过信息流向上一道工序传递信息，这种信息传递的载体就是看板。看板的目标在于创造自适应生产控制环境，并尽可能削减生产中所需人工管理的成本，铺平到短提前期和零库存的道路。但在生产组织中，由于生产和采购的复杂性，并不是所有的物料都适宜看板方式。如果想充分利用看板技术，必须对生产现场的前后运作环节、供应商的供货能力和相应时间进行充分的考察和分析，包括生产节奏、批量、成本、响应速度、产品质量等，即生产中使用看板需要满足两个基本的前提条件：

① 看板物料的消耗在一段时间间隔内应该相对稳定，该间隔要长于看板的补充提前期。如果在不同时期对物料的需要产生较大波动，就会需要大量的看板，这意味着在不需要该物料时存在比较高的库存水平。

② 供给源必须能够在较短的时间内生产大量的产品。为此，生产中的准备时间必须削减为最小，以增强生产可靠性。在同一物料的几个看板被传递到供给源时，如果需要长时间等待，运用看板方法就失去了意义。

2) 看板的作用

满足看板使用的条件，看板才能呈现出在生产系统中的作用。概括而言，企业生产组织中使用看板的作用表现在：

(1) 生产及运送工作指令。

生产及运送工作指令是看板最基本的机能。生产管理部根据市场预测及订单数量来制订生产计划和生产指令，并将其下达到总装配线，总装配线根据日装配计划和生产执行的实际物料消耗，将拉动各道前工序的生产都根据看板来进行，依此类推，直到将原材料需求信息传递给供应商。在这个过程中，看板中记载着生产和运送的数量、时间、目的地、放置场所、搬运工具等信息，从装配工序逐次向前工序追溯。当市场变化时，只需将生产变更或调整计划下发到最末端工序，后工序变，则前工序随之而变，从而确保了信息的及时传输。

(2) 防止过量生产和过量运送。

传统推动式生产方式中，各车间为完成生产计划而提高机器产能，部分程度上提高了局部的效率，然而却忽视了下道工序的实际需求，从而造成大量在制品的堆积，掩盖了诸多问题。而应用看板管理工具的拉动式生产方式可以解决这个问题。根据看板运用的规则，各工序如果没有看板，既不进行生产，也不进行运送；看板数量减少，则生产量也相应减少。每道工序只能生产下道工序实际需求的必要数量，当工序间在制品量达到标准数量时，前道工序立即停止。由于看板所表示的只是必要的量，因此运用看板能够做到自动防止过量生产、过量运送。

(3) 作为“目视管理”的工具。

看板通过各种形式(如标语/现况板/图表/电子屏等)把文件上、人脑中或现场等隐藏的生产情况和生产异常揭示出来，任何人都可以及时掌握管理现状和必要的生产信息，从而能够快速制定并实施应对措施。因此，看板是发现问题、解决问题非常有效且直观的手段，是优秀的目视管理者必不可少的工具之一。

(4) 作为揭示并改善生产组织中被掩盖问题的工具。

看板的改善功能主要是通过减少看板的数量来实现的。看板数量的减少意味着工序间在制品库存量的减少。如果在制品库存量较高，即使设备出现故障、不良产品数目增加，也不会影响到后续工序的生产，所以容易掩盖设备故障、品质不良、产线失衡等诸多问题，导致异常情况反馈和处理的速度降低。为了达到持续降低库存的目的，可以逐步减少看板数量来减少在制品库存，暴露问题，通过改善活动消除异常，然后再次减少看板数量，解决问题。如此往复，从而进入持续降低库存的良性循环。

2. 看板类型和使用规则

由看板应用的条件和在生产组织中所起的作用可知，看板的本质是在需要的时间内，按需要的量对所需零部件发出生产指令的一种信息媒介体，而实现这一功能的形式可以是多种多样的，这就意味着看板类型的多样化。一般根据看板的形式和使用用途将看板划分为如下的类型。

1) 按照形式的划分

看板的形式并不局限于记载有各种信息的某种卡片形式，如彩色乒乓球、空容器、地面空格标识和信号标志等，也可以作为信息载体的看板式样，详细内容见表 6.13。

表 6.13　看板可视化方法介绍

其他可视化方法	方 法 介 绍
彩色乒乓球	在彩色的乒乓球上标明提供生产的品种数量，使用时只需要将彩色乒乓球放在前一道工序，前一道工序就可以知道所需的产品
空容器	使用空容器作为周转箱，每个周转箱中放入一定数量的产品或中间品。使用时将装有中间品的箱子拿走，并补发相应的空箱，后工序就可知道前工序的需求
地面空格标识	在地面上绘制空格，将产品放置在格子中间。一旦格子中的产品被取走，则进行生产，补足空格
信号标志	由于很多工序不在同一个车间，就可用信号灯来传递信息。当信号灯亮后，前工序迅速将产品送到后工序，并重新生产新产品

2) 根据用途的划分

看板总体上分为三大类，即传送看板、生产看板和临时看板，如图 6.18 所示。

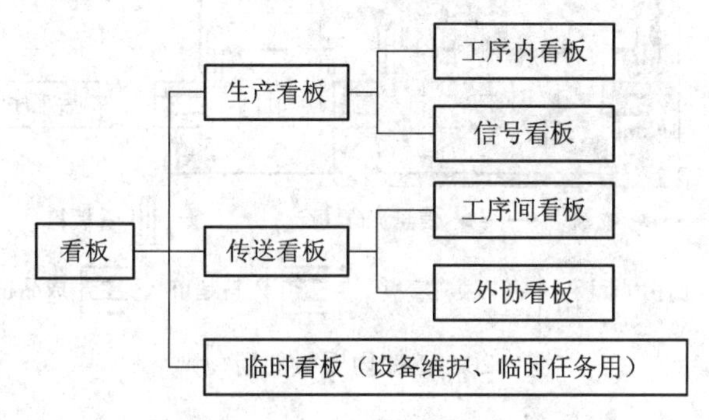

图 6.18　看板的种类(按用途分类)

(1) 工序内看板。

工序内看板是工序进行加工时所用的看板。这种看板通常用于只生产一种型号零件或很少换模的工作中心，或用于装配线以及即使生产多种产品也不需要实质性的作业更换时间的工序。典型的工序内看板如图 6.19 所示。工序内看板需要与领料看板配合使用。

零部件示意图	前工序	本工序	后工序
	P-21 线圈浸锡	P-22 绕端脚	P-23 理件
	所需物料	TA、TB、WC5007线圈	
产线编号	托盘承载量		看板编号
L-03	50		1月15日

图 6.19　典型的工序内看板

看板系统运行中，只有正确合理的看板总量才能够保证看板的正常运转，从而对在制品数量进行有效的控制。如果看板总量超出标准值，那么会有部分看板闲置，造成多余在制品的堆积，最终丧失看板的功效；反之，如果看板总量低于标准值，就会造成看板数量无法表征后工序的实际需求，最终导致看板周转困难，后工序因物料缺乏而停产。

工序内看板的总数量根据产品的平均日需求、生产周期、容器装载量和安全系数共同求得。生产周期为加工时间、等待时间、运输时间和收集看板时间的总和，安全系数是为了考虑机器故障、来料异常、品质问题等增设的宽限值，最后计算数值为整数，计算公式如下：

$$\text{工序内看板的总数量} = \frac{\text{平均每日需求量} \times \text{生产周期}(1 + \text{安全系数})}{\text{容器装载量}}$$

工序内看板的使用规则如图 6.20 所示，后工序凭借领料看板从前工序的成品物料超市内领取一箱零部件时，将生产看板摘下并投入前工序看板箱内，与此同时将领料看板挂在箱体上，该箱零件与领料看板同时返回到后工序。前工序生产员工看到该工序看板箱内的看板时，根据先进先出的原则立即生产一箱零件，同时将此看板附在箱体上，一同放入成品物料超市内。

工
领
前工序
后工序
物流
信息流(看板流)
看板箱
工
工序内看板
领
领料看板
入料超市
成品超市

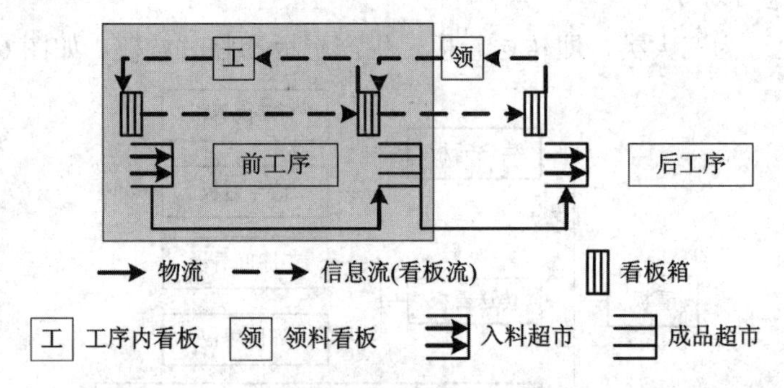

图 6.20　工序内看板使用规则

(2) 信号看板。

信号看板是在较长距离的空间搬运或频繁换模的情况下，不得不进行小批量生产的工序之间所使用的看板。信号看板的使用可以保证因换模或搬运的需要，前工序需要一定的时间调整和等待时，后工序依然能够正常生产。

信号看板通常挂在成批制作出的产品上。当该批产品的数量减少到基准数时摘下看板，送回到生产工序，然后生产工序按该看板的指示开始生产。另外，从零部件出库到生产工序，也可利用信号看板来进行指示配送。典型的信号看板形式如图 6.21 所示。

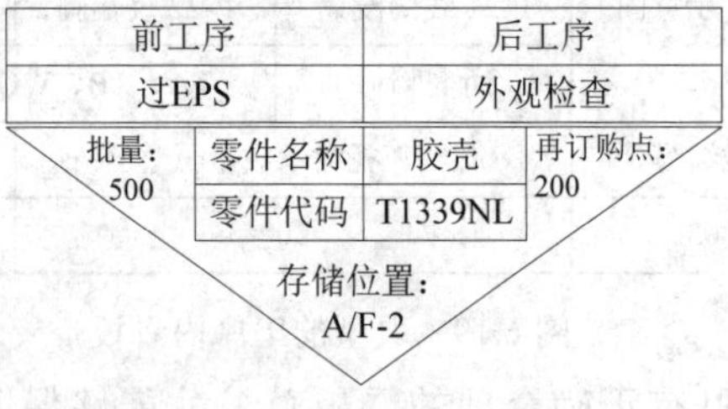

前工序
后工序
过EPS
外观检查
批量：
500
零件名称
胶壳
再订购点：
200
零件代码
T1339NL
存储位置：
A/F-2

图 6.21　典型的信号看板

信号看板需要计算看板总数量和信号位置。因为信号看板是在频繁换模或成批生产的情况下使用的，所以信号看板的计算需要涉及平均月需求、每月换模次数、生产周期、容器装载量和安全系数，最后的计算数值同样要求为较大整数，计算公式如下：

$$信号看板的总数量=\frac{平均每日需求量\times大生产周期\times(1+安全系数)}{容器装载量}$$

$$信号位置=\frac{平均每日需求量\times小生产周期\times(1+安全系数)}{容器装载量}$$

其中，

大生产周期 = 加工时间 + 换模时间 + 等待时间 + 运输时间 + 收集看板时间

小生产周期 = 换模时间 + 等待时间 + 运输时间 + 收集看板时间

信号看板的使用规则如图 6.22 所示。信号看板与成品一起放置在该工序的成品超市中，后工序凭借领料看板从该超市领取零部件。当该批超市内的产品数量下降到信号看板的指示位置时，由专门人员一次性将看板箱内的空看板收回，工序员工依据看板指示进行生产。

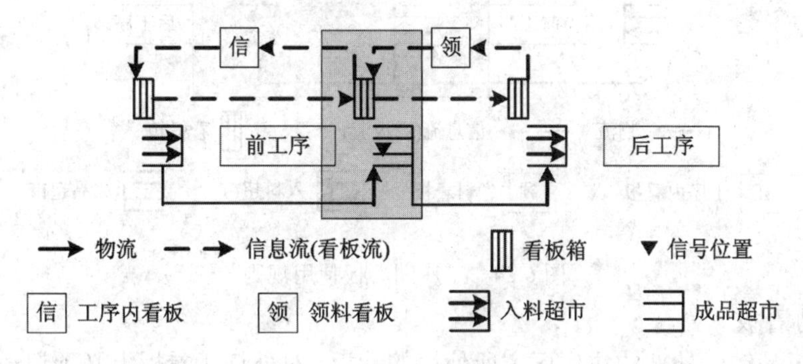

图 6.22　信号看板使用规则

(3) 工序间看板。

工序间看板是指工厂内部后工序到前工序领取所需的零部件时所使用的看板。通常是在工作流程不能直接连接的工序间使用。工序间看板的形式与工序内看板的形式基本相同，通常应用卡片或小的实物(乒乓球、积木、磁针等) 指示领料信息。同道工序间不同的零部件可以采用不同颜色或形状的看板加以区别。

工序内看板需要特别注明搬运形式、出料口位置号、入料口位置号，其他内容与工序内看板的内容基本相同。典型的工序间看板形式如图 6.23 所示。

<table>
<tr><td rowspan="3">前工序：印字</td><td>零件示意图</td><td rowspan="3">后工序：绕端脚</td></tr>
<tr><td>零件名称：胶壳</td></tr>
<tr><td>零件代号：H1339QNL</td></tr>
<tr><td rowspan="4">出料口位置号：
A/F-3FPA</td><td>装载容器：千晴胶管</td><td rowspan="4">入料口位置号：
L−08</td></tr>
<tr><td>标准容量：39/管</td></tr>
<tr><td>运输工具：人力</td></tr>
<tr><td>看板编号：5/15</td></tr>
</table>

图 6.23　典型的工序间看板

如果工序间看板的总数量和每个看板的容载量与前工序的工序内看板呈倍数关系，

那么这两种看板就可以配套或兑换使用，这将给整个系统带来很大方便。如果一张工序间看板代表领取 N 箱，而一张工序内看板代表生产一箱，那么此工序间看板的容载量是前工序内看板的 N 倍，看板总数量是前工序内看板的 $1/N$，这样就可以做到一张工序间看板换取 N 张工序内看板，操作简便。

工序间看板是后工序到前工序领取需要的零部件时使用的看板。工序间看板的使用规则见图 6.24，当后工序从入料超市领取一箱物料时，将箱上所附看板摘下投入看板箱③内，等该箱零件加工完毕后再将空箱返还至入料超市处。物料员在规定时间内将看板箱③内的所有看板和空箱移至前工序成品超市处，根据看板数量从此超市内领取所需零件，同时将被取零件的工序内看板放至看板箱②内，所需零件与工序间看板一起返回。

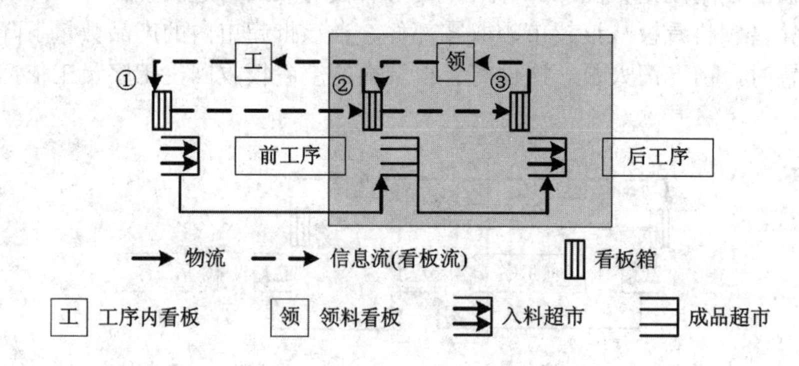

图 6.24　工序间看板使用规则

(4) 外协看板。

外协看板是针对外部的协作厂家所使用的看板。对外订货看板上必须记载进货单位的名称和进货时间、每次进货的数量等信息。外协看板的形式、内容和使用规则与工序间看板类似，只是将工厂外部的协作厂家看作前工序，由工厂内部的后工序拉动。通过外协看板的方式，从最后一道工序慢慢往前拉动，直至供应商。为了减少与协作厂家之间验收和盘点的时间，通常每张看板都附带唯一的条形码，通过刷卡器扫描条形码，工厂与供应商的数据库自动更新，完成两者之间的验收工作。典型的外协看板形式如图 6.25 所示。

条形码：||||||||||||||||||||||||||	
供应商：美国Pulse公司	订单编号：2008-08-10052
零件名称：Header	零件代号：T-1052.39
容器名称：箱	容器装载量：2000/箱
供货位置：A/F-1	看板编号：2/8

图 6.25　典型的外协看板

(5) 临时看板。

临时看板是在进行设备保全、设备修理、临时任务或需要加班生产时所使用的看板。与其他种类的看板不同的是，临时看板主要是为了完成非计划内的生产需要或设备维护等任务时使用，因而灵活性较大。临时看板随零件流动到各个工序，每张临时看板只能使用一次，不可重复，完成后立即收回或销毁。

3. 看板系统及其运行控制

1) 看板系统的运行流程

在企业的生产组织过程中，看板使用的前提是物料需求的相对稳定(生产均衡化)和生产准备时间的最小化(生产同步化)，这就需要采用混流生产、标准化作业、设施合理布局等措施对看板系统进行周密的计划，并需按计划严格执行。也就是说，企业的主生产计划一旦确定，就会向产品生产线的各个生产车间下达生产指令，然后每一个生产车间确定混流生产和标准化作业计划，又向产品生产线的各道工序下达生产指令，最后向仓库管理部门、采购部门下达相应的指令。这些生产指令的传递都是通过看板来完成的，如图 6.26 所示。

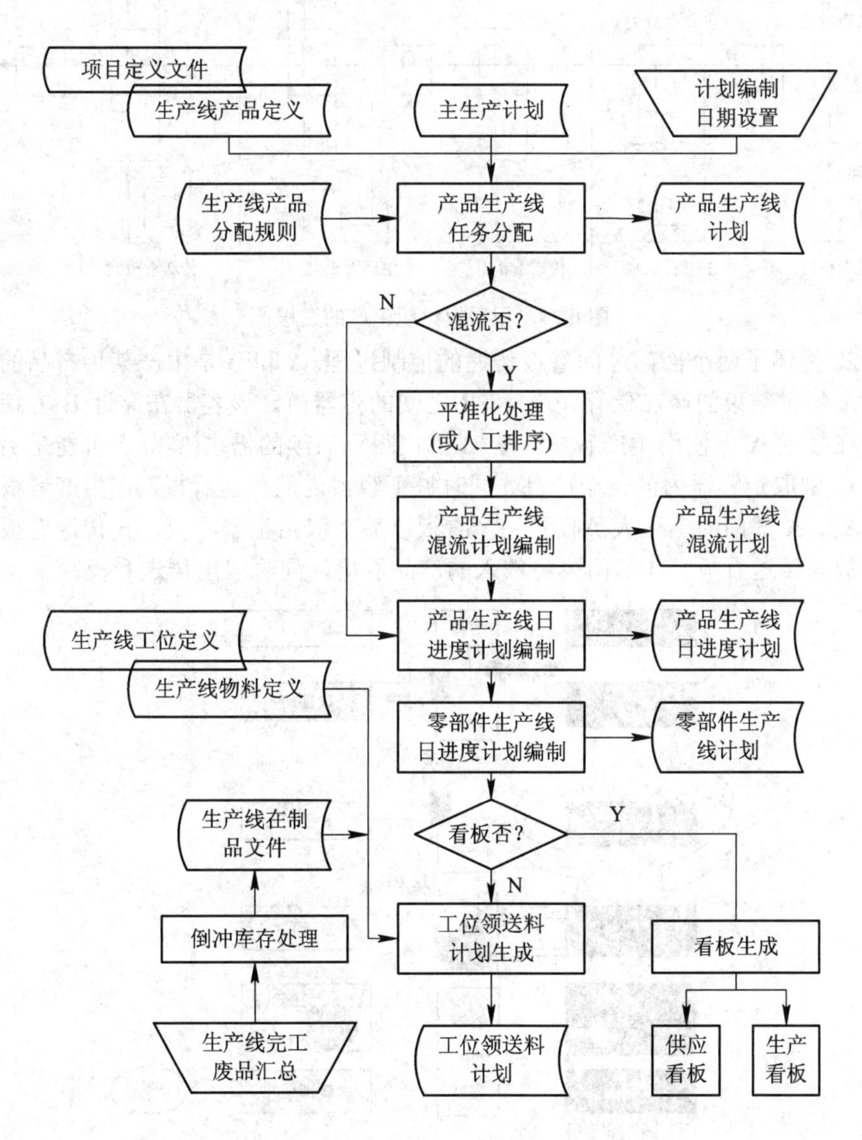

图 6.26　主生产计划与看板使用示意图

图 6.26 中，主生产计划与是否使用看板之间包含了看板应用的基本前提，即平准化生产和混流生产计划的编制。平准化处理使得产品生产线按需进行，避免瓶颈工序；混流生产增加了系统柔性和自适应性能，使生产系统运行平稳，保证了看板系统的可靠运行。

2) 看板系统的运行控制

JIT 环境下，通过看板来传递信息，从最后一道工序往前工序拉动。图 6.27 所示的生产过程共有三道工序，从第三道工序的入口存放处向第二道工序的入口存放处传递信息，第二道工序从其入口存放处向第一道工序出口存放处传递信息，而第一道工序则从其入口存放处向原料库领取原料。这样，通过看板就可将整个生产过程有机地组织起来。

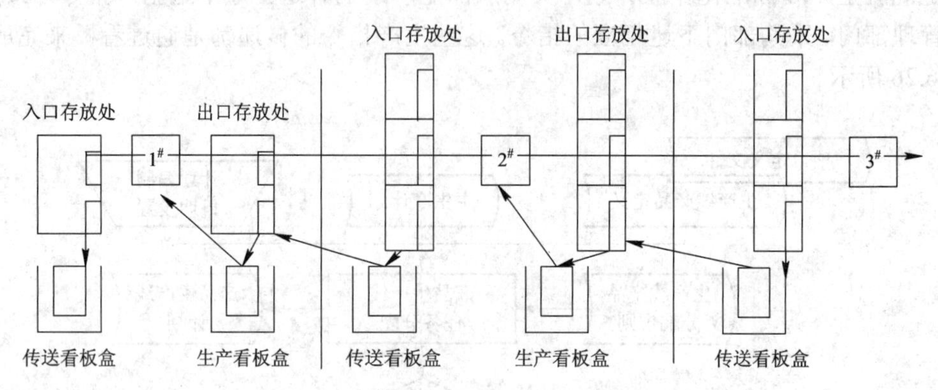

图 6.27　用看板组织生产的过程

图 6.28 描述了两个部门之间看板传递的控制过程。A 和 B 是生产某种产品的两个生产部门。A 加工结束的产品储存在 A 和 B 之间的容器内。该容器在靠近 B 方使用传送看板，而在靠近 A 方使用生产看板。若 B 部门得到后续的需求(实际上可能是另外一个看板信息)，则取走容器内的一个产品，同时摘下容器内的传送看板，在生产看板盒内放入生产看板。A 部门的工作人员收到生产看板以后，取出生产看板，在传送看板盒内装入产品，放入传送看板。B 部门再将放入的产品取出，同时取出传送看板。

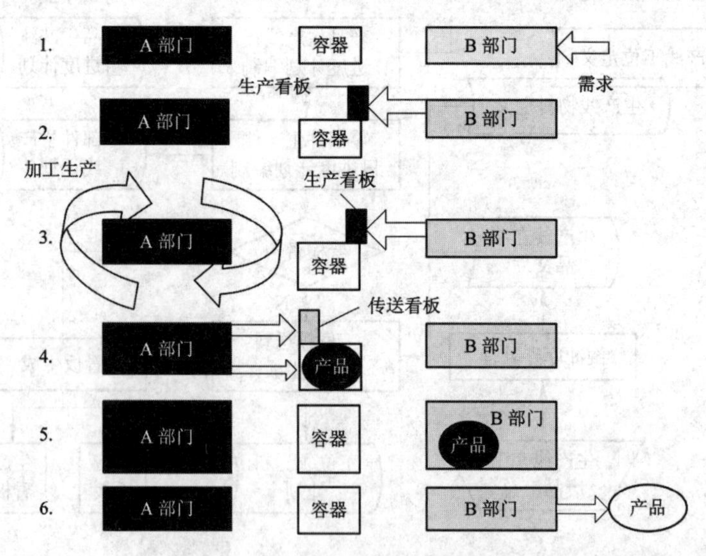

图 6.28　看板控制过程示意图

3) 看板数量的计算

实行看板管理需要确定发出的看板数量。尽管各个企业的看板系统不同，但计算看板数量的方法却基本一致。可以按下式来计算所需的看板数量 N：

$$N = N_m + N_p$$

$$N_m = \frac{DT_w(1 + A_w)}{b}$$

$$N_p = \frac{DT_p(1 + A_p)}{b}$$

式中：N_m 为传送看板数量；N_p 为生产看板数量；D 为某零件的日需要量；b 为标准容器中放置某种零件的数量；T_w 为零件等待时间，即传送看板的循环时间；T_p 为所需的加工时间，即生产看板的循环时间；A_w 为等待时间的容差；A_p 为加工时间的容差。A_w 和 A_p 应该尽可能接近于零。

思　考　题

1. 什么是综合生产计划？举例说明运输模型法在综合生产计划制定中的应用。
2. 什么是先进生产计划与调度，或高级计划与排程？它具有哪些特征？
3. MRP 与 JIT 的集成策略、方法有哪些？
4. 什么是最优生产技术？其工作原理如何？试举例说明。
5. 什么是自适应看板系统？看板在系统中的作用有哪些？
6. 常用的看板有哪些？各自具有什么特征及其使用规则？

第7章 制造信息化及系统集成

广义制造系统涵盖了材料供应、客户订单、产品设计、制造、系统运行管理与控制、销售、报废回收等产品全生命周期涉及的各个生产环节，体现着先进制造技术、自动化技术、计算机信息技术和通信技术、先进管理技术和系统工程理论等多技术、多系统集成。本章主要从多技术应用集成的角度，叙述制造信息系统、制造自动化系统、制造物流系统集成的技术标准，以此为基础，兼顾制造系统集成技术的先进性、实用性、适应性、柔性化和智能化，阐述制造网格技术、数字化制造系统和制造执行系统的相关技术体系、系统架构等。

7.1 制造信息化的技术标准

标准化技术是集成技术的基础，与制造企业信息化有关的标准体系的研究包括基础标准、数字化设计标准、数字化制造标准、数字化测试与试验标准、数字化管理标准、信息安全标准等。其中，制造技术标准主要包括产品数据交换标准(Standard Exchange of Product Data Model，STEP)(ISO10303)、零件库标准(ISO13584)、电子数据交换(Electronic Data Interchange，EDI)运作标准 UN/EDIFACT(ISO9735)、数字化制造过程与管理数据集成标准(ISO15531)等。

7.1.1 产品数据交换标准

企业的产品设计采用计算机辅助设计(CAD)技术以后遇到了很大的挑战。首先是产品设计产生的 CAD 数据迅速膨胀，不断被更新改版，这些信息在企业的不同部门中和生产过程中流动，使得 CAD 设计产生的数据不再像传统的图纸那样，任何地方的任何人都能阅读，而且各种 CAD 系统之间的不兼容，企业不同系统之间的数据不能共享，造成了严重的信息壁垒和经济损失。另一方面，很多企业的设计档案都要求保存几十年，这就意味着经过长期保存的 CAD 数据，在已经更新了若干代的计算机软、硬件系统中还应该能够正确读出并能得到再次使用，如果做不到，给企业带来的损失将是致命的。但是现在计算机系统软、硬件的生命周期越来越短，CAD 数据的长期存档在当前恰恰是很难做到的。为了解决上述问题，国际标准化组织 ISO/TC184/SC4 (以下简称 SC4)工业数据分技术委员会从 1983 年开始着手组织制定统一的数据交换标准 STEP。

1. STEP

产品数据交换标准 STEP 指国际标准化组织(ISO)制定的系列标准 ISO 10303《产品数据的表达与交换》。这个标准提供一种不依赖于具体系统的中性机制描述产品整个生命周期中的数据，主要目的是解决制造业中计算机环境下设计和制造(CAD/CAM)的数据交换和企业数据共享的问题。我国陆续将其制定为同名国家标准，标准号为 GB/T 16656。

目前常用的 CAD 软件都支持 STEP 标准应用协议，CAM、CAE、CAPP 等应用软件能以 STEP 中性文件为基础，实现与 CAD 系统的集成。以 STEP 标准进行数据表达、数据交换和信息系统集成，已成为不同异构系统之间数据交换和信息共享的一种解决方法。STEP 标准不是单一标准，而是一组标准的总称，其体系结构如图 7.1 所示，包括六个方面的内容：

(1) 描述方法；
(2) 集成资源；
(3) 应用协议；
(4) 实现方法；
(5) 一致性测试；
(6) 抽象测试套件。

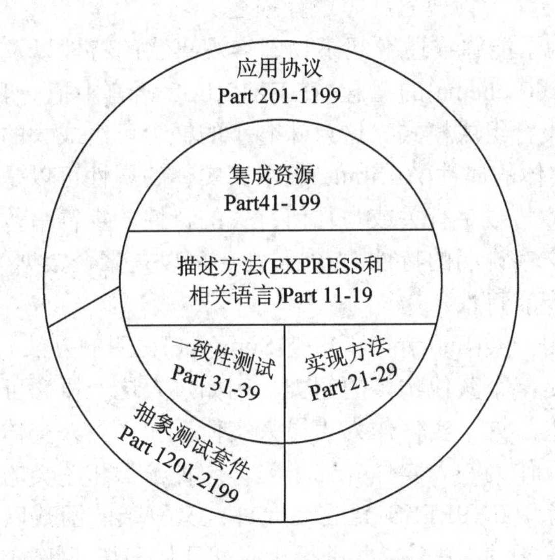

图 7.1　STEP 标准的体系结构

整个 STEP 标准体系分为三个层次，即应用层、逻辑层和物理层，其关系如图 7.2 所示。最上层是应用层，包括应用协议及对象的抽象测试集，这是面向具体应用的一个层次。第二层是逻辑层，包括集成通用资源和集成应用资源及由这些资源建造的一个完整的产品信息模型。它是从实际应用中抽象出来的，与具体实现无关。逻辑层总结了不同应用领域中的信息相似性，使 STEP 标准的不同应用间具有可重用性，达到最小化的数据冗余。最低层是物理层，包括系统化的实现方法，用于标准应用软件的开发，它给出了产品信息模型在计算机上的实现形式。

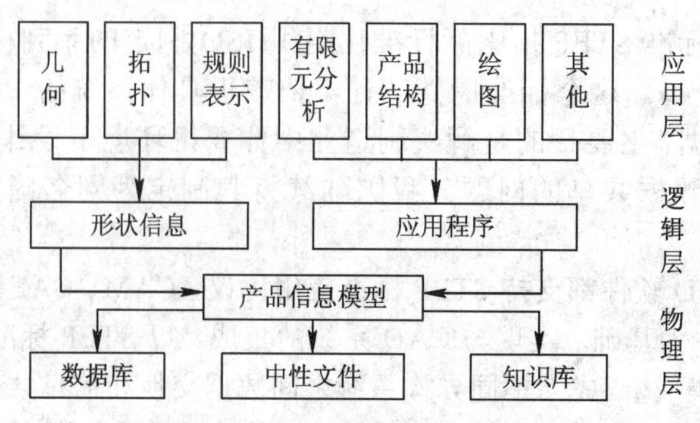

图 7.2　STEP 标准的层次结构

STEP 标准具有简便、可兼容性、寿命周期长和可扩展性的优点，能够很好地解决信息集成问题，实现资源的最优组合，实现信息的无缝连接。

2. 描述语言——EXPRESS 语言

STEP 标准描述方法中的一个重要标准是 ISO 10303-11 EXPRESS 语言。EXPRESS 语言是描述方法的核心，也是 STEP 标准的基础。该标准是一种形式化描述语言，但不是计算机编程语言，它吸收了现代编程语言的优点，主要目的是建立产品数据模型，对产品的几何、拓扑、材料、管理信息等进行描述。

EXPRESS 语言为了能够描述客观事物、客观事物的特性以及事物之间的关系，引入了实体(Entity)和模式(Schema)的概念。在 EXPRESS 语言中把一般的事物(或概念)抽象为实体，若干实体的集合组成模式。这意味着小的概念可组成大的概念。事物的特性在 EXPRESS 语言中用实体的属性(Attribute)表示。实体的属性可以是简单数据类型，如实数数据类型可描述实体与数字有关或与几何有关的特性，字符串数据类型可描述实体或属性的名称或需要用文字说明的特性。当然属性还可以是聚合数据类型或布尔数据类型，用以描述相对复杂的产品特性。

实体之间的关系用子类(Subtype)和超类(Suprtype)说明的办法。一个实体可以是某一实体的子类，也可以是某个其他实体的超类。例如，人这一概念可以分为男人和女人，在 EXPRESS 中把“人”这个实体作为“男人实体”和“女人实体”的超类，而“男人实体”和“女人实体”作为“人实体”的子类。这种子类和超类的说明可以描述客观事物之间的复杂网状关系。EXPRESS 语言还允许定义复杂的函数以描述客观事物中任何复杂的数量关系或逻辑(布尔)关系，并进行相应的几何和拓扑等描述。

为了能够直观地表示所建立的数据模型，STEP 标准中还规定可以用 EXPRESS-G 图表示实体、实体的属性、实体和属性之间的关系、实体之间的关系等。这种表示法主要采用框图和框图之间连线的办法，非常直观，易于理解。原则上讲，EXPRESS 语言所引入的机制使我们可以对任何复杂的事物进行描述，而且通过计算机可以对其进行处理。

3. 应用协议

应用协议(Apalication Protocol，AP)是 STEP 标准的另一个重要组成部分，它指定了某种应用领域的内容，包括范围、信息需求以及用来满足这些要求的集成资源。STEP 标准是用来支持广泛领域的产品数据交换的，应该包括任何产品的完整生命周期的所有数据。由于它的广泛性和复杂性，任何一个组织想要完整地实现它都是不可能的。为了保证 STEP 不同实现之间的一致性，它的子集的构成也必须是标准化的。对于某一具体的应用领域，这一子集就被称为应用协议。这样，若两个系统符合同一个应用协议，则两者的产品数据就应该是可交换的。国际标准化组织现在正式发布的应用协议有：

ISO 10303-201 显式绘图，我国对应的同名国家标准为 GB/T16656.201，简称 AP201；

ISO 10303-202 相关绘图，我国对应的同名国家标准为 GB/T16656.202，简称 AP202；

ISO 10303-203 配置控制设计，我国对应的同名国家标准为 GB/T16656.203，简称 AP203。

AP201 主要是二维图的数据交换协议，它包括的数据模型主要有二维几何、尺寸标注、标题栏、材料表等内容。AP202 也是二维图的数据交换协议，但是增加了二维和三维之间的关系。由于这种技术上的扩充，很多研究开发机构更加重视 AP202。AP203 是三维设计的数据模型，在标准中把它的主要内容按照软件的实施分为六个级别：

· 级别 1：除形状之外的配置管理设计信息。
· 级别 2：级别 1 + 几何边界线框模型、曲面模型或由两者共同表示的形状。
· 级别 3：级别 1 + 拓扑线框模型表示的形状。
· 级别 4：级别 1 + 拓扑流形曲面模型表示的形状。
· 级别 5：级别 1 + 小平面边界表示的形状。
· 级别 6：级别 1 + 高级边界表示的形状。

其中级别 1 实际上是 CAD 设计所需要的管理和配置方面的信息模型，是其他各级别的前提；级别 2～6 之间是独立的，无任何依赖关系。不同的系统实现方法可以对应不同的级别。

4. 集成资源和应用解释构造

在 STEP 标准不同的应用协议中，实际上有很多模型的内容可能是相同或相似的，如不同领域的几何模型和管理信息模型必定会有共性的方面。这样，在 STEP 标准中把不同领域中有共性的信息模型抽取出来，制定为标准的集成资源或应用解释构造(Application Interpreted Construct，AIC)，以供制定应用协议时引用。这些模型可能是不完全的，在制定应用协议时还需要增加一定的约束信息。

5. 实现方法

STEP 标准的实现方法可分为物理文件的实现方法、标准数据访问接口(SDAI)的实现方法、数据库的实现方法。其中比较成熟的是物理文件的实现方法和标准数据访问接口的实现方法。具体的国际标准号和标准名称分别为 ISO 10303-21《交换文件结构的纯正文编码》和 ISO/DIS 10303-22《标准数据访问接口规范》(DIS 表示国际标准草案)。我国对应 ISO 10303-21 的国家标准号为 GB/T16656.1，SDAI 还没有国家标准。

物理文件的实现方法主要规定把用 STEP 应用协议描述的数据写入电子文件(ASCII 文件)的格式。这种格式是开发 STEP 接口软件必须要遵循的。标准中规定了 STEP 物理文件的文件头段和数据段的内容，以及实体的表示方法、数据的表示方法、从 EXPRESS 向物理文件的映射方法等。

SDAI的实现方法主要规定访问STEP数据库的标准接口实现方法。由于不同的应用系统存储和管理STEP数据可能用的是不同的数据库，而不同的数据库的数据结构和数据操纵方式都是不相同的，采用SDAI的目的就是在数据库与应用系统之间增加一个标准的访问接口，把应用系统与实际的数据库相隔离，使应用系统在存取STEP数据时，可以采用统一、标准的方法进行操作。

STEP标准中的ISO 10303-21定义了一种中性文件格式以及由EXPRESS描述映射到中性文件的映射规则，把实体表示为ASCII字节流，采用WSN(Wirth Syntax Notation)形式化语法，便于实现不同的应用或系统之间的数据交换，中性文件格式可以被看作某个EXPRESS语言所描述的数据模型中实体的实例。基于STEP中性文件的数据交换过程如图7.3所示。

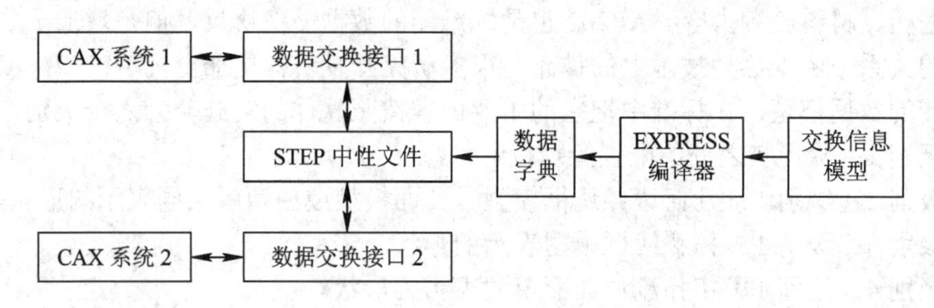

图7.3　基于STEP中性文件的数据交换过程

CAX系统1和CAX系统2为待交换数据双方，通过数据交换接口完成数据文件格式的转换。CAX系统1通过数据交换接口1将系统内部的产品数据按EXPRESS语言描述的产品模型中的实体定义映射为一系列实体实例，生成STEP中性文件。CAX系统2从STEP中性文件中读取实体实例，根据与CAX系统1相同的产品模式定义将实体实例映射为本系统的数据类型。CAX系统2将数据交换给CAX系统1的过程则为上述过程的逆过程。CAX系统1、2的统一模式定义由EXPRESS编译器产生产品信息模型数据字典，从而保证信息转换的一致性。通过STEP的中性机制，不同系统就能对产品数据进行创建、修改和应用。

6. 一致性测试

为了解决按照标准开发的系统是否真正符合标准的问题，在STEP标准中还专门制定了有关一致性测试的内容。按照一致性测试的基本原理，软件商按照STEP标准开发的软件不能自己证明自己是符合标准的，而是要通过专门的测试实验的一致性测试。

STEP标准中的300系列主要解决一致性测试的基本原理、测试的基本程序、测试服务、对测试实验室的要求等。300系列一致性测试套件标准与200系列应用协议标准相对应，如301是AP201的一致性测试套件，303是AP203的一致性测试套件等，依此类推。一致性测试套件是由一组一致性测试项组成的，每一个测试项都是根据应用协议中不同的数据模型而规定的测试内容(测试题)，包括测试要输入的内容、期望输出的结果和相应的判定准则。因为STEP数据交换接口有前置处理器和后置处理器分别负责写出和读入STEP数据的双向过程，所以一致性测试套件要区分这两种不同的情况。

7.1.2 数字化制造过程与管理数据集成标准

制造过程精确化的特征表现为综合运用信息集成技术、检测传感网络技术、RFID 技术等实时获取制造过程数据，实现制造过程中各类数据信息的集成与本地化处理，即所谓的数字化制造。

1. 数字化制造的内涵

对于数字化制造的内涵，业内普遍存在广义和狭义的认识。

广义的数字化制造是围绕着产品的全生命周期开展的活动，包括数字化设计、数字化加工和数字化管理。数字化设计追求产品设计智能化与优化，通过给设计人员提供有效的、基于产品模型的分析与优化技术，提高产品质量和企业创新能力；数字化加工以数控技术为工具，追求合理程度的加工自动化，通过 CAD/CAM/CAPP/CAE 等集成技术与工具，在产品加工方面解决加工状态与过程的数字化表述、非符号化加工知识的表述、加工信息的可靠获取与传递、加工信息的量化/分类/评价，以及生产过程的全面数字化控制等问题；数字化管理以数据管理为核心，追求产品开发的集成化、产品全生命周期的优化以及企业的全局优化与最佳模式运作，通过建立数字化产品模型，对产品全生命周期中所有相关数据信息(如产品数据、企业资源数据等)进行数字化定量、表述、存储、处理和控制等。

狭义的数字化制造描述为连接设计和制造之间的桥梁，通过一系列工艺设计及管理工具，仿真产品制造的全过程，在实际产品制造之前，用可视化的方式规划和优化产品的制造工艺方案，其内涵包含工艺规划、工艺设计、工艺仿真和工艺管理四个方面。为了给制造企业在工艺规划、工艺设计、工艺仿真、工艺管理过程中提供一系列结构化、可视化的专业工具软件和信息管理平台，将数字化制造核心技术分为工艺设计和仿真技术，以及工艺管理。

1) 工艺设计和仿真技术

(1) CAM 及数控仿真技术。

CAM 技术通过计算机系统与生产设备直接或间接的联系，对机床的生产加工过程进行规划、设计、管理，控制产品的生产制造过程，主要包括使用计算机来完成数控编程、数控机床仿真、加工过程仿真、数控加工、质量检验、产品装配、调试等工作。

数控仿真技术可以对数控代码的加工轨迹进行模拟仿真、优化。同时，也支持对机床运动进行仿真，从而避免在数控加工过程中由于碰撞、干涉而对机床造成损坏。

(2) 装配过程与仿真技术。

利用数字化制造技术中的装配过程与仿真，可以设计产品的装配流程，划分装配工位，确定每个工位上装配的零组件项目，制定产品各工位之间的装配流程图，并可确定每个工位内分段件的装配工艺模型及零部件的装配顺序，定义装配过程对应的顺序号等。装配过程仿真技术可实现产品装配过程和拆卸过程的三维动态仿真，以发现工艺设计过程中装配顺序设计的错误，以及在装配顺序仿真过程中对每件零件、成品等进行干涉检查。

(3) 工厂 3D 设计技术。

利用工厂 3D 设计软件可以用直观的方式描绘工厂的布局，3D 软件内置了车间常用的货架、工作台、隔断、通用设备、机械手等车间设施设备，可以非常简便快速地进行车间布局设计。

(4) 物流设计与仿真技术。

数字化制造技术在工厂 3D 布局设计的基础之上，设立物流的流动状态以及车间各个设备、设施、工装的运作时间和规律，从而对车间物流进行仿真。这样不仅有助于优化车间布局，还可以帮助工艺规划人员对工艺规划进行优化，同时可以帮助车间管理人员对生产节拍、产能瓶颈进行分析。

(5) 公差分析。

不同的公差决定了不同的工艺路线和不同的工序要求。数字化制造技术中的尺寸公差分析可以从设计开始就对设计人员定义的尺寸公差、形位公差进行管理，通过对产品安装工艺的三维建模和仿真分析，优化制造偏差和定位安装方案，从而对产品的尺寸质量进行改进和管理。

(6) 机器人离线编程及仿真技术。

在可视化的环境中设计工业机器人的工作路径和工作节拍，结合工厂三维设计及物流仿真工具，工艺人员可以系统地规划整条生产线上工业机器人的工作路径和工作节拍，在避免机械手臂干涉的情况下，设计最为合适的工作节拍。在数字化制造环境中设计规划的工业机器人的工作路径和工作节拍等信息可以自动生成代码，直接为这些机器人所用。

(7) 人机作业模拟与仿真。

数字化制造技术中的人机作业工程工具可以有效地模拟和仿真现场操作人员在完成每道工序时的动作，并对操作的可达性、视觉性、安全性和工作舒适度进行分析和评估。

2) 工艺管理

数字化制造技术中的管理技术是一个全面、完善的工艺信息和工艺资源管理平台，主要涵盖 PBOM 管理、工艺规划管理、工装资源管理、工艺数据管理。

(1) PBOM 管理。数字化制造系统保证了 PBOM 的数据模型与 EBOM 的数据模型一致，同时也管理 PBOM 状态、版本、配置、变量、选项、组建的有效性等一系列相关的信息，还要具备与不同版本、不同状态的 BOM 之间进行比较的功能，以方便工艺人员在进行 PBOM 处理时有效甄别与 EBOM 以及其他版本的 PBOM 的差异。

(2) 工艺规划管理。数字化制造系统通过结构化的工序树和甘特图解决了工序与工序之间、工序内部的工步与工步之间的内在逻辑和时序关系问题。

(3) 工艺资源管理。数字化制造中工艺资源管理具备完善的分类和库管理功能，同时全三维参数化的工装等资源具备参数化的搜索能力，可以随时查询和调取相关的工艺资源。

(4) 工艺数据管理。通过数字化制造技术进行工艺设计，所产生的各种工艺信息都用结构化的方式保存在数据库中，可以按照企业的需求生成所需要的任何形式的工艺报表，同时用结构化的数据库管理设计、工艺过程中产生的各种信息，并快速传递到工艺卡片中。

除了以上的数字化制造技术外，还有数字化工艺过程规划、数字化检验、虚拟产品设计和过程建模等技术，以保证设计的产品在被投入正式生产之前，可以在虚拟环境中进行工艺规划、工艺设计和工艺仿真，完善产品设计。

2. 数字化制造的核心技术

数字化制造技术从诞生到逐渐成熟应用，已经在航空、航天、船舶、装备制造、汽车以及高科技电子等行业得到了成功应用，诸如美国波音、丰田汽车、中航黎明发动机、华晨金杯、奇瑞汽车等企业都是应用数字化制造技术的典型企业。目前，数字化制造的核心技术主要包括产品的计算机辅助工业设计、计算机辅助设计与制造、快速成型技术、计算机辅助检测与三维激光扫描技术、数控加工等。

1) 计算机辅助工业设计(CAID)

CAID 是指以计算机技术为辅助手段进行产品的艺术化工业设计，主要是指对批量生产的工业产品的材料、外形、色彩、结构、表面加工等方面的设计工作。CAID 的一般过程有市场调查、产品概念草图设计、彩色效果图设计、三维效果图设计、三维造型设计、产品零件图和技术要求说明等，所用到的主要工具包括 Alias、CorelDraw、3DMAX、Pro/CDRS 等。

2) 计算机辅助设计与制造(CAD/CAM)

CAD/CAM 主要是指采用先进的计算机软硬件手段进行产品三维造型、结构设计、装配仿真、加工仿真、数控加工编程等，其中产品的三维造型是基础，从 CAD 三维模型到数控加工程序的生成通常无需人工干预，可由 CAM 软件自动产生。产品的三维造型设计通常有正向设计和逆向设计两种，目前常用的 CAD/CAM 设计工具有 UG、Pro/E、CATIA、Power-SHAPE/PowerMILL 等。其中 UG、Pro/E 应用较普遍，而 CATIA 在航空、汽车工业领域的应用较广。

3) 快速成型技术

快速成型技术是指采用激光等技术将树脂(ABS)、聚碳酸酯(PC)等材料按产品的三维造型(STL 格式)进行快速烧结并成型。这种成型技术可以不必制造模具就做出完整的样机，不仅可大大加速新产品的开发进度，还可节约大量成本。特别是 MES 系统在现代信息技术、控制技术、制造技术以及管理技术等的推动下，快速成型技术正在向集成化、标准化、敏捷化、智能化、可视化、专业化等方向发展。

4) 计算机辅助检测与三维激光扫描技术

计算机辅助的产品设计可分正向设计和逆向设计，其中逆向设计就是对样件进行三维扫描测量或三维扫描数字化。三维扫描测量的主要应用是对产品进行快速检测，即比较制造产品与设计产品间的误差，从而找到改进产品制造工艺或设计方案的方法。常见的三维扫描数字化方法包括三坐标测量机测量法、光栅扫描法、三维激光扫描法等。三坐标测量机测量法是使用较为广泛的高精度测量手段，主要有龙门式、立柱式、机器臂式等。

3. 数字化制造过程分析

制造过程从规划到执行，涉及各种复杂而相互联系的活动—— 从零件加工和装配工艺规划到工厂设计、工作单元布局、人机工程分析和质量规划。基于 PLM 的数字化制造解决方案能够支持并简化所有这些活动，缩短工作周期，改善协同并促进在整个制造过程中知识和资源的重用。

1) 工艺规划及其仿真验证

产品全生命周期管理(PLM)在规划产品的生产时，把实际的产品数据、所需的制造资源、工序操作和制造特征联系起来建立起完整的工艺产品、工艺流程和资源过程信息，形成表述清晰的工艺规划，它是数字化制造全过程的基本线索，使所有工艺信息可以在企业内部和整个企业供应链各环节中所有相关人员实现高度共享。

在数字化的工艺规划界面上，计划调度人员可以清晰地观察产品的状态变化、工序的实施顺序、工序的实施内容、工序实施所需时间和资源等。因此，借助工艺规划可以量化地进行产能分析、定额分配和工位布局设计，也可以定义各工序间的物料流，进而制定物料计划，还可以警示计划人员注意工序所需资源间是否存在潜在的冲突。

初步制订的工艺规划，还可以借助离散事件的仿真功能，进行生产线的性能分析，包括产量、物料流、负荷平衡、瓶颈和缓冲区大小等，实现对工艺规划的验证和优化。

对离散事件系统进行仿真分析，一般要建立系统的仿真模型，根据工作站和操作的类型，选择适当的分布函数和控制策略来描述系统。在 PLM 环境下建立仿真模型时，工艺规划的许多信息可以来自 PLM 系统，软件自动完成信息传递，操作方便。对仿真模型进行足够长时间的运行后，系统给出该计划方案在连续运行后表现出来的性能指标值，如生产能力、节拍、效率、在制品、库存等，并以图表、报告等形式表示出来。当生产规模较大、系统比较复杂时，进行仿真分析的模型会采用层次化的结构，分别表示工厂、车间生产线、工段、班组等层次，使得模型的表述清晰易懂。计划人员可以就自己职责范围更深入地分析研究工厂、车间、工段不同级别的生产，掌握全局与局部的关系，必要时进行适当调整。当仿真建模考虑到了内部和外部供应链、生产资源和商务过程时，可以分析生产变更对上下游带来的影响，评估不同的生产线控制策略的优劣，验证生产线的同步情况。

有些生产线运行中可能存在“瓶颈”，限制了整个系统的运行效率。对这样的问题，生产部门会提出多种改进的办法，这些办法往往都是对原方案的局部修订。通过对修订方案的仿真运行并进行定量分析，就可以给出最后的改进办法。

有些行业在对生产系统进行设计和优化时，越来越多地把物流考虑在内，对物流的走向、密度、运输方式进行仿真分析，将物流可视化，用 Sankey 图(Sankey diagram，即桑基能量分流图，也称桑基能量平衡图)可以直观地显示当前配置下的物料传输量。

2) 零部件数字化加工

在 PLM 平台上，产品设计人员、工艺人员、数控编程人员、工装设计人员、计划调度人员、生产管理人员共享电子化物料清单(eBOM)形式的产品设计数据和电子化工艺单(eBOP)形式的制造工程数据。他们在执行各自的任务时，可以在正确的时间访问正确的零部件制造数据，实现各个部件间的并行协同作业。这样既缩短了工程周期，又提高了制造过程的工程质量。

工艺技术人员借助 PLM 平台，可以方便地获得设计部门提供的零部件的各种信息(如数模、图纸、技术条件等)，对产品有全面的了解。据此设计零件的加工方法，编制出工艺规程。CAD 系统生成的模型是编制数控加工程序的依据。由 PLM 平台提供的资源信息获得加工所需的保障条件，如数控机床的结构形式、驱动轴、行程、刀量具、夹具等，编制数控程序，进行后置处理，并编制其他工艺文件。这些文件将传递到车间的分布式数控(DNC)系统和制造执行系统(MES)，作为指导工人操作的工作指示文件和生产计划人员编制作业计划的依据。

同样地，仿真技术在数字化加工中也是非常重要的。通常要做的主要工作是数控切削仿真和切削参数仿真优化。初步编制的数控程序在试切验证之前，往往会有一些疏忽或瑕疵，需要验证和完善。数控切削仿真工具根据刀具位置文件显示出刀具与工件的相对运动和材料的去除过程，检测是否有干涉和“过切”现象的发生。切削过程的干涉检查不但需要检测刀具与工件的干涉，还要考虑机床主轴和夹具等之间是否会产生干涉、碰撞，以便确保加工安全，万无一失。无论是昂贵的多轴数控机床，还是形状复杂、加工周期很长的零件，碰撞和干涉都是绝对不允许的。而对干涉的预测，尤其对五坐标数控加工，单靠人工是无法实现的。

另一方面，各种专业仿真软件作为“点工具”也为确定加工方法和编制数控程序提供了重要的辅助作用。用加工仿真软件模拟加工过程的机理，分析过程中的物理变化，如切屑的形成过程，加工时的刀具和材料的温度分布、切削力的变化等，了解这些会有助于冷却条件的确定和转数、进给率等加工参数的优化，是编制合理的数控程序不可缺少的内容。

3) 数字化装配

设计人员可以在产品研发的早期，利用 CAD 系统的原始数据构造虚拟样机，分析产品各零部件的位置关系、相互间的距离和配合，检测公差的失调。

数字化预装配(Digital Pre-Assembly，DPA)技术着眼于产品装配的动态过程，设计产品零部件的装配顺序，用 Gantt 图和树状图定义和调整装配顺序。建立装配和分解的路径，可以仿真零部件在装配过程中扫掠过的空间包络，以便进行干涉检查。一旦有干涉发生，则要给出声音或颜色提示。有时可以用一系列的截面动态地显示出详细的干涉过程，表示出干涉的范围。

从生产工程的角度，数字化预装配更多地研究装配的实施过程，把装配过程放在工程环境(包括厂房、人员、工装、工具等)下，对产品在装配过程中的车间环境、工作单元、物流配送路径、产品姿态进行仿真、分析和编辑，充分地接近工程实际。数字化预装配研究不但适用于装配过程，也适用于拆解和维修过程。PLM 支持下的数字化装配技术具有以下特点：

(1) 缩短新产品的研发周期。

(2) 早期发现问题，减少设计错误。

(3) 用虚拟样机检验设计方案，降低开发风险。

(4) 保证使用正确的版本。

(5) 对工程更改的响应速度快。

(6) 把潜在问题解决在虚拟环境下，缩短新产品上市时间。

4) 人机工程分析

在装配生产作业中，人机工程仿真可以告诉工程师们工人能够看到和抓住什么，作业环境是否友好，工人有可能在哪些地方受到伤害，是否会感到“力不从心”或疲劳等一些重要的人机工程信息。

(1) 人工仿真：确定产品装配和拆卸的最优操作顺序，通过动态图表和时间顺序，可以了解到装配的可行性和局限性，从而确定最佳操作顺序。

(2) 手工操作的详细设计：在虚拟的3D环境中，发现人体与环境之间的碰撞，分析人员的工作范围，确保人工作业的可行性、人的手臂可达到性以及通过灵活配置的窗口显示工人视野，从工人的视角完成作业可行性检查，合理设计和优化手工操作。

(3) 人机工程学分析：通过使用人机工程学标准方法(如NIOSH 81和NIOSH 91)，对抓举和搬运作业进行有效的检查，分析、计算最大接受力。借助OWAS(Ovako工作姿态分析系统)方法可以进行工作姿态分析。

(4) 工时分析：借助时间测量(Methods Time Measurement，MTM)获取公认的原始数据表，确定人工操作的执行时间。用户可以通过工时分析和人机工程学分析来重新布置工位，使操作更舒适、更高效。

除了装配操作外，人机工程仿真也在多种研发过程中得到了广泛应用。先进的虚拟现实系统可以提供一个虚拟的感觉空间，配合使用头盔式显示器、位置跟踪器、数据手套等输入设备，参与者可体验到一种身临其境、全心投入、沉浸其中的感觉。研发人员在开发的早期，就能先于真实的产品获得完全沉浸的体验。对于像坦克、飞机、舰艇等产品的性能验证、操作人员的培训和战场环境的适应都具有重要的作用。

7.1.3 电子数据交换标准

电子数据交换(Electronic Data Interchange，EDI)是使用范围最广泛的电子商务应用系统。早期的EDI标准只由贸易双方自行约定，随着使用范围的扩大，出现了行业标准和国家标准，最后形成了统一的国际标准。国际标准促进了EDI的发展，EDI的应用领域不再只限于国际贸易，而在行政管理、医疗、建筑、环境保护等各个领域都得到了广泛应用。

1. EDI标准体系

EDI使用的是标准的报文结构，计算机可以识别并从中拣出有用的数据，直接存入企业MIS的数据库中，这样减少了贸易活动的中间环节，减少了纸张的使用，减少了手工操作，减小了出错的概率，提高了响应速度。

EDI标准体系由联合国欧洲经济委员会于1986年制定的《用于行政管理、商业和运输的电子数据互换》的EDIFACT(Electronic Data Interchange for Administration, Commerce and Transport)标准转变而来，国际标准化组织制定的编号为ISO9735。EDI的标准包括EDI网络通信标准、EDI处理标准、EDI联系标准和EDI语义语法标准等。

(1) EDI 网络通信标准。EDI 网络通信标准主要解决 EDI 通信网络应该建立在何种通信网络协议之上，以保证各类 EDI 用户系统的互联。目前国际上主要采用 MHX(X.400)作为 EDI 网络通信协议，以解决 EDI 的支撑环境。

(2) EDI 处理标准。EDI 处理标准主要研究那些不同地域不同行业的各种 EDI 报文、相互共有的“公共元素报文”的处理标准，它与数据库、管理信息系统等的接口有关。

(3) EDI 联系标准。EDI 联系标准解决 EDI 用户所属的其他信息管理系统或数据库与 EDI 系统之间的接口问题。

(4) EDI 语义语法标准。EDI 语义语法标准(又称 EDI 报文标准)主要解决各种报文类型格式、数据元编码、字符集和语法规则以及报表生成应用程序设计语言等问题。EDI 语义语法标准是 EDI 技术的核心。

2. EDI 系统的组成

EDI 系统一般包括五大模块：用户接口模块、内部接口模块、报文生成及处理模块、格式转换模块和通信模块。EDI 系统的组成关系如图 7.4 所示。

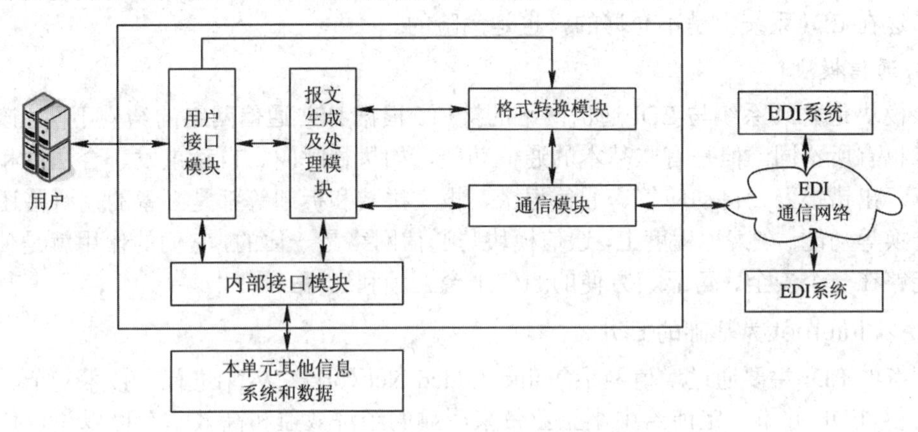

图 7.4　EDI 系统的组成关系图

1) 用户接口模块

EDI 系统能自动处理各种报文，但是和用户界面友好的人机接口仍是必不可少的。由于使用 EDI 系统的大都是非计算机专业的业务管理人员，不可能要求他们了解更多的计算机甚至网络的技术。这样，从用户的观点来看，操作起来越简单、越直观越好。

用户接口包括用户界面和查询统计。用户界面是 EDI 系统的外包装，它的设计是否美观、使用是否方便，直接关系到 EDI 系统产品的外在形象。查询统计模块可帮助管理人员了解本单位的情况，打印或显示各种统计报表，了解市场变化情况，及时调整经营方针策略等。

2) 内部接口模块

使用 EDI 系统的用户在某种程度上都有着自己的计算机应用，即企业内部 MIS。内部接口模块是 EDI 系统和本单位内部其他信息系统及数据库的接口，一个单位信息系统的应用程度越高，内部接口模块也就越复杂。一份来自外部的 EDI 报文经过 EDI 系统处理之后，大部分相关内容都需要经内部接口模块送往其他信息系统，或查询其他信息系统才能给对方 EDI 报文以确定的答复。

3) 报文生成及处理模块

该模块的作用有两大方面：其一是接收来自用户接口模块和内部接口模块的命令和信息，按照 EDI 标准生成订单、发票、合同以及其他各种 EDI 报文和单证，经格式转换模块处理之后，由通信模块经 EDI 网络转发给其他 EDI 用户；其二是自动处理由其他 EDI 系统发来的 EDI 报文，将单证中的有关信息送给本单位其他信息系统，如将顾客加工的特殊图形式样传送给 CAD/CAM 等。

4) 格式转换模块

由于 EDI 要在不同国家和地区、不同行业内开展，EDI 通信双方应用的信息系统、通信手段、操作系统、文件格式等都有可能不同。因此，所有 EDI 单证都必须转换成标准的交换格式(转换过程包括语法上的压缩、嵌套、代码的替换)。

经过通信模块接收到的来自其他 EDI 系统的 EDI 报文也要经过相反过程的处理才能交给其他模块处理。在格式转换过程中要进行语法检查，对于语法出错的 EDI 应该拒收，通知对方重发，因为语法错误的 EDI 报文可能会导致语义出错，从而把商业文件的原意弄错，这在 EDI 系统中是不允许的，也是危险的。

5) 通信模块

该模块是 EDI 系统与 EDI 通信网络的接口。根据 EDI 通信网络的结构不同，该模块的功能也有所不同。但是有些基本的通信功能，如执行呼叫、自动重发、合法性和完整性检查、出错报警、自动应答、通信记录、报文拼装和拆卸等都是必备的，有些还需要地址转换等功能。在某种程度上，通信模块与通信网络是一体的，它们的作用就是使 EDI 系统能够在一个安全、可靠、方便的通信平台上顺利运行。

3. 以 Internet 为基础的 EDI

传统的 EDI 主要通过增值网络(Value Added Network，VAN)进行，技术复杂、费用高，使得 EDI 并不一定能给中小企业带来明显的经济效益和高效率。可以说，传统的 EDI 是大公司才有能力使用的。

以 Internet 为基础的 EDI 技术提供了一个通信费用低廉、EDI 系统容易实现、技术上不复杂的较为廉价的服务环境，可以满足大量中小企业对 EDI 的需求，大大扩大了参与交易的企业范围。

基于 Internet 的 EDI 主要有以下三种基本形式：

1) 使用 E-mail 进行的 EDI

用户从本单位的信息系统中获取数据，经过 Internet EDI 用户前端程序处理后形成标准 EDI 格式的报文，通过加密处理，交给 E-mail 客户端程序发往提供 Internet E-mail EDI 服务的 EDI 服务商；Internet EDI 服务商在收到用户发来的报文后，将其转发至接收方的 E-mail 信箱。

接收报文时，用户从自己的 E-mail 信箱中收取报文，经解密后还原成标准 EDI 报文，再通过翻译程序将标准 EDI 报文翻译成用户平面文件，并根据用户要求与用户的信息系统相连接。

2) 使用 Web 页面进行的 EDI

发送报文时，利用浏览器可直接浏览 Web EDI 服务商提供的 Web 页面，根据 Web

页面的指示选择需要的电子表格，填写后提交。Web 提供商的服务器收到提交的内容后，对提交的内容进行检查。若检查合格，则转换为标准 EDI 格式的文本，作为电子邮件发给接收方，同时给提交方反馈正常提交信息；若检查不合格，则将错误指出后反馈给提交方修改。

接收报文时，用户通过浏览器进入 Web EDI 服务商提供的 Web 页面，在页面上提交用户信息给 Web EDI 服务商进行身份检查。检查通过后，Web EDI 服务商检查该用户的电子邮箱，若有内容，则翻译后以 Web 页面的形式返回给用户浏览，并记录用户的使用情况。

3) 使用 FTP 进行的 EDI

这种方式与使用 E-mail 进行的 EDI 过程相似，只是报文传输采用 FTP 的方式进行。发送报文时采用 FTP 上传文件，接收时采用 FTP 下载文件。报文的生成、翻译和转换仍然在客户端完成。

总之，使用 E-mail 是 Internet 上最早的 EDI 应用，解决了信道费用昂贵的问题，并且具有使用简单的特点。但由于 E-mail 服务中所使用的简单电子邮件协议 STMP 具有安全性低、缺少身份认证等缺陷，因此约束了其应用的发展。Web EDI 方式被认为是目前 Internet EDI 中最好的方式，价格低廉，只需一个浏览器和一个 Internet 的连接就可完成，EDI 软件和转换的费用在服务器端。其缺点是很难与企业的内部系统整合，且不能提供交互式 EDI 的功能。FTP 方式对文件传输和访问的控制更强，但是对软件的要求更高，实施比邮件复杂。

7.2　制造系统集成技术

制造系统集成是指通过思想观念的转变、组织机构的重组、流程(过程)的重构以及计算机系统的开放互连，使整个企业彼此协调地工作，从而发挥整体上的最大效益。现代集成制造系统则是一种基于 CIM 理念构成的数字化、信息化、智能化、绿色化、集成优化的制造系统，可以称为具有现代化特征、信息时代的一种新型生产制造模式，是产品全生命周期各类活动—— 市场需求分析、产品定义、研究开发、设计、生产、支持(包括质量、销售、采购、发送、服务)及产品最后报废、环境处理等的集合。

从系统论的观点出发，现代集成制造系统技术实现的途径是：由企业的信息集成入手，从信息集成向过程集成(过程重构和优化)及企业间集成的方向发展。这就是 CIMS 集成的三个阶段：信息集成、过程集成与企业间集成。这三者之间存在下述关系：

(1) 信息集成是过程集成的基础，只有在信息集成构建的信息通道的基础之上，各功能单元才能克服时间、空间以及异构环境的障碍，进行良好的沟通和协调以实现过程集成。

(2) 信息集成和过程集成是更好地实现企业间集成的充分条件，诸如并行工程、虚拟制造、敏捷制造都是建立在信息集成和过程集成基础之上的企业间集成。

(3) 企业间集成的发展促进信息集成和过程集成向更高层次发展。现代集成制造环境下的企业间集成，是从制造系统优化的角度对信息集成和过程集成在深度和范围上的扩展，因此必然会对信息集成和过程集成提出更高的要求，从而促进两者的发展。

总之，信息集成、过程集成与企业间集成是互为推动的关系，三方面的集成技术都在不断地向前发展着，发展的更高层次将可能是知识集成。换句话说，现代集成制造系统细化了现代市场竞争的内容(产品 P、时间 T、质量 Q、成本 C、服务 S、环境 E)，强调了系统的观点；拓展了系统集成优化的内容(信息集成、过程集成和企业间集成优化、企业活动中三流的集成优化，以及 CIMS 相关技术和各类人员的集成优化)；突出了管理同技术的结合，以及人在系统中的重要作用；指出 CIMS 技术是基于传统制造技术、信息技术、管理技术、自动化技术和系统工程技术的一门发展中的综合性技术；扩展了 CIMS 的应用范围(包括离散型制造业、流程及混合型制造业)。因此，CIMS 更具广义性、开放性和持久性。当前先进制造系统所涉及的集成范围包括信息集成(如计算机集成制造)、过程集成(如精益生产、并行工程)、企业间集成(如虚拟制造、敏捷制造、网络化制造)、人机集成等。系统集成的框架包括产品全生命周期管理(PLM)、企业应用集成(EAI)技术和制造网格技术等。

7.2.1 产品全生命周期管理

产品全生命周期管理(PLM)的概念最早出现在经济管理领域，是由 Dean 和 Levirt 提出的，提出的目的是研究产品的市场战略。20 世纪 80 年代以前，产品全生命周期的概念主要作为一种策略和经验模型来指导产品的市场分析和计划，不涉及对产品资源和信息的实际管理。20 世纪 80 年代后，随着自动化、信息、计算机和网络技术的广泛应用，企业制造能力和水平都有了飞速的发展，企业在追求产量的同时，也越来越重视新产品开发的上市时间(T)、质量(Q)、成本(C)、服务(S)、产品创新(K)和环境(E)等指标。企业迫切需要将信息技术、现代管理技术和制造技术相结合，并应用于企业产品全生命周期(从市场需求分析到最终报废处理)的各个阶段，对产品全生命周期的信息、过程和资源进行管理，实现物流、信息流、价值流的集成和优化运行，以提高企业的市场应变能力和竞争能力。PLM 正是基于企业的这种需求而产生并发展起来的。

1. PLM 的内涵及特征

按照 CIMData 的观点，任何工业企业的产品全生命周期都由产品定义、产品生产和运作支持这三个基本的紧密交织在一起的生命周期组成。

1) 产品定义生命周期

该阶段开始于最初的客户需求和产品概念，结束于产品报废和现场服务支持。产品定义作为企业知识财富来定义产品是如何设计、制造、操作和服务等信息的。

2) 产品生产生命周期

该阶段主要是发布产品，包括与生产和销售产品相关的活动。ERP 系统是企业在该阶段的主要应用。该周期包括如何生产、制造、管理库存和运输，其管理对象是物理意义上的产品。

3) 运作支持生命周期

该阶段主要是对企业运作所需的基础设施、人力、财务和(制造)资源等进行统一监控和调配。

上述每一个生命周期都包括相关的过程、信息、业务系统和人来实现相关的商业功能。而 PLM 系统的目的就是对这些过程、信息、系统和人进行协调和管理，实现这三个阶段的紧密协作和通信，将企业知识财富(产品定义)通过企业生产与运作支持转变为企业的物理资本(产品)。概括来讲，PLM 的主要特征是通过一致的数据访问模型将不同商务和工程应用数据集成，使 PLM 用户得以协同地工作。

PLM 的体系结构支持产品整个生命周期所有活动的协同，协同的数据处理使商务应用和资源的相关信息前后贯穿，消除产品活动中产生的各种数据信息“孤岛”。例如，利用 PLM 的思想从产品的设计应用系统中将所使用的材料信息提取到需要该信息的其他应用系统，如产品成本核算、产品装配、包装、原材料采购等。PLM 的协同产品数据库可以提供产品全生命周期内的所有信息——知识库，这个知识库可被与产品全生命周期活动相关的人员在任何时间、任何地方通过 Internet 授权访问。

2. PLM 的典型体系结构

面向互联网环境，基于构件容器的计算平台是目前 PLM 普遍采用的体系结构。PLM 系统包含的典型功能集合和系统层次划分如图 7.5 所示。

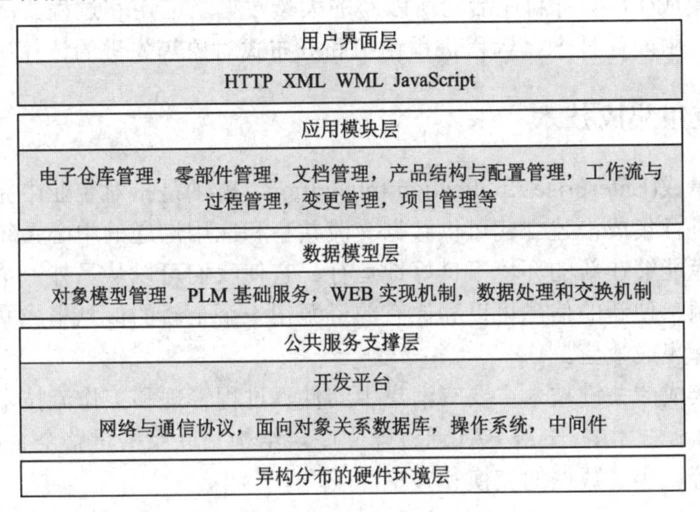

图 7.5　PLM 的典型体系结构

3. PLM 的关键技术

PLM 是当前系统集成研究的主要内容，它直接与底层的操作系统和运行环境打交道，将用户从复杂的底层系统操作中解脱出来，用户可以针对需求和环境对关键技术进行裁减。PLM 的主要关键技术包括数据转换技术、数据迁移技术、系统管理技术、通信/通知技术、可视化技术、协同技术和企业应用集成。

1) 数据转换技术

数据转换技术可实现数据格式的自动转换，使用户能够访问到正确的数据格式。

2) 数据迁移技术

数据迁移技术可实现数据从一个地方转移到另一个地方，或从应用到应用的数据迁移。

3) 系统管理技术

系统管理技术负责系统运行参数的配置及运行状态的监控，具体功能包括数据库和网络设置、权限管理、用户授权、数据备份和安全以及数据存档等。

4) 通信/通知技术

通信/通知技术实现关键事件的在线和自动化通知，使相关人员可以得知项目和计划的当前状态，得知什么时候产品定义信息可以被处理和使用，以及哪些数据是最新的。

5) 可视化技术

可视化技术提供对产品定义数据的浏览和处理，标准的可视化功能包括对文档、二维/三维模型的查看和标注，及产品模型的虚拟装配和拆卸。

6) 协同技术

协同技术允许团队共同进行实时和非实时的协作和交流，消除环境、地域和异构软件所带来的沟通障碍。

7) 企业应用集成

企业应用集成(EDA)将商业活动所涉及的大量数据、应用和过程集成起来，综合利用应用服务器、中间件技术、远程进程调用和分布式对象等先进的计算机技术来实现。

7.2.2　企业应用集成技术

企业应用集成(Enterprise Application Integration，EAI)是指对企业中完成不同业务功能的应用系统进行集成，建立起可供数据交流共享和应用沟通的中心系统，使现有的应用系统和数据库能够在新的环境下良好地运行。它使我们可以从另外一个角度来看待企业内的信息资源，使新的信息可以和原有的资源在一个全新的信息集成共享平台上协同工作，共同发挥集成效应。

企业应用集成的关键技术主要有消息中间件、过程管理和工作流技术、应用服务器以及 Web Services 技术等。一般 EAI 通过建立底层结构来联系横贯整个企业的异构系统、应用、数据源等，实现数据的交换和共享。

1. EAI 解决的主要问题

EAI 涉及应用集成架构里的客户和业务伙伴，通过集成供应链内的所有应用和数据库，可以实现信息共享。EAI 要解决的主要问题是：

(1) 业务处理过程的支持。向用户提供可视化编制业务过程流程图的工具。在业务流程图中，用户可以为每条消息定义规则，利用智能路由功能，对消息进行分析，并根据消息计算出业务过程的下一步应当做什么。

(2) 转换。由于并不是所有的应用程序都能以同样的方式或相同的格式存储数据，因此，大多数 EAI 中间件具有将数据转换为接收应用程序所要求格式的功能。此外，还向用户提供可视化工具，以便将一种应用数据格式“映射”到另一种数据格式。

(3) 服务。消息可以通过点到点或“推拉”的方式传送。消息需要多种服务才能成功地完成任务，这些服务包括下列内容：

① 如果接收消息的应用程序比发送消息的应用程序的速度慢，用队列保存消息。

② 交易的完整性，以保证交易在消息发送前或确认接收前完成。

③ 消息的优先级。

④ 错误处理以及使网络管理工具可以控制数据流。

⑤ 提供安全服务，包括 VPN(Virtual Private Network)服务和 UDDI(Universal Description Discovery and Integration)服务。

(4) 接口。应用程序通过 EAI 中间件的集成与其他应用程序进行通信。

2. EAI 的使能技术

EAI 主要的使能技术包括工作流技术、XML 技术、消息中间件技术和 Legacy 系统封装技术。

(1) 工作流技术。工作流是一类能够完全或部分自动执行的经营过程，它根据一系列过程规则、文档、信息或任务，在不同的执行者之间进行传递与执行。工作流提供了业务过程逻辑与它的信息支撑系统的分离，并实现了应用逻辑和过程逻辑的分离。由于工作流可灵活地改变业务过程的模型，故无需改变现有的应用系统，企业就能对业务过程的变化迅速做出响应。

(2) XML 技术。可扩展标记语言(XML)是用来表示 Web 中结构化文档和数据的通用格式，是一种简单而又灵活的标准格式，它为基于 Web 的应用提供了一个描述数据和交换信息的有效手段。XML 作为一种元语言，具有强大的描述结构化信息的能力。XML 中间件是开发基于 XML 应用的重要集成平台，提供标准的接口来处理基于 XML 的信息，既可以创建、发送、接收和处理 XML 文档，还可以在不同的应用程序或企业之间自动完成信息交换。

(3) 消息中间件技术。消息中间件能在分布式系统的应用程序之间可靠地传递消息，并可在消息的生产者和消费者之间建立连接，负责将消息从生产者传送给消费者，生产者可以异步地发送消息。消息中间件既是一个运行系统，也是一个管理工具集，又是一个开发系统。作为一个运行系统，它为上层应用系统提供可靠、实时、高效的数据通信服务；作为一个管理工具集，它提供了对网络进行配置实时管理、实时监控的工具，并具有完善的日志机制；作为一个开发系统，它提供了简单、易用、功能强大的开发接口。消息中间件的系统结构如图 7.6 所示。

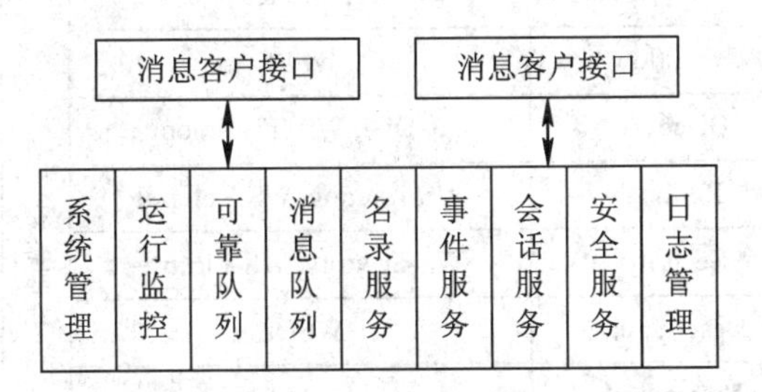

图 7.6　消息中间件的系统结构

(4) Legacy 系统封装技术。企业在信息化的过程中逐步建立了大量的 Legacy 系统，如 ERP、PDM 等。各 Legacy 系统的开发规范和标准不统一，导致系统之间难以协调工作，因此，企业应用集成的一项基本功能就是能够集成现有的 Legacy 系统。

3. EAI 技术的实例分析

企业应用集成通过协议转换与数据传输服务实现企业内部不同应用系统(诸如企业资源计划 ERP、客户关系管理 CRM、行销自动化 SFA、供应链管理 SCM 等)之间信息与指令的安全而有效地传输，它是支撑企业内部不同应用系统间业务流程的关键。在传统的企业应用集成时，不仅要分析各个特定的系统，还要为集成的各个特定的系统定义一套交互平台来串接这些系统，而交互平台可能又是各厂商定制的，缺乏通用性和复用性，这会造成很大的复杂性和高昂的成本。

XML 技术的发展和 Web Services 的诞生使企业应用集成出现了新的思路。Web Services 是由 URI 定义的软件系统，它使用 XML 定义和描述其公共接口元素(如应用程序逻辑)，以标准的 Internet 协议(如 HTTP、FTP 等)作为通信基础，其他软件系统可以通过由 Internet 协议传递的基于 XML 的消息机制来发现 Web Services，并与之交互。这使得基于 Web Services 的应用程序成为松散耦合、面向组件和跨技术实现的通用交互平台。各特定的应用系统利用 Web Services 机制，只需将要集成的功能按 Web Services 的描述方式定义并实现访问自己的接口，然后将自己注册到 Web Services 的注册中心，其他的信息系统就可以通过注册中心查找到访问自己的接口及使用方式，并可以调用自己的功能。因此，Web Services 使企业应用集成的成本大大降低，而且使企业的资源在 Internet 范围内被更大程度、更大范围地使用。

1) Web Services 体系结构

Web Services 是一种面向服务的体系结构，它定义了一组标准协议，用于接口定义、方法调用、基于 Internet 的构件注册以及各种应用的实现。整个 Web Services 的技术系列被称为 Web Services Stack，按照堆栈的方式共存，如图 7.7 所示。

底部是已经定义好的并且广泛使用的协议标准：IP、HTTP、FTP 等。中间是开发的 Web Services 的相关标准协议，包括服务调用协议 SOAP、服务描述协议 WSDL 和服务注册发现协议 UDDI、WS-Inspection 以及服务工作流描述语言 WSFL、Web Services 的安全协议以及路由协议等。右边是各个协议层的公用机制，这些机制一般由外部的正交机制来完成。

基础技术：XML,DTD,Schema	Reliability,Transcation-Expected		控制机制	服务质量	安全机制
	Workflow	WSFL			
	Discover	UDDI, WS-Inspection			
	Routing	WS-Routing, WS-Referral			
	Security	WS-Security, WS-License			
	Description	WSDL			
	Messaging	SOAP			
	Communication	HTTP, FTP, SMTP			
	Internet	IPv4, IPv6			

图 7.7 Web Services 体系结构

SOAP(Simple Object Access Protocol)是 Web Services 通信的主要协议。SOAP 本身并不定义任何应用语义，如编程模型或特定语义实现，它通过一个模块化的包装模型和对模块中特定格式编码的数据的重编码机制来表示应用语义。它为在一个松散的、分布的环境中使用 XML 对等地交换结构化和类型化的信息提供了一个简单且轻量级的机制。

WSDL(Web Services Description Language)是 Web 服务的描述语言，它是一种基于 IDL(Interface Definition Language)技术的服务描述语言。WSDL 定义了一套基于 XML 的语法，将 Web 服务描述为能够进行消息交换的服务访问点的集合，从而满足了这种需求。WSDL 服务为分布式系统提供了可机器识别的 SDK 文档，并且可用于描述自动执行应用程序通信中所涉及的细节。

UDDI(Universal Description，Discovery and Integration)规范定义了 Web 服务的发布与发现的方法。UDDI 的核心组件是 UDDI 商业注册，它使用一个 XML 文档来描述企业及其提供的 Web 服务。

WSFL(Web Services Flow Language)使商业流程和利用了大量 Web 服务的交易生命周期能够进行无缝连接，而不必考虑其编程语言和运行环境。

WS-Security 和 WS-License 都是 SOAP 规范的一个扩展，它们组合起来一起为通过 SOAP 进行交互的 Web 服务提供了扩展的安全机制。

WS-Routing 定义了路由 SOAP 消息的机制，它通过定义一个方法来说明一个预先设计好的路由或传输路径。WS-Referral 用来配置用于转发消息的 SOAP 节点(SOAP 路由器)中关于消息路径(路由条目)的指令。

2) 基于 Web Services 的企业应用集成模型

图 7.8 所示是一个基于 Web Services 的企业应用集成模型。图中 Web Services 架构的三大部分是服务请求者、UDDI 注册中心和服务提供者。图中其他部分为当前企业中比较典型的几类系统，即 ERP、CRM、SCM 和电子政务等。

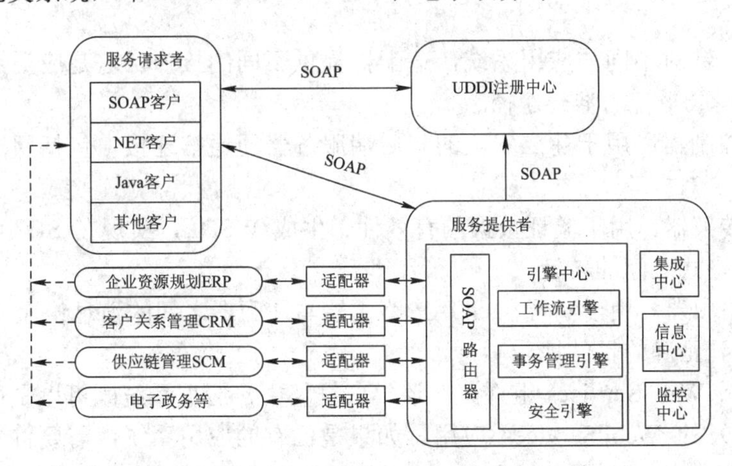

图 7.8　基于 Web Services 的企业应用集成模型

(1) 服务请求者。其中包含 SOAP 客户以及流行的基于.NET 平台或 Java 平台的客户或其他 Web 服务类型的客户。

(2) UDDI 注册中心。其中包括企业内部使用的私有注册中心和在 Internet 上公布的公有注册中心。这两类注册中心的使用情况要依赖于企业对其集成的方向和范围的要求来定。考虑安全和集成的成熟度要求，可以先在企业内部形成私有注册中心，随着成熟度的增加或 B2B 集成的需要可以转向公有注册中心。可以让不同的服务根据不同的需要在不同的注册中心上注册，两类注册中心可以方便地形成映射关系。

(3) 服务提供者。服务提供者包含四个部分：集成中心、信息中心、监控中心和引擎中心。

① 集成中心。集成中心实现应用集成服务的配置和管理及企业应用解决方案的动态配置，包括消息与队列功能、工作流管理、应用资源管理、统一界面等。

② 信息中心。信息中心实现信息的安全生命周期管理和维护，包括共享信息管理、数据操作管理和共享模型管理等。

③ 监控中心。监控中心实现对服务的运行进行管理和监控，包括服务对象管理、动态监控及报警管理等。

④ 引擎中心。引擎中心是服务的中心，它提供三类引擎：工作流引擎、事务管理引擎和安全引擎。

· 工作流引擎：使商业流程和利用了大量 Web 服务的交易生命周期能够进行同样的无缝集成和衔接。这种衔接包括横向的企业间的连接或企业内部的平级连接及企业内部上下级间纵向的连接。

· 事务管理引擎：确定事务协调者和参与者，由协调者控制整个事务的提交和失败后的事务回滚。

· 安全引擎：负责对服务中的传输数据进行加密和提供认证服务以实现数据在网络上的安全。

SOAP 路由器是实现客户调用 Web Services 的关键部件，以实现 SOAP 消息的传递。

(4) 适配器。适配器是集成引擎的核心，由接口、连接控制器、数据转换器、消息路由器组成。

① 接口。针对不同的应用系统，适配器提供不同的接口。这是应用系统可以调用 Web Services 集成平台的唯一途径。

② 连接控制器：用于建立安全的与后端服务器的通信连接，包括用户身份鉴别、授权等。

③ 数据转换器。用于验证数据的有效性、生成 WSDL，实现在 SOAP 数据格式与应用系统数据格式之间的转换。

④ 消息路由器。用于实现在 SOAP 路由器与适配器之间的消息传递，将 SOAP 消息过滤后路由到正确的目的地。

(5) 封装成 Web Services 组件。在该集成框架中，应用系统既可以是已有的应用，也可以是新开发的 Web Services 应用。如果是已有的应用系统，需要首先将它封装成 Web Services 组件，方法是：生成描述该系统功能和调用方法的 WSDL 文件，然后生成服务器端基于 SOAP 的服务框架，并在此基础上开发适用于已有系统的适配器，最后将服务描述文件通过 UDDI API 发布到 UDDI 注册服务器中。因此，被封装成 Web Services 组件的已有应用系统中的服务，在通过 SOAP 查找 UDDI 注册中心或绑定企业内或外的服务时，它本身就成为了一种服务请求者，如图 7.8 中虚线所示。

3) 客户调用 Web Services 的过程

(1) 客户用 WSDL 描述需要访问的服务，用 SOAP 消息向注册中心发出查询请求。

(2) 注册中心将该方法的 WSDL 描述返回客户。

(3) 客户用得到的 WSDL 描述生成的 SOAP 请求消息，绑定服务提供者。

(4) SOAP 请求被作为一条 HTTP POST 请求发出，交由 Web 服务器处理。Web 服务器分析 HTTP 头信息并找到 SOAP 路由器的名称，然后将请求消息传递到指定的 SOAP 路由器。

(5) SOAP 路由器分析 HTTP 头，找出某个 Web Services 适配器的位置，将该请求传递到所请求的适配器。

(6) 适配器激活应用。

(7) 应用系统处理请求，并将结果返回至适配器。

(8) 适配器将得到的结果打包成 SOAP 消息，返回至 SOAP 路由器。

(9) SOAP 消息再返回到 Web 服务器。

(10) 客户最终得到包含执行结果的 SOAP 消息。

7.2.3 制造网格技术

制造网格(Manufacturing Grid，MG)技术是制造集成技术的更高层次，它提供了一个基础平台，以透明的方式提供服务，实现面向产品全生命周期的资源共享、集成和协同工作。也就是说，基于网格技术和相关先进计算机及信息技术，对产品全生命周期的设计、制造资源和信息进行集成，形成了支撑现代制造系统及企业群体协同运作和管理的支撑环境。

制造网格研究的主要问题体现在：制造网格体系结构，制造网格资源封装、配置与管理技术，制造网格应用支持工具技术，面向制造网格的中间件接口技术，制造网格的实施和应用等。

1. 网格概念及网格计算

从 1946 年第一台电子计算机 ENIAC 问世以来，人类进入了采用计算机进行计算的时代。人类对计算能力的需求和计算机提供的计算能力呈交替上升趋势，虽然计算机技术从个人 PC 到大型高性能计算机都有了非常大的发展，然而直到今天，计算机的计算能力还依然不能够满足科学研究、工程应用和商业处理等方面的需求。人们认识到，许多复杂的问题无法用一台计算机进行求解，求解这些复杂问题的一种可行方法是在网络和分布式数据库的支持下，采用多台计算机进行协同计算。由此，产生了网格计算的概念和应用。

网格计算的两项关键技术是以网络为基础的高性能科学并行计算和分布式计算技术。经过多年的研究和应用，这两项技术都得到了长足的发展，也取得了许多成果。但是一直以来还没有一种技术能把并行计算及分布式计算技术比较有效地结合起来，因此在性能上也无法上升到一个更高的层次。而另外一方面的数据证明，现今网络资源的实际利用率很低，平均仅为 30%，有些资源的空闲率甚至达到了 91%，如何利用这些闲置的资源成为计算机领域研究和应用人员面临的重点问题之一。在这种情况下，旨在提高网络资源利用率的网格技术受到了广泛的重视。

网格的基本思想是将每个分布的计算资源都看成一个节点，通过高速网络连接这些分布的、异构的计算资源节点，从而形成网格，在软件配置系统、软件工具和应用环境的支持下，使这些资源互相协调，形成单一的超大计算环境或网络虚拟超级计算机。实现这些计算资源连接、配置、运行和管理的技术即被称为网格计算技术，简称网格计算。

2. 网格的组成和特点

网格具有统一的软件标准和实现互操作的环境，网格的组成如图 7.9 所示。

结构层是网格的最底层，由网格中的各个资源(也即网格节点)组成。这些资源是通过 Internet 可以访问到的分布在不同地点的所有软硬件资源，既包括运行于不同操作系统上(UNIX 或者 Windows)的计算机、工作站、机群系统、存储设备和数据库等，也包括特殊的科学仪器，如热传感器等。

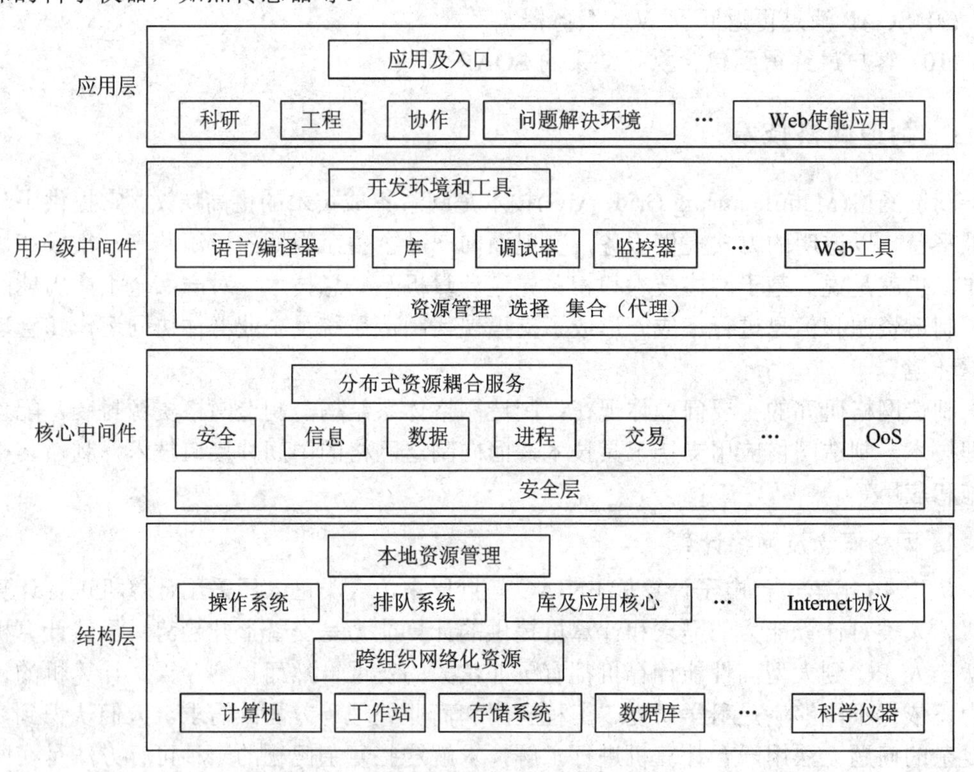

图 7.9　网格的组成

核心中间件为实现网格计算提供核心服务功能，如远程过程管理、资源的协同分配、存储访问、信息安全、服务质量和资源的预定与交易等。

用户级中间件为程序员开发网格应用及用户代理(用户代理是网络中调度和管理基于全局资源的计算模块或应用)等提供高级服务功能。用户级中间件包括语言/编译器、类库、应用编程接口、集成开发环境等。

应用层包含网格应用和入口两个部分。应用是指利用网格使能语言(如 HP C++)及网格工具开发的网格应用程序。网格入口提供 Web 使能的应用服务，即用户可以通过 Web

接口实现相关任务到远程资源的提交以及任务处理结果的接收。

从总体上看，结构层是网格系统的硬件基础，实现了资源在物理上的连通；从逻辑上看，各个资源之间仍然是孤立的。有了网格中间件，才真正实现了广域资源的有效共享。通过中间件屏蔽底层资源结构的分布性和异构性，从而为上层的网格应用层提供透明统一的访问和使用接口。另外，中间件还为用户提供了支持网格应用开发的用户编程接口和相应的环境。应用层是用户需求的具体体现，它在中间件的支持下，可以向用户提供各种应用和接口，从而解决大型的计算问题。

网格最主要的特征是资源共享(而不是它的规模)，由此网格具有的特点是：单一的映像空间，可以屏蔽硬件边界，实现透明的远程资源访问，消除资源孤岛；支持多管理域以及站点自治，保证各资源的相对独立性；支持高效安全与容错，保证所有资源提供方在整个系统中的安全与保密；动态灵活性，保证网格资源的动态扩展及撤出。

3. 制造网格的内涵及特征

制造网格是实现企业和社会资源共享和集成、支持企业群体协同运作和管理的集成支撑环境，它基于网格和相关先进的计算机与信息技术，通过网络将分散在不同企业和社会群体(包括高校、研究院所、专家、中介服务机构)中的设计、制造、管理、信息、技术、智力和软件资源，通过封装和集成，屏蔽资源的异构性和地理分布性，以透明的方式为用户提供各类制造服务(这里的制造是指大制造，包括企业生产经营的一切活动)，使企业或者经营个体能够以请求服务的方式方便地获得所有与制造相关的服务，能够像使用本地资源一样方便地使用封装在制造网格中的所有资源，实现各类资源的集成和优化运行，并为构建面向企业协同制造特定需求的制造网格应用系统提供协同工作支持环境，从而实现企业间的商务协同、设计协同、制造协同和供应链协同，使基于制造网格支撑环境运行的制造企业群体，能够以低的成本和短的开发周期，制造出符合市场需求的高质量产品。

由于制造网格及其应用系统对制造企业的支持空间从单个企业扩展到了整个社会，其自身具有地域上的分布性、组织上的动态性、管理上的统一性和自治性等特点。因此，它是制造企业组织突破自我生产经营活动完备性、一体化和企业(组织)界限的一种开放的、横向的发展战略，是一种面向网络经济环境的新型生产制造模式和企业组织形态，是以企业组织核心能力为基础的分布式的、网络化的契约式生产、营销、运营体系，是一种用以对市场环境变化做出快速反应的企业动态联盟，它的出现是制造业信息化水平发展到一定程度的必然产物，是对传统制造模式(从产品设计手段、制造方式到运作模式与经营理念)的扬弃与创新。

制造网格应该具备如下特征：

(1) 资源共享。提供对各种制造资源的有效集中管理、协调调度，支持这些资源在多用户、多任务的应用中动态共享和透明使用。

(2) 协同工作。支持异地、异构制造资源基础上的协同工作，这种协同工作往往涉及不特定的多个组织中的用户，并且是动态组织的。

(3) 标准化。基于通用技术，遵循通用开放标准，便于集成和扩展，支持与异构系统间的互操作。

(4) 自组织性。作为制造网格的实体具有非集中控制和自组织性，可以自然进化，动态高度可扩展。

(5) 实时性。制造网格提供的服务具有更高的实时性，例如，在制造网格的支持下，用户可以直接对制造设备和设计单元等进行操作，因此要求制造服务必须实时地反映实际设备和设计单元等的状态，并实时响应用户提出的操作需求。

(6) 安全性。提供系统的安全机制。

4. 制造网格技术的基本观点

制造网格作为网格技术在制造领域的应用，是构建于网格之上的面向制造领域的应用网格，网格计算技术为制造企业提供海量存储、高性能计算、分布式数据管理等。基于网格技术和相关先进计算机及信息技术，制造网格能够对产品全生命周期的设计、制造资源和信息进行集成，形成支撑现代制造系统及企业群体协同运作和管理的支撑环境。

1) 虚拟组织的观点

制造网格是一种虚拟组织的制造模式，通过构建动态联盟形态的制造企业的虚拟组织建立虚拟组织模式的制造环境，优化利用组织间的资源，共享组织中的能力。

2) 企业应用集成的观点

制造网格提供了制造资源的集成架构和一系列标准的集成协议，是目前企业内、企业间服务集成，构建松散耦合的制造应用的重要支撑手段。

3) 制造问题求解环境的观点

制造网格通过建立一个完全分布式的计算资源和数据资源的管理环境，以支持制造中的设计、分析、采购、供应等问题的解决。

4) 按需的观点

在制造网格的支持下，实现制造过程中根据需要动态检索和获取资源，获取外部的服务，灵活地实现制造。

综合制造网格技术的相关观点，制造网格是用于制造领域的网格。具体地讲，制造网格是一种新型的网络化先进制造系统。它以动态联盟内复杂产品的异地、协同制造需求为背景，综合应用现代网络技术(Internet、Web Service and Grid Computing 等)和先进制造技术，实现动态联盟内各类资源(计算资源、存储资源、网络资源、数据资源、信息资源、知识资源、软件资源，制造设备等)安全地共享与重用、协同互操作、动态优化调度，从而有效地支持复杂产品进行论证、研究、分析、设计、制造、试验、运行、评估、维护和报废(全生命周期)活动。

5. 制造网格的层次结构

与 Internet 类似，制造网格的系统结构是一个分布式的结构，图 7.10 是制造网格运行模式的示意图。从图中可以看出，制造网格通过 Internet、Intranet 和 Extranet 等提供的基础网络连接，在制造网格资源库、技术基础体系和制造网格运行管理系统的支持下，实现各类资源的共享和集成运行。在某个特定的区域还可以形成区域的制造网格，不同区域的制造网格可以实现互联和集成，从而形成整个制造网格，如图 7.11 所示。

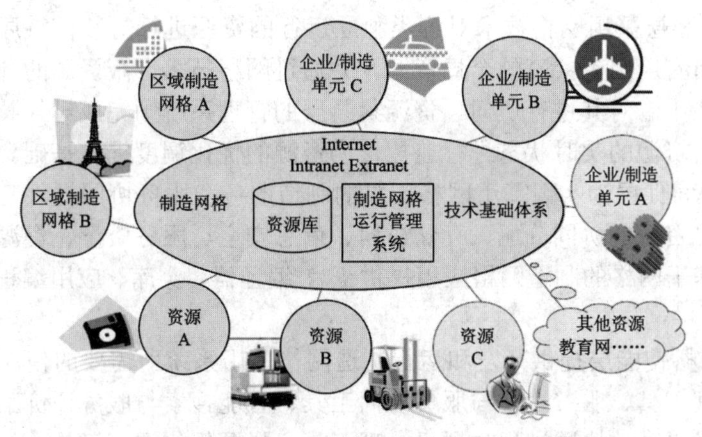

图 7.10　制造网格运行模式示意图

(1) 基础网络层位于制造网格的最下层，它以 Internet 为核心，为制造网格中的资源和企业间的互联提供基础的网络环境。

(2) 单元与基础协议层为制造网格的构建和运行提供共性和基础的技术支持，包括基础库、资源单元和基础协议。

① 基础库为制造网格的运行提供共性和基础的模型和资源库，包括企业模型库、共享信息模型库、协同过程模型库、产品资源库、制造资源库、软件资源库、计算资源库、基础数据库和知识库等。

② 资源单元为制造网格提供基础的单元设备、技术和软件，包括制造单元、设计单元、智力单元、软件单元、计算单元等。

③ 基础协议是构建制造网格所必须遵循的协议，包括制造网格协议、网格协议、多代理系统协议、相关技术标准与规范等。

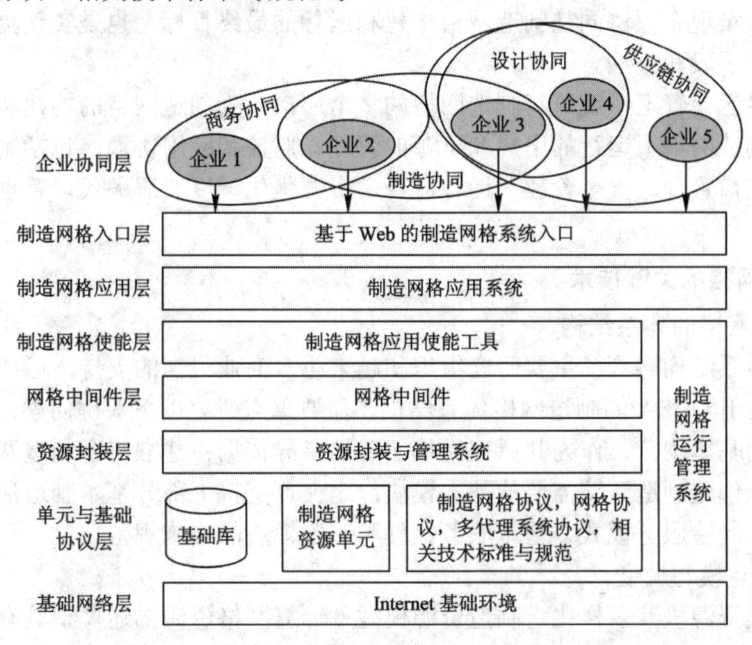

图 7.11　制造网格的层次结构图

(3) 资源封装层采用网格技术对各类独立运行的资源进行封装，将局部资源封装成为可供网格上所有应用者共享的全局资源，并通过网格技术屏蔽资源的异构性，以一致透明的方式供应用者对其进行访问。资源封装层的管理系统则完成对封装后的资源的控制和管理，并对资源的实时状态进行监控，为资源的优化调度提供基础。

(4) 网格中间件层为实现基于网格计算的制造服务和服务协同提供基本的功能，如远程过程管理、资源的协同分配、存储访问、信息安全、服务质量、资源的预定与交易等，并为开发基于网格的制造网格应用提供语言/编译器、类库、应用编程接口、集成开发环境等。

(5) 制造网格使能层提供开发和运行制造网格应用系统所需要的使能工具，如注册管理与服务管理工具、服务发现与服务访问工具、智能搜索与服务评价工具、协同工作支持环境与集成平台、协同过程与项目管理工具、资源优化调度工具、可视化用户接口工具等。在这些使能工具的支持下，用户可以非常方便地开发面向特定应用需求的制造网格应用系统。

(6) 制造网格应用层重点开发专业化的制造网格应用系统，如基于制造网格的产品数据管理系统、协同设计系统、协同制造系统、协同商务系统、供应链管理系统、远程设备控制与诊断系统等，从而为企业间的协同提供实用的软件支持工具和环境。

(7) 制造网格入口层为用户提供基于 Web 的统一的、安全的用户界面，使不同地点、不同身份的用户能够以一致的界面访问制造网格提供的各种服务。它主要利用基于角色的信息代理实现，记录每个用户的界面风格及关心的信息内容(采用 Push 和 Pull 方式向用户推荐其关心的更新信息)，其内部可能包含个性化通知、指令发送、信息过滤、搜索等功能。

在制造网格的支持下实现企业间的协同，包括商务协同、制造协同、设计协同和供应链协同等。实现企业协同是制造网格构建和运行的最终目标，也是实现提升企业群体竞争力的主要手段和方法。

制造网格运行管理系统跨越制造网格的多个层次，为制造网格的构建和运行提供支持，完成对制造网格上运行的用户和资源的管理、监控和应用协调，包括制造网格上的用户管理、接口管理、安全管理、运行监控、资源优化调度、服务代理管理和协调策略管理等功能。

6. 制造网格的关键技术

(1) 制造网格的体系结构。

OGSA 体系结构得到了主要研究组织和越来越多商业组织的支持，已成为网格事实上的标准。基于 OGSA 的制造网格体系结构，需要重点研究以下关键问题：建立制造网格体系结构的基本规范，作为其原型系统实现的指导依据；建立符合制造网格体系结构的原型系统，创建制造活动需要的基本模块；定义可支持大部分基本制造活动的核心协议；建立基本制造服务模式、基本服务组件和应用模块的实施规范。

(2) 资源建模与调度。

由于制造资源极其多样化，制造资源模型比计算网格资源描述模型具有更加丰富的内容。因此，制造网格资源模型需要支持对资源的自动分类；很多制造资源并非一直是在线的，制造网格要有效地管理这些资源，需要建立制造资源的离线和半在线属性；制造网格下的资源建模要能够支持动态调度，如计算网格用带宽来描述资源的访问性能，制造资源的地理信息(物理距离)也是制造资源建模的重要元素；虽然网格服务已经考虑了可持续性问题，但制造资源的持续性服务往往比通用网格服务时间长得多，所以制造资源模型需要支持对其进行有效管理；制造资源模型需要满足在产品的不断迁移中，产品信息甚至零部件信息在产品全生命周期中的可追溯问题等复杂要求。

在充分考虑以上资源建模的情况下，制造网格资源调度应在充分考虑地理、产品生命周期、企业协作关系、资源与任务自动分类等关键因素的基础上，充分利用已有的网格调度算法，研究多领域、分布式、长时间的制造网格资源调度算法。

(3) 资源封装和信息的有序化。

制造网格要使分布无序的资源信息组织起来，并使它们相互融合，发挥比单个资源大得多的作用，形成一个自组织的系统。资源的封装和有序化是关键技术，制造网格要提供制造资源封装和互联的环境，而资源的快速搜索、分类和选择还取决于资源信息有序化。资源信息有序化的难点是：制造网格中的企业是独立且分散的，资源的发布是自主进行的，而资源信息有序化工作的性质是集中的、按统一标准进行的，如UDDI 标准。

(4) 复杂集成与企业间协作问题。

制造活动的特点决定了制造网格集成的复杂性和企业间的多方协作问题。制造网格中的企业分工与协作将更加密切，实现异构环境中大规模、动态、实时的企业间集成与协作是项极其复杂的关键技术。其中既有技术复杂性，也有商业企业的博弈关系，它们有着不同的安全策略和企业利益，而且在协作中有着竞争和博弈的过程，所以制造网格需要提供支持企业集成与协作的关键技术。

(5) 对已有资源的封装与利用。

在制造网格环境下，现有资源进行封装与扩展后，能有效提高资源的利用率。如德国的 E-Grid 框架，利用网格技术将企业的应用系统进行集成之后，提高了企业的经济效益，创造了更大的社会价值。

7.3　制造系统集成技术的应用

7.3.1　e 制造与电子商务

1. e 制造的概念及其体系结构

e 制造也称电子化制造，其实质是以电子商务支付手段和互联网技术为支撑平台，实现制造企业在产、供、销方面的电子化、数字化、服务化、在线化及协同商务化，进而达到从工厂底层设备直接到客户和供应商的整个供应链系统的集成，图 7.12 所示为由车间和供应链集成的 e 制造框架。

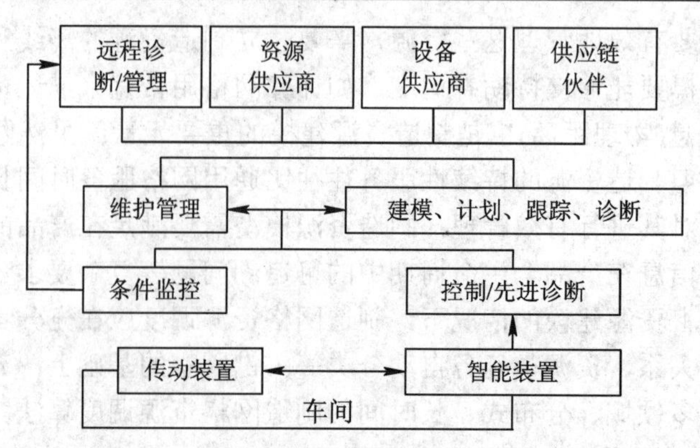

图 7.12　由车间与供应链集成的 e 制造框架

由于 e 制造是以工厂为中心，面对电子商务的自动化和信息技术，它通过电气方式和网络技术将工厂底层设备与 Internet、车间与供应链相连接，改造现有的过程控制和自动化系统以适应电子商务的要求，支持透明的信息流动，使供应链上的所有成员可以实现协同计划和最佳制造。因此，e 制造的范畴涉及产品开发、生产和营销过程价值链的各方面，它改变了制造商、供应商和客户之间单纯的钱、货交易关系，通过供应链管理(SCM)和电子商务(EC)使得供应商可以参与产品的制造和运输，通过客户关系管理(CRM)和产品全生命周期管理(PLM)以及电子商务使得客户能够参与所购买的产品的设计和制造过程，并使企业能够为客户解决产品使用、维护和废弃处理的问题，简化了企业、客户、供应商以及所有合作伙伴的信息交换和业务处理过程，克服了距离、时空对企业业务活动的约束。

图 7.13 描述了 e 制造的体系结构，由电子商务、供应链提供实现供应商、制造商及用户之间的无缝连接，利用 Internet 技术管理客户关系，并使用 Internet 将设备连接起来，使得制造过程具有网络兼容能力、联动操作兼容、生产效率高、灵活性强、可靠性高、维护成本和造价较低、柔性大等特点。

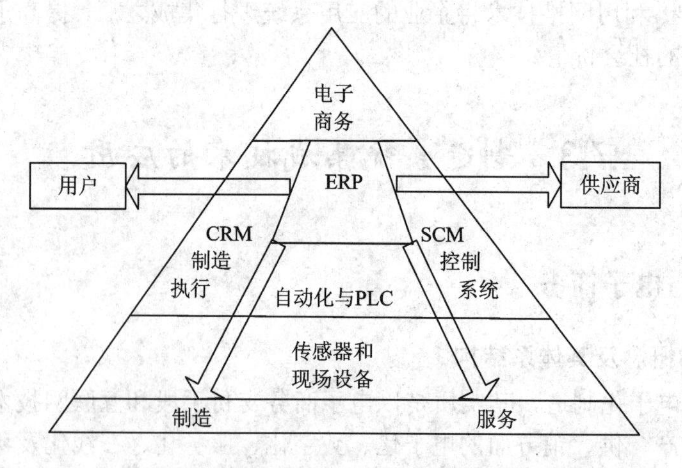

图 7.13　e 制造的体系结构

图 7.14 是罗克韦尔自动化推出的现代 e 制造企业的典型应用范例。集成状态监测系统不停地监测着工厂车间里自动化器件(诸如电机、风扇、水泵和机械轴承)的健康程度。

企业维护管理系统(Computer Maintenance Management System，CMMS)的主要任务是保持库存、采购备件、计划工作订单、预防维护等，它的另一个重要功能是支持远程诊断和远程管理。集成状态监测系统与企业维护管理系统的应用极大地提高了企业的生产效率，并使成本得到了削减。

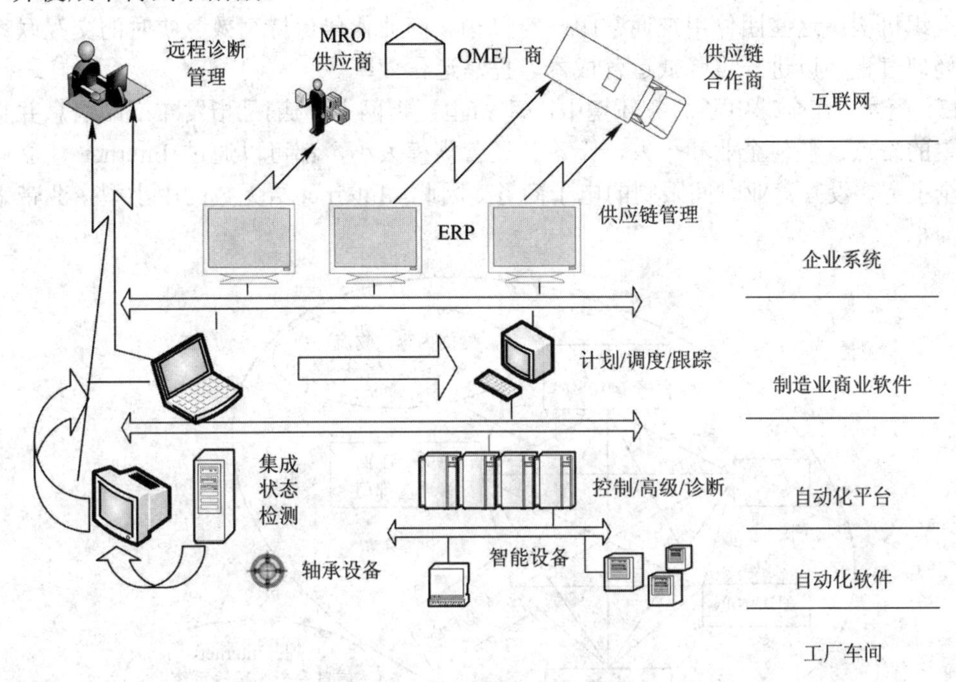

图 7.14　现代 e 制造企业

基于 e 制造企业架构与 e 制造体系的实践，未来 e 制造的研究主要集中在以下几个方面：

(1) e 制造系统模式的数学模型建立与解析问题。包括研究 e 制造系统的在线服务模型、电子商务模型和服务链模型，研究 e 制造系统模型运行的行为与状态模式解析等。

(2) 反映产品制造过程中产品相关的行为与状态的数据分析与处理问题。

(3) e 制造协同理论，信息交换、共享以及可视化技术。

(4) e 制造执行系统及其网络平台的研究。包括构成客户、供应商和制造企业之间扁平式的协作网络关系，实现虚拟的电子化制造平台等。

2. 电子商务的概念及其环境结构

电子商务是在技术、经济高度发达的现代社会里，人们利用信息技术，按照一定的商务规则，系统地运用电子工具，高效率、低成本地从事以商品交换为中心的各种活动的总称。它有广义和狭义之分。狭义的电子商务也称电子交易(E Commerce)，主要是指利用互联网提供的通信手段在网上进行电子交易。广义的电子商务也称电子商业(E Business)，它是指以信息技术为基础的商务活动，包括生产、流通、分配、交换和消费诸环节中连接生产和消费的所有活动的电子信息化处理。

在电子商务活动中，Internet 上流动着各种信息流、资金流和物流，因此，它至少涉及客户、商家和金融机构各个方面。一个完整的电子商务运作环境的结构如图 7.15 所示。

(1) 客户。客户通过浏览器、电视机顶盒、个人数字助理(PDA)、可视电话等方式接入 Internet，以获取信息、购买商品为主要目的。今天的上网客户已不再满足于单纯的信息浏览，而是希望获得全方位、个性化的交互服务。

(2) 海关、工商管理等部门。这些部门是利用 Internet 作为信息载体进行日常商业活动的组织机构。这些团体用户通常跟政府机构、商业伙伴保持高效、实时的交互联系和商务处理过程，以进一步降低运营成本，提高运作效率。

(3) 商家。在全球电子商务环境中，商家(主要指网上商店)是指发布产品信息并且接收订单的站点。任何企业和个人，无论其经营规模大小，都可以通过 Internet 建立一个跨越全世界、没有营业时间限制的电子商务。因此，Internet 给无数的中小型企业带来了无限商机。

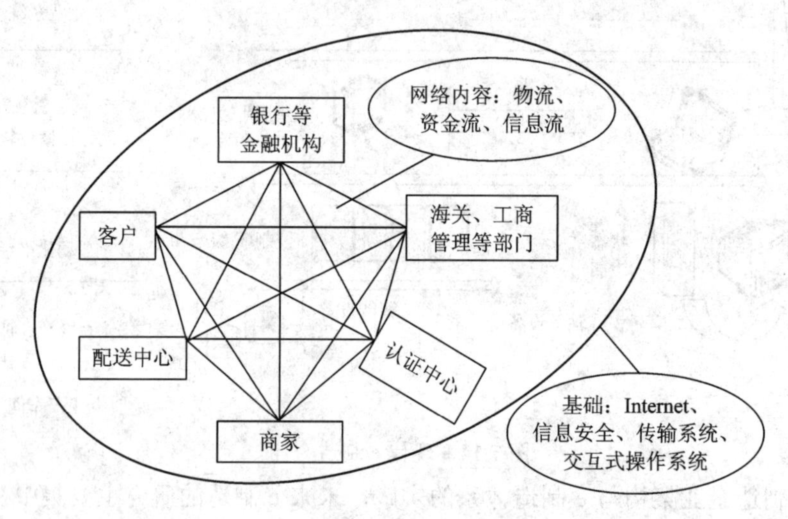

图 7.15 电子商务的环境组成

(4) 银行等金融机构。一方面，银行等金融机构在 Internet 上完成一些传统的银行业务，并突破时间和地点的限制，使企业和个人用户不必进入银行营业厅就能得到每周 7 天、每天 24 小时的实时服务，减少银行在修建和维护、营业场所、保安、支付人员等方面的费用，大大提高了银行的办公效率；另一方面，网上银行与信用卡公司等通力合作，发放电子钱包和提供网上支付手段，为电子商务交易中的用户和商家提供资金流动服务。由于金融信息保密的重要性，网上银行同企业、个人用户之间的信息传输就更需要保证安全、完整、不可更改等措施。

(5) 认证中心。认证中心是不直接从电子商务交易中获利、受法律承认的权威机构，负责发放和管理电子证书，使网上交易的各方能互相确认身份。电子证书的管理不仅要保证证书能有效存取，而且要保证证书不被非法获取。因此，认证中心是为了保证网上交易的安全而设置的，消费者和网上终端(如电子商店)要得到认证中心的认证后，才能进行网上交易。

(6) 配送中心。配送中心接受商家的进货请求，组织运送无法从网上直接得到的商品，并跟踪商品流向及提供物流服务。

由于电子商务综合运用计算机和电信网络技术，为全球性市场的上百万客户提供了成千上万种产品和服务的网络访问，因此，Internet 网络是电子商务最基本的架构。另外，电子商务涉及商家、消费者、金融机构、信息公司或证券公司、企业、政府机构、认证机构、配送中心等诸多方面，在很大程度上可简化商务流程，提高社会生产率，加强企业参与商业竞争的能力。再次，由于参与电子商务中的各个方面在物理上是互不了解的，整个电子商务过程并不是物理世界中商务运作的完全照搬，必须采用一些新技术、新手段(如数据加密、电子签名等)。

3. 企业信息系统与电子商务的集成

电子商务、信息系统、业务流程再造，三者密不可分，它们不仅拥有共同的动力源泉，也分享着相同的思想理念，就是将以人为本和以客户价值为导向的管理理念融入企业的业务流程中。因此企业在进行业务流程再造时，信息系统与电子商务集成的方向必须由内向的自我管理型转为开放的联通运转型，有效地利用顾客的信息，集合内外部所有可以利用的资源，科学合理地预测市场动向，使企业的业务流程能够高效、高质、顺畅流转，以符合市场竞争的需要。

1) 信息系统与电子商务整合模型

根据企业信息系统与电子商务的关系，以及以市场需求为导向的企业业务流程的要求，企业信息系统与电子商务的整合可由图 7.16 所示的模型描述。

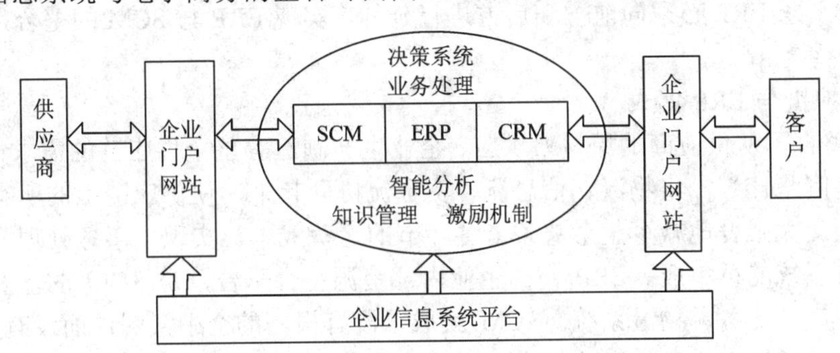

图 7.16　信息系统与电子商务整合模型图

(1) 企业各信息系统的集成是基础。

企业的生产经营主要涉及三个方面。在生产方面，不断优化生产流程、提高工作效率、降低生产成本；在生产输入方面，建立与供应商之间友好共赢的合作关系，疏通生产输入渠道；在生产输出方面，以客户需求为导向，提供满足顾客需求的优质产品或服务，改善与客户的关系，培养提高客户价值。针对这三个方面的经营活动，无论是 ERP，还是 SCM 或者 CRM 的管理信息系统，都是为了提高生产效率、降低运营成本、实现更为有效的管理服务。这些信息系统的功能既有重叠的地方又各有特点。SCM、CRM 加强了对供应商、客户的管理，而 ERP 有效地解决了企业内部生产流程的协同整合问题，并对企业内的所有资源进行优化配置及高效的管理和利用。为了使各子职能信息系统优势互补，促进企业生产、采购、销售流程一体化，对企业、供应商、销售商以及终端客户实行集成管理，需要整合统一的管理信息系统，即实现“三位一体”的信息系统。

(2) 以电子商务为手段。

为了实现真正的信息共享，提高企业甚至整个供应链的核心竞争力，实现企业全方位的管理信息系统是大势所趋。电子商务可以扩大企业信息流动的范围，进一步延伸企业管理信息系统的内涵，并且可以加速企业之间的沟通，简化交易环节。以ERP为核心的企业内部管理信息系统与电子商务相辅相成，相得益彰。将企业信息系统和电子商务集成起来，电子商务在外部引导，信息系统在内部配合支持，不仅可以消除彼此的功能局限，还把企业和供应商与客户紧密地联系了起来，也就是使企业和外部环境紧密联系起来，保持良好的互动。

2) 信息系统与电子商务整合策略

企业内部各子信息系统集成为一个涵盖企业业务流程全过程的管理信息系统平台。在这个企业内部管理信息系统平台的支持下，将电子商务无缝地整合接入，构成运转顺畅、协调统一的信息系统，保障企业再造的业务流程得以顺利进行。

(1) 以ERP为核心的信息系统集成。

在电子商务环境下，以ERP为核心的信息系统应将制造、销售、采购、财务等涉及整个企业价值链的众多环节都纳入管理范围。但是随着市场竞争的日益激烈，产品本身很难区分绝对的优劣，产品同质化的趋势越来越明显，企业竞争转变为企业间供应链的竞争，这就要求ERP必须向前方和后方进行延伸，实现ERP与SCM的整合，以及ERP与CRM的整合。

(2) 供应链与ERP集成。

SCM整合了从供应商的原材料供应、企业生产制造等整个供应链的需求计划、生产计划和销售网络计划，将物流、信息流、资金流协同起来，使供应链上的所有环节协调合作，从而最大限度地减少整个链条上各环节的运营成本，实现了事务处理、业务应用和决策支持系统的再集成。ERP作为企业内部资源整合平台，是SCM的基石，如果没有高效的生产、商务、物流系统，SCM就成了没有根基的空中楼阁；而没有SCM，企业便只能从局部提高自己的运营能力，无法站在全局的角度对经营管理提供科学决策。SCM可对供应链上的所有企业进行管理，但不能全面地对企业内部的业务流程进行监控管理。ERP可以弥补SCM对企业内部管理无力的问题，SCM也将增强ERP对企业之间的协调和对企业外部物流和信息流的集成和优化。随着企业竞争优势从企业内部转移到整个供应链体系，企业为了获得自己所在的供应链带来的竞争优势，就必须把ERP与SCM集成为无缝的整体，再运用电子商务平台把企业与供应商连接起来，实现上下游企业的协同，以最低的成本和最高的效率进行商务交易。

(3) 客户关系管理(CRM)与ERP集成。

CRM以客户价值为导向的客户关系管理不仅可以建立并维护和客户的良好关系，实现销售自动化，而且可以充分利用和客户的良好关系，深入挖掘关键客户的需求，据此科学预测市场需求，帮助企业管理者优化商业决策，调整生产计划。CRM凭借和客户的良好关系和对客户的深入了解，对销售业务给予战术和策略支持，并且提供各种业务分析报告，注重设计、组织和评估相关的营销活动，努力提高销售活动的自动化。CRM以电子商务系统中的客服中心建立与客户的互动和联系，电子商务作为企业和终端客户间的交流中介，为系统提供全方位多角度的客户服务，把客户服务等客户反馈功能模块和销售、营销模块结合起来，并向 ERP 提供最直接的数据资料，帮助企业在市场竞争加剧的环境下，整合市场需求信息和客户需求数据，实现企业生产计划和销售的高效统一，为企业提供更多的销售机会。

3) 信息系统与电子商务的整合

(1) 企业信息平台与电子商务的整合，需要与业务流程重组相配合，在实现两者整合时，应优先考虑采购、生产计划、市场营销、库存、财务等与物流、资金流密切相关的模块。电子商务企业门户网站必须既是基于先进技术的企业管理门户，又是网络时代管理理念下的技术集成。一个良好的电子商务网站必须要集合所有网站管理、网上销售、网上采购和网上资金流转以及客户服务等所有模块，构成一个整合系统。企业电子商务网站就是电子商务系统与企业内部信息系统集成的切合点。企业通过电子商务网站将从外部获得的市场信息实时传递到内部，并将其经过转化处理后作为企业生产经营规划的依据。如果整个供应链的上下游企业都能达到高效一致的运转水平，企业就可以用信息代替库存，达到零库存的营运水平。

(2) 企业内部的管理信息系统应该围绕电子商务进行相应的企业组织创新和企业各部门优化重组。企业必须不断地对现有运营模式进行改造和重组，变更职能工作部门设置，调整人员配备，改变传统的工作模式，构筑全新的企业经营理念。同时，企业经营模式的任何改变必将对电子商务体系的结构产生深远的影响，推动电子商务结构的不断发展完善，以更好地为企业服务。

(3) 确保企业内部信息系统与电子商务的无缝整合，必须转变传统观念。管理信息平台与电子商务的集成势必牵动全局，影响企业现行的管理思想、管理制度和管理方法，使得传统的业务组织将有很大的转变。这需要企业的所有员工必须在思想意识上有正确的认识，以便在有机组织中充分发挥每个员工的主观能动性与潜能，提高企业对市场动态变化的响应速度。

(4) 实现信息系统与电子商务的整合需要大量的复合型人才。他们既要懂商业管理，还要掌握信息系统知识和计算机网络技术。这样，企业电子商务的开展才能有成功的保障，对整合的过程以及技术才能有清楚的认识，并且提供技术支持和监督。因此，企业必须重视高级人才，注意培养和引入复合型人才。

7.3.2　制造执行系统

1. 制造执行系统的概念及体系结构

国际制造执行系统协会 (Manufacturing Execution System Association，MESA)的白皮书将制造执行系统(Manufacturing Execution System，MES)定义为：“MES 能通过信息传递对从订单下达到产品完成的整个生产过程进行优化管理。当工厂发生实时事件时，MES 能对此及时做出反应、报告，并用当前的准确数据对工厂人员进行指导和处理。这种状态变化的迅速响应使 MES 能够减少企业内部没有附加值的活动，有效地指导工厂工作，提高工厂及时交货的能力，改善物料流通性能，提高生产回报率。MES 还通过双向的直接通信在企业内部和整个产品供应链中提供有关产品行为的关键任务信息。”

美国先进制造研究机构 (Advanced Manufacturing Research，AMR)将 MES 定义为“位于上层计划管理系统与底层工业控制之间的、面向车间层的管理信息系统”，MES 为操作人员、管理人员提供计划的执行、跟踪以及所有资源(人员、设备、物料、客户需求等方面)的当前状态信息。AMR 继 1990 年提出 MES 概念后，1992 年又紧接着提出了 MES 三层模型，如图 7.17 所示。计划层(MRPⅡ/ERP)强调企业的计划性，它以客户订单和市场需求为计划源头，充分利用企业内的各种资源，降低库存，提高企业效益；执行层(MES)强调计划的执行和控制，通过 MES 把 ERP 与企业的生产现场控制有机地集成起来；控制层(Control)强调设备的控制，包括 DCS(Distributed Control System)、PLC(Programmable Logic Controllers)、NC/DNC (Distributed Numerical Control)、SCADA (Supervisory Control and Data Acquisition)以及其他控制产品制造过程的计算机控制方法。

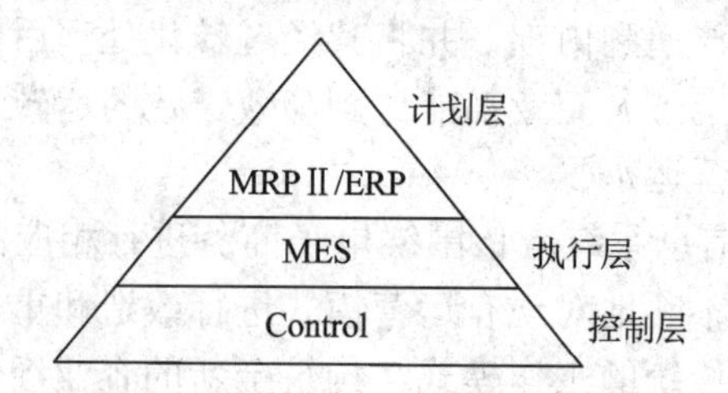

图 7.17　AMR 的三层企业集成模型

概括而言，制造执行系统作为支持车间级数字化制造过程的核心模块，与传感网络一起负责底层设备信息的反馈处理与上层计划指令的传达、执行。由于制造执行系统是位于企业上层生产计划(ERP)和底层工业控制(PCS)之间，面向车间层的生产管理技术与实时信息系统，因此它是解决“如何生产”问题的重要 IT 系统。MES 弥合了企业计划层和生产车间过程控制系统之间的鸿沟，是走向制造过程实时信息集成的纽带。它通过强调制造过程的整体优化来帮助企业实施完整的闭环生产，实现制造过程的敏捷性与快速响应性。

目前，MES 的研究方向包括以下几个方面：

(1) MES 标准化包括制定制造数据实时交换标准、MES 体系结构、系统总线与模块化标准等。

(2) MES 理论研究包括针对不同制造过程特征(如离散、混流等生产模式)的 MES 系统设计理论与复杂性分析，以传感网络为基础的制造物流网络分析与实时制造数据融合，MES 中先进排程、调度、生产控制、库存以及维护的深度建模与智能求解算法，实时制造跟踪与决策方法，制造服务与 MES 的融合等。

(3) 新型的 MES 体系结构包括具有开放式、客户化、可配置、可伸缩、网络化等特性，可针对企业业务流程的变更或重组进行系统重构和快速配置。

(4) 制造服务与工业产品服务系统驱动的 MES 体系结构。

(5) 智能 MES 体系结构等。

2. 制造执行系统的本质及其特征

制造车间作为独立又相对完整的制造过程，是制造企业物流与信息流的交汇点，企业的经济效益最终将在这里被物化出来。随着市场经济的完善，车间在制造企业中逐步向分厂制过渡，导致其角色也由传统的企业成本中心向利润中心转化，更强化了车间的作用。因此，对车间起着执行功能的制造执行系统 MES 具有十分重要的作用，它填补了图 7.18 中所示的计划管理层与底层控制之间的“鸿沟”(Gap)。

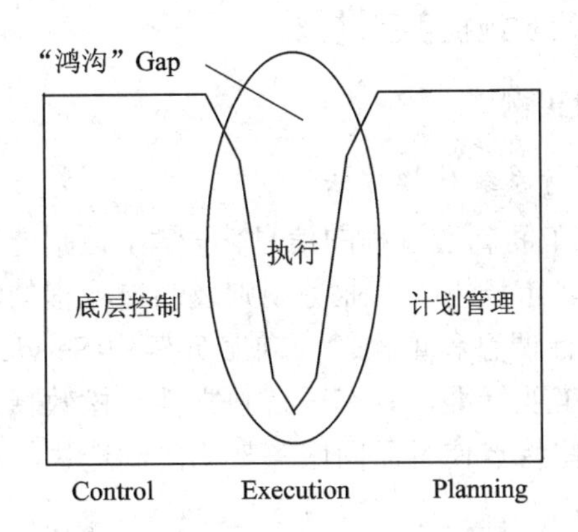

图 7.18　传统的企业管理与控制

在面向过程的企业集成环境下，由于制造企业的结构发生了变化，其制造车间的生产管理与控制也发生了相应的改变。受大批量生产模式的影响，车间的生产管理往往采用任务分解的方法将生产任务分解到每个人和每个设备，其间前后没有相互衔接的顺序关系。对于生产中的瓶颈问题，通常借助各种算法来平衡设备的能力。然而在面向过程的企业集成环境下，产品的批量、型号经常改变，这就要求车间的生产管理能够通过不同产品的制造过程与车间的人员、设备等各种资源紧密相连；要求车间能够按照产品各自的制造过程平衡自己的能力瓶颈。因此，在面向过程的企业集成环境下，要求制造执行系统能够依托于产品的制造过程。也就是说，面向制造过程的车间生产管理与控制是面向过程的企业集成环境下制造执行系统的灵魂。因此，车间的生产管理是制造执行系统的根本任务，而对底层控制的支持则是 MES 的特色。

由于制造企业涉及多种行业，存在着多种制造方式和监控手段，因此，位于制造企业三层控制最底层的过程控制十分复杂，各企业之间存在着很大的差异。另外，底层控制设备也多种多样，有数据采集装置(如条码扫描器)、控制装置(如 PLC)，甚至是物理设备(如 NC 机床)。因而，实现一种能支持所有底层控制的固定接口是不现实的。为了能够将底层控制中偏上层的部分包容到 MES 中，从而实现对底层控制的有效支持，MES 扩展了其基本功能，提供了一个用户化(Customerized)的接口，通过接口添加配置器，借助于配置器的开放性、灵活性和柔性，MES 能够可靠、有效地实现对底层控制的支持。

综合上述分析，制造执行系统 MES 的本质就是面向制造过程的车间生产管理与控制。首先，它强调面向车间生产，将生产过程及其相关的人、物料、设备和在制品全面集成，并对它们实现有效的管理、跟踪和控制；其次，它通过对物料计划的执行、对设备的控制与监视、对质量流及工艺系统的跟踪和集成，来实现企业上下信息的集成。因此，MES 不同于传统车间控制器以派工单形式为主的生产管理和辅助的物料流，也不同于底层控制器(如单元控制器)偏重作业与设备调度的方法，而是将 MES 作为一种生产模式，把制造系统的生产计划、物料流动、质量控制、工艺集成以及设备控制等做一体化考虑，并最终实施制造自动化战略。这是对已有的 MES 内涵的扩展，称为 EMES(扩展制造执行系统)或 AMES(先进制造执行系统)。它对生产方式、管理方式、组织结构有重要影响，也为敏捷制造战略实施提供了基础。

3. 制造执行系统应用实例

1) 面向服务的制造执行系统建模方法

MES 能够有效地实现车间制造过程的信息化管理，是制造企业上层计划系统与车间控制系统之间的信息桥梁。市场需求、业务规则及制造流程的经常性变化要求制造执行系统能够快速根据需求进行调整和重构。面向服务架构(Service-Oriented Architecture，SOA)的 MES 基于开放的工业标准，具有语言独立性、松散耦合、跨平台、良好的封装性、位置透明等特点，这些特点使得面向服务架构的制造执行系统成为未来发展的趋势之一。

系统建模是实现面向服务架构的制造执行系统的关键技术之一，目前国内外学术界对面向服务的系统建模开展了一些研究。Newcomer 等在分析了服务的概念模型和面向服务体系结构层次模型的基础上，提出了一种自顶向下、业务驱动和自底向上相结合的服务建模方法；Rahmani 等以及 Oliver 分别针对传统的面向对象及基于组件的软件开发方法在开发复杂的分布式系统中存在的不足，提出了一种基于模型驱动架构(Model-Drive Architecture，MDA)的 SOA 系统建模和设计方法；Stojanovic 等人在基于服务组件的概念和标准统一建模语言(Unified Modeling Language，UML)建模方法的基础上，提出了一种面向服务的系统建模和设计方法，通过定义良好的接口契约实现服务提供者和服务消费者之间的交互，根据业务需求与软件系统之间的映射，应用 MDA 方法生成相应的系统框架和程序代码；杨浩等应用 UML 技术，提出了一种开放式的基于多代理的制造执行系统模型和建模方法。但这些研究侧重于静态的系统建模，对系统的设计开发全过程的建模支持还有待深入。目前还没有一种被业界广泛接受和应用的面向服务的系统建模方法。

以面向服务的系统体系结构为中心，以制造业务为驱动，综合应用集成化计算机辅助制造系统功能建模方法($IDEF_0$)、业务流程管理(Business Process Management，BPM)分析方法和基于 UML 流程分析方法，对面向服务的制造执行系统进行建模，为制造执行系统的实现提供业务对象模型、功能模型、过程模型、组件模型、服务模型及服务交互模型，最后在实际的制造执行系统的建模过程中进行验证。

2) 面向服务架构的制造执行系统体系结构

参照 IBM 面向服务的系统体系结构，结合 MES 的构成和特点，构造一种面向服务架构的 MES 体系结构，如图 7.19 所示。面向服务架构的 MES 体系结构包括企业资源层、组件层、服务层、业务流程编排层、功能模块展现层、系统集成框架层及安全、事务和服务质量管理层。

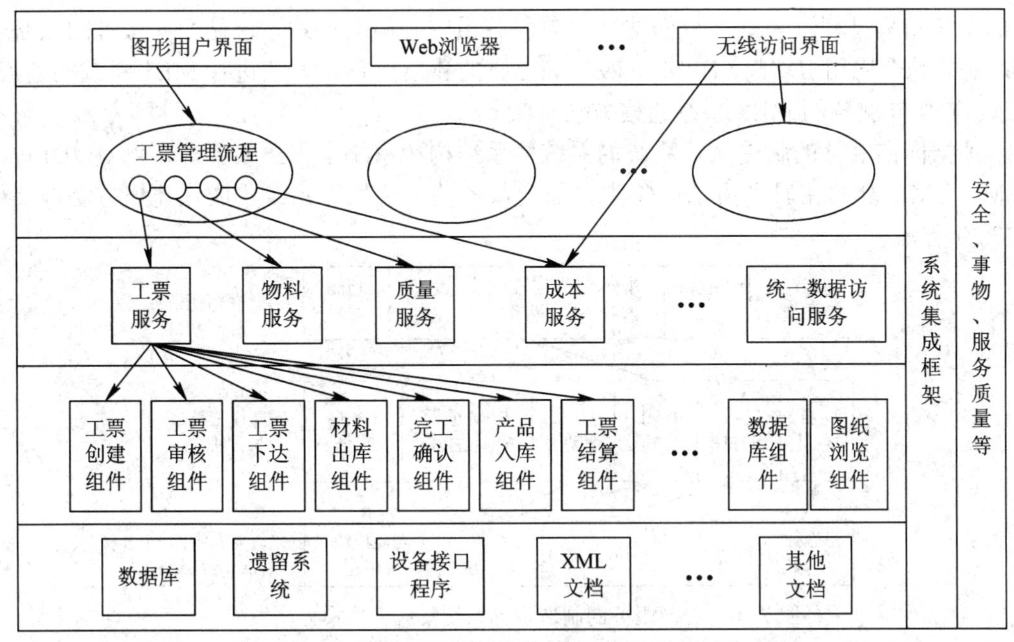

图 7.19　面向服务架构的 MES 系统体系结构

其中，企业资源层主要包括制造企业现有的 IT 资产的数据库、数据文件及 MES 系统所需要的系统软件；组件层是实现制造执行系统的基本功能的技术构件；服务层的服务与制造业务相对应，实现制造过程的业务管理功能；业务流程编排层通过服务的组合和编排来实现制造执行系统的制造业务流程管理；功能模块展现层连接 MES 的人机交互界面与系统业务功能，提供多种方式的访问协议和接口；系统集成框架层以企业服务总线为核心，实现 MES 内部功能的集成以及 MES 与其他信息系统的集成；安全、事务和服务质量管理层为系统可靠安全运行提供了保证。

从面向服务的制造执行系统构成的层次框架可以看出，企业资源层、组件层、服务层和业务流程编排层是制造执行系统功能实现的载体。面向服务的系统建模主要通过对企业资源层、组件层、服务层和业务流程编排层进行建模，以建立系统的业务对象模型、功能模型、过程模型、组件模型、服务模型和服务交互模型。

3) 面向服务的 MES 系统建模方法

在系统建模领域，已有多种系统建模方法，诸如面向对象的系统分析和设计、基于 IDEF 的系统功能建模和信息建模、基于 BPM 的业务流程建模等。这些建模方法和工具各有特点，如 $IDEF_0$ 是一种有效的功能建模方法，能够直观便捷地进行系统功能及其联系的建模，可以很好地对制造执行系统的功能域进行建模；基于 BPM 的业务流程建模方法能够很好地支持以业务为中心、面向流程的系统建模与分析；而基于 UML 的面向对象分析和设计方法则能够可视化地建立与现实世界相对应的系统模型，并支持模型之间的转换。但是这些方法都侧重于系统建模的某一个方面，或者在特定的建模环节存在一定的缺陷，如 $IDEF_0$ 方法不能很好地对业务过程进行建模等。而面向服务的 MES 系统建模是一个复杂的过程，它包括建立系统的业务对象模型、功能模型、过程模型、组件模型、服务模型和服务交互模型，目前还没有一种方法或工具能够完整地支持面向服务的系统建模过程。为此，我们结合面向服务系统架构的特点，遵循面向服务的系统建模思想，综合应用 $IDEF_0$、BPM、UML 等已有的建模工具和方法进行 MES 系统的建模。

(1) 面向服务的 MES 系统建模方法框架。

根据面向服务的制造执行系统的系统体系结构和系统全程建模要求，以及 $IDEF_0$、BPM、UML 建模工具和方法的特点，面向服务的制造执行系统集成化建模方法框架如图 7.20 所示。

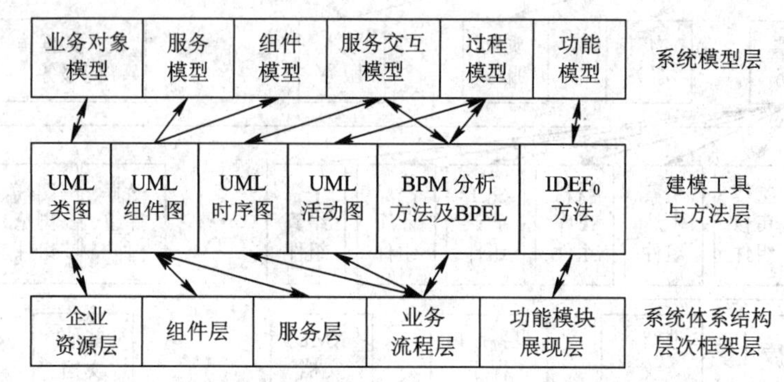

图 7.20　面向服务的制造执行系统集成化建模方法框架

面向服务的制造执行系统建模方法框架由系统体系结构层次框架层、建模工具与方法层以及系统模型层构成。其中，系统体系结构层次框架层主要根据面向服务的制造执行系统的体系结构确立系统建模的主要对象；建模工具与方法层包括 $IDEF_0$、BPM 和 UML 建模方法，根据建模对象的要求，采用合适的方法与工具对建模对象进行系统建模，如采用 $IDEF_0$ 方法对系统功能模块展现层进行建模，采用 BPM 及 UML 活动图、UML 时序图在不同阶段对系统的业务流程层进行建模等；系统模型层主要包括系统建模完成后的各种系统模型，包括系统的业务对象模型、功能模型、过程模型、组件模型、服务模型和服务交互模型，同时，一种模型可以作为下一种模型建模的基础或者构成要素。

(2) 面向服务的 MES 系统建模过程。

结合 $IDEF_0$、BPM 和 UML 建模方法在不同层面系统建模的优点，应用上述面向服务的制造执行系统建模方法框架，面向服务的 MES 系统建模过程可以分为功能建模、过程建模、组件建模、业务对象建模、服务建模、服务交互建模等六个部分。

① $IDEF_0$ 功能建模。

MES 系统功能模型的建立可先从 MES 的体系结构和实现领域着手，总体分析和设计 MES 系统所包含的子系统、功能模块，并识别功能模块之间的关系。图 7.21 是基于 $IDEF_0$ 的 MES 第一层功能模型图实例。

② BPM 方法的过程建模。

面向服务的 MES 系统是面向流程、以业务为中心的车间制造信息化管理系统。在功能建模的基础上，根据 MES 的每个功能模型，采用 UML 活动图，根据 BPM 方法分析车间运作流程，包括物流、信息流、事件流和控制流等，并分析业务规则，进行业务流程的设计和优化，建立 MES 系统的流程模型。在 MES 流程建模过程中，以功能模型为基本单位分别建立功能模型对应的过程模型，综合考虑流程的优化和流程之间的集成。

图 7.22 是工票管理的过程模型实例。

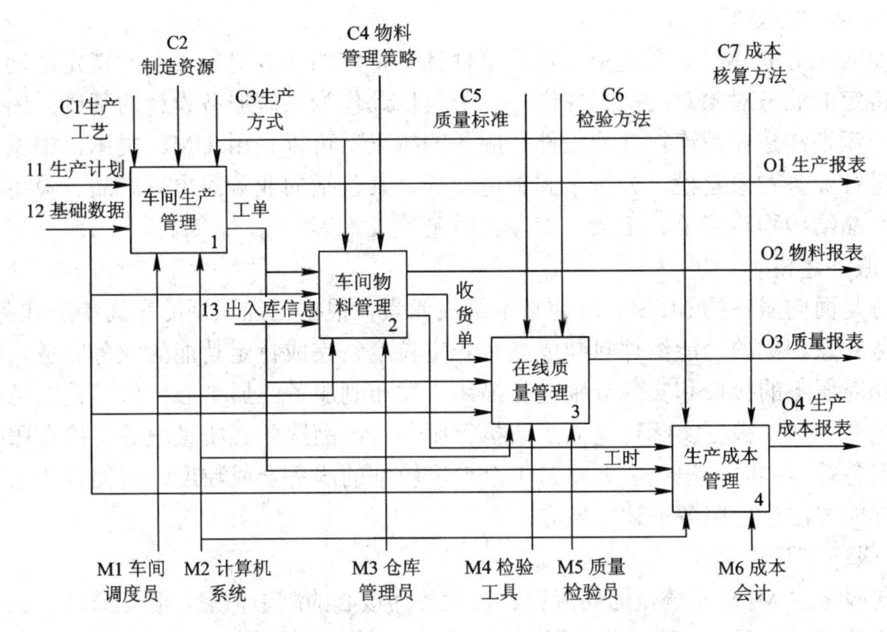

图 7.21　MES 第一层 $IDEF_0$ 功能模型

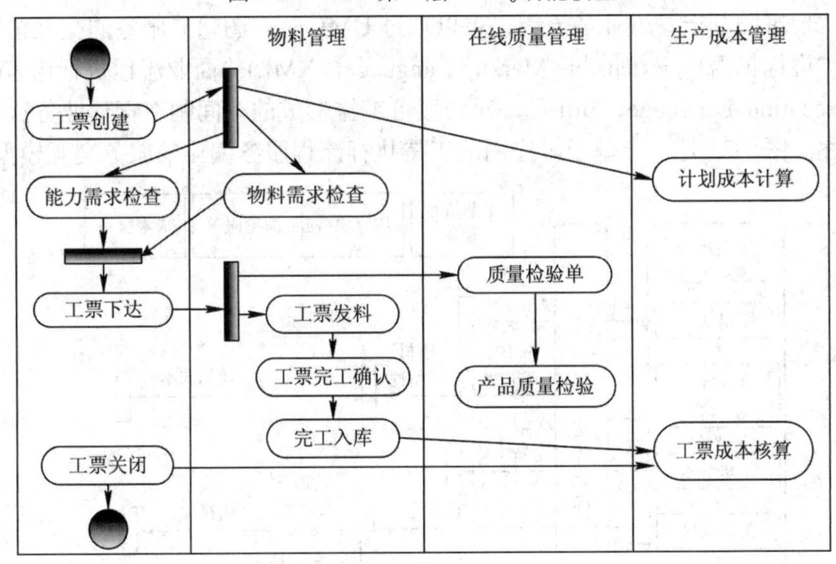

图 7.22　工票管理过程模型

③ 组件建模。

功能组件是可复用的、提供明确接口完成特定功能的程序代码块。功能组件是面向服务的 MES 的基本功能单位，是 MES 系统功能服务的基本组成元素。在面向服务的 MES 系统中，应用 UML 组件模型，根据 MES 系统的每个流程模型的流程执行功能点进行业务功能的识别，作为建立功能组件的基础。如在工票管理流程中，可以根据流程的功能控制点建立工票创建、工票下达、工票发料、工票完工确认、完工入库、工票成本核算、工票关闭等功能组件。在此基础上，根据预先制定的组件设计原则和粒度的要求进行组件的评价、合并或者拆分成粒度更细的功能组件。

④ 业务对象建模。

在面向服务的 MES 系统中，功能组件针对特定的业务对象实现的特定的功能，可以根据特定的业务对象对功能组件进行分类，以此作为系统服务设计的基础。因此，业务对象的识别和建模是连接功能组件和服务的桥梁。可以采用 UML 类图，根据特定的功能域进行业务对象建模，分析车间制造业务，其包括的业务对象有产品、设备、工艺路线、产品结构物料清单、工票、库存、质量、成本等。

⑤ 服务建模。

服务是面向服务的 MES 系统的基本组成元素，根据已经识别的车间制造业务对象，把按业务对象归类的功能组件封装成具有一定粒度、完成特定功能的业务服务，并通过服务契约对服务的接口和实现分别进行描述，发布到服务注册中心，供其他服务和应用进行绑定和调用，根据实际可建立工票执行服务、产品服务、质量服务、库存服务、成本核算服务等。同时，根据需要将若干个粒度较细的服务合成粒度较粗的合成服务，并采用同样的方法进行服务描述与发布。

⑥ 服务交互建模。

面向服务的 MES 系统是面向流程、以业务为核心的制造信息、管理系统。在建立业务服务的基础上，下一步就是要根据 MES 的过程模型进行服务的编排，通过服务的编排和交互来实现车间制造管理业务流程，可以通过 UML 时序图建立服务的交互模型，并应用基于可扩展标记语言(Extensible Markup Language，XML)的商业流程执行语言(Business Process Execution Language，BPEL)，对由服务编排形成的车间制造管理业务流程进行形式化的描述。图 7.23 是一个基于时序图的工票执行流程服务编排的服务交互模型。

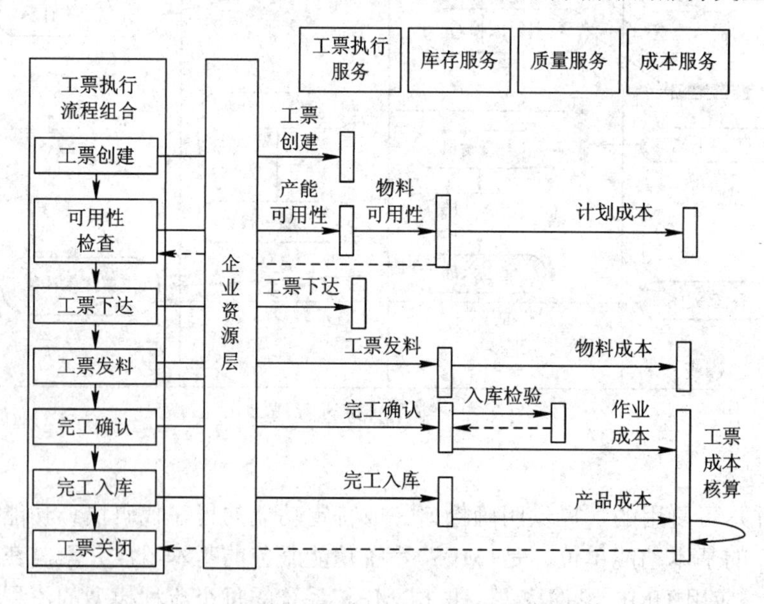

图 7.23　工票执行流程服务交互模型

(3) MES 模型集成实例。

上述建模方法在国家 863/CIMS“数字化制造管理与执行关键技术研究与应用”课题

的车间无纸化生产管理系统(一种面向离散车间的制造执行系统)的建模和设计中得到了应用，包括顶层的车间无纸化生产管理系统功能模型，第一层的车间生产管理、车间物料管理、车间在线质量管理、车间无纸化管理、制造资源管理等子系统间相互关联的功能模型，以及各子系统相对应的业务模块的功能模型。

在功能建模的基础上，应用 BPM 业务流程分析方法和 UML 活动图，对每个功能模型中及功能模型间涉及的车间制造过程业务流程进行了分析和建模，建立了车间作业计划制定和下达流程、生产派工流程、车间发料流程、物料工序间转移流程、生产完工流程、工序质量检验流程等车间无纸化生产管理过程模型。

基于上述过程模型及系统组件设计的原则，应用面向对象方法及 UML 的组件图构建了车间无纸化生产管理的业务功能组件，如车间作业制定组件、作业下达组件、物料发料组件、工序间物料搬运组件等；在此基础上，应用 UML 类图对车间生产过程中涉及的业务对象进行识别和建模，建立了产品、设备、工艺路线、产品结构 BOM、工票、库存、质量、成本、工具等业务对象模型。

应用上述建模成果，根据业务对象及相关组件的功能，应用 UML 的组件图建立了车间无纸化生产管理系统的服务模型，如作业计划服务、派工单服务、物料移动服务、工序质量检验服务等，并对相关的服务进行了实现和部署。

最后根据系统的过程模型，基于 Java 2 平台企业版(Java 2 Enterprise Edition，J2EE)开发架构，应用 Web 服务技术，开发了面向服务的车间无纸化生产管理系统，系统由数据采集与信息交互平台、车间制造过程管理功能子系统、系统集成框架等部分构成。

思　考　题

1. 为什么要建立统一的产品数据交换标准？

2. 什么是 STEP 标准？STEP 标准的体系结构包括哪些部分，相互之间具有怎样的层次关系？

3. 数字化制造的内涵是什么？其关键技术有哪些？

4. EDI 的标准体系包括哪些标准，各自具有什么特点？

5. 现代集成制造系统实现的途径一般从企业的信息集成入手，从信息集成向过程集成(过程重构和优化)及企业间集成进行。试简述信息集成、过程集成和企业间集成的相互关系。

6. 产品全生命周期管理 PLM 的内涵及特征是什么？

7. 什么是制造网格？网格计算有什么作用？

8. 制造网格由哪些部分组成？各自具有什么特征？

9. 制造网格的体系结构有哪些？它们的特点是什么？

10. 简述 e 制造、数字化制造和虚拟制造三者之间的异同。

11. 举例说明企业信息系统与电子商务是如何集成的。

12. 什么是制造执行系统？制造执行系统产生的背景及其特征有哪些？

第 8 章 再制造与循环经济理论

现代工业给人类带来空前物质文明的同时，也给人类带来了资源日益枯竭和严重的全球性环境恶化问题，给人类的可持续生存与发展带来了严重威胁。面对这种形势，要求全世界采取共同行动来加强环境保护和资源的可循环再利用，以确保人类的可持续生存与发展，以此促进全球性产业结构的调整和对绿色循环经济战略的重视。本章主要内容包括绿色循环经济理论、再制造技术及利用、工业企业共生理论等。

8.1 循环经济与制造模式

8.1.1 循环经济的基本内涵和原则

1. 循环经济的内涵

循环经济(circular economy)是物质闭环流动型经济的简称。循环经济的本质是以生态规律为指导，通过生态经济综合规划，设计社会经济活动，使不同区域的企业间形成共享资源和互换副产品的生产共生组合，使上游生产过程产生的废弃物成为下游生产过程的原材料，实现废弃物的综合利用，达到产业之间资源的最优化配置，使规划区域的物质和能源在经济循环中得到持续利用，从而实现产品清洁生产和资源可持续利用的环境和谐型经济，达到低开采、高利用、低消耗、低排放、可持续发展的目标。

循环经济不是单一产业变革，而是系统性产业变革，是从追求产品利润最大化向可持续发展的根本性转变。比如针对产业链的全过程，对产业结构进行重组与转型，使之形成“资源开采—产品制造—消费群体—报废产品回收再制造业”的闭环经济系统，达到以生态经济系统优化运行的发展目标，如图 8.1 所示。

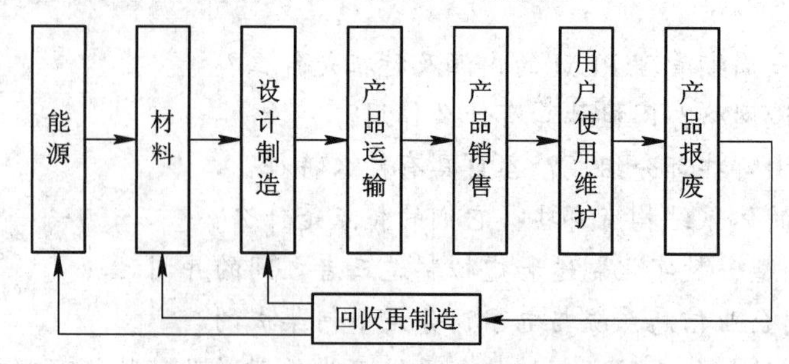

图 8.1 循环经济模式示意图

2. 循环经济的 4R 原则

循环经济本质上是一种生态经济，遵循减量化(Reduce)、再使用(Reuse)、再循环(Recycle)、再思考(Rethink)的行为准则(简称 4R 原则)。

1) “减量化”

“减量化”属于输入端方法，即用较少的原料和能源达到既定的生产或消费目的，在经济活动的源头节约资源和减少污染。具体而言，就是以资源投入最小化为目标，针对产业链的输入端——资源，通过产品的绿色设计、清洁生产，最大限度地减少对不可再生资源的耗竭性开采利用，以替代性的可再生的资源为经济活动投入的主体，以期尽可能减少进入生产消费过程的物质流和能源流。

2) “再使用”

“再使用”属于过程方法，即尽量延长产品的使用周期，最大可能地增加产品的使用次数，并在多种场合使用，有效延长产品的时间强度，以提高产品的利用效率。即期望制造产品和包装容器能够以初始形式被多次使用，而不是用过一次就废弃，以实现资源、产品使用效率最大化。

3) “再循环”

“再循环”属于输出端方法，即产品完成其使用功能之后能重新变成可利用资源，以最大限度减少废弃物排放，力争做到排放物的资源化和无害化，实现资源的再循环。即以资源的回收再利用为目标，针对产业链的输出端——废弃物，通过提升产品的绿色水平和对废弃物的多次回收再造，实现废弃物多级资源化和资源闭合式良性循环。

4) “再思考”

“再思考”属于信息反馈方法，即不断深入思考在经济运行中如何系统地避免和减少废物，最大限度地提高资源生产率，实现污染排放最小化、废弃物循环利用最大化。

4R 原则构成了循环经济的基本思路，其中减量化原则是循环经济的第一原则。

8.1.2　面向循环经济的制造业生产模式转型

1. 传统制造业生产模式

制造业是将可用资源(包括能源)通过制造过程，转换为可供人们利用的产品或消费品的产业。从资源流动和物质表现形态来看，传统制造业的生产模式是一种“资源—制造(污染)—末端治理—产品—消费品(再次污染)”的单向流动模式(见图 8.2)，其本质上就是低效利用资源，把资源大量地、持续不断地变成废弃物的过程。这种生产模式通过反向增长的自然资源来推动经济的数量型增长，是一种“先污染、后治理”的经济增长模式，其在生产过程和产品的使用、治理过程中产生的废弃物，成为环境污染的主要源头。

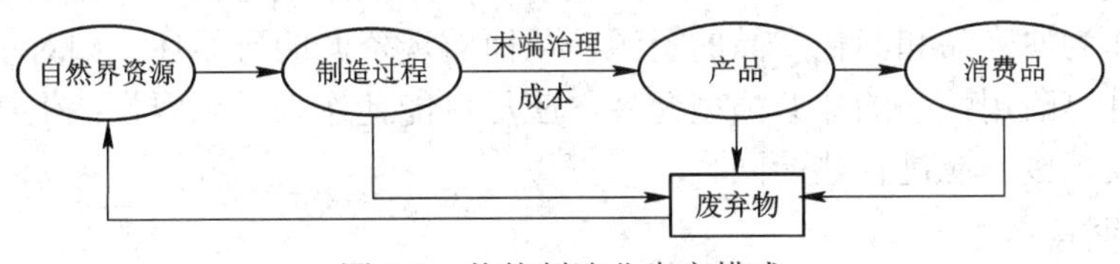

图 8.2　传统制造业生产模式

2. 循环经济下的制造业生产模式转型

循环经济本质上是一种生态经济，与传统经济高开采、高投入、低利用、高排放的“资源—产品—消费—污染排放”的单向流程经济相比，它是一种充分考虑了自然界承载能力和净化能力的可持续发展的新模式，模拟自然生态系统中“生产者—消费者—分解者”的循环途径和食物链网，将经济活动组织为“资源—产品—废弃物—再生资源”的物质反复循环的闭环式流程，使所有的物质、能量在这个永续的循环中得到合理持久的利用，从而实现用尽可能小的资源消耗和环境成本，获得尽可能大的经济效益和社会效益。循环经济下的传统制造业系统模式转型主要是利用循环经济 4R 原则修正和规范传统制造业生产模式，实现可持续发展所要求的环境与经济共赢，如图 8.3 所示。

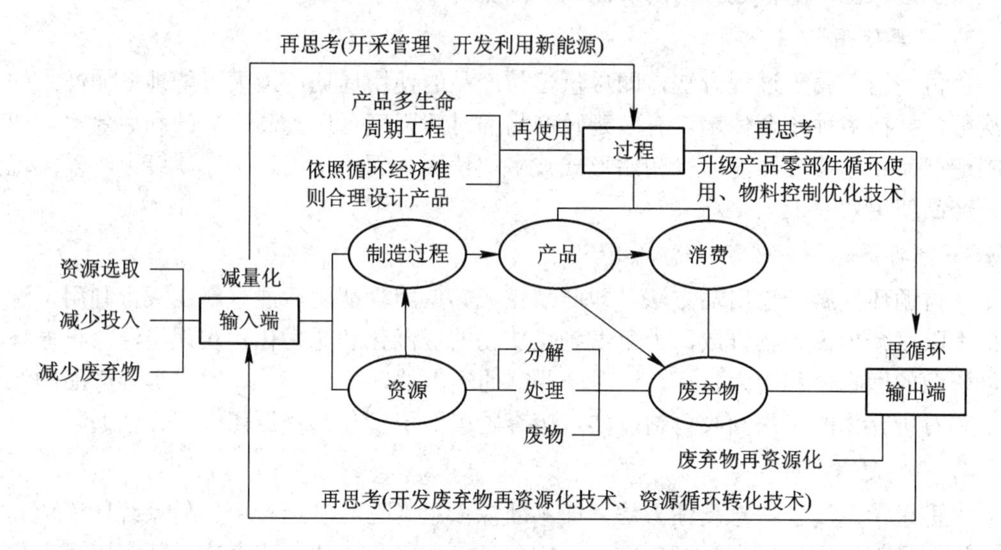

图 8.3　循环经济下的制造业生产模式

1) 输入端减量化

在系统输入端，制造业应选择来源丰富的绿色原材料(便于利用、便于回收)、绿色能源(耗能省、环保性好、储量丰富、可再生)，一方面要尽量减少原料、能源等物质的投入和使用量，另一方面要尽量减少废弃物的产出量和排放量。

2) 过程中再使用

在制造业生产中，制造商应充分考虑产出品在消费过程中的使用率，依照循环经济准则尽量减少耗损，以顾客价值为导向设计产品，尽可能地让消费者用多种方式、在多种场合使用产品。例如，可以统一标准尺寸设计产品，以便于灵活更换零部件。

3) 输出端再循环

在制造业过程中，对于过程生产和末端消费中产生的废弃物，经加工处理后可形成再生资源，作为原产品和其他产品的资源，从而实现资源的再循环。如对于一些汽车配件、机床配件等耐用性强的非磨损型元件，应尽可能地作为资源回收；生产过程中产生的废水、废气、废料应进行热能回收。

4) 反馈中再思考

制造业循环经济是一个庞大的系统工程，对制造业的每一个环节都应进行深入详尽的再思考，以更彻底地贯彻实施减量化、再使用、再循环原则。在输入端加大对可再生资源的开发利用率，诸如太阳能、风能、水能、潮汐、地热等，同时加大对不可再生资源的开采管理；在过程中不断升级产品零部件循环使用技术(如重用、装修等技术)、制造系统物料控制优化技术；在输出端不断开发废弃物再资源化技术(如废弃物降解、再生、加压、浮选等技术)、资源循环转化技术(如物理、化学处理技术)。

3. 循环经济下制造业可持续发展模式

基于循环经济的制造业系统运行模式要突出体现“循环”的思想理念，坚持“生态—经济”双效的运作方式，实现制造业的可持续发展。图 8.4 描述了循环经济下制造业可持续发展模式的系统框架要素：绿色设计系统、循环技术系统、管理信息系统、绿色评估系统。

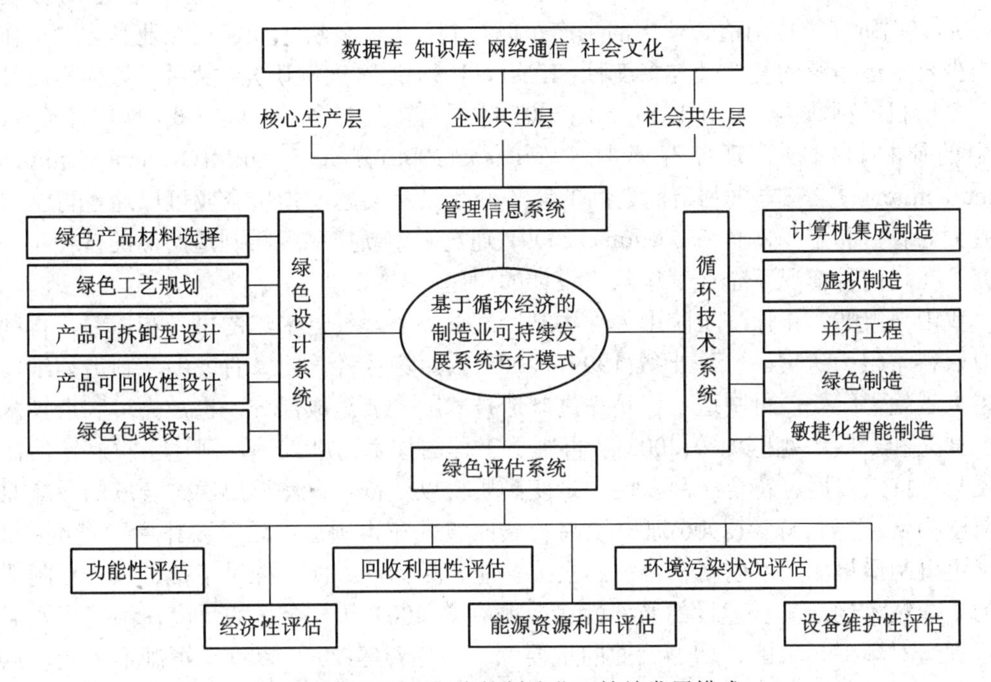

图 8.4　基于循环经济的制造业可持续发展模式

综上所述，基于循环经济的制造业可持续发展模式是现代制造业模式的发展趋势，在系统运行中要始终贯彻循环经济 4R 原则，不断完善各循环子系统。在实践过程中，需要社会各方面的参与互动，在思想理念上、管理技术上和社会经济活动中加以体现，依靠政府政策和市场导向，在企业(微循环)、区域(小循环)、社会(大循环)和废弃物回收与再生产业(超大循环)四个层面实施的基础上，共建循环经济制造业体系。

8.2　再制造及其成形技术方法

再制造是相对于制造而言的。制造是把原材料加工成可用的产品，再制造是把已到使用寿命的产品通过修复和技术改造使其达到甚至超过原型产品性能的加工过程。再制造源于 20 世纪初的美国，到 20 世纪 70 年代，美国、日本、德国等工业发达国家开始意识到传统制造业快速发展带来的环境污染及资源浪费等问题对国家的可持续发展构成了巨大威胁，环境与人类的矛盾要求制造业遵循“与环境相容”的原则，这些国家开始积极探索高效利用已有资源的解决方案。到20世纪90年代，美国在展望2020年的制造业前景时，明确提出了“再制造”及“无废弃物制造”的新理念。

8.2.1　再制造产业及其属性

1. 再制造产业研究现状

20世纪70年代末，美国麻省理工学院开始了对再制造产业的研究。之后，Robert(1984)对再制造工程领域的问题展开了研究，并从技术规范上对再制造的定义进行了严格的界定；Laan(1996)研究了再制造背景下的库存模型及再制造活动对库存管理的影响；Guide(1997)研究了再制造企业中的生产车间控制问题，分析了如何在企业具体的运作环节减少再制造系统的复杂性与多变性；Krikke(1999)通过案例研究，探讨了如何再设计适用于复印机的回收网络；Inderfurth.K(2001)分析了在具有多种回收方式的动态再制造系统中的原材料回收管理库存问题；Ferguson(2006)分析了OEM(Original Equipment Manufacturer)与第三方再制造商之间的竞争回收策略问题，指出企业可以通过再制造获得更大的收益和市场占有率；Mutha (2009) 通过观察新产品及再制造产品的营销策略，研究了在这两种情况下企业营运网络设计的问题。

我国自1999年徐滨士院士倡导再制造理念以来，经过多年的思考和探索，再制造产业取得了很大进展。徐滨士等(1999，2005)认为随着科学技术的进步，制造与维修工程越来越趋于统一，再制造工程是先进制造技术的重要组成部分，也是先进制造技术的重要补充和发展；姚巨坤等(2003)从再制造工程的技术角度入手，阐述了再制造的循环发展与可持续发展、符合产品发展中量变到质变以及符合自然界层次结合度的递减原理等哲学内涵；杨自栋等(2006)研究了高新表面技术在再制造中的重要作用；黄继(2008)从绿色再制造集成技术创新平台的要素、功能、目标等方面，探讨了推进绿色再制造实施的集成技术创新平台建设的必要性；薛顺利等(2007)从社会学的角度，阐述了发展绿色再制造对环保、节能、增加就业的重要意义；苏春等(2009)以汽车再制造为例，从供应链网络设计、生产计划与调度、库存管理、成本控制以及再制造工艺等方面，评述了再制造中存在的工业工程问题，分析了再制造系统优化和性能改善的可行途径；张秋爽(2007)、冯雪(2009)等从供应链管理角度，对目前存在于再制造领域中的典型生产方式与组织模式进行了分析与比较，探索了再制造逆向物流结构整合优化问题。

综上所述，再制造产业的研究主要集中在三个方面：一是从技术的视角探讨再制造工程，二是从管理的视角探讨再制造物流系统，三是从社会的视角探讨再制造的意义。对于以制造业为产业主体的我国来说，再制造产业的发展有着广泛的前景，应当通过理论研究与政策引导推动再制造技术的大规模产业化。

2. 再制造产业的内涵及属性

1984年Robert等人从技术规范上对再制造过程进行了定义：通过一系列工业过程，将废旧产品中不能使用的零部件通过再制造技术进行修复，使得修复处理后的零部件的性能与寿命期望值达到或高于原零部件的性能与寿命。徐滨士院士对再制造产业的定义是：以产品全生命周期理论为指导，进行修复、改造废旧设备产品的一系列技术措施或工程活动的总称。国内学者大多采用徐滨士院士的定义表述，认为再制造产业是运用高新技术对废旧产品进行再生产的新兴产业业态，这一产业以产品全生命周期设计和管理为理论指导，以废旧产品实现性能跨越式提升为生产目标。

科学地说，再制造产业是一种对废旧产品实施高技术修复和改造的产业，它针对的是损坏或行将报废的零部件，在性能失效分析、寿命评估等分析的基础上，进行再制造工程设计，使再制造产品的质量达到或超过新品。因此，再制造是一个物理过程，它不同于废旧物资回收利用；再制造也是一个化学过程，它不同于一般的原材料循环利用；再制造的本质是修复，它采用制造业的模式进行维修，是一种高科技含量的修复术，而且是一种产业化的修复，因而再制造是维修发展的高级阶段，是对传统维修概念的一种提升和改写。基于再制造的特征，再制造产业具有自身的一系列属性。

(1) 再制造产业是低碳绿色产业。

再制造产品所需的资源与能源远低于新产品生产所需的资源与能源。据美国 Argonne 国家实验室统计：新制造一台汽车的能耗是再制造的 6 倍，再制造一台柯达照相机的能源需求不到新制造照相机的 2/3。另据研究表明，在全球范围内，每年通过再制造活动可以节约 400 万亿 BTU 热量(英制热量单位，1 BTU 约等于 251.9958 卡/0.293 瓦 • 时/1.055 千焦)，相当于 1600 万桶原油及 5 亿美元的能源成本，节省原材料约 1400 万吨。可见，再制造产业是低碳绿色产业。

(2) 再制造产业是新兴的现代生产性服务业。

再制造的核心内容包括两部分：一是再制造加工，二是过时产品的性能升级。再制造产业是为保持工业生产过程的连续性，促进工业技术进步和产业升级，提高生产效率，提供保障服务的行业。它是与制造业直接相关的配套服务业，是从制造业内部生产服务部门而独立发展起来的新兴产业。

(3) 再制造产业是高技术劳动密集产业。

再制造技术优于原始制造技术，对废旧产品进行再制造时需要吸纳最新的科技成果，才能使它的整体性能跟上时代的要求。同时，它更依赖于大量劳动力的投入。与同类制造业相比，再制造产业的就业人数是其 2～3 倍。2005 年美国再制造业的年产值为 750 亿美元，雇佣员工 100 万人。

(4) 再制造产业是高附加值产业。

再制造产业的高附加值主要缘于两个方面：一是废旧产品本身蕴含有高附加值，以汽车发动机为例，原材料的价值只占 15%，而附加值却高达 85%；二是废旧产品各部件的使用寿命不相等，再制造具有高附加值的根本原因是产品中各部件的使用寿命不相等，这就为再制造产业产生高附加值提供了物质基础。

3. 再制造产业的发展潜力

美国再制造业是一个巨大的产业，1996 年美国发布了再制造业调查报告《再制造业：潜在的巨人》。报告显示，1996 年美国专业化再制造公司达 73 000 家，年销售额达 530 亿美元，直接雇员为 48 万人。与制药业、计算机制造业和钢铁业相比，同年美国再制造业的产值与这些行业基本相当，但就业人数明显多于这些行业，说明再制造业不仅能够创造巨大的财富，而且能够显著解决就业问题。

我国的设备资产达几万亿元，其中许多大型成套机械类设备，尤其是20世纪70年代末、80年代初引进的重大设备，从2001年开始陆续面临报废，在2010年左右报废达到最多数量。这些装备因技术寿命、经济寿命或环境寿命的临近而面临淘汰、报废，这为发展再制造产业提供了大量可利用的资源。

2010年国家发展和改革委员会《关于推进再制造产业发展的意见》以及2011年《关于深化再制造试点工作的通知》等行业发展的指导性文件中明确指出，在汽车零部件(2018年全国机动车保有量达3.19亿辆)、工程机械(2018年工程机械保有量为672万～728万台)、机床(2018年机床保有量达800万台)、大型工业装备、铁路设备、农用机械、国防装备、医疗设备、办公设备九个领域可以推广再制造工程，发展再制造产业，如表8.1所示。

表8.1　可实施再制造的主要领域

领　域	可用于再制造的主要零部件
汽车零部件	发动机，传动装置，离合器，转向器，启动机，水泵，空调压缩机，油泵
工程机械	平地机、摊铺机、压路机的刮板，挖掘机、铲运机、推土机的铲斗，发动机，变速箱，电机
机床	车床，高精密磨床，铣床，刨床的变速箱，齿轮，轴承，电机，转子
大型工业装备	电力设备：汽轮机缸盖，风机叶轮，锅炉“四管”； 煤炭设备：井筒，柱塞，防爆罩； 冶金设备：高炉渣口，风口，轧辊，连铸机轧辊，热轧工具； 石化设备：储油罐，高温高压反应容器，裂解炉管柱塞，套筒； 钻井设备：泵，柱塞轴； 纺织设备：捻机锭环，加捻器，摩擦盘，导丝器，卷绕槽筒
铁路设备	内燃机车发动机及车轮，铁路钢轨，转向架，承载鞍，铁路轴承，轴承箱，滚子轴承
农用机械	拖拉机、联合收割机、水稻插秧机、农用运输车的发动机、变速器、电机
国防装备	武器装备中的发动机、变速箱，以及适应新的作战需求的技术改造
医疗设备	核磁共振机、CT机、B超机、X光透视机零部件
办公设备	复印机、打印机、传真机硒鼓，空调、电冰箱、照相机、通信设备零部件

从国内外企业对产品再制造的认识来看，国外产品制造企业十分重视自己产品的再制造。卡特彼勒公司把推进自己产品的再制造列为公司的发展战略，德国大众、美国福特、法国雪铁龙等汽车制造企业都委托相关的企业对自己的产品实施再制造。而我国产品制造企业对实施自己产品的再制造仍存在诸多疑虑。这就需要从理论与实践的结合上，从社会效益与企业效益的结合上阐明新品制造与产品再制造对企业发展的作用和影响，使产品制造企业提高认识、解除顾虑、明确责任、增强信心，充分发挥制造企业推进产品再制造的主体作用，推进企业综合发展。另一方面，工业发达国家正在建立和完善生产者延伸责任制(Extended Producer Responsibility，EPR)，生产者不仅要对自己制造的产品实施再制造负有责任，而且在进行新产品的设计时就要考虑未来的可拆卸性、可再制造性、可循环利用性，为自己的产品在未来的循环利用奠定良好的基础。同时，《再制造

产业发展规划》中明确了“十二五”时期我国促进再制造产业健康发展的目标、重点任务和保障措施，由 11 个部门制定的《再制造产品目录》也陆续发布。总之，随着一系列国家政策的制定和落实，我国再制造产业面临的政策缺乏、认可度低、技术不足等问题将逐一被解决，再制造产业有望成为异军突起的新经济增长点，成为推动我国循环经济发展的重要力量。

8.2.2　再制造成形技术途径

再制造成形技术是以废旧机械零部件作为对象，恢复废旧零部件原始尺寸、恢复甚至提升其服役性能的材料成形技术手段的统称，是再制造工程的核心。针对废旧零部件而言，恢复其原始尺寸，可以是恢复表面或表层尺寸，也可以是恢复局部的三维立体尺寸；主要采用能够在零件基体损伤部位沉积成形修复性表面涂层或三维金属体的各种先进表面工程技术、熔焊沉积技术、快速成形技术等先进再制造技术手段。恢复甚至提升废旧零部件服役性能的程度主要取决于再制造成形所采用的材料和技术工艺。

按照再制造成形过程中零件尺寸的增减变化情况，再制造成形技术可以分为“尺寸恢复法”再制造成形和“尺寸加工法”再制造成形两种技术途径。

1. “尺寸恢复法”再制造成形技术

“尺寸恢复法”再制造成形技术是针对磨损、腐蚀等表面损伤零件和缺损、裂纹等三维体积损伤零件，采用先进的表面工程技术、三维沉积成形技术等恢复零件损伤部位的几何尺寸，并通过优化再制造成形所用材料和工艺方法，恢复和提升零部件性能。在“尺寸恢复法”再制造成形技术领域的突破，可归纳为以下几个主要方面。

1) 三维体积损伤机械零部件的再制造成形技术

三维体积损伤机械零部件的损伤一般由应力或者外力作用引起，因此，该部位的再制造成形必须考虑到其承受载荷的能力。为此，一般对其再制造成形技术的基本要求是沉积成形金属具有优异的力学性能，并且在再制造成形过程中尽可能不降低零件的基体材料性能。

在三维体积再制造成形领域，有突破的技术主要是通过各种热源熔化添加材料的能量束再制造成形技术，如激光熔覆再制造成形技术、等离子熔覆再制造成形技术、电弧堆焊再制造成形技术、高速电喷涂再制造成形技术等。随着新型材料研制和成形工艺监控技术的提升，高速电弧喷涂再制造成形技术已成为可以实现大厚度再制造成形的一项技术，已由原来主要用于表面涂层制备，发展到了具备厚成形能力的水平，这得益于电弧喷涂成形理论、材料和技术工艺方法方面研究的突破。

2) 自动化、智能化再制造成形技术

再制造成形技术方法已由最初重视废旧零件尺寸和性能恢复的成形技术手段的研究，正在向提高再制造成形效率的自动化再制造成形方法研究方向发展。其中，一个重要突破是把三维反求建模技术和再制造工艺相结合，实现了再制造成形技术的自动化过程。例如，装甲兵工程学院研发了基于机器人的惰性气体保护焊(Metal Inertia Gas，MIG)堆焊熔敷再制造成形系统，对缺损零件的非接触式三维扫描反求测量机制、各子系统标定方法和再制造成形建模方法、空间曲面分层方法、成形路径规划、基于 MIG 堆焊再制造成形过程中的备件形变机理和形变规律以及控形机制、基于 MIG 堆焊/铣削复合工艺的近净成形技术、装备备件再制造成形材料的集约化、面向轻质金属的再制造成形技术等进行了广泛深入的研究，成功实现了典型装备备件的制造与再制造成形。

此外，纳米复合电刷镀技术和高速电弧喷涂技术的发展，形成了适合再制造产业化生产需要的自动化再制造成形设备和工艺。纳米复合电刷镀技术解决了镀液连续循环供应、工序切换、刷镀过程控制及工艺过程多参数监控等技术难题，实现了自动化纳米电刷镀再制造成形过程。自动化高速电弧喷涂再制造成形技术将智能控制技术、逆变电源技术、红外测温技术、数值仿真技术综合集成创新，通过操作机或机器人夹持高速电弧喷涂枪，采取数控系统控制喷枪在空间进行各种运动，实时反馈控制与调节喷涂工艺参数，保证涂层的精度与质量，最终可实现零件的高性能快速再制造成形。

3) 再制造成形新材料

再制造成形所用的固态材料主要有粉末和丝材，在对不同材质、不同服役工况、不同损伤形式的机械零部件进行再制造时，对所用材料的性能有不同的要求，因此，再制造所用材料呈现出多样性和复杂性。为了适应再制造成形技术的推广应用和便于现场或野外作业，实现再制造成形材料的集约化具有重要意义，也就是说，用尽可能少的材料适应尽可能广泛的应用需求，或者说用一种粉末材料或丝材实现不同材质零件、不同服役性能的零部件的再制造。

4) 现场快速再制造成形技术

现场快速再制造主要是进行工业生产中大型设备贵重零部件现场快速抢修，这样可以显著降低设备维修成本，显著减少设备停产造成的损失。例如，大型设备关键零部件的现场快速高性能再制造的可移动式激光再制造成形技术及其设备系统已应用到冶金设备等；沈阳大陆集团柔性制造公司等单位研发的输出激光功率大于 1 kW 的全固态激光器和输出功率为 2.5 kW 的半导体激光再制造成形设备系统，已在钢厂、汽车制造厂、发电厂等不同工业领域的大型设备现场快速高性能再制造中获得成功应用，解决了工业生产中的设备抢修难题，创造了显著的经济效益和社会效益，等离子熔覆再制造成形技术工程车(装备再制造技术国防科技重点实验室研制)已应用于野外现场作业等。

2. “尺寸加工法”再制造成形技术

“尺寸加工法”再制造成形技术主要分为两种途径。一种途径是针对失效的旧零件，采用机械加工的方法，去除零部件表面损伤层或局部部位，然后选择“尺寸加大”的合适配偶件进行配合，或者另外加入一个“衬套”弥补机械加工去除的尺寸，通常也称为“尺寸加工与换件方法”。另一种重要途径是针对采用“尺寸恢复法”再制造后的零件，由于其尺寸过剩或表面精度无法满足装配要求，而采用机械加工的方法，去除“尺寸恢复法”再制造多余的尺寸。

1) 采用传统机械加工和制造的再制造成形技术

利用“尺寸恢复法”在再制造后进行机械加工，与制造过程中机械零件的机械加工存在明显的区别。制造时加工的零件的装卡定位相对灵活，因为毛坯有一定的加工裕量。而在进行再制造加工时，毛坯是已经用过的零件，其再制造的只是其中的一个面或几个面，而其他没有再制造的面已经没有加工裕量了，因此在进行再制造加工时，不能将其他面破坏，其装卡方式受到限制。对精度要求高的零件，若其加工基准发生变化，则加工精度难以保证，如对同轴度有较高要求的台阶轴，如果再制造时只加工其中的一段轴，而与它有同轴度要求的面没有再制造的必要，此时，只加工再制造部分则难以保证同轴度的要求。因此，对于再制造加工的装卡定位问题是该途径需要进行深入研究解决的。

2) 再制造后机械加工成形设备

由于再制造后机械加工的特殊性，装甲兵工程学院和北京理工大学合作，针对再制造机械加工的复杂性，研制出了多功能复合机床。该机床具有车、铣、磨、车铣、车磨、钻、铰、攻螺纹等多种加工工艺，不仅可以加工回转类零件，还可以加工非回转类零件。该机床可以完成再制造成形加工所需要的多种加工手段，实现了多工艺复合、多工序复合、多种机床类型复合，同时解决了模块化、单机与多机数字化控制以及人机协同交互等多种技术问题，以满足再制造成形加工的适应性、可重构性、敏捷性等要求。

3) 再制造机械加工成形方法

把机械加工的材料去除过程和再制造熔积的材料尺寸增加过程进行融合，可简化生产流程，提高再制造成形的生产效率。这种技术起源于快速成形制造技术思路。诸如装甲兵工程学院的机器人自动化堆焊再制造和数控铣削加工的复合，沈阳航空工业学院的金属熔化沉积工艺与五轴铣削工艺相结合。这种再制造成形过程是两种工艺交替并行的复合过程，需要不断地变换工位，这显然影响成形效率。因而如何把金属熔化沉积的再制造过程与铣削工艺有机地结合起来，实现同时工作，并在提高表面质量的同时提高成形效率将具有重要意义。

8.2.3　再制造成形质量控制与评价方法

再制造产业得以健康发展的技术保证在于确保再制造成形产品的性能不低于新品。从分析再制造生产工艺流程考虑，各环节均会影响再制造成形产品的最终质量。针对再制造生产过程，除了从再制造成形技术方法与材料选择、工艺优化和成形过程监控等方面考虑外，再制造成形前的废旧零部件质量检测控制以及再制造成形后的涂层和成形零件的检测评价，对确保再制造成形产品的质量和性能具有“把关”作用，可以让人们对再制造成形产品“心中有数”。

针对再制造前废旧零件的缺陷、残余应力和剩余疲劳寿命等质量与性能指标的无损评价，人们研究了金属磁记忆、超声、涡流、声发射等多种无损检测评价理论和技术方法，获得了铁磁性金属零件剩余疲劳寿命的金属磁记忆无损评价理论模型和评价方法，并研发出了适用于典型零部件再制造生产线的专用无损检测仪器设备系统，为再制造成形技术的产业化应用提供了有力的技术支撑。

采用不同再制造成形技术所获得的再制造成形零件，其服役性能和服役寿命取决于再制造毛坯(基体)和再制造成形涂层两个方面。由于在再制造之前，毛坯经过严格的无损检测和评价，这样，再制造成形涂层的评价就成为再制造成形零件质量评价的核心。

目前，再制造成形涂层质量评价的内容主要包括缺陷、残余应力、接触疲劳寿命以及硬度等方面。涂层接触疲劳寿命评价和预测是目前研究的前沿领域。西班牙学者 TOBE

等对于不同材料体系喷涂层的接触疲劳研究发现，喷涂过程所引起的残余应力是影响再制造涂层接触疲劳寿命的关键因素之一，并指出涂层的抗压强度和界面抗剪强度是影响涂层抗接触疲劳性能的关键因素。燕山大学科研团队研制了专门用于考核再制造成形涂层接触疲劳寿命的加速试验机，通过模拟轴承的接触形式考核涂层的接触疲劳寿命，为大样本考核再制造涂层接触疲劳寿命规律搭建了良好的试验平台。装甲兵工程学院科研团队关于热喷涂再制造成形涂层的接触疲劳寿命评估开展了系统研究，引入 Weibull 分布和 S-N 曲线法等数理统计方式，得到了涂层寿命与施加载荷的对应关系，直观地得到了再制造成形零件表面在任意接触载荷作用、任意失效概率下的疲劳寿命(循环次数)，实现了再制造成形零件的接触疲劳寿命预测。

随着再制造产业的蓬勃发展，再制造零件的寿命评估必将成为专业学者群和再制造产品客户群关注的焦点，而再制造零件的评估研究尚属起步阶段，可靠的理论和技术还需要不断地丰富和完善。

8.2.4　再制造模式的关键技术

我国已经探索形成了“以高新技术为支撑，以恢复尺寸、提升性能的表面工程技术为依托，产学研相结合，既循环又经济”的再制造模式，并在产品全生命周期理论、再制造产品的寿命评估以及产品再制造性和再制造率等关键技术方面做出了开拓性工作，主要内容包括以下几个方面：

(1) 拓展了产品全生命周期理论，提出了再制造循环生命周期理论。产品的全生命周期是指产品从设计、制造、使用、维修到报废所经历的全部时间，其特征是“研制—使用—报废”，其物流是一个开环系统；再制造的出现完善了全生命周期的内涵，使得产品在全生命周期的末端，即报废阶段，不再作为废品报废，而是依靠高新技术恢复性能、重新焕发生命力。此时全生命周期的特征已转变为“研制—使用—报废—再生”，其物流已成为一个闭环系统。因此，再制造是对产品全生命周期的延伸和拓展，赋予了废旧产品新的寿命，形成了再制造产品的循环生命周期。再制造不仅可使废旧产品起死回生，还可以很好地解决资源能源节约和环境污染问题。

(2) 创新了再制造寿命评估理论，确保了废旧产品的再制造质量基础前提和再制造产品的质量保证体系。再制造寿命评估包含再制造前的再制造毛坯(废旧零部件)寿命评估和再制造后的再制造产品(再制造零部件)寿命预测两部分内容。其中，废旧零部件寿命评估是通过对废旧零件的剩余寿命评估，回答废旧零部件能否再制造、能再制造几次(剩余疲劳寿命是否足够)的问题，是保证再制造毛坯质量的重要途径。再制造产品寿命预测通过对再制造产品表面涂层质量和服役寿命评估，保证再制造产品的性能不低于新品。

① 再制造零部件疲劳损伤规律。研究提出疲劳寿命是机械零部件寿命的核心，深入研究了典型零部件疲劳损伤累积、疲劳应力集中裂纹萌生和扩展规律；借助涡流检测、超声检测、金属磁记忆检测多种无损检测技术手段，实现了零部件内部和表面应力集中与裂纹的无损检测，为再制造毛坯剩余寿命评估提供了检测技术和理论指导。

② 再制造毛坯剩余寿命无损评估理论。创新性利用金属磁记忆对再制造毛坯剩余寿命评估进行探索研究，发现了金属磁记忆信号与废旧零部件所受疲劳载荷大小与历史、

残余应力和应力集中之间的关系以及废旧零部件磁畴与载荷和磁记忆信号之间的关系，初步构建出表征铁磁性废旧零部件疲劳裂纹萌生寿命模型及裂纹扩展寿命模型，并初步实现了发动机气门杆、连杆、曲轴等重要零部件损伤和寿命的检测评估，为再制造质量控制提供了理论基础。

③ 再制造产品寿命预测理论。再制造产品的结构疲劳寿命以原结构件疲劳寿命为基础。重点攻克了再制造涂层接触疲劳寿命和磨损寿命预测理论，并指出再制造涂层接触疲劳寿命与原结构基体材料密切相关；创新性地将实验力学和声发射理论进行综合集成，通过典型声发射信号特征参量的甄选及其指代信息分析，获得真实准确地反映再制造零件表面涂层内部微裂纹萌生、扩展及断裂等实验力学信息，初步实现了对再制造零件表面涂层寿命演变规律的把握，建立了再制造零件涂层的抗接触疲劳损伤失效模型。

④ 再制造产品台架试验及实车考核。在实验室研究结果的基础上，针对在选定的再制造材料、工艺和技术规范下获得的再制造零部件，通过台架试验和实车考核，对再制造产品进行整体综合评价，获得充足的剩余寿命实车考核数据，确保再制造产品能够重新服役一个完整的生命周期。

(3) 提出了再制造性和再制造率的概念，完善了产品的再制造评价体系。再制造性是废旧产品能否进行再制造的重要属性，它是指在规定的条件及时间内使用的产品退役后，综合考虑技术、环境等因素后，在达到规定性能时，通过再制造获取原产品价值的能力。目前已初步构建起了再制造性函数、再制造费用统计分布模型、系统再制造费用分析计算模型等。衡量再制造对节能节材的重要指标是废旧零件再制造率的高低，国际通常采用计重法统计，我国则提出计重再制造率、计价再制造率、数量比再制造率、价值比再制造率等多维评价指标体系。

8.2.5　再制造的绿色性评估

以产品全生命周期设计和管理为指导，以高新技术和产业化生产为手段，以废旧零部件为对象，以再制造理论为基础，以低污染的修复工艺为方法，以优质、高效、节能、节材、环保为准则，以实现废旧设备性能的提升为目的，对废旧产品进行修复和改造的再制造技术，不仅能够恢复废旧产品的尺寸精度，延长产品的使用寿命，提高产品技术性能和附加值，而且能够为产品的设计、改造和维修提供信息，其最重要的特点是资源利用率高，能源消耗少，节能减排效果非常明显。国内外的实践表明，再制造产品的性能和质量均能达到甚至超过原品，而成本却只有新品的 1/3 甚至 1/4，节能达到 60%以上，节材 70%以上。最大限度地挖掘制造业产品的潜在价值，让能源资源接近“零浪费”，这就是发展再制造产业的最大意义所在。

在生产实践中，对再制造及其技术在资源利用率、能源消耗、环境保护等方面的重要意义，还需要做绿色性评估，这就需要从技术、经济、环境评价角度出发，设计绿色性评估系统，包括绿色性指标体系和评估程序。一般绿色性评估系统主要是根据循环经济下的制造业可持续生产模式，结合再制造工程技术，确定绿色性评估指标体系及方法。概括而言，循环经济下再制造的绿色评估系统主要包括：

(1) 功能性评估：产品功能的再修复，产品全生命周期内对环境的影响程度，产品再使用效果评价。

(2) 经济性评估：资源的循环利用带来的净经济效益。

(3) 回收利用性评估：资源的可回收及回收利用程度，旧件利用率。

(4) 能源资源利用性评估：资源减量化效果评价。

(5) 环境污染状况评估：废弃物减量化效果评价，设备维护性评估。

这些评估分析可为设计人员提供产品设计改进的依据，也为评价绿色制造的技术经济效果提供了可供科学决策的理论依据和方法。

8.3　机床再制造与综合运用

机床再制造属于典型的产品型再制造，在国外发展多年，已形成一定的产业规模。美国现有超过 300 多家专业机床再制造公司，可对各类机床进行再制造与升级；德国拥有最大的二手机床及机床改造市场；日本有超过 20 多家的专业机床再制造公司。我国机床保有量超过 800 万台，是世界上机床保有量最大的国家，但是我国机床整体水平比较落后，已难以满足制造业的发展需求，在未来一段时间内，将有相当一部分技术相对落后的机床面临报废、闲置，从而形成相当规模的可循环利用的再制造潜在资源。但是我国机床再制造行业发展起步较晚，仍处于以维修改造为主的再制造阶段，其特点是：

(1) 产业需求旺盛，存在大量的老旧机床迫切需要再制造。

(2) 以维修改造形式为主，企业规模小(甚至很多是个体户)，维修改造后的机床性能和可靠性难以保证。

(3) 先进技术应用不够，缺乏面向产业化发展的成套技术与装备及相关标准和规范，再制造技术的水平和效率低下，资源循环利用率不高。

1. 机床再制造与综合提升的定义及内涵

机床属资源消耗型产品，重量大，80%以上为铸铁或钢材，再制造资源循环利用率高，特别是床身、立柱、横梁、底座等铸件，时效越长，内应力越小，适合于循环再制造，再制造后的机床性能稳定，可靠性好。其次，机床结构稳定，采用现代数控系统、自动化系统、轴承及液压元器件等进行直接替换，可实现机床系统的自动化程度、控制精度以及能效水平的综合提升，功能和性能可超越其原有新品，满足现代生产的需要。因此，机床再制造可看作一种基于废旧机床资源循环利用的机床制造模式，它运用现代先进的制造、信息、数控及自动化等技术对废旧机床进行可再制造性测试评估、拆卸以及创新性再设计、再加工、再装配，制造出功能和性能均得到恢复或提升且符合绿色制造要求的新机床。

机床再制造与综合提升不同于传统的机床维修或数控化改造。机床再制造强调再制造机床的“新产品”特征，实现“以旧造新”，可保证再制造机床功能更强、性能指标更优，而且有完善的质量保障及售后服务，并赋予其全新的生命周期，可实现批量化生产；而机床维修或数控化改造仅仅是对原废旧产品的性能恢复或部分功能升级，仅仅是原生命周期的延续，仍为“以旧造旧”，且大多属单件式服务。不同于新机床制造模式，机床再制造是一个包括拆卸、清洗、检测与分类、再设计、再加工、再装配等工艺过程的更为复杂的系统工程，再制造的“毛坯”是废旧机床或零部件，可节约大量的资源、能源消耗，成本仅为制造新机床的 40%～60%。

2. 机床再制造与综合运用的运作流程

机床再制造与综合运用的运作流程主要包括拆卸、清洗、零部件检测与分类、零部件修复与再制造、整机再制造与综合提升、再装配等工艺过程，如图 8.5 所示。

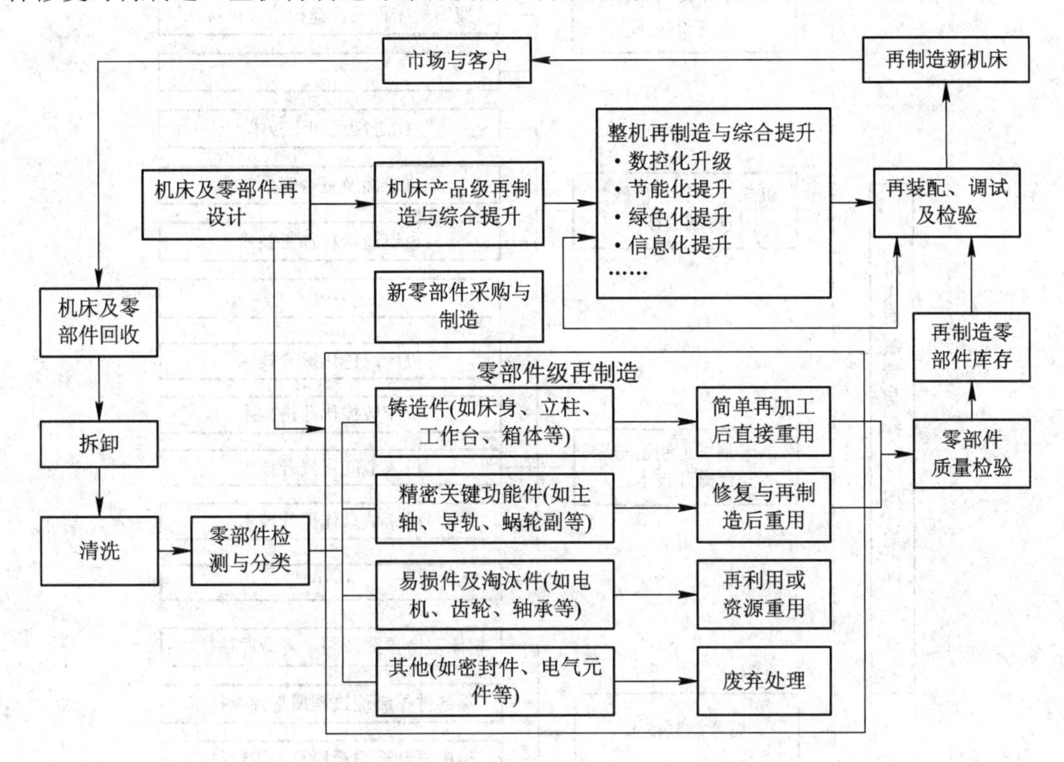

图 8.5　机床再制造与综合运用的运作流程

机床的拆卸是指采用一定的工具和手段，通过分解连接件及装配关系将原废旧机床装配体分解为单个零件、部件的过程。零部件拆卸之后要对所有需要进行再加工或再利用的机床零部件进行清洗，去掉废旧零部件表面的灰尘，并去掉零部件表面的油脂、油渍、锈蚀以及表面的油漆涂层等。每个零部件如果没有明确要求更换，则必须在清洗之后进行检测以确定其失效、损伤或磨损情况，从经济、技术、资源、环境等方面分析零部件的可再制造性。

再加工是利用机械加工技术、先进表面工程等技术对废旧机床零部件进行加工处理，达到再制造新机床使用标准的过程。再装配是按照再制造机床的技术条件，将再利用和再制造后的零部件、更新件及控制系统等重新装配成再制造新机床的过程。装配后，需要用新机床出厂检验标准对每台机床进行调试与检测，以保证再制造新机床的质量。

3. 机床再制造与综合运用的技术框架

机床再制造与综合运用技术涉及的内容非常广泛，涵盖了机床设计与制造技术、先进制造技术、绿色制造技术、维修及表面工程技术、管理科学与工程等多种学科的技术。通过集成各种相关技术，可建立机床再制造与综合运用技术框架，主要包括：废旧机床再设计与评价技术、机床零部件绿色修复与再制造技术、机床整机再制造与综合提升技术(包括机床绿色化提升技术、机床数控化改进技术、机床节能化提升技术、机床信息化提升技术等)、质量控制技术以及其他支撑技术等关键技术，如图 8.6 所示。

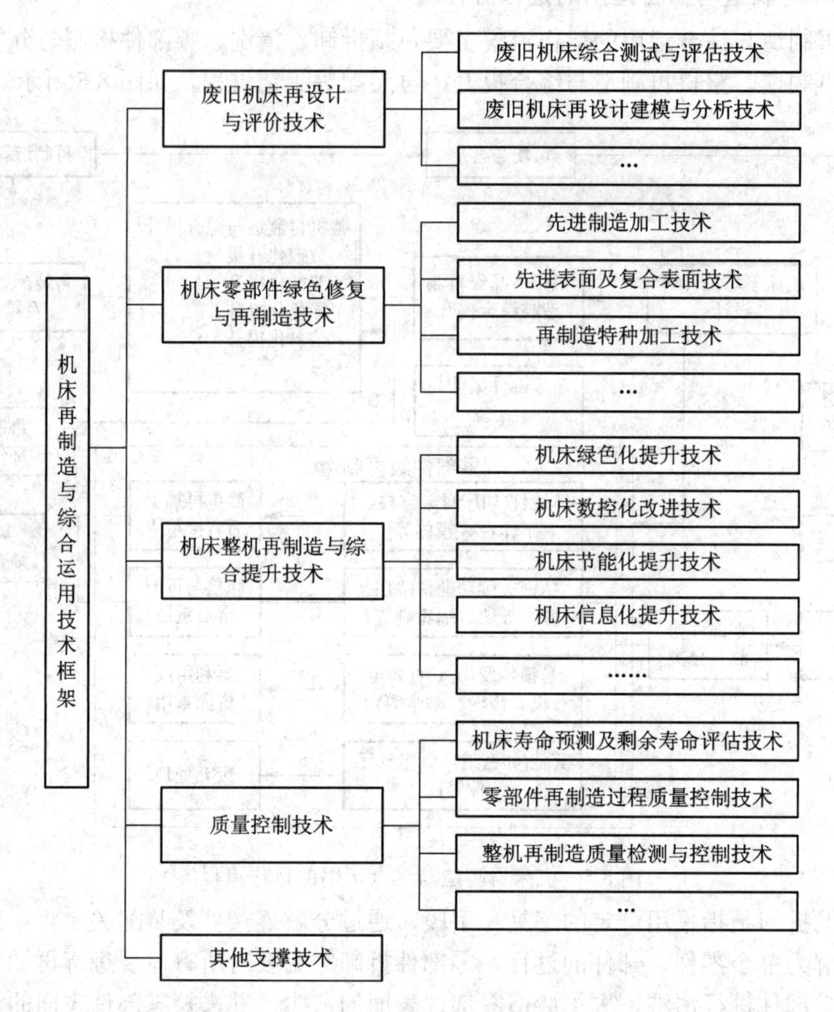

图 8.6　机床再制造与综合运用的技术框架

4. 机床再制造实例分析

1) 机床关键零部件再制造分析

机床是一个复杂的机械产品，其零部件成型和制造过程中，如铸造、焊接、切削加工、热处理等，需要消耗大量的钢铁材料、能源、劳动力，并造成多方面的环境污染。通过机床再制造，可充分利用原有机床的床身、立柱、工作台、底座、主轴箱、横梁、溜板、滑座等大件，这样不仅大大节约了资源和能源，还避免了再消耗和减少了对环境的重复污染。例如 C616 车床床身，其新车床床身的制造工艺流程如下：

坯件退火→铣→刨→退火→刨→铣→刨→钳→热 G50→振动失效→刨→铣→刨→钳→钳→钳→油漆→磨导轨→检查→上油入库

而其车床床身再制造工艺过程如下：

清洗→除油→冷态重熔焊补(修复导轨拉伤面、锈蚀面)→刷镀→磨导轨→上油入库

C616 车床床身新制造与再制造对比如表 8.2 所示。

表 8.2　C616 车床床身新制造与再制造对比

指标	工序/步	加工时间/h	加工周期/天	铸铁材料消耗/kg	电能消耗/(千瓦·时)	碳排放量*/kg CO_2	成本/元
新制造	20	48	30	361	956	1627.329	3850
再制造	6	18.2	3	0	60	47.100	580

*备注：仅计算材料及能耗碳排放，铸铁碳系数取 2429 kg CO_2/t，能源碳系数取 0.785 kg CO_2/(kW·h)。

2) 机床整机再制造与综合运用

机床数控化及信息化技术已较为成熟，且已广泛应用于新机床，而废旧机床由于服役时间较长，在数控化、信息化等方面已远远落后于新机床，因此需要对废旧机床整机进行再制造与综合运用，提升整机技术水平、智能化程度和系统可靠性。采用现代数控系统、自动化系统、信息技术以及轴承及液压元器件等对废旧机床进行技术升级和综合提升，整机可完全超越原产品的技术水平。

在废旧机床的信息化方面，现代制造业车间层信息化正向深度和广度方向进一步发展，而废旧机床通过数控技术提升后，信息化提升方面仅限于数控程序的上传与下达，远远不能满足机床对信息化功能的需求。因此，通过废旧机床再制造，综合提升机床的多功能信息化水平，使其向上能与车间设备层信息化系统连接，向下可实现机床状态信息的实时采集，从而实现无纸化设计制造、加工过程动画示教与仿真、动态数据和信息交互、支持装备联网运行和调度、加工过程状态监控、远程设备维护和故障诊断等信息化功能。

8.4　工业生态系统与企业共生

8.4.1　工业生态系统的类型与特征

工业生态系统的首创者是丹麦的卡伦堡。在那里，斯达托炼油厂将其废物硫输送给一家硫酸厂以生产硫酸；将其废气输送给奇普洛建筑板材厂以生产石膏板材；将其余热输送给周围的温室以生产蔬菜、花卉；将其废水输送给阿斯奈斯的一家发电厂以冷却发电机，而这家发电厂又将其余热输送给附近的一家鲆鱼养殖场和卡伦堡的居民住宅；将其水蒸气输送给斯达托炼油厂和一家生产人工合成酶和胰岛素的生物制剂厂。此外，阿斯奈斯的煤发电厂还用石灰回收废气中的硫而生产了石膏，而奇普洛建筑板材厂则用发电厂的石膏作原料来生产板材，从而不再从西班牙进口石膏了。卡伦堡工业生态系统的成效是极其明显的：每年能够节约石油 1.9 万吨、煤 3 万吨、水 60 万立方米，回收并再利用了 13 万吨二氧化碳、3700 吨二氧化硫、2800 吨硫、8 万吨石膏等。

从卡伦堡工业生态系统的范例可知，所谓工业生态系统，就是将一批相关的工厂、企业组合在一起，它们共生共存，相互依赖，其联系纽带是废物，即这家工厂、企业的

废物是另一家或几家工厂、企业的原料。这个系统的最大特点是使资源的利用率达到最高，而将工厂、企业对环境的污染和破坏降到最低。因此，我们可以进一步认为，工业生态系统是依据生态学、经济学、技术科学以及系统科学的基本原理与方法来经营和管理工业经济活动，并以节约资源、保护生态环境和提高物质综合利用为特征的现代工业发展模式。它与传统的工业系统最大的区别就是其具有“生态”特征，它利用生态学中的物质循环、能量流动等基本原理，使废物资源化。

基于科学性、直观性、可比较性的原则，工业生态系统可分为三种类型：星式、放射式、点式，如图 8.7 所示。图中每 1 个圆圈代表 1 个企业，每 1 条线代表不同类型企业之间的 1 组交易，实线代表主要的交易，虚线代表可能存在的交易。

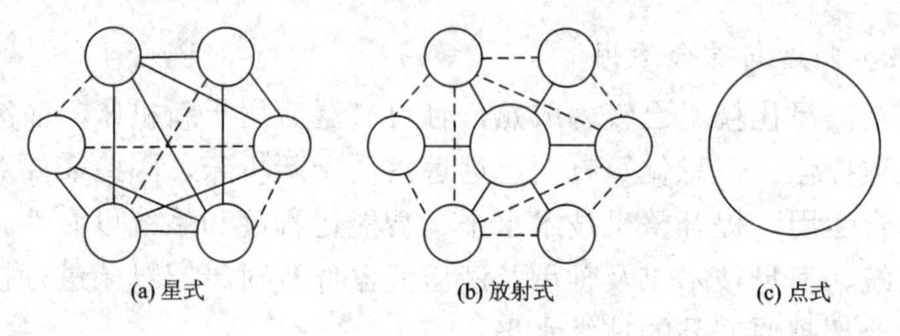

图 8.7　工业生态系统类型

星式工业生态系统是由若干个企业有机组成的联盟，众企业因错综复杂的工业链接关系交织在一起，形成了“星式”模式。不同企业之间以交易方式利用对方生产过程中的废料或者副产品而紧密联系，每一笔交易形成一个工业链。每个企业引发的工业链数目不等。合作关系都是本着互惠互利的原则协商而成的，双方地位平等、实力相当，参与企业都有独立的法人资格，每个合作项目都具备很好的商业意义，建立的是长期稳定的关系。另外各组成企业具有一定程度的不可替代性，共同控制共生关系的演化，是一种对称式共生。因此，作为一种企业战略联盟形式的工业生态系统，它同时具有规模经济和区域经济的优势，在很大程度上保证了其经济效益和生态效益，同时政府宏观政策、合同、契约等市场经济工具有很强的约束力，可保证合作链的稳定。

放射式工业生态系统与星式工业生态系统有一定程度的相似性，它也是由若干个不同类型的企业组成的，而且彼此间存在很多可能的交易关系。二者的区别是在放射式工业生态系统内部，存在 1 个核心企业(总部)，其规模在所有企业中最大，并且在系统中起着主导作用，各企业通过与它在商业利益上的交易(物流或能流)关系而紧紧围绕在其周围。大的核心企业在中央，其他元素企业因与核心企业形成的工业链及其他合作关系一同形成了“放射式”模式，各企业都是“一家人”。核心企业的司令部作用直接说明了企业间经济地位并不平等，各共生企业一般无权决定是否拓展共生业务或中断与其他企业的共生关系，这种合作关系是依核心公司的发展战略而定的，有时并不是以盈利为目的的。所有参与合作的企业隶属于核心企业，核心企业的决策对其共生联合体企业是否合作起决定作用。

点式的工业生态系统是指一个较简单的企业内部进行的废物循环。可以说是工业生态系统三种类型中规模最小的一种，是工业生态学在微观企业层面上的循环经济实施单元。企业在自身生产过程内部尽量获得所需的原材料和能量，增加内部物料和能源循环，在材料(生态特征)、生产过程(环保工艺)及产品服务(消费后可再利用)的系统水平上，充分实现企业资源的内循环。企业内部各工艺路线之间物料循环利用，放弃使用某些对环境有害的化学物质，减少化学物质的使用量以及发明回收本公司产品的新工艺，创造性地实施减量化、再利用、再循环的生产过程，以达到少排放甚至零排放的环境保护目标，实现经济效益、社会效益和环境效益的统一。

8.4.2　工业生态系统与企业共生机制

1. 生物共生的含义及其理论

共生(symbiosis)是自然界普遍存在的一种现象，是生物在长期进化过程中，逐渐与其他生物走向联合，共同适应复杂多变的环境的一种生物与生物之间的相互关系。早在 1879 年，德国生物学家德贝里(Debary)就对生物中的共生现象进行了研究并首次给出了共生的定义。他认为，共生是相互性和营养性联系，是一起生活的生物体在某种程度上的永久性物质联系。在德贝里之后，范明特(Famint)、科勒瑞(Caullery)和斯哥特(Scott)等生物学家进一步发展了共生思想，逐步形成了系统的共生理论。

共生理论(symbiosis theory)认为，共生是生物种间关系的一种，是指两种生物为了更好地适应生存环境而彼此互利地生活在一起。自然界中任何一种生物都不能离开其他生物而单独生存和繁衍，这种相互依赖相互作用的共生与竞争关系是自然界中生物之间长期进化的结果。自然界的共生、竞争等多种关系，构成了生态系统的自我调节和反馈机制。

生态学中的共生由三个基本要素构成，即共生单元、共生环境和共生媒介。其中，共生单元是共生体的基本单位，构成共生关系的基础；共生环境是共生体外所有因素的总和，并构成了共生关系的外部条件与环境；共生媒介是共生体内外关系的纽带。共生单元、共生环境、共生媒介三者之间交互作用，从而形成共生机制；共生机制在一定条件下形成一定的共生模式。

2. 工业生态系统与工业共生

工业企业是工业系统的一个子系统，而工业系统又是社会—经济—自然复合生态系统的子系统。工业生态系统与复合生态系统中的经济子系统、生态子系统、社会子系统的关系是复杂的、多变的，它是按照工业生态学及复合生态系统的原理、原则与方法，通过人工规划、设计的一种新型工业组织形态。

工业生态系统主要是指由工业企业以及赖以生存、发展的利益相关者群体与外部环境所构成的复杂系统。在工业生态系统中，工业企业之间能够遵循自然界中的共生原理，实现企业间的互利共生，即两个或以上的工业企业通过相互合作，使双方或多方都受益，并形成企业共同生存与发展的生态共生链与生态共生网络。

工业共生的概念是受自然界中的共生现象及共生理论启发而来的。1989 年弗罗施(Frosch)和加洛普罗斯(Gallopoulos)在《科学美国人》上发表的《可持续工业发展战略》一文中，首次提出了“工业生态学”的概念，后人认为这是工业生态学(industrial ecology)诞生的标志。他们提出并发展了“工业共生或产业共生”(industrial symbiosis)理论框架，他们认为在工业生态系统中，能量和物质消耗被优化，一个过程的输出会成为另一个过程的原材料。1997 年，伊莱费尔德(Ehrenfeld)和格特勒(Gertler)等人通过对卡伦堡企业共生体的研究，提出了工业共生理论。2002年，伊莱费尔德等人进一步明确了工业共生的概念，他们认为：工业共生是指工业企业间物质、能源、水和副产品的物理交换，企业之间地理位置的相近性为企业提供了更广泛的合作可能性。国外其他学者也对工业共生问题进行了多方面的研究，如表8.3所示。

表8.3　国外学者关于工业共生的主要观点

年代	作　者	国外学者关于工业共生的主要学术观点
1989	弗罗施(Frosch) 加洛普罗斯(Gallopoulos)	提出工业生态学的概念，描述了工业共生的思想，即“一个工业生产过程中产生的能量和物质可以在另一工业生产过程中被充分运用，从而减少消耗”
1993	英博格(Engberg)	工业共生是指不同企业之间的合作，通过这种合作，共同提高企业的生存和获利能力，同时实现对资源的节约和对环境的保护
1995	艾尔斯(Ayres)	工业经济是“物质转换的系统”，存在“工业共生模式”，并能够使物质流和废物流向更高效率的方向变化
1997	伊莱费尔德(Ehrenfeld) 格特勒(Gertler)	对卡伦堡共生体进行了研究，提出了工业共生的概念与理论
1997	里夫塞特(Lifset)	工业共生不仅是关于共生企业之间的废物交换，而且是一种全面合作
1997	布恩斯(Boons) 巴斯(Baas)	工业共生并非企业之间的单纯合作，而是一种竞争与合作的并存关系
2001	施拉布(Schlarb) 艾尔弗雷德(Alfred)	企业共生关系是在企业、社区、政府等多方单位之间建立物资流、能量流、信息流、人才流等方面的合作关系
2002	伊莱费尔德(Ehrenfeld) 切尔托(Chertow)	工业共生是指企业间物质、能源、水和副产品的物理交换，地理相近性提供了更广泛的合作可能性
2002	兰伯特(Lambert) 布恩斯(Boons)	强调企业共生是企业之间设备共享、废物集中循环利用及企业多余能量的交换
2004	伊莱费尔德(Ehrenfeld)	进一步强调工业共生不能仅停留在副产品交换上，而应加强对工业共生的研究，这些研究包括技术创新、知识共享、学习机制等内容
2005	米拉塔(Mirata)	工业共生网络为区域企业间，通过物理交换或物质、能源传递，知识、人力资源、技术资源的交换形成的长期合作共生关系，从而实现环境效益和经济效益
2007	切尔托(Chertow)	分析了企业建立共生关系的直接和间接动机，以及建立共生关系带来的经济效益、社会效益

3. 工业企业共生的特征

工业生态系统中由工业企业等共生单元组成的共生体作为开放式人工系统，具有以下几个特征：

(1) 系统性与融合性。由工业企业等共生单元组成的共生体是一个开放式人工系统，具有系统整体性、层次性、相关性、动态性等基本特征。同时共生体内的企业之间还具有融合的趋势与特征，如工业企业集团或工业园区等成员企业之间的融合。

(2) 合作性与竞争性。在工业共生体中，共生单元之间不是简单地共处，也不是企业之间副产品或废物的初级交换，而是按照一定的机制与模式，实现共生体内企业之间的全面合作。共生体内企业之间不仅包括合作，而且包括竞争。合作是以竞争为基础的，体现了优胜劣汰的法则。

(3) 互利性与互动性。在工业共生体中，企业作为共生单元发生作用与联系的动力根源是双方的互利与共赢。工业共生的基本特征是共生单元之间物质与能量的不断交换。能量交换反映的是不同企业之间的互动关系。按照双方主动或被动等性质，企业间共生的互动关系可以划分为“主动—被动”“主动—主动”“主动—随动”“随动—被动”等关系。

(4) 协调性与动态均衡性。通过共生单元之间的相互协调，达到某种程度的均衡是共生体的内在属性。协调性包括共生单元之间能量转换过程中的数量协调和质量协调等，如企业之间的供应链上每个环节的投入产出实质是数量协调层次，质量协调强调的是对效率的协调。协调的过程是不平衡→平衡→新的不平衡→新的平衡的动态过程。

4. 工业企业共生模式及机制构成

美国哈佛大学的著名生物学家威尔逊(Wilson)将共生关系分为三种基本的共生模式，即寄生共生(parasitism)、偏利共生(commensalism)和互利共生(mutualism)，如表 8.4 所示。

表 8.4　生物共生模式

共生模式	基 本 内 涵	主 要 特 点
寄生共生	两种生物在一起生活，一方受益，另一方受害，受害者提供营养物质和居住场所给受益者	单向的能量流动，一般不产生新能量
偏利共生	两种都能独立生存的生物以一定的关系生活在一起	双向物质与能量流动，对其中一方更有利，而对另一方则无关紧要
互利共生	两种生物生活在一起，彼此有利，两者分开以后都不能独立生活	双向物质与能量流动，对双方都有利

借鉴生物共生体的基本原理与模式，结合工业共生体的互动关系，工业共生模式可以分为寄生共生、偏利共生和互利共生。互利共生又可分为对称互利共生和非对称互利共生，如表 8.5 所示。

表 8.5　工业企业互动关系及其共生模式

互动关系	共生模式	基 本 内 涵	主 要 特 点
主动—被动	寄生共生	寄生型工业生态系统中有明显的主动企业和被动企业(寄生企业)之分。寄生企业通常从主动企业处获取原材料等利益	主动企业优势明显，有剩余能量提供给寄生企业；主动企业与寄生企业地位不平等；主动企业能够带动被动企业的发展
随动—被动	偏利共生	双方都不主动；对其中的一方更有利，但对另一方也无害	双方优势不太明显，产业链合程度不高，存在双向的物质与能量流动，能够共同生存与发展
主动—主动	对称互利共生	企业与企业之间能够互利互补，双方都主动，获取的利益也相对均衡	企业双方各有优势，能够优势互补；企业之间地位平等；分工不同，均有协作需求，缺一不可；对双方都有利，能够实现共赢
主动—随动	非对称互利共生	一方主动，另一方跟随，能够互利，但不均衡，主动企业比随动企业获取的利益多	企业双方平等互利；各有特色与优势，按照分工产生新能量，新能量分配不均衡；能够促进双方共同发展

按照企业共生模式的构成，其共生机制是由共生单元、共生关系以及共生模式构成的综合机制，如图 8.8 所示。其中，共生单元之间相互依赖相互作用，建立并培育共生关系，促进共生能量的产出，在此基础上形成特定的共生模式。企业共生模式与企业的外部共生环境相互影响，从而形成共生机制。共生机制又作用于共生单元，促进共生单元之间的协作。

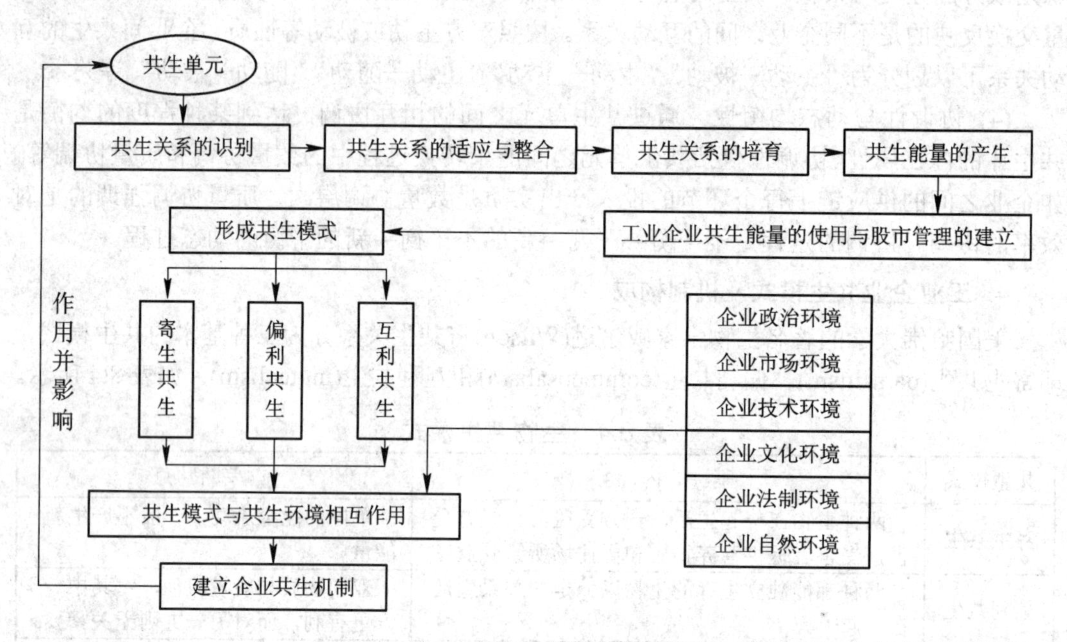

图 8.8　企业共生机制

在共生机制构建中，首先，要确立企业的生态类型，识别共生单元之间的联系，培育共生关系等。其次，要根据共生关系及共生能量的流动情况确立共生模式。再次，要通过政策、法律及制度逐步改善外部共生环境。最后，综合考虑企业、市场及自然环境等因素，构建可持续发展的企业共生机制。

8.4.3　工业生态园案例分析

工业生态园模仿自然生态系统，并以工业生态学和循环经济为理论基础，使园区内的企业按照生物链的关系链接起来，形成工业生态系统。本例从自然生态系统的生物链结构出发，结合上海宝山工业园区建设的实际情况，分析工业生态园结构模型，并对其运作特点进行分析。

1. 生物链结构和产业链结构

自然生态系统是生物圈中发展最为完善的生态系统。各种生物通过一定的结构在生态系统内相互联系、相互影响、相互作用，使整个生态系统稳定、平衡发展。自然生态系统中各生物群之间最本质的联系是通过生物链来实现的，生物链是生态系统内部的联系纽带。生物链把生物与非生物、生产者与消费者、消费者与消费者联结成了一个整体，如图 8.9 所示。能量和物质沿着生物链从一个生物体转移到另一个生物体，并处于运动变化之中。整个生态系统通过生物链实现了对各个种群的自我协调机制和反馈机制。

从生态系统的角度看，工业生态园实际上是一个生物群落，是由初级材料加工厂、深加工厂或转化厂、制造厂、各种供应商、废物加工厂、次级材料加工厂等组合而成的一个企业群；也可能是由燃料加工厂甚至废物再循环厂组合而成的一个企业群。其中存在着资源、企业、环境之间的上下游关系与相互依存、相互作用关系，根据它们在园区中的作用和位置不同，也可以分为生产者企业、消费者企业和分解者企业，如图 8.10 所示。另外，在该企业群落中还伴随着资金、信息、政策、人才和价值的流动，从而形成一种类似自然生态系统生物链的生态产业链。因此，依据工业系统中物质、能量、信息流动的规律和各成员之间在类别、规模、方位上是否相匹配，在各企业部门之间构筑生态产业链，横向进行产品供应、副产品交换，纵向连接第二、三产业，实现物质、能量和信息的交换，完善资源利用和物质循环，建立生态工业系统。

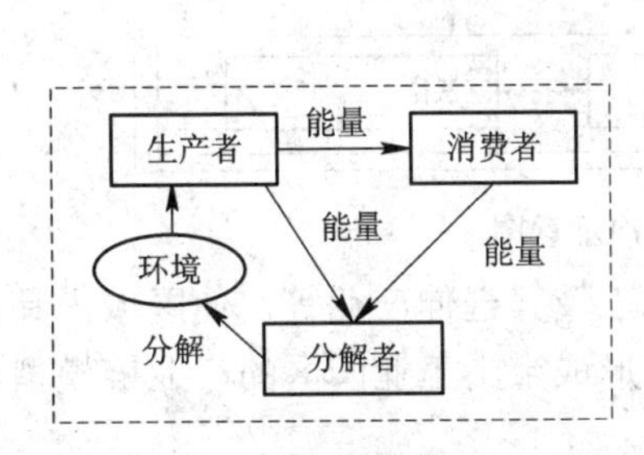

图 8.9　自然生态系统中的生物链结构

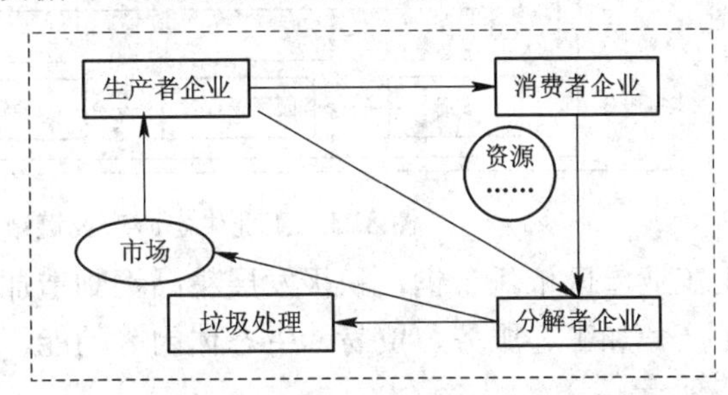

图 8.10　工业生态园区的产业链结构

2. 工业生态园的产业链模型的构建

在整个工业生态园中，存在着各种要素与元素。这些要素与元素之间存在着十分复杂的关系，这些关系既有上下游企业之间的副产品交换、能源、信息和资金的流动关系，也存在着当地政府、园区管理者的政策和管理活动以及市场的竞争与合作关系，还存在着以相关环保设备、服务提供为目的的绿色产业和以相关行业技术、信息提供为主的研究、开发以及咨询的服务与被服务关系。

按照生物链的分析方法，将工业生态园中的各种要素、元素分成三类：一类是共享公共设施类，即支持生态工业园中企业发展的一些公共设施，包括信息共享、技术集成、道路交通、消防绿化、垃圾填埋、能源中心(电、热、气)、仓储设施的共享等；第二类是生态产业链，是指工业生态园中的各企业，这是园中的主体，它们按照生产者、消费者和分解者的关系分别处于产业链条的不同节点上，并按照生物链的运作规律进行着资源(材料、能源、水)、信息、资金和人才的流动；第三类是支持服务，包括政府、园区管理者、市场和法律、金融服务等，这些因素从政策、资金和市场的角度来影响园区内的企业。这三类要素除了其内部具有十分密切的关系外，三者之间的关系也具有很强的依存性，如图 8.11 所示。

3. 宝山工业园区产业链模型构建

随着宝钢集团精品钢战略的启动，各级政府提出进一步加强与宝钢等大企业的互动合作，加强与精品钢基地的对接和服务能力，围绕宝钢重点发展的新工艺、新产品，加快发展精品钢延伸业，着力拓展和延伸精品钢基础产业链，形成以精品钢延伸业、船舶配套、输配电及控制设备、汽车零配件制造等高新技术产业和装备制造业为主导，以优化改造后的传统优势产业为基础，以都市型工业为补充的新型工业结构。

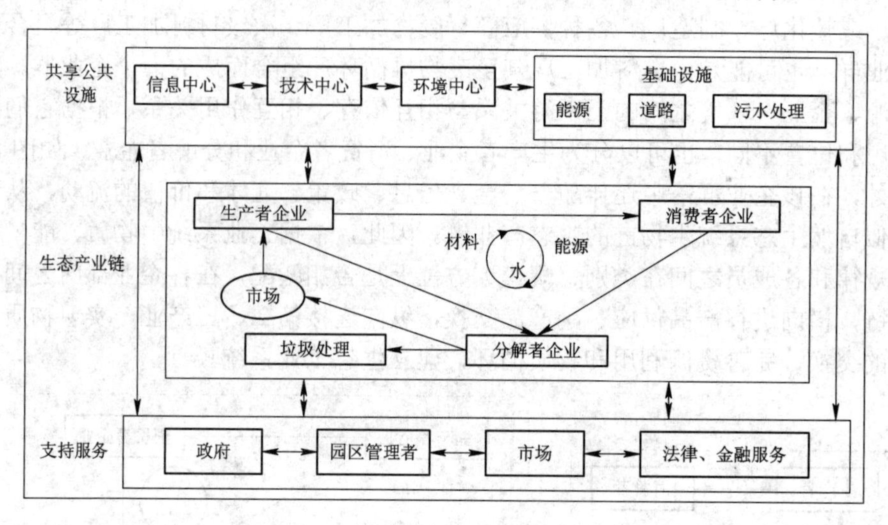

图 8.11　工业生态园产业链结构示意图

宝山工业园区依托宝钢，积极发展精品钢制造加工及其延伸产业等，使区域内具有研发、生产、加工、服务、贸易、生态休闲等功能，形成宝山工业园区的产业链模型，如图 8.12 所示。

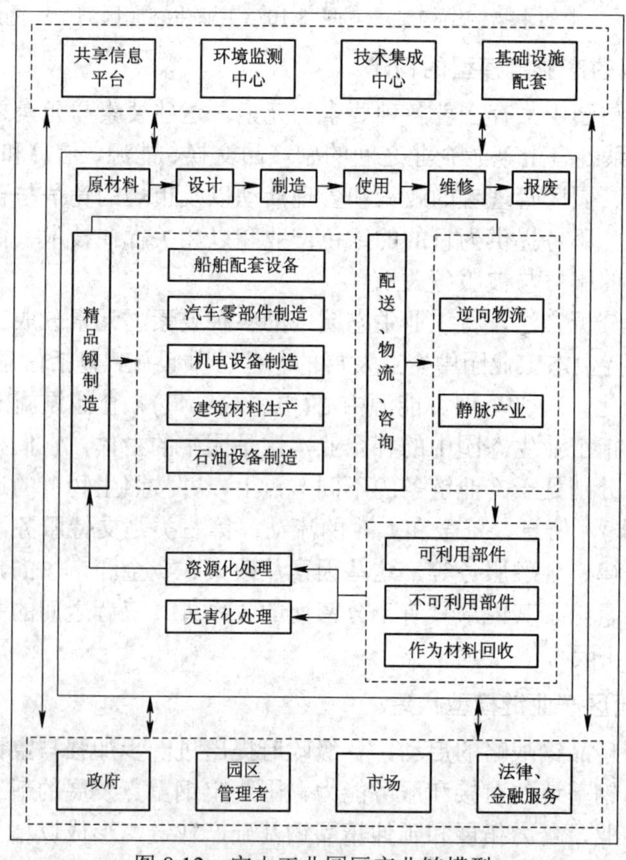

图 8.12　宝山工业园区产业链模型

在宝山工业园区产业链模型中，公共设施类因素是为了提高生态工业园内企业的资源和生态效率而建立的共享的基础设施，实现设施共享可减少能源和资源的消耗，提高设备的使用效率，避免重复建设投资，这对于一些资金尚不十分充足的中小型企业而言尤其重要，这也成为吸引企业进驻生态工业园的一个重要因素，同时也是构成企业生物群落的基础。

宝山工业园区中的生态产业链是工业生态园中的主体因素，相当于企业生物群落中的生物种群。按照生物链的关系，它们可以分为生产者企业、消费者企业和分解者企业，它们之间以副产品交换、资金和人才的交流为纽带相互联系在一起，在园区内实现材料、能源和水的循环流动，形成一个闭环系统。对于宝山工业园区的生态建设，构建了以精品钢制造加工及其延伸产业为核心的产业链模型，包括精品钢、机电设备、石化设备、汽车零部件、船舶配套设备的制造企业，配送物流企业，逆向物流企业，静脉企业(将废弃物转换为再生资源的企业)等，它们之间通过副产品交换、能源和水资源的循环或梯度利用、资金和人才的交流形成链状关系或网状关系，形成闭环系统。

当园区内的企业发展到一定数量和规模时，园区内的资源将不再沿着单一的链条流动，各种链条之间的相互交叉和结网将会成为一种普遍现象，一家企业可能同时处于几个链条的交点，进而在生态工业园内形成工业共生网络。

思　考　题

1. 循环经济的基本内涵、原则及其特征有哪些？
2. 简述传统制造业生产模式与循环经济条件下制造业生产模式的差异。
3. 再制造的基本内涵是什么？它与再利用、再循环、维修概念有何异同？
4. 简述我国再制造成形技术与国外再制造成形技术方面有哪些异同。
5. 什么是“尺寸恢复法”再制造成形和“尺寸加工法”再制造成形？
6. 试论述我国机床再制造业的发展、技术途径和政策支持措施。

参 考 文 献

[1] 李忠学，武福. 现代制造系统[M]. 西安：西安电子科技大学出版社，2013.
[2] 周凯，刘成颖. 现代制造系统[M]. 北京：清华大学出版社，2005.
[3] 张世琪，李迎，孙宇，等. 现代制造引论[M]. 北京：科学出版社，2003.
[4] 苏春. 制造系统建模与仿真[M]. 北京：机械工业出版社，2008.
[5] TURNER W C，MIZE J H，CASE K E，et al. 工业工程导论[M]. 张绪柱，译. 北京：清华大学出版社，2007.
[6] 任守榘. 现代制造系统分析与设计[M]. 北京：科学出版社，1999.
[7] 齐二石，霍艳芳. 工业工程与管理[M]. 北京：科学出版社，2011.
[8] 刘士军，武蕾，孟祥旭，等. 制造网格[M]. 北京：电子工业出版社，2009.
[9] 严隽薇. 现代集成制造系统概论：理论、方法、技术、设计与实施[M]. 北京：清华大学出版社，2004.
[10] 郁鼎文，陈恳. 现代制造技术[M]. 北京：清华大学出版社，2006.
[11] 关慧贞，冯辛安. 机械制造装备设计[M]. 北京：机械工业出版社，2009.
[12] 黄玉美. 机械制造装备设计[M]. 北京：高等教育出版社，2008.
[13] 李蓓智. 先进制造技术[M]. 北京：高等教育出版社，2007.
[14] 王隆太. 先进制造技术[M]. 北京：机械工业出版社，2018.
[15] 王隆太，吉卫喜. 制造系统工程[M]. 北京：机械工业出版社，2008.
[16] 王丽亚，陈友玲，马汉武，等. 生产计划与控制[M]. 北京：清华大学出版社，2007.
[17] 程控，革扬. MRPⅡ/ERP 原理与应用[M]. 北京：清华大学出版社，2012.
[18] 刘昌祺，董良. 自动化立体仓库设计[M]. 北京：清华大学出版社，2004.
[19] 刘树华，鲁健厦，王家尧. 精益生产[M]. 北京：清华大学出版社，2009.
[20] 卢泽生. 制造系统自动化技术[M]. 哈尔滨：哈尔滨工业大学出版社，2007.
[21] 刘延林. 柔性制造自动化概论[M]. 武汉：华中科技大学出版社，2010.
[22] 刘胜军. 精益“一个流”单元生产[M]. 深圳：海天出版社，2009.
[23] 顾新建，祁国宁，谭建荣. 现代制造系统工程导论[M]. 杭州：浙江大学出版社，2010.
[24] 卢秉恒，李涤尘. 增材制造和 3D 打印[J]. 机械工程导报，2012(11/12)：4-10.
[25] 黄双喜，范玉顺. 产品生命周期管理研究综述[J]. 计算机集成制造系统，2004，10(1)：1-9.